U0281494

集成电路系列丛书·集成电路封装测试

功率半导体封装技术

虞国良　主编

電子工業出版社
Publishing House of Electronics Industry
北京•BEIJING

内 容 简 介

功率半导体器件广泛应用于消费电子、工业、通信、计算机、汽车电子等领域，目前也逐渐应用于轨道交通、智能电网、新能源汽车等战略性新兴产业。本书着重阐述功率半导体器件的封装技术、测试技术、仿真技术、封装材料应用，以及可靠性试验与失效分析等方面的内容。本书共10章，主要内容包括功率半导体封装概述、功率半导体封装设计、功率半导体封装工艺、IGBT封装工艺、新型功率半导体封装技术、功率器件的测试技术、功率半导体封装的可靠性试验、功率半导体封装的失效分析、功率半导体封装材料、功率半导体封装的发展趋势与挑战。

本书理论与实践兼备，具有很强的实用性，既可作为从事功率半导体封装测试、可靠性和失效分析、仿真设计等工作的工程技术人员的参考书，还可作为高等学校相关专业的教学用书，也适合对功率半导体封装测试感兴趣的读者阅读学习。

图书在版编目（CIP）数据

功率半导体封装技术 / 虞国良主编. —北京：电子工业出版社，2021.9

（集成电路系列丛书. 集成电路封装测试）

ISBN 978-7-121-41897-6

Ⅰ. ①功… Ⅱ. ①虞… Ⅲ. ①功率半导体器件－封装工艺－研究 Ⅳ. ①TN305.94

中国版本图书馆CIP数据核字（2021）第177431号

责任编辑：张剑　柴燕　　　　特约编辑：田学清
印　　刷：北京联兴盛业印刷股份有限公司
装　　订：北京联兴盛业印刷股份有限公司
出版发行：电子工业出版社
　　　　　北京市海淀区万寿路173信箱　　　邮编：100036
开　　本：720×1000　1/16　印张：21.25　字数：380.8千字
版　　次：2021年9月第1版
印　　次：2024年4月第5次印刷
定　　价：128.00元

凡所购买电子工业出版社图书有缺损问题，请向购买书店调换。若书店售缺，请与本社发行部联系，联系及邮购电话：（010）88254888，88258888。

质量投诉请发邮件至zlts@phei.com.cn，盗版侵权举报请发邮件至dbqq@phei.com.cn。

本书咨询联系方式：zhang@phei.com.cn。

“集成电路系列丛书·集成电路封装测试”编委会

编委会秘书处

“集成电路系列丛书”主编序言

培根之土 润苗之泉 启智之钥 强国之基

王国维在其《蝶恋花》一词中写道：“最是人间留不住，朱颜辞镜花辞树”，这似乎是人世间不可挽回的自然规律。然而，人们还是通过各种手段，借助于各种媒介，留住了人们对时光的记忆，表达了人们对未来的希冀。

图书，尤其是纸版图书，是数量最多、使用最悠久的记录思想和知识的载体。品《诗经》，我们体验了青春萌动；阅《史记》，我们听到了战马嘶鸣；读《论语》，我们学习了哲理思辨；赏《唐诗》，我们领悟了人文风情。

尽管人们现在可以把律动的声像寄驻在胶片、磁带和芯片之中，为人们的感官带来海量信息，但是图书中的文字和图像依然以它特有的魅力，擘画着发展的总纲，记录着胜负的苍黄，展现着感性的豪放，挥洒着理性的张扬，凝聚着色彩的神韵，回荡着音符的铿锵，驰骋着心灵的激越，闪烁着智慧的光芒。

《辞海》中把书籍、期刊、画册、图片等出版物的总称定义为“图书”。通过林林总总的“图书”，我们知晓了电子管、晶体管、集成电路的发明，了解了集成电路科学技术、市场、应用的成长历程和发展规律。以这些知识为基础，自20世纪50年代起，我国集成电路技术和产业的开拓者踏上了筚路蓝缕的征途。进入21世纪以来，我国的集成电路产业进入了快速发展的轨道，在基础研究、设计、制造、封装、设备、材料等各个领域均有所建树，部分成果也在世界舞台上拥有一席之地。

为总结昨日经验，描绘今日景象，展望明日梦想，编撰“集成电路系列丛书”（以下简称“丛书”）的构想成为我国广大集成电路科学技术和产业工作者共同的夙愿。

2016年，“丛书”编委会成立，开始组织全国近500名作者为“丛书”的第一部著作《集成电路产业全书》（以下简称《全书》）撰稿。2018年9月12日，《全书》首发式在北京人民大会堂举行，《全书》正式进入读者的视野，受到教育界、科研界和产业界的热烈欢迎和一致好评。其后，《全书》英文版 *Handbook of Integrated Circuit Industry* 的编译工作启动，并决定由电子工业出版社和全球最大的科技图书出版机构之一——施普林格（Springer）合作出版发行。

受体量所限，《全书》对于集成电路的产品、生产、经济、市场等，采用了千余字“词条”描述方式，其优点是简洁易懂，便于查询和参考；其不足是因篇幅紧凑，不能对一个专业领域进行全方位和详尽的阐述。而“丛书”中的每一部专著则因不受体量影响，可针对某个专业领域进行深度与广度兼容的、图文并茂的论述。“丛书”与《全书》在满足不同读者需求方面，互补互通，相得益彰。

为更好地组织“丛书”的编撰工作，“丛书”编委会下设了12个分卷编委会，分别负责以下分卷：

☆ 集成电路系列丛书·集成电路发展史论和辩证法

☆ 集成电路系列丛书·集成电路产业经济学

☆ 集成电路系列丛书·集成电路产业管理

☆ 集成电路系列丛书·集成电路产业教育和人才培养

☆ 集成电路系列丛书·集成电路发展前沿与基础研究

☆ 集成电路系列丛书·集成电路产品、市场与投资

☆ 集成电路系列丛书·集成电路设计

☆ 集成电路系列丛书·集成电路制造

☆ 集成电路系列丛书·集成电路封装测试

☆ 集成电路系列丛书·集成电路产业专用装备

☆ 集成电路系列丛书·集成电路产业专用材料

☆ 集成电路系列丛书·化合物半导体的研究与应用

2021年，在业界同仁的共同努力下，约有10部“丛书”专著陆续出版发行，献给中国共产党百年华诞。以此为开端，2021年以后，每年都会有纳入“丛书”的专著面世，不断为建设我国集成电路产业的大厦添砖加瓦。到2035年，我们的愿景是，这些新版或再版的专著数量能够达到近百部，成为百花齐放、姹紫嫣红的“丛书”。

在集成电路正在改变人类生产方式和生活方式的今天，集成电路已成为世界大国竞争的重要筹码，在中华民族实现复兴伟业的征途上，集成电路正在肩负着新的、艰巨的历史使命。我们相信，无论是作为“集成电路科学与工程”一级学科的教材，还是作为科研和产业一线工作者的参考书，“丛书”都将成为满足培养人才急需和加速产业建设的“及时雨”和“雪中炭”。

科学技术与产业的发展永无止境。当2049年中国实现第二个百年奋斗目标时，后来人可能在21世纪20年代书写的“丛书”中发现这样或那样的不足，但是，仍会在“丛书”著作的严谨字句中，看到一群为中华民族自立自强做出奉献的前辈们的清晰足迹，感触到他们在质朴立言里涌动的满腔热血，聆听到他们的圆梦之心始终跳动不息的声音。

书籍是学习知识的良师，是传播思想的工具，是积淀文化的载体，是人类进步和文明的重要标志。愿“丛书”永远成为培育我国集成电路科学技术生根的沃土，成为润泽我国集成电路产业发展的甘泉，成为启迪我国集成电路人才智慧的金钥，成为实现我国集成电路产业强国之梦的基因。

编撰“丛书”是浩繁卷帙的工程，观古书中成为典籍者，成书时间跨度逾十年者有之，涉猎门类逾百种者亦不乏其例：

《史记》，西汉司马迁著，130 卷，526500 余字，历经 14 年告成；

《资治通鉴》，北宋司马光著，294 卷，历时 19 年竣稿；

《四库全书》，36300 册，约 8 亿字，清 360 位学者共同编纂，3826 人抄写，耗时 13 年编就；

《梦溪笔谈》，北宋沈括著，30 卷，17 目，凡 609 条，涉及天文、数学、物理、化学、生物等各个门类学科，被评价为“中国科学史上的里程碑”；

《天工开物》，明宋应星著，世界上第一部关于农业和手工业生产的综合性著作，3 卷 18 篇，123 幅插图，被誉为“中国 17 世纪的工艺百科全书”。

这些典籍中无不蕴含着“学贵心悟”的学术精神和“人贵执着”的治学态度。这正是我们这一代人在编撰“丛书”过程中应当永续继承和发扬光大的优秀传统。希望“丛书”全体编委以前人著书之风范为准绳，持之以恒地把“丛书”的编撰工作做到尽善尽美，为丰富我国集成电路的知识宝库不断奉献自己的力量；让学习、求真、探索、创新的“丛书”之风一代一代地传承下去。

王阳元

2021 年 7 月 1 日于北京燕园

前　言

功率半导体器件是指可在主电路中直接实现电能转换或电路控制的电子器件，主要用于电力变换，包括整流、逆变、直流斩波，以及交流电力控制、变频或变相。不同于其他类型半导体，功率半导体能够耐受高电压、大电流，通常工作在开关状态，是电能转换与电路控制的核心，对电能高效产生、传输、转换、存储和控制起着关键作用。

功率半导体器件根据载流子类型可以分为双极型功率半导体和单极型功率半导体器件。双极型功率半导体器件包括功率二极管、双极结型晶体管（BJT）、电力晶体管（GTR）、晶闸管（Thyristor）、绝缘栅双极型晶体管（IGBT）等。单极型功率半导体器件包括功率 MOSFET、肖特基二极管等。它们的工作电压和工作频率也有所不同。

绝缘栅双极型晶体管（Insulated Gate Bipolar Transistor，IGBT）是由 BJT（双极结型晶体管）和 MOS（绝缘栅型场效应管）组成的复合全控型电压驱动式功率半导体器件。IGBT 可以实现直流电和交流电之间的转换或者改变电流的频率，有逆变和变频的作用。

从控制类型上看，功率半导体器件从不可控器件发展为半控型器件，又发展为全控型器件。首先用于电力领域的功率半导体器件为硅二极管，包括普通二极管、肖特基二极管等，均属于不可控器件；然后为晶闸管，晶闸管能够承受高反向击穿电压及大电流，其缺点在于关断是被动的，需要依赖外部条件，属于半控型器件；20 世纪 60 年代，实现了晶闸管的关断，即门极可关断晶闸管（Gate Turn Off Thyristor，GTO）。随着 MOSFET 技术的发展，20 世纪 70 年代后期出现功率场效应晶体管（Power MOSFET）。至此，全控型器件迅速发展起来，开关速度及开关频率普遍高于晶闸管。

功率半导体器件的主要特征包括：①主要功能是实现大功率电能的变换和控制；②最重要的参数是其所能处理的功率，或者说所能承受的电压、电流范围，通常远大于一般电子器件；③为了尽可能地避免功耗，一直处于开关状态，由专门的驱动电路来控制其导通或关断；④自身功耗较大，需要安装散热器以提高器件或系统的散热能力。

从现在全球功率半导体市场看，一方面传统的硅材料功率半导体仍然有巨大的发展空间，另一方面以碳化硅（SiC）和氮化镓（GaN）为代表的第三代半导体市场也正在迅速发展。

SiC 器件与 Si 器件相比，可以显著降低能量损耗，因此，SiC 更易实现小型化且更耐高温和高压。SiC 可用于实现电动车逆变器等驱动系统的小型化。由于 GaN 的禁带宽度较大，利用 GaN 可以获得更大带宽、更大放大器增益、尺寸更小的半导体器件。GaN 器件可以分为射频器件和电力电子器件。SiC 适用于高压领域；GaN 适用于低压及高频领域，较大的禁带宽度使得器件的导通电阻减小。较高的饱和迁移速度使得 SiC、GaN 都可以获得体积更小的功率半导体器件。

封装是功率半导体产业链中不可或缺的一环，主要起着安放、固定、密封、保护芯片，以及确保电路性能和热性能等作用，具体作用包括：①使芯片与外界环境隔离，避免芯片受到外界有害气体、水汽等的影响；②保证芯片表面的清洁与干燥；③为功率器件提供合适的内、外引线；④为器件提供外壳，从而抵御外部不良环境的影响；⑤为器件提供更高的机械强度，为电路长期正常工作提供保护；⑥采用合理的封装结构、合适的封装材料，以及先进的封装工艺技术，可以获得良好的散热性能，确保高电压、大电流的功率器件的正常使用，并能在工作环境下稳定可靠地工作。此外，封装对于功率器件乃至整个系统的小型化、高度集成化及多功能化起着关键的作用。可想而知，为了提高功率半导体器件的性能，必然会对封装提出更高的要求。

本书共 10 章，内容包括功率半导体封装概述、功率半导体封装设计、功率半导体封装工艺、IGBT 封装工艺、新型功率半导体封装技术、功率器件的测试技术、功率半导体封装的可靠性试验、功率半导体封装的失效分析、功率半导体封装材料、功率半导体封装的发展趋势与挑战。

本书由通富微电、长电科技、华天集团、复旦大学、中科芯、英飞凌、乐山无线电、中车永济电机、华达集团等著名企业和高校，经过近四年的时间合作编写而成。

本书的编写分工大致如下：第 1 章由复旦大学徐玲编写；第 2 章由通富微电张志龙、复旦大学徐玲合作编写；第 3 章由通富微电石海忠、吴晶、秦爱国及华达集团葛飞虎联合编写；第 4 章由中车永济电机张红卫、吴磊、侯书钺、王晓曦等编写；第 5 章由乐山无线电董勇、华天（华羿微电）张涛合作编写；第 6 章由通富微电王洋、袁宇锋，乐山无线电董勇，华天（华羿微电）张涛合作编写；第 7 章由长电科技梁志忠、许峰合作编写；第 8 章由华天（华羿微电）曹宝华、张涛，乐山无线电董勇合作编写；第9章由复旦大学徐玲，英飞凌王友彬，上汽英飞凌刘庆华，中科芯丁荣峥，通富微电石海忠、吴晶、沈鹏飞、朱益峰，华达集团葛飞虎联合编写；第10章由复旦大学徐玲编写。本书的统稿人为通富微电虞国良。

参与本书评审的专家有毕克允、王新潮、张波、高岭、朱阳军、王红、秦舒、罗乐、张剑、张志勇、武乾文、卢基存、林伟、陶建中、张国华、蒋玉齐、敖国军、赵亚俊、张健、吉加安、平来等。

在“集成电路系列丛书”编委会和“集成电路系列丛书·集成电路封装测试”编委会的指导下，在行业各位专家的鼎力支持下，经过本书全体编写人员的努力，终于完成了编写工作。值此本书出版之际，对大家的付出与贡献表达诚挚的感谢！

最后，由于时间关系以及编写人员水平所限，书中难免有不足或者错误之处，敬请业界人士及广大读者不吝赐教。

虞国良

2020年12月26日

☆☆☆ 作者简介 ☆☆☆

虞国良，高级工程师，东南大学研究生毕业，获得工程硕士学位。在国内和国际著名半导体企业（华晶集团、东芝公司、星科金朋、通富微电等）工作三十余年，涉及技术、质量、生产、设备和项目管理等岗位。近年来，在专业期刊、杂志、媒体上发表专业论文和研究报告等十多篇，在工业和信息化部组织编写的《集成电路产业全书》中担任编委会委员（是该书第7章集成电路封装测试中参与词条撰写数量最多的作者）。曾任中国半导体行业协会封测分会常务副秘书长，目前兼任中国半导体行业协会集成电路分会副秘书长、国际半导体产业协会（SEMI）中国封测委员会委员，2017年被聘为第十八届电子封装国际会议技术委员会联合主席；另外，还担任《电子与封装》杂志评审专家以及《电子工业专用设备》杂志编委会委员等职务。

目　录

第1章 功率半导体封装概述

1.1 概　述

1.1.1 功率半导体器件概述

功率半导体器件，又称为电力电子器件，是指可直接用于处理电能的主电路中、实现电能变换或控制的电子器件。它主要用于电力变换，包括整流（交流-直流）、逆变（直流-交流）、直流斩波（直流-直流）及交流电力控制、变频或变相（交流-交流）。不同于一般半导体器件的结构，功率半导体器件能够支持高电压、大电流，在使用高电压、大电流时也不会损坏，通常工作在开关状态，是电能转换与电路控制的核心，对电能高效产生、传输、转换、存储和控制起到关键的作用，所处理的功率小至数瓦甚至低于1瓦（W），大至兆瓦（MW）甚至吉瓦（GW）。

功率半导体器件是功率电子技术快速发展的主要驱动力。功率电子技术，又称为电力电子技术，是使用功率半导体器件实现对电能的高效变换和控制的一门技术[1]，涉及电力学、电子学和控制理论，诞生于20世纪后半叶，并在21世纪飞速发展。

功率半导体器件和微电子器件的制造技术理论基础相同，都以电子学为理论基础。与微电子器件相比，功率半导体器件的主要特征如下：①能实现大功率电能变换和控制；②最重要的参数是其所能处理的功率范围，或者说所能承受的电压、电流范围，通常远大于微电子器件；③一般处于开关状态，由专门的驱动电路来控制其导通或关断，动态特性（或称为开关特性）是评价功率半导体器件特性的关键因素；④自身功耗较大，需要安装散热器以提高功率半导体器件或系统的散热能力。

此外，功率电子技术对节能减排意义重大。能源问题是现今社会面临的重大挑战与危机之一。随着工业化的快速发展，能源消耗日益增大，能源需求与生态环境平衡之间的矛盾愈演愈烈。节能减排、清洁能源、低碳经济是未来经济发展的趋势与核心。采用功率电子技术实现能源的高速度、高精度、高可靠、高效率转换，将"粗电"转化为"精电"，是实现节能减排的基础，可以说，功率半导体器件是提高能源利用效率、开发可再生能源，推动国民经济可持续发展的基础之一。

1.1.2 功率半导体发展历程[2-6]

功率半导体器件最早出现在20世纪初，其发展决定了功率电子技术的发展。

从功率半导体材料选择上来看，第一款固态（Solid-state）功率半导体器件是氧化铜整流器，诞生于1927年，主要用于电池充电器或者无线电设备电源；1952年出现第一款锗（Ge）功率半导体器件——锗双极晶体管，反向阻断电压达到200V，额定电流为35A；直到1957年才出现第一款硅（Si）功率晶体管，其频率响应优于锗晶体管，且可以在高达150℃结温下工作。

从器件类型上看，功率半导体器件从不可控器件发展到半控型器件，再到全控型器件。

最先用于电力领域的半导体器件为硅二极管，包括普通二极管（又称为整流二极管，Rectifier Diode）、快恢复二极管（Fast Recovery Diode，FRD）、肖特基二极管（Schottky Barrier Diode，SBD），均属于不可控器件。

1957年，美国通用电气公司研发出全球第一款晶闸管（Thyristor）。它能够承受高反向击穿电压及大电流，其缺点在于关断是被动的，需要依赖外部条件，属于半控型器件。这一发明也成为功率电子技术诞生的标志。

1960年实现了晶闸管的关断，即门极可关断晶闸管（Gate Turn Off Thyristor，GTO）。随着MOSFET技术的发展，70年代后期出现功率场效应晶体管（Power MOSFET）。国际整流器公司（IR）于1978年研发了一款25A、400V的功率场效应管，该器件的工作频率高于双极晶体管，但仅限于低电压应用。至此，全控型器件迅速发展起来，其开关速度及开关频率普遍高于晶闸管，它推动功率电子技术发展到新的高度。

20世纪80年代之前的功率半导体器件主要是功率二极管、可控硅整流器

（Silicon Controlled Rectifier，SCR）和功率双极性结型晶体管（Bipolar Junction Transistor，BJT），一般工作在几十至几百赫兹的低频区间。事实上，研究者发现功率半导体电路在高频下工作可以展现更优越的性能，因此，进一步提高功率半导体器件的工作频率成为发展趋势之一。在这种趋势的引领下，集合了多种器件的优点、性能更为优越的复合型器件成为现代功率电子技术的主流器件，代表器件包括绝缘栅双极晶体管（Insulated Gate Bipolar Transistor，IGBT）、集成门极换流晶闸管（Integrated Gate-Commutated Thyristor，IGCT），前者集 MOSFET 驱动功率小、开关速度快和 BJT 通态压降低、载流能力大的优点于一身[6]，后者则集 MOSFET 和 GTO 的优点于一身，两者均展现出优越的电气性能。

进入 21 世纪之后，为了满足体积小、便携、成本低、可靠性高等需求，功率半导体器件及配套的辅助元件按照典型功率电子电路拓扑结构，集成到一个模块中，形成功率半导体模块（Power Module），使得功率电子装置结构紧凑、体积减小，同时方便应用。后期更是将驱动、控制、保护等信息电子电路与功率半导体器件集成于一体，形成单片功率集成电路，这就是功率集成电路（Power Integrated Circuit，PIC）的基本理念。功率集成电路起源于 20 世纪 70 年代，到 90 年代才进入实用阶段。随着应用需求的变化，智能模块（Intelligent Power Module，IPM）概念形成，即在 PIC 概念基础上加强模块故障自诊断功能，提高运行可靠性[7,8]。电力电子积木（Power Electronic Building Block，PEBB）模式则进一步在模块中集成驱动电路、保护电路、传感器、电源、无源器件等，实现高度智能化和集成化[9,10]。总而言之，集成化和智能化已经成为功率电子技术发展的重要趋势之一[11]。

1.2　功率半导体封装

封装是必需且至关重要的。微系统封装发展至今已经众所周知，电子封装主要有四个作用，即实现芯片和外部系统的信号传输、分配功率、提供散热途径，以及给电路提供机械支撑并保护其不受外界环境的影响[12]，直接影响器件的最终应用性能。有数据显示，电子产品制造成本中封装成本占 40%，而器件失效至少有 25%是由封装引起的[13]。此外，封装对于器件乃至整个系统的小型化、高度集成化及多功能化起着决定性的作用。因此，提高功率半导体器件的性能，势必会对封装提出更高要求。

1.2.1 功率半导体封装的特点

微系统封装历经数十年发展，从20世纪60年代到90年代，根据应用需求的特点，发展出各种类型的封装形式，包括双列直插封装（Dual inline Package，DIP）、针栅阵列封装（Pin Grid Array，PGA）、四边扁平封装（Quad Flat Package，QFP）、方形扁平无引脚封装（Quad Flat No-lead Package，QFN）、小外形封装（Small Outline Package，SOP）、小外形晶体管封装（Small Outline Transistor，SOT）、晶体管外形封装（Transistor Outline，TO）、球栅阵列封装（Ball Grid Array，BGA）、微型球栅阵列封装（micro-Ball Grid Array，μBGA）、芯片尺寸封装（Chip Scale Package，CSP）、倒装芯片（Flip Chip，FC）等，芯片面积占封装面积的比例越来越高。进入21世纪，更是不断涌现出各种新型封装形式，包括多芯片封装（Multi-Chip Package，MCP）、多芯片模块（Multi-Chip Module，MCM）、三维封装（3D Package）、系统级封装（System in a Package，SiP）等。可以说，封装技术越来越先进，封装性能也在不断提高。

相比微系统封装，功率半导体封装历史并不悠久，至今仍在不断出现各种新兴封装形式。事实上，功率半导体与微电子制造技术及工艺基本类似，可以说，功率半导体制造工艺多使用微电子制造技术和集成电路制造工艺。因此，功率半导体封装也和微系统封装相似，同样是为了实现上述四个作用。此外，由于功率半导体器件一直工作在开关状态且处理的功率较大，支持高电压和大电流，因此功率半导体封装还需要满足以下几个要求[14-17]：

（1）高可靠性。由于功率半导体器件的应用涉及交通、工业、新能源等领域，这些应用对可靠性要求极高。例如，轨道交通中的IGBT功率半导体模块要求能够保证至少30年无故障运行。此外，功率半导体器件不停地在开通和关断状态之间切换，其在交变载荷下要有高的持久性和稳定性。这些都对功率半导体封装的可靠性提出了较高的要求。

（2）高热导率。功率半导体芯片所处理的功率密度远高于微电子系统，热流密度也大大提高，因此，其封装需要达到较高的热导率，以提高功率器件的散热能力，降低封装内器件的温度，保证器件运行时的性能。

（3）低损耗。寄生参数（包括寄生电阻、寄生电容和寄生电感）会降低器件整体的电性能，尤其是高速开关器件，因此需要提高封装器件的电导率，降低系统的寄生参数，从而降低开关损耗和导通损耗，保证快速开关控制。

（4）电绝缘性。尤其是对于高电压、大电流的功率半导体器件，开关、电路、基板、热沉之间需要为功率半导体模块提供额外的电绝缘性。

根据以上特点以及应用需要，功率半导体器件既可采用非气密性封装，也可采用气密性封装。树脂封装属于非气密性封装，它采用固态封装法或液态封装材料注入成型法将功率半导体器件用环氧树脂或硅类无机填充材料进行封装。气密性封装是指将功率半导体器件放入金属或陶瓷真空腔内进行封装。功率半导体器件的封装形式日新月异，多采用平面型封装形式，按照芯片或者管芯的组装方式可分为压接结构、焊接结构、直接覆铜陶瓷基板结构。

功率半导体器件选用的封装类型主要由其功率来决定，通常分为分立式封装、模块式封装及集成电路封装。分立式封装普遍用于小功率器件，中高功率器件一般选用模块式封装。集成电路封装多用于小功率场合。为了应对功率电子技术集成化与智能化的发展趋势及应用的需求，功率半导体器件的封装将向高性能、高效率、大功率密度、高运行温度、高可靠性及小型化的趋势发展。

1.2.2　分立功率器件封装

分立功率器件需要焊接到 PCB 上应用，封装体内无内绝缘设计，每个封装只有一个开关。这类封装一般功耗低，对散热要求不高。早期功率半导体封装直接采用微系统逻辑元件封装形式，即 DIP、QFP/QFN、SOP、SOT、TO 等，芯片和引脚通过引线键合（Wire Bond，WB）进行互连。几款典型的分立功率器件的 TO 封装形式如图 1-1 所示。

（a）TO-220

（b）TO-252

（c）TO-263

图 1-1　几款典型的分立功率器件的 TO 封装形式

随着功率半导体器件的电流和电压越来越大，工作频率也越来越高，分立功率器件的封装形式不断改进，例如，将键合引线用桥夹（Clip Bond）或键合带（Bonding Ribbon）或键合薄片（Bonding Foil）替代，如图 1-2 所示，能够大幅提高其能承受的电流密度；还有无键合引线甚至无引脚的 DirectFET 封装（见图 1-3）。

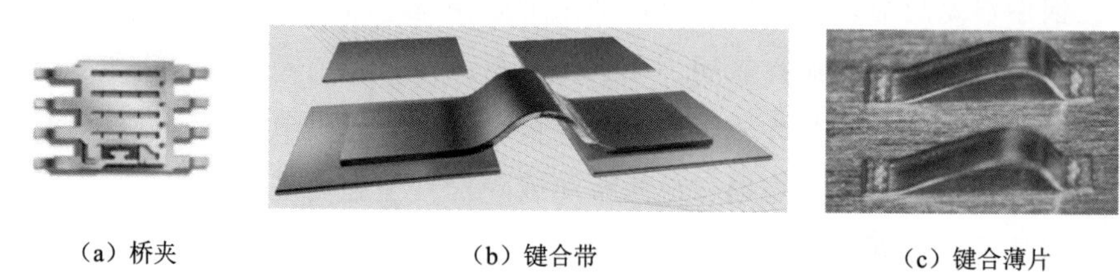

（a）桥夹　　（b）键合带　　（c）键合薄片

图 1-2　桥夹、键合带和键合薄片

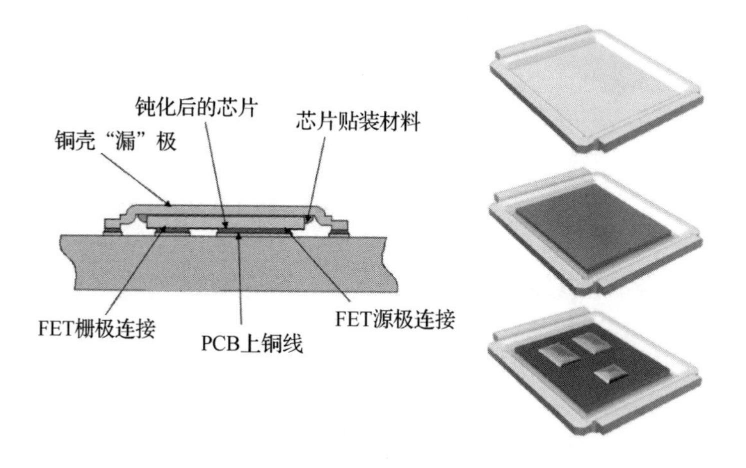

图 1-3　DirectFET 封装示意图

分立式封装的优点在于安装简单、载流能力不受电极引线限制，可完全消除导线的寄生电感和实现双面冷却；然而，其缺点也很显著，如硅芯片和铜底板的热膨胀系数不匹配（这一因素限制了 TO 封装的可靠性），硅敏感器件耐湿气耐腐蚀能力差，封装不透明、背面互连情况难以检测等。随着封装工艺和封装材料的发展，用陶瓷衬底替代铜底板的碳化硅芯片的应用逐渐普及、新型的封装模式（如引线框架结构、压铸模块、改进的 TO 封装等）不断出现，分立式封装在实际中仍有较为广泛的应用。

1.2.3　功率半导体模块封装

把集成电路技术的发展思路延伸到功率电子技术领域，将功率半导体器件及配套的辅助元件按照典型功率电子电路拓扑结构，以绝缘方式组装到金属基板上，集成到一个模块中，就形成了功率半导体模块（Power Module）封装。功率半导体模块封装可以缩小装置整体的体积，降低成本，同时提高装置的可靠性。自赛米控（Semikron）公司 1975 年推出全球第一款带双极芯片的绝缘功率半导体模块（见图 1-4）之后，该封装模式迅速发展，已经成为功率电子技术的趋势和主流。直到今天，业界功率半导体模块仍应用广泛（见图 1-5）。

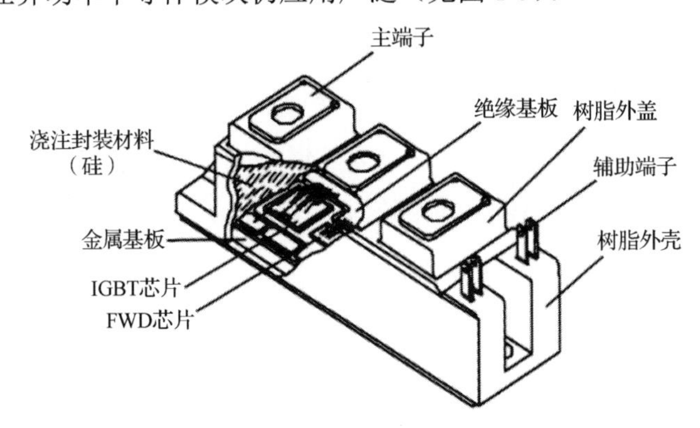

图 1-4　全球第一款带双极芯片的绝缘功率半导体模块

图 1-5　目前流行的各类功率半导体模块

（来源：System Plus Consulting）

功率半导体模块封装方法是使多个功能元件共享同一封装体，以此减少封装元件数量，在一定程度上提高了封装的集成度。典型的功率半导体模块封装产品为采用混合 IC 封装技术的多芯片模块（multi-Chip Module，MCM），通过将多个不同种类的芯片安装在同一块基板上，采用埋置（Embed）、叠层（Stack）等工艺实现三维互连。其中，智能功率模块（IPM）是一种典型的混合 IC 封装的多芯片模块，所封装的芯片包括功率半导体器件及驱动、保护、控制电路芯片，可实现智能控制功能。

功率半导体模块封装一般应用于高电压（1200V 及以上）、大电流（10A 及以上）、中高功率场合。

相比于分立功率器件封装，功率半导体模块封装的特点在于：

（1）具有绝缘结构。功率半导体模块中，元器件和散热面之间以绝缘材料隔开。例如采用陶瓷材料作绝缘层，实现元器件和散热面介电隔离，且陶瓷具备一定的散热性能，适合用作高功率密度模块基板。

（2）高热导率。由于模块的功率等级高，功耗大，导致热流密度大，为保证芯片温度不超过结温、模块性能良好、可靠性高，对功率半导体模块封装体内各部件的热导率要求较高。

（3）功能单一。功率半导体模块虽然集成了多个功率半导体芯片及辅助元件，但通常以功率半导体芯片并联的方式实现单一的功能。

功率半导体模块的发展过程涌现了各式各样的封装形式，包括经典晶闸管功率模块、饼形结构模块、经典带底板模块、无底板模块、集成了整流器和多个传感器的智能功率模块等。

1.2.4 功率集成电路封装

借助集成电路的设计思路，将驱动、控制、保护等信息电子电路和功率半导体器件集成到同一芯片中，实现信息和电能集成的电路，就是功率集成电路（Power Integrated Circuit，PIC），这种形式称为单片集成。另一种形式为混合封装集成，是用新的功能元件替代原先多个功能元件，从而减少功能元件的数目，实现封装元件的集成，典型的混合封装集成为厚、薄膜混合集成电路。这种集成封装方式，我们称之为功率 IC 封装。它在实现信息和电能集成的同时，减少了电子系统中元器件的数目，降低了成本，缩小了体积；同时减少了焊点，直接减少了失效的可能性；整体而言，提高了系统可靠性，降低了功耗。根据侧重点不同，功率 IC 封装可分为高压集成电路、智能功率集成电路等，具体产品包括功率 MOS 智能开关、两相步进电动机驱动器、三相无刷电动机驱动器、直流电动机单相斩波器、开关集成稳压器等[18]。

功率 IC 封装应用广泛，从移动通信和消费电子等便携式器件到航空航天和汽车电子器件，发展出超过 30 种不同类型的封装形式。目前功率 IC 封装主要采用已经成熟的封装形式，如薄型缩小 SOP 封装（TSSOP）、窄节距小外形封装（QSOP/SSOP）、小外形集成电路封装（SOIC）、模压双列直插式封装（MDIP）等。针对高功率密度散热需求，功率 IC 封装也逐渐发展到模塑无脚封装（MLP）、薄型 MLP、双排 MLP、QFN、芯片级封装（WL-CSP）等封装形式。随着智能化和集成化程度的提高，功率 IC 封装将进一步发展到超薄 MLP 封装、模压倒装芯片级封装（MCSP）、倒装芯片 BGA、小间距 WL-CSP 等封装形式。

功率 IC 封装目前一般适用于小功率场合，以三端离线 PWM 开关（Three Terminal Off-line PWM Switch，TOP Switch）为代表的功率集成电源已经广泛应用于通信类移动电子设备中[11]。至于大功率、高电压的应用，由于电磁干扰、散热、绝缘强度等因素，功率 IC 封装的实现还存在较多阻碍，目前较难实现。但随着技术的发展，尤其是材料和半导体工艺的进步，功率 IC 封装前景光明。

1.3　功率半导体器件的市场和应用

功率电子技术近年来被广泛应用于各种电气工程中，多种多样的功率半导体器件被应用在一般工业（如各种交直流电动机、直流电源、感应加热电源、不间断电源等）、交通运输（如轨道车辆、电动汽车、舰船等）、新能源（如风能发电、光伏发电等）、电力系统（输电及配电网系统等）、消费类电子产品（如通信设备、个人计算机等）、家用电器（照明灯、变频空调、洗衣机、电冰箱等）等领域中。可以说，功率电子技术涵盖了各个领域。

图 1-6 展示了不同功率和不同使用频率的功率半导体器件的实际应用[14]。

几瓦至几千瓦的小功率范围的功率半导体器件多用于消费类及家用电器类电子产品的开关电源，如个人计算机、服务器、空调、电冰箱、洗衣机等，可提高能源利用率。

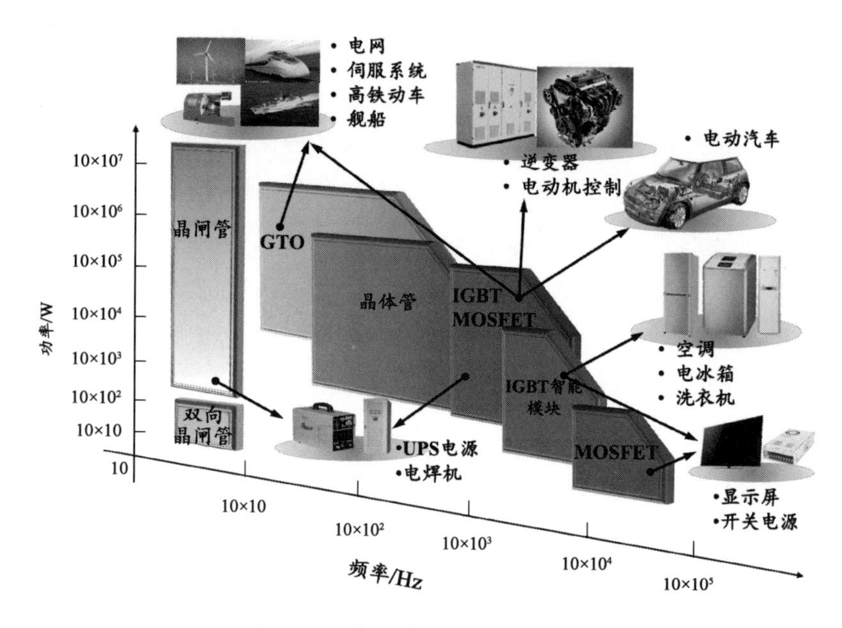

图 1-6　功率半导体器件的实际应用

10 千瓦（kW）至兆瓦（MW）级的中功率范围的功率半导体器件多用于一般工业、电气传动、交通运输、新能源等领域，如重型工业设备的高频电源转换器，新能源电动汽车的电力驱动系统、车载空调系统、充电桩，太阳能光伏逆变器的电源控制系统等，可提高电源转换效率。

吉瓦（GW）级的大功率范围的功率半导体器件则通常用于电力系统，如高压直流输电，可减少能源损耗。

随着信息社会和物联网的发展，电动汽车及新能源、通信设备甚至传统工业及电力系统都在期待电子化水平的提高，带动了功率半导体器件的发展。2017 年功率半导体器件市场规模（分立功率器件及功率半导体模块）超过 150 亿美元，并预计随后的五年内其市场规模稳步增长。在 2017 年功率半导体器件市场中，功率 IC 的市场份额为 54%，功率二极管/整流桥的市场份额为 15%，IGBT 的市场份额为 12%，MOSFET 的市场份额为 17%，其他器件的市场份额为 2%。

1.4　小结

功率半导体封装技术已经成为功率半导体器件乃至功率电子技术领域的关键技术，直接影响功率半导体器件在实际应用中的性能和可靠性。本章对功率半导体封装进行概述，介绍功率电子技术和功率半导体器件的基本概念和发展历程，阐明了功率半导体和微电子的联系与区别，在微电子封装基础上，主要介绍功率半导体封装的特点和要求，并介绍常见功率半导体封装类型。

功率半导体器件是功率电子技术的“心脏”，而封装技术是支撑器件应用的“骨骼”，深入理解功率半导体封装技术是解决高效能源变换应用的必要前提。

参考文献

[1] MOHAN N, UNDELAND T M, ROBBINS W P. Power electronics: converters, applications and design[M]. New Jersey: John Wiley & Sons, 2003.

[2] PEARSON G L, BRATTAIN W H. History of semiconductor research[J]. Proceedings of the IRE, 1955, 43(12): 1794-1806.

[3] MORRIS P R. A history of the world semiconductor industry[M]. London: The Institution of Engineering and Technology, 1990.

[4] WILSON, T G. The evolution of power electronics [J]. IEEE Transactions on Power electronics, 2000, 15(3): 439-446.

[5] ORTON J W. The story of semiconductors[M]. Oxford: Oxford University Press, 2004.

[6] 王兆安，刘进军．电力电子技术．第 5 版[M]．北京：机械工业出版社，2009.

[7] DITTMANN, N, SCHULZ, A, LODDENKÖTTER M. Power integration with new Econo-PIM IGBT modules[C]. IEEE Industry Applications Conference, Thirty-Third IAS Annual Meeting, 1998.

[8] 张雨秋，刘玉敏．智能功率模块的封装结构和发展趋势[J]．电子与封装，2009，9（4）：4-7，39．

[9] ERICSEN T, KHERSONSKY Y, SCHUGART P, et al. PEBB-Power electronics building blocks,

from concept to reality[C]. IEEE Petroleum and Chemical Industry Conference, 2006.

[10] 徐玲．IGBT 功率模块封装可靠性研究[D]．武汉：华中科技大学，2016.

[11] 王兆安，陈桥梁．集成化是电力电子技术发展的趋势[J]．大功率变流技术，2006（1）：2-6.

[12] TUMMALA R R. Fundamentals of microsystems packaging[M]. New York: McGraw Hill Co., 2001.

[13] AMERASEKERA E A. Failure mechanisms in semiconductor Devices[M]. New Jersey: Wiley, 1997.

[14] LIU Y. Power electronic packaging[M]. Berlin: Springer Science & Business Media, 2012.

[15] SHENG W W, COLINO R P. Power electronic modules: design and manufacture[M]. Florida: CRC Press, 2004.

[16] IANNUZZO F, CIAPPA M. Reliability issues in power electronics[J]. Microelectronics Reliability, 2016, 58: 1-2.

[17] GEORGIEV A, PAPANCHEV T, NIKOLOV N. Reliability assessment of power semiconductor devices[C]. IEEE International Symposium on Electrical Apparatus & Technologies, 2016.

[18] 张波．功率集成电路及其应用：特邀主编评述[J]．电力电子技术，2013，47（12）：1-2.

第2章

功率半导体封装设计

功率半导体的封装直接影响器件的使用性能及长期使用的可靠性，先进封装技术在功率半导体生产中不可或缺。功率半导体封装是一门涉及电学、热学、力学、材料学、半导体学等多学科的复杂工艺技术，良好的封装需要将各个因素考虑进去。因此，根据不同的应用需求，设计满足功能及应用场合要求的封装，提高功率半导体器件的性能、降低功耗、缩小体积、降低成本，并缩短整个封装设计开发周期，成为关注重点。此外，除了封装设计本身，功率半导体封装制造工艺也是影响器件质量的重要因素，在设计时需综合考虑。本章概述了功率半导体封装设计思路、常用工具及建模与仿真方法，并重点介绍了功率半导体封装设计中的电学设计、热设计、热机械设计和电热力耦合设计。

2.1 功率半导体封装设计概述

2.1.1 封装设计

建模与仿真已经被国际半导体技术发展规划（ITRS）确定为确保第一工业的快速发展必须掌握的交叉技术[1]，而设计、可靠性、测试、组装和制造的最流行的方法学为 DFX（Design for X）方法，即面向产品全生命周期各环节的设计。在1996 年的表面贴装国际会议（Surface Mount International Conference）上，DFX 成为主要议题之一，这里的 X 代指针对的对象，如制造、测试、可靠性、成本等，即可制造性设计（Design for Manufacturability）、可测试性设计（Design for Testability）、可靠性设计（Design for Reliability）等。采用该方法可实现产品全生命周期的设计需求，设计贯穿整个开发过程，保证产品质量的同时应降低制造成本，为产品的高可靠性、低成本、短周期提供保障。

功率半导体模块的应用非常广泛，如轨道交通、电动汽车、新能源利用、消费类电子产品等，因此对功率半导体模块的可靠性要求很高。功率半导体模块封装过程的任意一个步骤中都可能产生缺陷（如裂纹、脱层、空洞、材料微观结构变化等），而且这些缺陷相互影响，导致失效机理较为复杂[2,3]。通过试验很难对过程中的应力和失效机理进行完全分析，为了满足高可靠性的需求，一方面采用试验手段进行可靠性试验失效分析，另一方面采用结合 DFX 的多物理场耦合数值建模与仿真方法进行虚拟可靠性分析，二者相互验证以证明模型的有效性。过程中的应力应变、温度场等均可通过对数值模型的分析得到，从而在较短的开发周期内实现对失效机理的深入理解和分析。由此可见，将数值建模与仿真技术应用于功率半导体封装各环节（见图 2-1），是功率模块封装设计优化和高可靠性的保证。

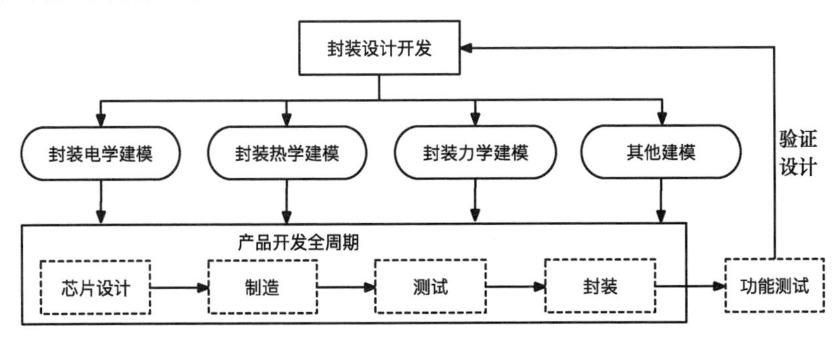

图 2-1 数值建模与仿真技术在功率半导体封装各环节的应用

2.1.2 建模和仿真

功率半导体的建模与仿真一般着眼于宏观范畴，包括有限元法（Finite Element Method，FEM）、有限体积法（Finite Volume Method，FVM）、有限差分法（Finite Difference Method，FDM）等。其中，有限体积法更适合分析流体问题，适用于不规则网格，且并行计算能力较强，但精度只有二阶；有限差分法理论成熟，编程方便，易于并行，但对区域连续性要求严格，难以处理不规则区域。相比之下，有限元法是 20 世纪 50 年代发展起来的求解连续场问题的数值方法，可求得带有特定边界条件的偏微分方程的近似解，而偏微分方程正是工程问题的基础。有限元法适用于复杂的几何结构和各种物理问题，精度可控，正逐渐成为宏观建模的流行方法。常用的典型有限元商业软件包括 ANSYS、ABAQUS、COMSOL，以及专注器件及系统热流分析的 FloTHERM、专注模流分析的 Moldflow 等。

有限元法的基本思想是离散化和数值近似：首先将结构或连续体的求解域离散成有限个单元，并在每个单元内设定有限个节点，进而将连续体看成仅在节点处相连接的一组单元的集合体；然后将场函数或其导数在节点上的值作为数值求解的基本未知量，每个单元内的近似函数由未知场函数或其导数的节点值及与其对应的插值函数以矩阵的形式来表达，再用所假设的近似函数来分片地表示全求解域内待定的未知场变量，从而将连续域中的无限自由度问题转化为求解场函数或其导数的节点值的有限自由度问题；最后通过边界条件和其他约束建立求解基本未知量的代数方程或常微分方程组，并用数值方法求得问题的近似解。

采用有限元法进行功率半导体封装设计时，需要建立经过验证的材料库，确定器件应用需求来施加载荷，再根据热/力/电/流体等理论方程，建立多尺度物理模型，并经过试验分析的验证，确保模型的有效性。将验证后的模型应用于封装的各个环节，包括前后道工艺、互连、器件集成、封装、可靠性测试，以及材料、缺陷、界面、电迁移及失效分析，分析出器件失效机理，为设计提供指导。对所设计的器件封装进行功能测试，若不满足应用需求，则改进设计，直至达到设计目标。图 2-2 给出了有限元建模方法在功率半导体封装中的应用及基本流程。

在有限元分析过程中，单元的质量、插值函数的选择都会影响计算结果的精确度。一般来说，单元划分越精细，则计算出的近似结果越精确；当单元满足收敛要求时，所求得的近似解收敛于精确解；随着插值函数阶数的增加，近似精度也相应提高。然而，上述提高计算精度的方法都将使得计算量呈几何倍数增加，对计算机的性能和数据处理能力提出较高要求。为了在提高计算精度的同时尽可能减少计算量，发展了一些先进的建模技术，如采用子模型法对局部区域进行网格细化、通过控制单元的“生”与“死”实现有限元模型中材料的增加或删除、过渡均匀协调的网格自适应生成等。

随着功率半导体封装向高功率密度、小尺寸的趋势发展[4,5]，功率半导体封装对建模与仿真的要求愈发提高，设计中所关注的物理现象越来越复杂，更微观的材料结构仿真，器件与元件级仿真（如掺杂、扩散、晶格缺陷等），前道工艺仿真（如气相沉积、刻蚀、化学机械抛光等），原子尺度-微观尺度-宏观尺度的多尺度热学、力学、电学仿真等，需要不断研究新的模型，开发新的建模与仿真工具，满足日益增长的设计需求，以此更好地解决封装中所涉及的各类问题。

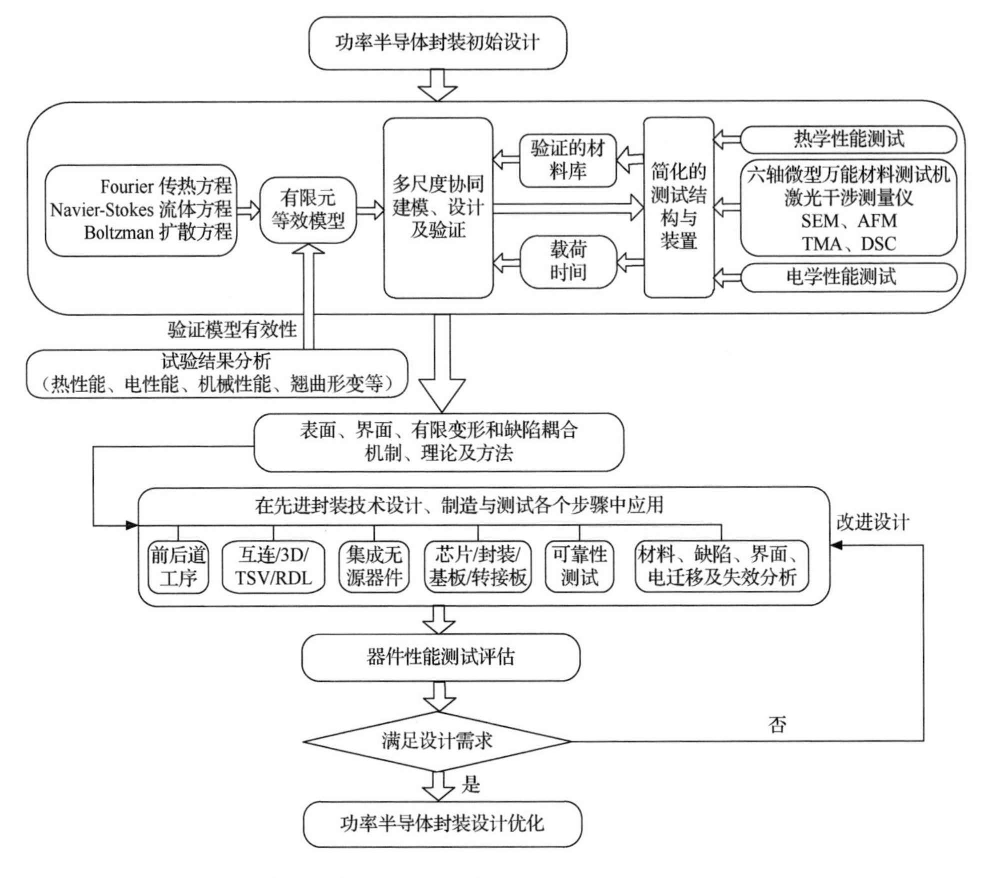

图 2-2　有限元建模方法在功率半导体封装中的应用及基本流程

2.2　电学设计

微电子封装是指对微电子芯片或部件进行保护，并且将微电子部分和外部环境进行电气、热学和机械的连接。为了减小电力电子装置的体积和质量、提高功率密度、提高控制精度和改善动态响应，需要提高电力电子装置的工作频率。功率半导体器件开关频率不断提高导致器件寄生参数的影响增大、开关损耗增大、EMI 增加。在器件开和关的瞬间寄生电感和寄生电容将会产生较大的反馈电压或者电流，与器件本身的电压或电流叠加，从而影响器件的正常工作状态，同时导致 EMI 增加。器件长时间工作在这样的状态下会加速其老化，甚至引起器件失效，寄生电阻的存在也加大了器件的功耗。封装的电学设计就是在封装工艺可行的前提下，结合成本估算，选择合适的封装外形和材料，设计合理的封装布局来降低封装寄生参数对器件工作性能的影响。

2.2.1　寄生参数简介

目前，功率半导体材料仍以硅为主，传统硅基的 MOSFET 的工作频率最高为几百千赫兹。以 SiC 和 GaN 为代表的新型功率半导体材料的工作频率可高达数十兆赫兹，封装内寄生参数的影响比第一代硅基材料更为突出。

封装内的寄生参数一般用 R、L 和 C 表示。寄生电阻 R 可用公式来估算：

$$R = \rho \frac{l}{S} \tag{2-1}$$

式中，R 为寄生电阻，单位为 Ω；ρ 为导体电阻率，单位为 Ω·cm；S 为导体横截面积，单位为 cm^2；l 为电阻的长度，单位为 cm。在直流情况下，封装中键合线、基板内的走线、倒装芯片上的铜柱等形状规则的导体均可用该公式估算寄生电阻。

在高频情况下，导体受趋肤效应的影响，电流趋向于在导体的外表面上流动，把电流层厚度δ近似视为固定的，并称该等效厚度为集肤深度，横截面积 S 随着频率的升高而逐渐减小，导致寄生电阻随频率的升高越来越大，所以在高频情况下，要防止寄生电阻过大，以免影响器件性能。

在高频电路中，互连线中寄生电感是一个很重要的参数。很多情况下需要减小寄生电感，如通过减小信号路径间的互感来减小开关噪声，通过减小电源分布系统的回路电感来减小封装系统的 EMI。此外，可以优化路径电感以获得所需阻抗。

为了分清磁力线的源头，电感分为自感和互感。自感表示导线中流过单位安培电流时在其周围所产生的磁力线数；同理，互感表示一根导线中流过单位安培电流时产生的环绕在另一根导线周围的磁力线数。两根导线距离越近，互感就越大，反之则越小。事实上，导线外部和导线内部都有磁力线，所以自感可分为外部自感和内部自感。在一个回路中，为了估算一段导体的电感而优化设计，提出了局部电感的概念。局部电感即假设回路中的其他部分不存在，除研究的那段导

体外，其他部分没有电流。封装中键合线的局部电感可用圆杆的几何结构近似，近似公式为

$$L = 5d\left\{\ln\frac{2d}{r} - \frac{3}{4}\right\} \tag{2-2}$$

式中，L为键合线的局部电感，单位为nH；r为键合线半径，单位为in（1in=25.4mm）；d为键合线的长度，单位为in。根据该公式可知，键合线的局部电感约为1nH/mm。

在交流情况下，外部自感由于不通过导体，所以不会随着频率的变化而变化；而导线内部的电流分布随着频率变化而变化，所以内部自感会发生变化。与寄生电阻类似，寄生电感在交流情况下也受到趋肤效应的影响。随着频率的升高，外部自感不变，导体内部电流向表面移动，内部自感越来越小。当达到一个频率时，集肤深度仅占几何厚度的很小一部分，内部自感趋于零，从而自感就约等于外部自感。即电感随着频率升高而减小，直至趋于收敛。

电容器实际由两个导体构成，任意两个导体都存在一定的电容量。寄生电容的大小取决于导体的几何结构和导体周围材料的属性，与频率没有关系。估算寄生电容的模型有同轴模型、双圆杆模型、圆杆平面模型、微带线模型和带状线模型。在封装中，圆杆平面模型可描述键合线与参考平面的寄生电容；双圆杆模型可描述铜柱或者基板内过孔的寄生电容；微带线模型与带状线模型可描述封装基板内走线的寄生电容。模型具有一定的局限性，需在严格的条件下才能使用。如果需要得到精确的寄生电容值，则需要借助专业的场求解器。寄生电容可引起电路响应延时，电容耦合产生脉冲电压或电流，从而影响传输质量，因此在一般情况下需尽量降低寄生电容。在多层印制电路板（PCB）或封装基板中，许多电源和地层可以近似为平面板电容。平面板电容的电容量可表示为

$$C = \varepsilon_0\varepsilon_{\mathrm{r}}\frac{A}{h} \tag{2-3}$$

式中，C表示电容量，单位为pF；ε_0表示自由空间的介电常数，为0.225pF/in；ε_{r}表示两平面间的相对介电常数；A表示平面的面积，单位为in^2；h表示平面间的距离，单位为in[6]。

根据电阻、电感、电容的近似公式可快速估算出封装体中的寄生参数，在设计初期可快速评估封装体的电学性能，在封装材料性能、价格等方面制定出大致

合理的封装设计方案，从而缩短产品开发周期，节约开发费用。

封装寄生参数模型本质上是 RLC 集总参数模型，代表封装的无源效应。器件的 SPICE 模型和 IBIS 模型与封装模型不同的是，器件的 IBIS 模型用来描述该器件的输入/输出行为；器件的 SPICE 模型记录了该器件的内部电路图，内部电路图属于机密，一般 IC 设计公司不会与其他公司共享。封装的 SPICE 模型和 IBIS 模型可以被器件模型调用，成为器件模型的一部分。封装的 IBIS 模型包含版本、文件名等信息，端口的定义，以及信号间电导、电阻、电感和电容的具体值的矩阵。封装常用的模型为 HSPICE 模型和 IBIS 模型。HSPICE 模型为 T 模型，如图 2-3（a）所示，开头也为节点的定义，然后是后缀为_half 和_parlel 的两个子电路。电阻 R 和电感 L 分布在 T 模型的两端，所以电阻值和电感值分别为 IBIS 模型的一半。值得注意的是，HSPICE 模型内的电容为 SPICE 电容矩阵，矩阵的对角线为信号对参考地的自容，矩阵中的其他电容为信号间的互容。IBIS 模型如图 2-3（b）所示。IBIS 模型的电容为麦克斯韦电容矩阵，麦克斯韦电容矩阵的对角线为对参考地的自容和其他信号互容的总和，也可称为负载电容。

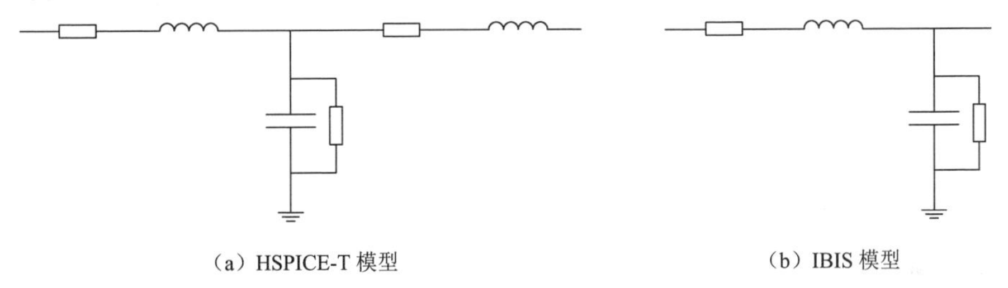

（a）HSPICE-T 模型　　　　（b）IBIS 模型

图 2-3　封装 RLCG 模型

2.2.2　功率半导体封装寄生参数

封装寄生参数的获得一般有三种途径：①根据现有的经验公式对寄生参数进行估算，结果不精确，而且不适用于形状不规则导体的寄生参数估算。②通过专业的软件对封装模型进行精确建模，并通过算法来提取封装体内的寄生参数，常见的仿真软件如 ANSYS 公司的 Q3D 和 Cadence 公司的 Xtract IM。③通过具体的仪器设备，如阻抗分析仪和时域反射计（TDR）来测量封装内的寄生参数。测量可以验证设计、建模、仿真的准确性，并对仿真结果进行校准。文献[7]给出 TDR 的测量原理和方法，并结合专业的软件测量 IGBT 模块的寄生参数。文献[8]采用

Q3D 软件对一个集成电力电子模块（IPEM）进行建模仿真，结果与阻抗分析仪测量出的寄生参数基本吻合。

在设计之初通过经验公式估算封装体内寄生参数，结合封装尺寸、材料、成本等因素初步制定较为合理的电气设计方案。然后通过专业的仿真软件对功率器件或模块进行三维精确建模，提取封装体寄生参数，模拟器件在大功率下的电流分布，结合设计要求对原设计提出改进方案。最后通过对封装成品进行电气性能测试，在验证设计、建模、仿真过程的准确性的同时验证电学设计是否达到产品性能指标。以上是功率半导体器件电学设计的三个主要步骤。

随着功率半导体器件工艺技术的不断发展，新型 SiC 或者 GaN 功率芯片内部的寄生参数已经达到可比拟或者远远小于封装的寄生参数的程度，为了不让封装成为制约芯片工作性能的瓶颈，需要对封装结构进行电性能设计和优化。

目前，功率半导体器件和功率半导体模块普遍采用平面封装结构和引线键合互连工艺。MOSFET 是常见的开关器件。导通电阻 $R_{DS(on)}$，即漏源极间的电阻是功率 MOSFET 主要的特征参数之一。常见的功率 MOSFET 封装结构模型如图 2-4 所示。MOSFET 封装成品的等效导通电阻等于芯片的导通电阻与封装的寄生电阻之和。$R_{DS(on)}$由 4 部分组成：引线框架电阻 R_L、漏极装片电阻 R_D、芯片内部电阻 $R_{ds(on)}$、键合线电阻 R_W，即 $R_{DS(on)}=R_L+R_D+R_W+R_{ds(on)}$。为了降低封装体的寄生电阻，可采用低电阻率引线框架，还可通过采用高电导率的以烧结银为代表的低温连接技术焊料取代普通焊料来降低芯片漏极与框架之间电阻 R_D，在减小 R_D 的同时获得更高的耐热能力。根据式（2-1）可知，寄生电阻与电阻率和长度成正比，与横截面积成反比。选择电阻率低的键合线，并且尽可能增大键合线横截面积和缩短传输路径，或者采用并联多根键合线的方式来减小寄生电阻，在减小寄生电阻的同时降低了寄生电感。

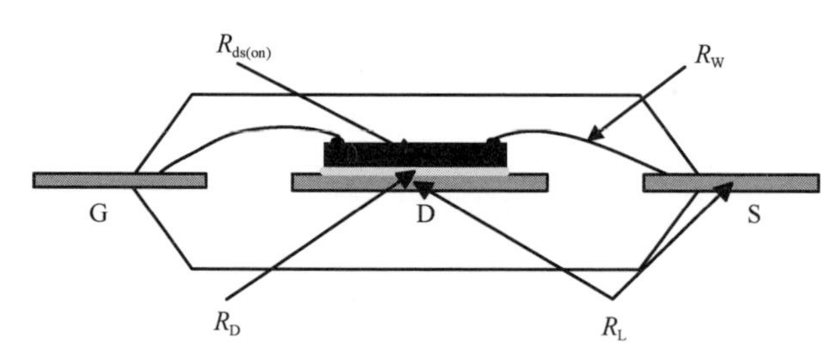

图 2-4　常见的功率 MOSFET 封装结构模型

在开关模型中，封装体内的寄生电感阻碍着输入电流的转换速度，从而影响开关转换速度。以传统的引线键合互连工艺为例，寄生电感与寄生电阻的模型类似，源端的寄生电感来源于器件封装体内的键合线及源极引脚，漏极电感来源于引线框架和芯片与漏极的装片材料，栅极电感来源于键合线及栅极引脚。寄生电感阻止电流的迅速升高，寄生电感越大，电流上升的速度越慢，晶体管栅极充电速度越慢。当器件关断时，寄生电感也会延缓电流的迅速减小，不利于晶体管快速转换，从而影响开关速度。对于开关速度要求较高的功率半导体器件或功率半导体模块，在设计时应尽量减小封装体的寄生电感，防止在开关瞬间产生较高的电压尖峰。文献[9]和[10]指出 MOSFET 共源极电感对器件的开关速度、损耗有一定的影响。漏极、源极、栅极电感过大在器件开关过程中会产生振荡，所以需尽量减小布局中的电感。

IGBT 结合了 MOSFET 开关频率高和 GTR 载流大的优点，相较于 MOSFET 而言，源、漏极需要承受更大的电流，所以需要打多根键合线。路径短并且靠近源端和终端的键合线承受的电流比其他键合线更大。这样，在工作多个周期后，承受电流越大的键合线发热量就越大，从而导致电流分布不均而引起封装体的热失效。为了增大载流能力而并联多个 IGBT 芯片的功率半导体模组中也会遇到类似的问题，靠近正极的芯片承载的功率相比于远端芯片更高，从而影响整个模组的工作状态。并且更快的开关速度使得栅极寄生电感在模块上的布局变得更加敏感，电感值的不一致将导致各个器件的开关速度差异。在多个功率芯片并联布局时采用对称结构，即每个器件源端（或漏端）到正极（或负极）的路径长度尽量相等，减小寄生参数对功率半导体器件或模块的电流分布、热效应及开关差异具有积极的影响。所以，在多条键合线或者芯片并联设计时尽量保持并联回路的一致性。文献[11]对并联 IGBT 模组布局做对称处理，相比原布局电流分布及功耗均得到有效改善。由此可见，未来电热混合仿真分析将得到越来越多的应用。

当功率器件闭合与断开时，驱动电路对栅极输入电容进行充放电，寄生电容的充放电延缓了器件的开关。寄生电容的单位一般为 pF，虽然其数值在三个寄生参数中最小，但寄生电容是引起 EMI 的重要参数，尤其是输出端和栅极寄生电容。文献[12]对 IPEM 做了布局优化，均衡直流总线的寄生电感和电容，同时使输出端寄生电容及栅极寄生电容尽量减小。与原功率半导体模块电气设计相比较，改进后的功率半导体模块的 EMI 问题得到很大的改善。

为了消除引线键合带来的寄生参数大、载流量有限、由热应力等产生的器件失效等问题，提出了铜片键合技术、倒装芯片技术以及压接封装技术三种新型互连技术。铜片键合相比于传统引线键合接触面积大，从而使寄生参数减小，利于封装产品散热，不同的产品造就了铜片设计的多样化[13]。倒装芯片技术在整个芯片平面上实现多引脚，相比于传统键合互连工艺，互连线路长度短，载流量大，寄生参数小，由于尺寸小，可实现更高的集成度。前两种技术仍属于焊接型技术，而压接封装技术利用压力实现电气连接，器件内部较为对称，使得寄生电感分布更均匀，适合多芯片并联的模组封装，保证了双面散热且可靠性高，但成本较高。中车株洲时代电气在 2017 年年底完成世界上功率等级最高的压接型 IGBT 的研发，实现了国内压接型 IGBT 技术“从无到有”的突破，打破了国外大功率压接型 IGBT 的技术和市场垄断。文献[14]分析压接型 IGBT 模块的封装寄生参数对芯片工作过程中的均流特性的影响。三种互连技术相比于传统引线键合互连技术均对寄生电感和电阻有较大改善。表 2-1 给出三种新型互连技术的比较 ，新型互连技术的出现为电力电子模块化提供了强有力的技术支持。

表 2-1　三种新型互连技术的比较

新型互连技术	主要应用范围	连 接 类 型	成　本
铜片键合技术	分立器件	焊接	较低
倒装芯片技术	分立/模组	焊接	适中
压接封装技术	模组	压接	高

封装器件的电气性能、热性能、可靠性之间是相互关联、不可分割的。提高器件布局密度有助于提高功率密度，减小互连线路长度，从而缓解寄生参数带来的 EMI 和开关噪声等一系列问题。布局过度集中会使模块热量集中，从而导致模块难以散热，引起可靠性问题。温度过高又会引起材料参数的变化，导致功率半导体器件和模块的电气性能下降。所以在考虑功率半导体器件电气设计时要兼顾封装的热性能和可靠性。由于功率半导体器件大多工作在大电流或者大电压的环境下，在考虑封装电气连接的同时，为保证产品绝缘性能，在选用材料时尽量选用介电常数低，在不同温度和湿度下介电常数较为稳定的介质。

2.2.3　功率器件封装电学建模及仿真

目前，Cadence 公司的 Xtract IM 软件和 ANSYS 公司的 Q3D Extractor 软件均

可提取封装寄生参数并导出封装 IBIS 模型或 SPICE 模型。仿真案例采用 ANSYS 公司的 Q3D 软件来提取封装的寄生参数。Q3D 是一款三维准静态电磁仿真工具，可以提取任意封装形式的导体结构电阻、电感、电容和电导参数矩阵，并导出 SPICE、IBIS 模型。准静态即不考虑电场和磁场的相互耦合，采用三维边界元求解技术提取电容、电导和交流电阻、电感，采用有限元法提取直流电阻、电感。如果功率半导体器件产品尺寸较大，建议采用全波三维仿真器（如 HFSS）来仿真。Q3D 软件采用自动自适应剖分技术，网格形状为三角形。表 2-2 列出了 Q3D 中电阻、电感、电容、电导参数求解方法及网格策略。

表 2-2　Q3D 软件参数求解方法及网格策略

求解参数	介　质	涡　流	求解方法	网格划分
电容、电导	生成网格	—	边界元法	导体和介质表面
直流电阻、电感	不生成网格	不考虑	有限元法	导体内部
交流电阻、电感	不生成网格	不考虑	边界元法	导体和介质表面

封装体由芯片、黏结层、铜框架、引脚及塑封体组成，芯片通过黏结层与铜框架相连，芯片通过键合线与引脚连接。根据实物的实际尺寸建立 3D 封装模型，如图 2-5 所示。模型可以在专业的三维模型软件如 ANSYS 公司的 Workbench 平台或者 SolidWorks、UG 等中建立，也可在 Q3D 中直接建立。然后在 Q3D 中设置导体的电阻率/电导率，设置介质在不同频率下的介电常数与耗散系数，以及在需要仿真的网络指定源端和漏端，芯片一般设置为源端，封装输出端一般设置为漏端。在 Q3D 中网格是自动划分的，最后设置好仿真频点，即可进行仿真，待 Q3D 计算完成后输出仿真结果。

（a）TO-252 封装实物

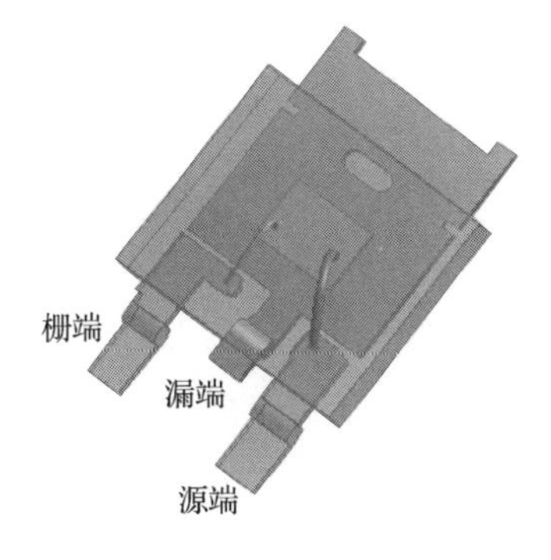

（b）TO-252 封装模型

图 2-5　封装实物与模型

仿真案例采用常见的 TO-252 封装形式，框架引脚长度约为 5mm，厚度为 0.51mm，宽度为 0.76mm，框架的电阻率为 1.9μΩ·cm。栅极和源端键合线分别采用 5mil（1mil=0.0254mm）和 10mil 线径，长度分别为 2.6mm 和 2.8mm，电阻率为 2.8μΩ·cm。塑封料的相对介电常数为 3.8。仿真结果在频率为 1MHz 下提取。电阻、电感、电容的估算值是在直流情况下计算得到的，估算值和仿真值对比如表 2-3 所示。由于趋肤效应的影响，电阻仿真值比估算值略大，电感仿真值与估算值相比较大。若装片焊料层出现空洞或分层，漏极寄生电阻将会增大。由于键合线有一定的弧度，所以源端与栅极的电容只能通过仿真计算得到。由于趋肤效应的影响，交流情况下的电阻、电感需要借助专业的软件提取。

表 2-3　寄生参数估算值与仿真值对比

端　子	参　数								
	电阻/mΩ			电感/nH			电容/pF		
	估算值 DC	仿真值 DC	仿真值 AC	估算值 DC	仿真值 DC	仿真值 AC	估算值 DC	仿真值 DC	仿真值 AC
漏端	<0.01	0.002	0.004	—	0.03	0.06	2.35	2.56	2.56
源端	1.8	1.88	3.35	4.12	4.27	3.35	—	0.81	0.81
栅极	6.0	6.65	8.52	4.49	4.41	3.75	—	0.73	0.73

仿真的目的不仅是提取封装的寄生参数，还要通过仿真结果进一步优化设计和布局，从而减小寄生参数对性能的影响。随着电力电子模块布局的集中化以及开关频率的高频化，势必会采用越来越先进的封装互连技术，封装形式的定制化在未来将占很大比重。电力电子模块的电学设计将会受到越来越多的重视，研究集成电力电子模块封装技术具有重要意义。

2.3　热设计

电子器件的电能集中在芯片处，并在芯片较小区域集中产生大部分热量，形成芯片最热部位，该部位称为结点（Junction），其温度称为结温。芯片的结温与封装体内部的温度分布、功耗、芯片的散热路径、热界面材料、散热条件以及所处系统的环境温度等因素密切相关。电子产品的热设计指的是通过采用合理的散热技术和结构，优化设计方案，使结温不超过器件所允许的最高温度（对于硅功率器件，通常最高允许温度不超过 150℃，连续工作温度不超过 125℃），保证器件及模块正常可靠地工作。

根据经验，电子器件温度每升高 10℃，平均可靠性降低 50%。这条经验基于阿伦尼乌斯方程（Arrhenius Equation），该方程表明了温度应力对物质的化学与物理变化的影响，在分析失效时未考虑湿度、机械应力、电学等因素的影响，存在一定局限性。芯片结温与 10 万小时故障率的关系如图 2-6 所示。根据美国空军航空电子设备完整性计划的统计结果，电子器件的主要失效原因包括振动、灰尘、湿气和温度，其中温度影响造成的失效占 55%，如图 2-7 所示。

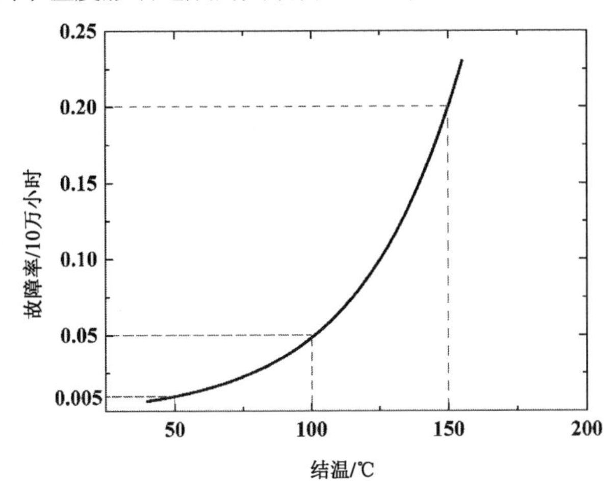

图 2-6　芯片结温与 10 万小时故障率的关系

（来源：GEC Researh）

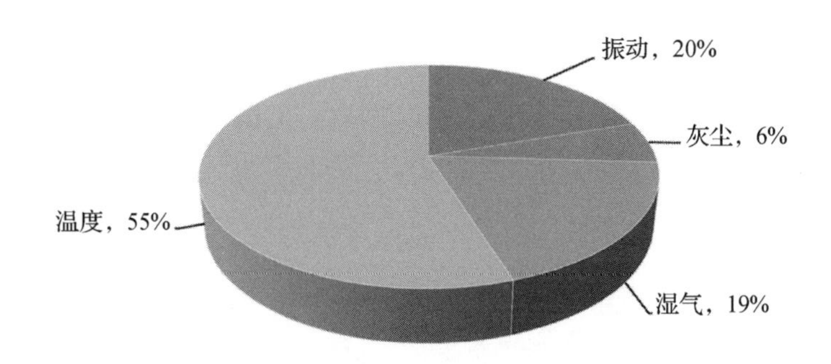

图 2-7　电子器件的主要失效原因

（来源：US Air Force Avionics Integrity Program）

随着功率半导体封装集成度不断提高、体积不断缩小、功率密度不断增加，散热问题成为功率半导体封装中的重点和难点。功率半导体器件的作用主要是实现电能的变换和控制，在开关控制过程中会产生较大的功耗，热管理是封装设计中的关键环节。功率半导体器件封装所涉及的热问题主要包括稳态温度，由瞬态温度变化、温度循环、温度冲击、功率循环等造成的温度梯度，以及封装材料相互之间热膨胀系数不匹配所带来的热失配问题。其中，热失配问题会在封装结构内产生热应力，进而导致热应力疲劳损坏、断裂等热机械失效问题，易失效点通常出现在引线键合点位置、焊料层、芯片及基板上。

2.3.1 传热理论基础

热传递方式一般有热传导、热对流、热辐射三种。热传导是热量从高温向低温传递的过程；热对流是冷热流体各部分之间发生相对位移而相互掺混所引起的热量传递过程，常伴有热传导；热辐射是直接通过电磁波辐射向外发散热量的过程。

功率半导体器件封装涉及的热量传递方式主要有热传导和热对流。

热传导问题可以采用傅里叶方程来描述：

$$q=-\lambda\frac{\partial t}{\partial x} \tag{2-4}$$

式中，q 为热流密度，单位为 W/m^2；$\frac{\partial t}{\partial x}$ 为法向温度梯度，单位为℃/m；λ 为热导率，单位为 W/(m·K)，表征了材料导热性能的优劣；等式中的负号表示热量传递的方向与温度升高的方向相反。

对流传热过程是流体流经固体表面时的热量传递过程，通常采用牛顿冷却公式进行描述：

$$q=h\left(t_{w}-t\right) \tag{2-5}$$

式中，q 为对流传热的热通量，单位为 W/m^2；h 为对流换热系数，单位为 $W/(m^2·℃)$；t_w 为壁温，单位为℃；t 为冷流体主体温度，单位为℃。对流换热系数 h 与物体表面的几何形状和流体的物理性质相关，其典型值列于表 2-4。

表 2-4　对流换热系数典型值

热对流的类型	流体（或相变过程）	h/[W/(m^2·℃)]
自然对流	气体	2～25
	液体	50～1000
强制对流	气体	25～250
	液体	50～20000
相变对流	沸腾或冷凝	2500～100000

2.3.2　热阻

热阻（Thermal Resistance）是热设计中最重要的参数。热阻表征了热量在热流路径上遇到的阻力。当有热量在物体上传输时，将物体两端温度差与热源的功率之比定义为热阻。当热量流经热阻时，就会产生温差，这与电流流经电阻产生压差类似。热阻越大，热量越难传导，器件温度也就越高。因此，热阻是衡量器件散热能力的重要指标。

在功率半导体封装中，热阻常表达为功耗和结温之间的关系，表征了封装的热学性能，公式为

$$R_{jx} = \frac{T_j - T_x}{P} \tag{2-6}$$

式中，R_{jx} 为热阻，单位为℃/W；P 为单个器件的功耗，单位为 W；T_j 和 T_x 分别为结温和参考点温度（参考点的选取是任意的），单位均为℃。

功率半导体器件所产生的热量散发路径主要包括封装顶部到环境、封装底部到热沉和封装引脚到热沉。以下给出常用的参考点选取方法及典型封装热参数。

1．结-环境热阻（Junction-to-Ambient Thermal Resistance）

不管采用何种封装形式，热量最终都会从芯片扩散到周围环境中，因此，将结-环境热阻作为衡量封装热性能的有效指标之一。选取环境为参考点，则结-环境热阻 R_{ja} 定义为

$$R_{ja} = \frac{T_j - T_a}{P_{总}} \tag{2-7}$$

式中，T_j 和 T_a 分别为结点温度和环境空气温度；$P_{总}$为芯片总功耗。

2. 结-壳热阻（Junction-to-Case Thermal Resistance）

芯片产生的热量从芯片开始，通过封装内部各种复杂路径传递到封装管壳，再扩散到空气中，因此，用结-壳热阻 R_{jc} 来表征热量传递到外部热沉的能力，R_{jc} 越小，则意味着热量越容易流入外部热沉。需要注意的是，结-壳热阻 R_{jc} 只适用于绝大部分或全部热量都通过封装顶部或底部的热沉散出的情况。选取封装管壳为参考点，管壳为主要传热路径中的封装外表面，则结-壳热阻 R_{jc} 定义为

$$R_{jc}=\frac{T_j-T_c}{P_{jc}} \tag{2-8}$$

式中，T_j 和 T_c 分别为结点温度和管壳温度；P_{jc} 为芯片传递到封装管壳的功耗。

3. 举例：IGBT 模块热阻分析

传统 IGBT 模块在使用时，通过导热硅脂将模块贴装在具有翅片设计的热沉上，如图 2-8 所示，封装结构紧凑，多热阻界面造成高热阻，散热成为封装设计的难点之一。

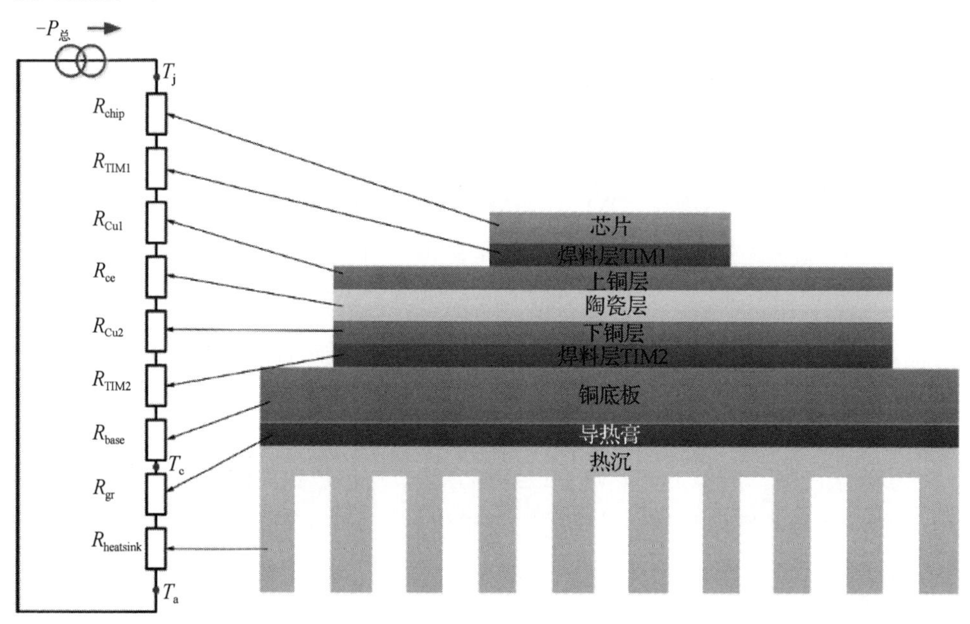

图 2-8　典型 IGBT 模块散热结构及热阻网络示意图

很大一部分热阻来自模块的底板和内部绝缘陶瓷，且与材料的热导率、厚度、

尺寸等密切相关。功率电子模块中常用材料的性能列于表 2-5 中。然而高热导率材料的使用势必造成封装成本的增加，在工业生产中并不适用。在满足电学性能和力学性能需求的前提下，减小各部件的厚度成为降低热阻较为有效的方法。

表 2-5　功率电子模块中常用材料的性能

材　　料		热导率［W/(m·K), 25℃］	热膨胀系数（×10⁻⁶/K, 25℃）
硅		151	4.2
陶瓷基板	Al_2O_3 (96%)	20	7.1
	AlN (96%)	170	4.5
底板	Cu	380	17
	AlSiC (SiC 68%)	210	6
	Al-C (AlC400)	380	7
	Cu-C (CuC400)	390	6.5

热阻的计算根据接口设计、热设计、电气设计形成的模块封装结构进行仿真计算。

稳态热阻是一个与恒定功率有关的概念。稳态热阻由模块的堆叠结构与组成材料的热特性决定，理论计算公式如下：

$$R_{\text{jc}} = \sum_{i=1}^{n} \frac{\delta_i}{\lambda_i A_i} \tag{2-9}$$

式中，R_{jc} 为 IGBT 模块的结-壳热阻，单位为℃/W；λ_i 为不同层材料的导热系数，单位为 W/(m·℃)；A_i 为不同层材料的传热面积，单位为 m^2；δ_i 为不同层材料的厚度，单位为 m。

瞬态热阻是一个与热传递过程有关的概念。瞬态热阻不能用一个简单的数值来表示，应用一组与应用条件有关的函数曲线来表示：

$$Z = \sum_{i=1}^{n} R_i \left(1 - \mathrm{e}^{-\frac{t}{R_i C_i}}\right) = \sum_{i=1}^{n} R_i \left(1 - \mathrm{e}^{-\frac{t}{\tau_i}}\right) \tag{2-10}$$

式中，Z 为瞬态热阻；R_i 为各组成材料的稳态热阻，单位℃/W；C_i 为各组成材料的热容量；τ_i 为各组成材料的热时间常数；t 为热传递过程的变化时刻。

根据 IEC 60747，在输入等幅周期矩形脉冲时，当器件达到动态热平衡时，瞬态热阻可以简化为

$$\Delta T_{\mathrm{j}}(t_{\mathrm{q}}) = P\sum_{i=1}^{n} R_i \frac{1-\mathrm{e}^{-\frac{t_1}{\tau_i}}}{1-\mathrm{e}^{-\frac{t_2}{\tau_i}}} \tag{2-11}$$

式中，$\Delta T_{\mathrm{j}}(t_{\mathrm{q}})$为 PN 结的温升，单位为℃；$P$ 为矩形脉冲的功率，单位为 W；R_i 为各组成材料的稳态热阻，单位为℃/W；τ_i 为各组成材料的热时间常数；t_1、t_2 为矩形脉冲的波形参数。

由式（2-11）可以得到该工况下 IGBT 模块的关键参数，包括最高结温限值、受环境约束的壳温、模块结构的瞬态热阻模型。

2.3.3 常见功率半导体器件的冷却方法

对于功率半导体器件，散热方法可分为被动散热和主动散热。被动散热方法通过改变材料本身的性质或结构设计来实现散热，如应用热界面材料（如高热导率的导热硅脂、导热胶）、优化设计外部热沉（如翅片式热沉）、优化器件及系统结构配置等。主动散热方法利用外力来实现散热，如气体强迫对流（风冷）、应用材料相变原理的热量传递（如热管技术）、半导体制冷、液体强迫对流（微喷、微通道）等，有针对性地对热源进行高效散热。

以下列出几种功率半导体器件的常用冷却方法。

1. 风冷

风冷由于应用便捷、成本低廉，在热管理中被广泛使用，但是其散热能力有限，适用于散热密度较低的场合。为了提高风冷散热能力，可采用散热片、翅片式热沉或其他强制对流方法。图 2-9 所示为翅片式和针状阵列式热沉结构。

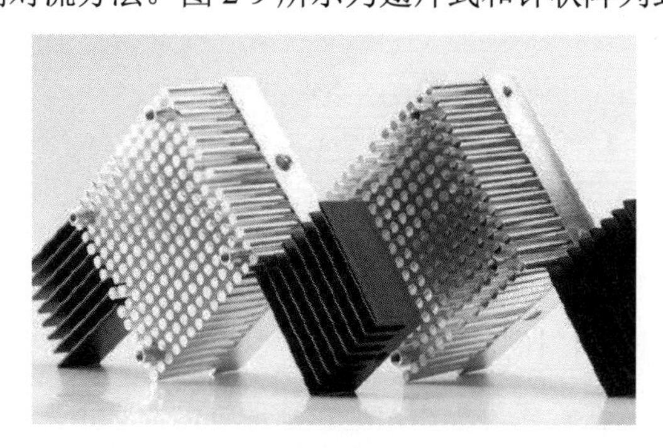

图 2-9　翅片式和针状阵列式热沉结构

2．热管

热管发明于 1963 年，通常由管壳、吸液芯和端盖组成，介质在热端蒸发后在冷端冷凝，其利用热传导原理和相变介质快速传递的性质，将发热物体的热量迅速传递到热源外。热管具有导热性高、温度均匀性高、对环境适应性强等优点。

热管技术现已广泛应用于功率半导体器件的散热。例如，直接在 DBC 基板中制作热管，减少热界面层，进而降低热阻，有效地解决了功率密度大于 80 W/cm^2 的 IGBT 模块的散热问题，如图 2-10 所示[15]。

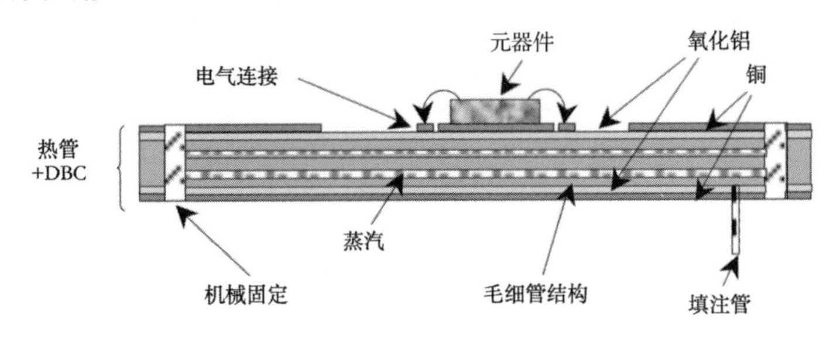

图 2-10　DBC 基板内置热管

3．微喷射流

微喷射流散热方法主要采用微泵驱动系统循环，利用微喷阵列将工作介质（水、冷却液、空气甚至液态金属）喷射到待散热器件上，将热量从器件传递到冷却系统中，从而实现高效散热。例如，将微喷阵列冲击制冷的方法应用到功率密度大于 200 W/cm^2 的 1200V、150A 的 IGBT 模块中，如图 2-11 所示，试验结果证明了该方案的底板到环境的热阻 R_{ba} 仅为 0.013℃/W，相对于传统的带翅片强制风冷方案（R_{ba}=0.05℃/W）及液冷冷却板方案（R_{ba}=0.036℃/W），散热性能有较大的改善[16]。

4．微通道液冷

微通道散热技术于 1981 年由斯坦福大学的 Tuckerman 和 Pease 最先提出[17]，由于可以与现有模块的基板直接集成，可适用性强、可设计性强，且散热能力卓越、热均匀性好而备受关注，其主要思路为在集成电路的硅衬底背面刻蚀出微米级的矩形微通道结构，通过冷却液流动回路将集成电路芯片的热量带走，实现高热流密度器件的高效散热。此后，微通道散热方法被广泛应用于电子器件中。将微通道和功率半导体封装中的基板或底板集成为一体，可缩短热传输路径，降低热阻，并且通过微通道的结构设计可以实现温度分布均匀并对微通道的散热能力进行优化。这种散热技术近年来在 IGBT 模块中被大量使用。

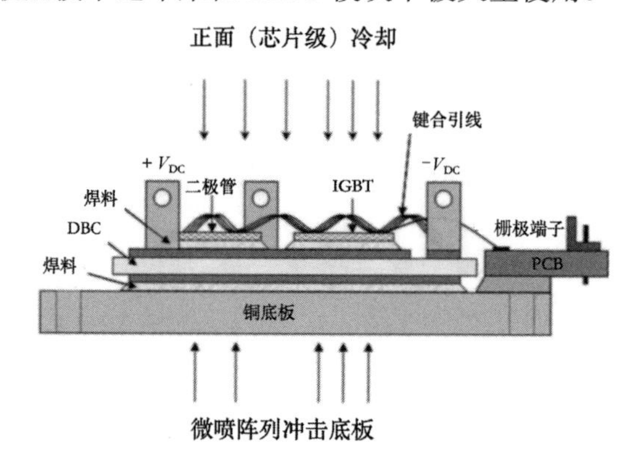

图 2-11　微喷阵列散热

在微通道散热技术的基础上，研究人员进一步开发出双面制冷方案。例如，在两个 DBC 基板中间键合一层带有微通道结构的铜层，形成可水冷的三维结构[18]；或者将双面制冷和高集成化要求结合起来，在芯片两侧各贴装一块 DBC 基板，并在 DBC 基板的外侧铜层中加工微通道，如图 2-12 所示，实现功率半导体器件中双层双面冷却的液冷散热。与单层冷却相比，双层双面冷却的散热效率提高了 59%，并且温度均匀性良好[19]。还可以利用倒装焊技术，在芯片两侧均焊接 DBC 基板，再分别放置带微通道的水冷热沉，实现双面液冷[20]。

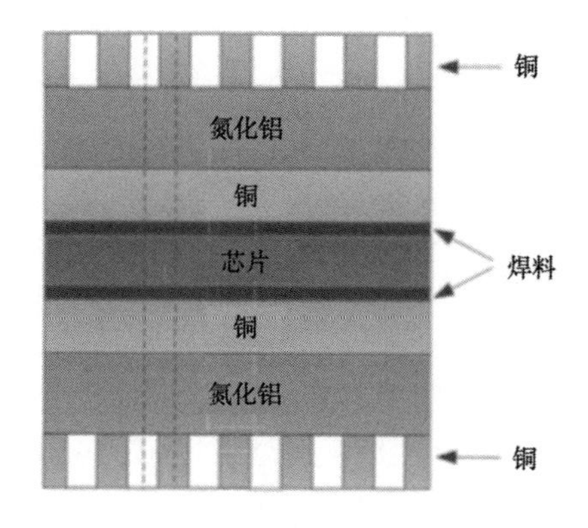

图 2-12　芯片两侧各贴装一块 DBC 基板（在 DBC 基板的外侧铜层中加工微通道）

2.3.4　热仿真及优化设计

1. 采用热沉散热的传统 IGBT 模块热仿真分析

由于 IGBT 芯片不能做得像双极型器件那样大，需将若干 IGBT 芯片进行并联才能满足几百安或上千安级别的应用需求。为了实现多芯片的 IGBT 模块封装结构的热管理，使模块内温度分布均匀，将 IGBT 芯片及其配套 FRD 芯片焊接在衬板上，并通过引线键合将芯片表面的电极与衬板电路互连；将衬板焊接在基板上，并通过将母排焊接在衬板上，实现衬板间的互连，同时提供与外部电路连接的接口；PCB 则将每个衬板的控制极进行互连，并提供与外部控制电路连接的接口。然后通过安装管壳，在模块中注入硅胶，实现模块内部各器件的电气绝缘，同时可防止外部环境湿气和粉尘侵入模块，并注入环氧树脂确保模块的机械强度。灌封型 IGBT 模块的结构如图 2-13 所示。

应用过程中，IGBT 模块在开关过程中以及导通状态下都会产生热损耗，若不能及时将热损耗散发出去，就会形成局部热量聚集，造成芯片因结温过高而失效。为了实现及时将热损耗散发出去的目标，散热面积从内到外（芯片→衬板→基板→散热器）是逐步增大的。

为了分析采用带翅片热沉强制对流散热的 IGBT 模块的热性能，采用有限元法进行建模与仿真，对模块进行热分析。由于芯片位置不同，整体模块不呈现对称性，故对整体模块建立三维模型进行分析。硅基芯片通过无铅焊料 SAC305 贴装在 DBC 基板上，DBC 基板再通过 SAC305 贴装在铜底板上，之后经过回流焊接工艺，一次性完成两层焊料层的焊接。然后通过引线键合工艺将粗铝线键合到芯片、DBC 基板及电极端子上，实现模块的电气连接。最后通过点胶工艺将塑料外壳安装到铜底板上，并在模块内部灌注硅凝胶实现防振动、防潮和绝缘保护。

对 IGBT 模块进行热分析时，需要进行下述假设及简化：①由于键合引线相对整体模型所占比例较小，因此为了简化计算，在建模过程中忽略键合引线；②由于涂覆在芯片及键合引线表面的硅凝胶的导热系数很小［仅为 0.5～1W/(m·K)］，且热传递的路径主要是从顶部的芯片通过热传导方式传递到底部的底板的，其余表面假定为绝缘表面。

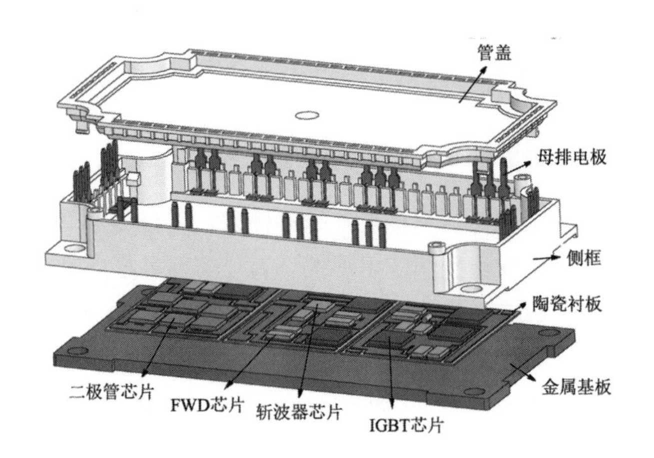

（a）一款典型 IGBT 模块结构图

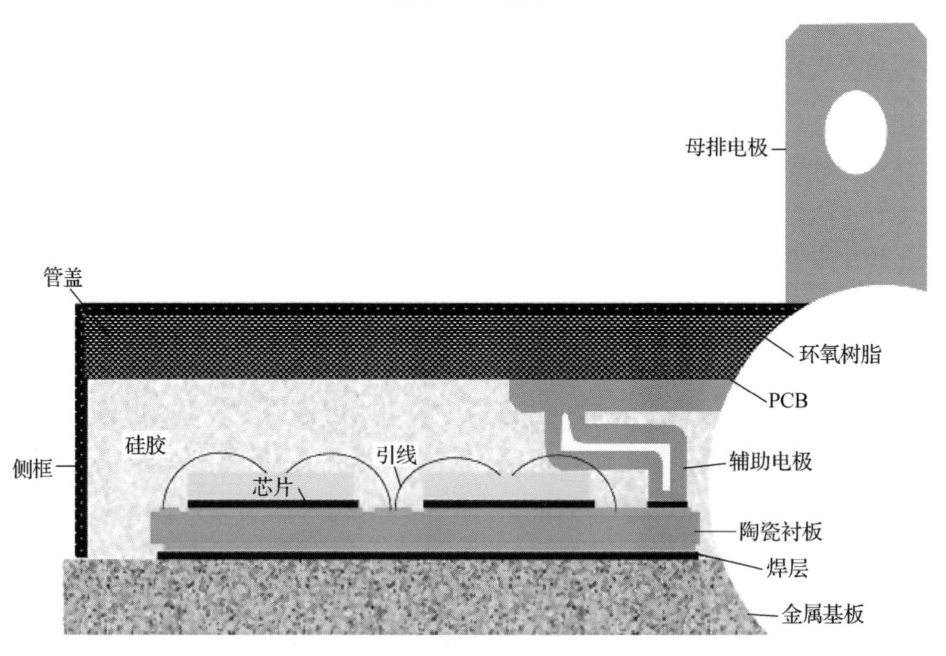

（b）IGBT 模块剖面示意图

图 2-13　灌封型 IGBT 模块的结构

IGBT 模块在工作状态下，芯片的功耗为内部热源。由于分析的是模块级的宏观热性能，故不考虑芯片的内部结构，直接将功耗作为体热源加载到芯片体中。通常以英飞凌（Infineon）公司的 IPOSIM 软件的算法为基础，根据芯片和 FRD 芯片的特性参数取值，计算既定工况下的功耗。

IGBT 模块的导通损耗 P_{cond} 为

$$P_{\text{cond}} = \frac{1}{2}\left(V_{\text{CEO}} \times \frac{I_{\text{m}}}{\pi} + r_1 \times \frac{I_{\text{m}}^2}{4}\right) + m \times \cos\varphi \times \left(V_{\text{CEO}} \times \frac{I_{\text{m}}}{8} + \frac{1}{3\pi} \times r_1 \times I_{\text{m}}^2\right) \tag{2-12}$$

式中，V_{CEO} 为 IGBT 模块零电流初始正向压降；r_1 为 IGBT 模块正向特性曲线的斜率电阻；m 为 PWM 调制系数；$\cos\varphi$ 为功率因数；I_{m} 为 IGBT 模块的工作电流。

IGBT 模块的开关损耗为

$$P_{\text{sw}} = \frac{1}{\pi} \times f_{\text{sw}} \times \left(E_{\text{on}} + E_{\text{off}}\right) \times \frac{I_{\text{m}}}{I_{\text{nom}}} \times \frac{V_{\text{dc}}}{V_{\text{nom}}} \tag{2-13}$$

式中，f_{sw} 为工作频率；E_{on} 为 IGBT 模块开通能量损耗；E_{off} 为 IGBT 模块关断能量损耗；I_{m} 为模块工作电流，取 $I_{\text{m}}=I_{\text{nom}}$；$V_{\text{dc}}$ 为模块工作电压，取 $V_{\text{dc}}=V_{\text{nom}}$。

IGBT 模块的功率端子由寄生电阻产生的功耗为

$$P_{\text{ter}} = \frac{R_{\text{ter}} \times I^2}{4} \tag{2-14}$$

式中，R_{ter} 为功率端子寄生电阻；I 为功率端子流经的电流。

IGBT 模块的平均总损耗 $P_{\text{av}} = P_{\text{cond}} + P_{\text{sw}} + P_{\text{ter}}$。

IGBT 模块所涉及的热量传递方式主要是热传导和热对流，其中，对于传统 IGBT 模块，热对流主要通过带翅片的热沉进行强迫对流换热。采用商业有限元软件 Fluent 进行建模，采用热沉散热方式，IGBT 模块金属基板底面所带来的对流换热系数设置为 0.7W/(cm^2·K)。IGBT 模块相关材料特性如表 2-6 所示，采用热沉散热的 IGBT 模块温度分布如图 2-14 所示，最高温度为 85.2℃。

表 2-6　IGBT 模块相关材料特性

材料	密度/(kg/m³)	热导率/[W/(m·K)]	比热/[J/(kg·K)]	弹性模量/GPa	泊松比	热膨胀系数/(×10⁻⁶/°C)	屈服强度/MPa	正切模量/GPa
铜	8950	385	385	110	0.34	16.4	121	0.54
氧化铝陶瓷	3800	25	880	300	0.22	6.4	—	—
芯片	2329	124	−73℃: 557 27℃: 713 127℃: 785	112.4	0.28	2.6	—	—
SAC305	7390	57	217	−50℃: 57.3 25℃: 52.6 125℃: 45.8	0.35	−50℃: 12.7 25℃: 21.5 125℃: 23.1	−50℃: 41.6 25℃: 31.8 125℃: 13.6	—

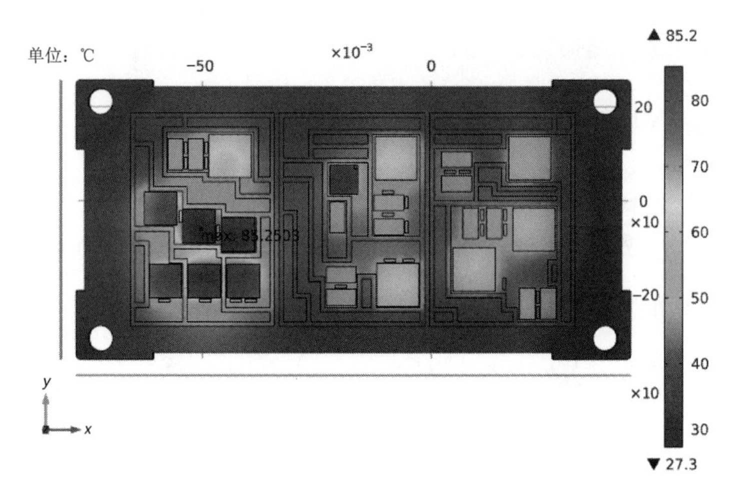

图 2-14　采用热沉散热的 IGBT 模块温度分布

2. 热优化设计：采用微通道液冷方案实现 IGBT 模块散热

为了提高模块的散热能力，降低模块质量，去除热沉，采用预置微通道液冷的方法对模块进行散热。在铜底板中预置微通道结构，其底板结构示意图和加工完成的预置微通道底板的 SAM 测试图分别如图 2-15 和图 2-16 所示。图 2-17 为集成微泵底板预置微通道的 IGBT 模块装置图。

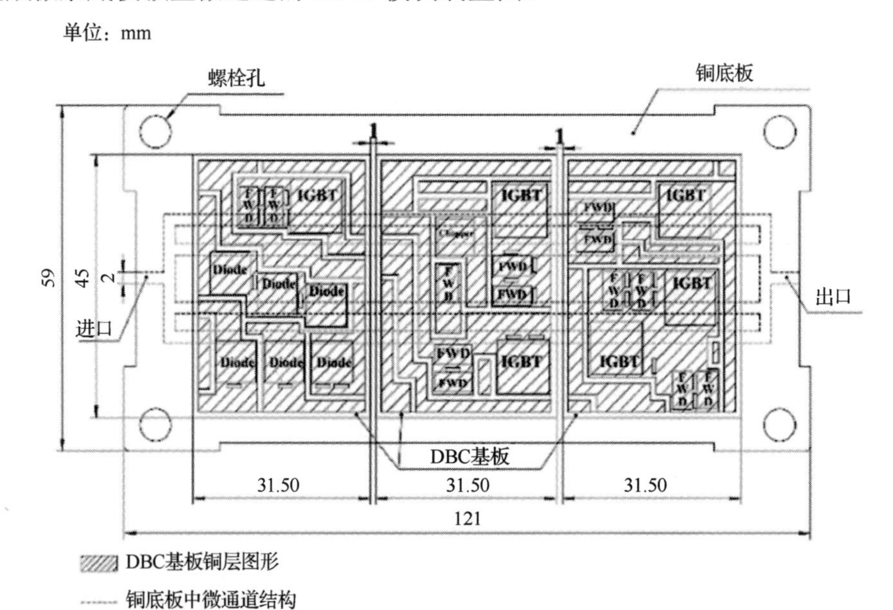

图 2-15　预置微通道的底板结构示意图

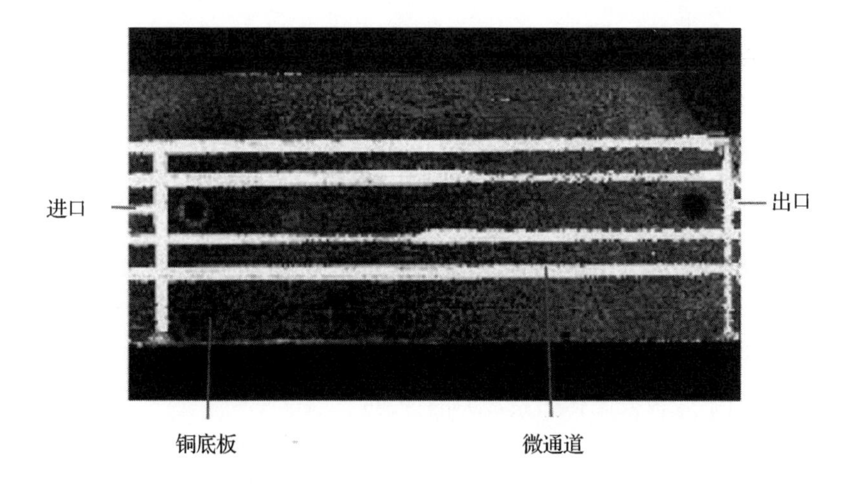

图 2-16　加工完成的预置微通道底板的 SAM 测试图

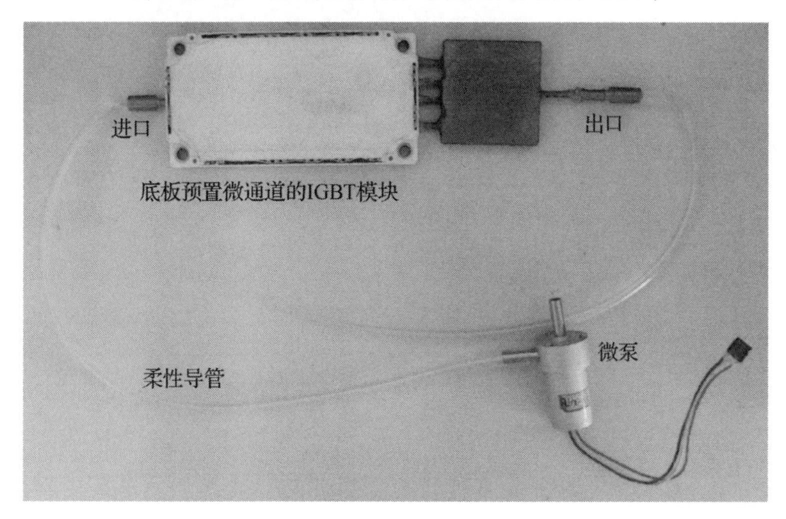

图 2-17　集成微泵底板预置微通道的 IGBT 模块装置图

对预置微通道的 IGBT 模块进行热分析时，需要进行下述假设及简化：①假设微通道中流体的热物性为常数，并且流体不可压缩，忽略体积力作用；②由于键合引线相对整体模型所占比例较小，因此为了简化计算，在建模过程中忽略键合引线；③由于涂覆在芯片及键合引线表面的硅凝胶的导热系数很小，仅为 0.5～1W/(m·K)，且热传递的路径主要是从顶部的芯片通过热传导方式传递到底部的底板，因此除了微通道的内壁及暴露在空气中的底板底面存在对流换热，其余表面假定为绝缘表面。

根据上述假设，利用商业有限元软件 Fluent 对微通道单相湍流进行 CFD 有限元仿真。对于热性能分析，考虑到网格划分情况对有限元分析结果的影响，对网格进行合理划分，采用自由四面体网格，网格尺寸为 1～2mm。有限元几何模型如图 2-18 所示。

对于预置微通道的 IGBT 模块，其对流传热的表面传热系数 h（又称对流换热系数）取决于微通道中流体的物性、流速及微通道的形状、尺寸和位置分布等。分析底板预置微通道的 IGBT 模块热性能数值仿真结果的关键在于微通道中冷却液循环流通情况下底板表面传热系数 h 的计算。

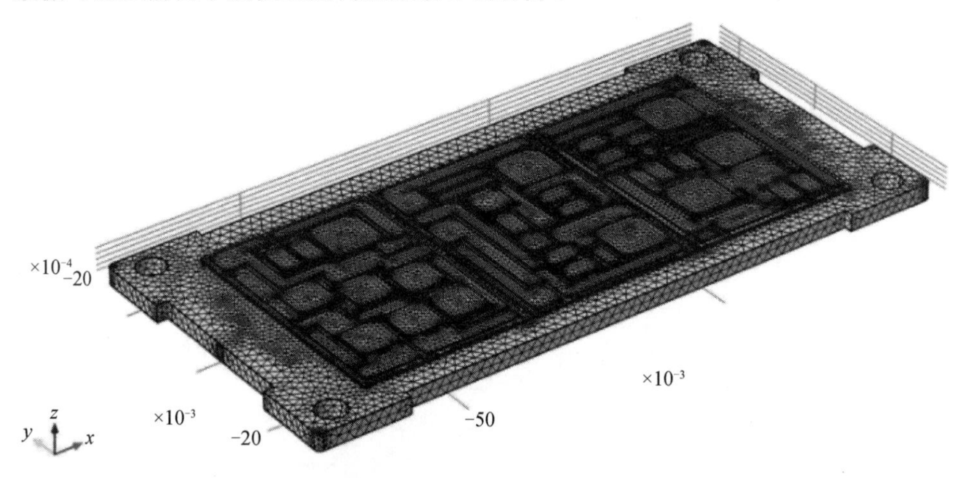

图 2-18 有限元几何模型

模拟矩形微通道和整个 IGBT 模块的热传递过程时，考虑到流固耦合效应，使用表面传热系数 h 来表征受迫流动的冷却液的热传递能力。入口水流速度为 10 m^3/s，温度为 20℃，并假设为压力出口。底板底面加载恒定的热流（热流密度为 5W/cm^2），其余表面假设为绝缘表面。有限元计算出的微通道对流换热系数 h 的结果如图 2-19 所示，再根据这一结果计算换热系数的体积平均值，为 1.9618 W/(cm^2·K)。

为了验证有限元分析的准确性，使用解析方法计算对流换热系数。1971 年 Webb[21]通过解析和试验的方法研究了单相流体对流换热试验关联式，并指出在光滑管道中，当 $0.5 \leqslant Pr$（普朗特数）$\leqslant 2000$ 并且 $10^4 \leqslant Re$（雷诺数）$\leqslant 5 \times 10^6$ 时，使用 Petukhov-Kirillov 关联式可以准确地描述对流换热情况。对于在底板中预置微通道的情况，努塞尔数 Nu 的表达式为

$$Nu = \frac{(f/2)RePr}{1.07 + 12.7\sqrt{f/2}(Pr^{2/3} - 1)} \quad (2\text{-}15)$$

式中，f为摩擦因子：

$$f = (1.58\ln Re - 3.28)^{-2} \quad (2\text{-}16)$$

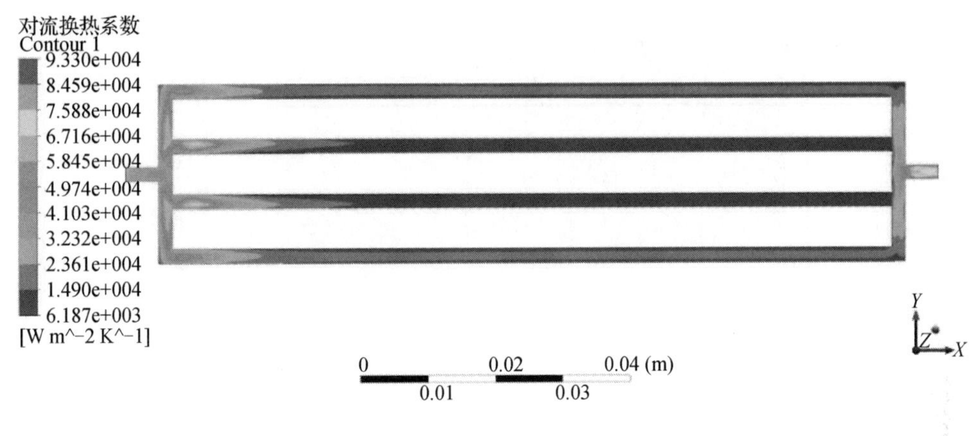

图 2-19　微通道对流换热系数

将相关参数代入后计算出对流换热系数 h 的解析值为 2.0688 W/(cm²·K)，与有限元分析结果一致，证实了有限元建模仿真方法的有效性。

3．优化后热性能结果分析

与传统采用热沉散热的 IGBT 模块最高温度 85.2℃相比，预置微通道底板的优势相当明显。底板预置微通道的 IGBT 模块温度分布如图 2-20 所示。采用新型液冷方案时，模块最高温度仅为 80.43℃，比原来降低了不止 4℃。由此可见，预置微通道底板 IGBT 模块的散热效果满足大功率密度器件的散热需求，并且去除了外部热沉，无需风扇，在保证散热能力的同时大大减小了系统的整体体积和质量。

进一步分析底板预置微通道的 IGBT 模块中每一层结构的材料及厚度对温度分布的影响。

在模块温度最高点（二极管芯片的中心位置）作纵向剖面，取底板底面为 Z 轴零点，依次往上分别为铜底板、焊料层、DBC 基板下铜层、Al_2O_3 陶瓷层、DBC 基板上铜层、焊料层和硅芯片。图 2-21 给出了 IGBT 模块沿 Z 轴方向的温度变化曲线，从中可以发现同一层材料内温度与其沿 Z 轴方向的距离几乎呈线性关系：

不同层之间的温度变化速率与材料的热导率密切相关，其中采用水冷的预置微通道底板，温度变化很小，3mm 厚的底板温度仅升高 2.7℃，在铜底板上表面达到最高温度 58℃；而温度变化最剧烈的是 Al_2O_3 陶瓷层，0.38mm 厚的 Al_2O_3 陶瓷层存在 14℃的温度变化，这是因为 Al_2O_3 陶瓷的热导率较低。

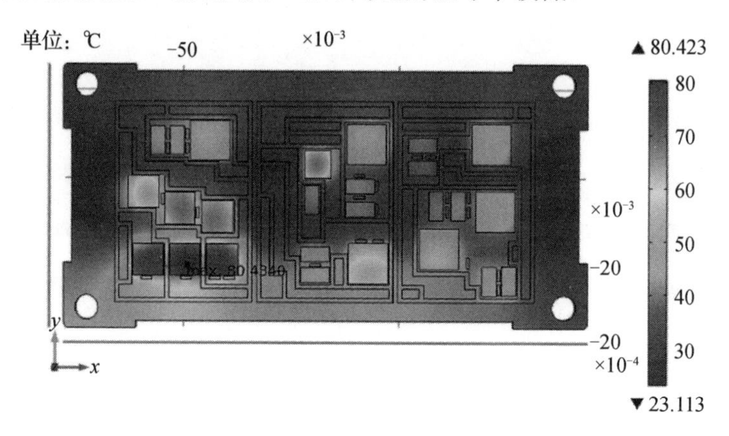

图 2-20　底板预置微通道的 IGBT 模块温度分布

针对上述分析，通过选用高热导率的材料来降低各层的温度升高速率。例如，在 DBC 基板中采用氮化铝陶瓷［热导率为 319W/(m·K)］替代原有的氧化铝陶瓷［热导率为 25W/(m·K)］，或者用纳米银焊膏［热导率为 240W/(m·K)］替代原有的无铅焊料 SAC305［热导率为 57W/(m·K)］。然而，高热导率材料的成本较高，在工业应用中需要根据实际需求对热性能和生产成本进行权衡。

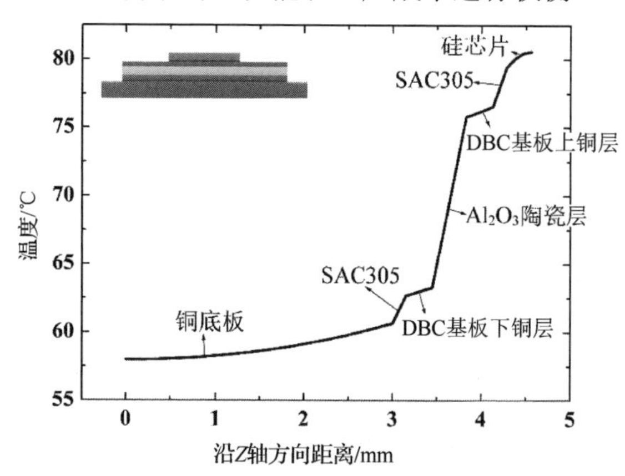

图 2-21　IGBT 模块沿 Z 轴方向的温度变化曲线

2.4　热机械设计

功率半导体器件在正常工作时会不断地进行导通和关断，由于每次开关过程中都会有能量的消耗，同时消耗的能量转化为热能，从而使模块内部有大量的热量产生，导致器件内部温度发生变化以及出现温度不均匀的现象。此外，功率半导体器件可能应用于极恶劣环境中，外界极高温至极低温环境的变化也会造成功率半导体器件温度的变化。由于功率半导体封装体中封装材料多样，各材料的热膨胀系数（Coefficient of Thermal Expansion，CTE）可能不匹配，因此，当温度改变时，会在功率半导体封装内部产生应力。该应力可能局部存在，如个别芯片、部分引线等；也可能全局存在，如焊料层、基板等；这将会直接影响器件的性能，并且长期使用将会造成器件失效，如焊料层分层、芯片产生裂纹等。因此，在功率半导体封装设计时，力学性能与温度的变化密切相关，为了保证封装的力学性能及可靠性，需要对封装进行热机械设计。

2.4.1　应力分析

材料都具有临界受力点或临界热应力，IGBT 模块封装中的各种材料的临界应力值如表 2-7 所示。如果实际热应力超过这一数值，就会出现断裂失效的危险，其中硅芯片的脆性是分析热应力的关键。在对硅片进行切割、抛光或研磨过程中也可能产生裂纹。对于类似硅片的易碎材料，其临界应力 S 可以按照下面的公式进行计算：

$$S = Y\frac{K}{\sqrt{a\pi}} \tag{2-17}$$

式中，K 为材料的断裂韧度，单位为 $MPa \cdot m^{1/2}$；a 为裂纹长度；对于不同的裂纹，Y 取不同的值，边缘裂纹、表面裂纹和嵌入裂纹对应的 Y 值分别为 1.3、1.4 与 1.56。

表 2-7　不同材料的临界应力值

材　料	临界热应力/psi
硅	5.36×10^4（3μm 薄片）
氧化铝	4.98×10^4
氮化铝	4.44×10^4
氮化硅	1.40×10^5

注：psi 表示磅/平方英寸，1psi=6.895kPa。

对于硅片，其断裂韧度 K 为 0.7～0.8。当硅片边缘存在 3μm 长的裂纹时，其临界应力为 5.36×10^4 psi；当裂纹长度为 12μm 时，其临界应力为 2.7×10^4 psi。

芯片通过焊料贴装到衬板上。衬板由不同的材料制成，这些材料的热膨胀系数（CTE）不匹配时产生的应力一旦超过芯片的临界应力，就可能使其断裂，最大应力位于芯片拐角处，如图 2-22 所示。

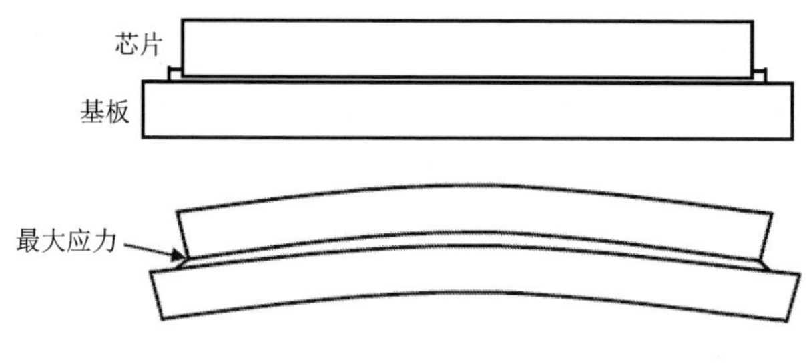

图 2-22　衬板结构的应力

最大应力可以用下面的公式进行定量描述：

$$S_{\mathrm{M}}=\frac{(\mathrm{CTE_S}-\mathrm{CTE_D})\times(T_{\mathrm{P}}-T_{\mathrm{A}})\times L\times G\times\tanh(\beta)}{\beta\times t_{\mathrm{B}}} \tag{2-18}$$

$$\beta=\sqrt{\frac{G}{t_{\mathrm{S}}}\left(\frac{1}{E_{\mathrm{D}}t_{\mathrm{D}}}+\frac{1}{E_{\mathrm{S}}t_{\mathrm{S}}}\right)} \tag{2-19}$$

式中，S_{M} 为芯片拐角处的最大应力；$\mathrm{CTE_S}$ 为衬板的热膨胀系数；$\mathrm{CTE_D}$ 为芯片的热膨胀系数；T_{P} 为工艺温度（焊料的凝固温度）；T_{A} 为环境温度；L 为芯片的最大尺寸；G 为焊料的剪切模量；t_{B} 为焊料层厚度；t_{S} 为衬板厚度；E_{D} 为芯片的弹性模量；t_{D} 为芯片的厚度；E_{S} 为衬板的弹性模量。

利用上面的公式计算出的芯片应力只要不超过其临界应力，这种结构就可行。当然，计算出的应力越低于临界应力，这种结构的可靠性就越高。

根据上述公式，芯片的尺寸越大，芯片中的应力越高。因此，对于特定的衬板来说，芯片尺寸存在一个最大值。在小于临界应力的情况下，允许焊接在衬板上的芯片的面积越大，该焊料的性能就越优良。

在衬板与基板的焊接中，也存在因热膨胀系数失配而导致的应力现象。另外，在用螺钉将基板与散热器固定时，基板也会在应力作用下弯曲。通常的解决措施是预先将基板做成微拱形，以抵消这些应力的作用。

2.4.2　热机械仿真

对 2.3 节中预置微通道的 IGBT 模块进行热应力分析。模型中所需的材料参数如表 2-6 所示。假设硅芯片和氧化铝陶瓷是有弹性的，分别采用 Anand 黏塑性本构模型和 Chaboche 随动硬化模型来描述焊料和铜的力学性能；对模型中各个部件重新进行网格划分，局部网格如图 2-23 所示。然后通过施加相应的温度载荷或功率载荷及边界条件，计算得到 IGBT 模块翘曲及应力云图。

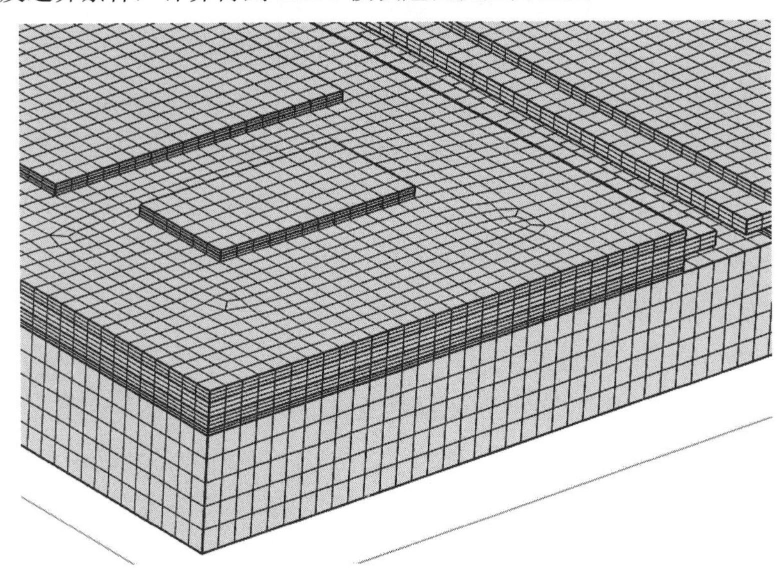

图 2-23　热应力分析有限元模型中的网格局部放大图

1. 回流焊接工艺过程中的热应力分析

IGBT 模块在回流焊接工艺过程中，底板的底面接触热板，按照回流焊接温度曲线将该温度作为热载荷加载到底板底面。IGBT 模块中包含两层焊料层，为了简化工艺、缩短流程，通常采用同样成分的焊膏一次性回流完成。试验中所采用的回流焊接温度曲线如图 2-24 所示，整个回流过程持续 280s。

由于 IGBT 模块的几何结构并不对称，封装体内的温度分布不均匀，同时芯片、焊料、DBC 基板和铜底板等各层材料的热膨胀系数不匹配，因此随着温度的变化会产生热应力，焊接工艺后 IGBT 模块内存在残余应力。

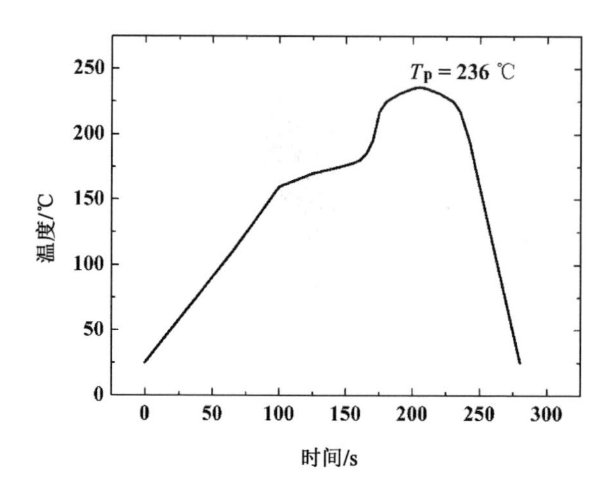

图 2-24　焊料 SAC305 的回流焊接试验温度曲线

为了简化回流焊接工艺的模拟过程，假设回流焊接前 IGBT 模块封装内部不存在预应力，丝网印刷的焊膏厚度均匀一致，且芯片及 DBC 基板平稳地放置在焊膏上，二者形状匹配良好。在铜底板的底面施加回流焊接温度载荷，其中模拟过程具体分为两步：①温度从室温升高至峰值（T_p=236℃）再降低到焊膏熔点（T_m=217℃），在这一过程中，焊膏经历了从常态变为熔化状态的过程，从室温到第一次达到熔点的升温过程中产生的热应力几乎完全释放，因此采用“杀死单元”的方法，将焊膏单元全部屏蔽；②温度从焊膏熔点降低到室温，在这一过程中，重新“激活”焊膏单元，并将第一步中的应力结果作为预应力加载到相应结构中，参考温度设置为 217℃。

在冷却到室温的过程中，铜的收缩量比硅芯片更大，因此铜呈现凸起状的弯曲，芯片承受拉应力。回流焊接工艺结束后模块的总形变分布如图 2-25 所示，模块发生形变且最大变形量达到 160.212μm。为验证有限元模型的准确性，采用三坐标试验仪测试实际的模块变形量。在铜底板上选取 25 个测试点进行接触式精确测量，从而得到整个底板的翘曲分布。测试结果表明，IGBT 模块回流焊接后的样品 1 和样品 2 的最大翘曲量分别为 164.2μm 和 166.0μm，均表现为凸起形状，与有限元仿真结果基本一致。

进一步分析 IGBT 模块中芯片的应力，确定芯片断裂失效危险点。图 2-26 给出了硅芯片上表面和下表面的第一主应力和第三主应力的分布，其中最大第三主应力出现在芯片的上表面，是芯片断裂失效的最危险的位置；然而硅芯片的抗拉强度为 380MPa，因此回流焊接工艺后芯片不会出现损坏的情况。

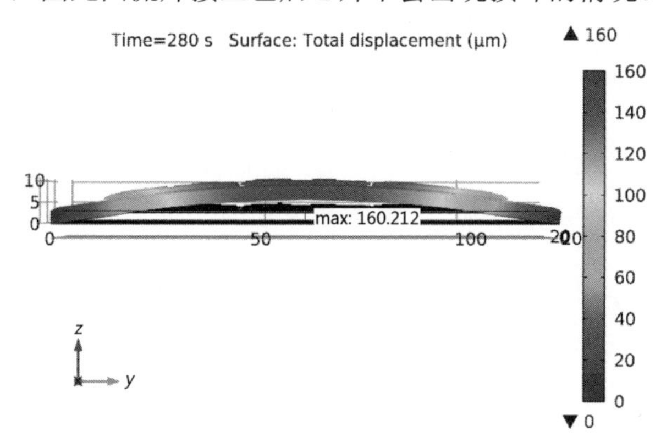

图 2-25　回流焊接工艺结束后模块的总形变分布

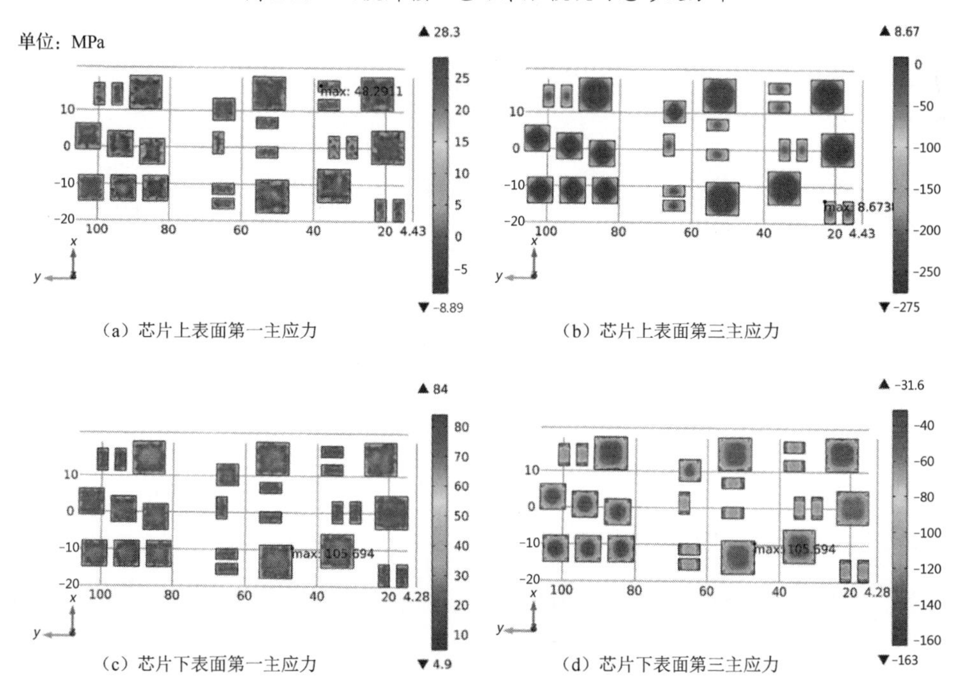

图 2-26　硅芯片的主应力分布

2．IGBT 工作过程的热应力分析

回流焊接工艺过程造成的 IGBT 模块中的残余应力显然会对模块在工作状态中的应力应变情况有影响。在模块工作期间，将残余应力作为预载荷加载到有限

元模型中，计算模块正常工作状态下的翘曲情况，结果如图 2-27 所示。同样采用三坐标测量方法测量模块的翘曲程度，样品 1 和样品 2 在工作状态下的形变分别为 18μm 和 12μm，测试结果和变形趋势均与有限元分析结果一致。

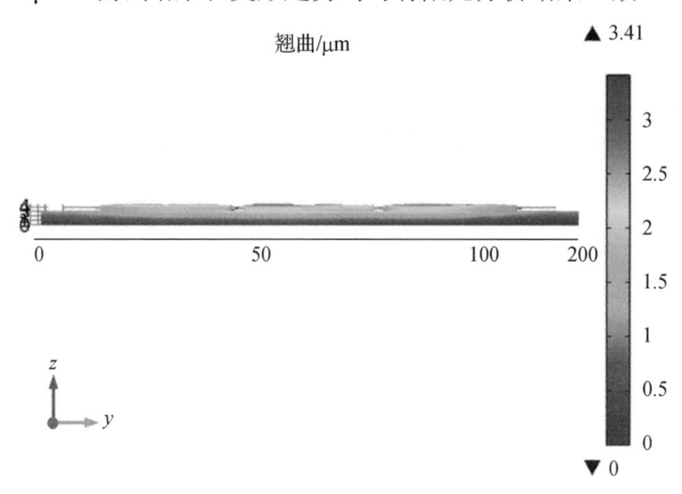

图 2-27 工作状态下 IGBT 模块的形变分布

图 2-28 和图 2-29 分别给出了 IGBT 模块在工作状态下芯片下表面和上表面的拉应力（第一主应力）和压应力（第三主应力）。在与焊料层接触的芯片下表面，拉应力和压应力的变化趋势几乎相同，芯片各点位置的应力变化较小，最大拉应力为 70.1MPa，最大压应力为 57.3MPa，均出现在芯片边角处。然而，芯片上表面的拉应力和压应力的变化趋势相差较大，这是因为芯片弯曲且没有焊料层来释放应力，拉应力几乎为零，而压应力则沿着 y 轴方向增加并在芯片中央达到最大值 188.2MPa，远远大于芯片底面相同位置的压应力。由此可见，无铅焊料的屈服行为有助于降低芯片应力。

3. 热机械性能优化设计：IGBT 模块几何结构优化

为了进一步优化预置微通道 IGBT 模块的热机械性能，降低硅芯片应力，可调整 IGBT 模块中铜底板以及焊料层的厚度。采用有限元模型分析中的参数扫描方法（Parameter Sweep），定义芯片和 DBC 基板上铜层之间的焊料层为 TIM1，DBC 基板下铜层与铜底板之间的焊料层为 TIM2。不同厚度铜底板和焊料层的 IGBT 热机械性能仿真结果如表 2-8 所示，可见铜底板厚度增加时，硅芯片应力增加；而增加焊料层厚度，可以降低硅芯片应力。

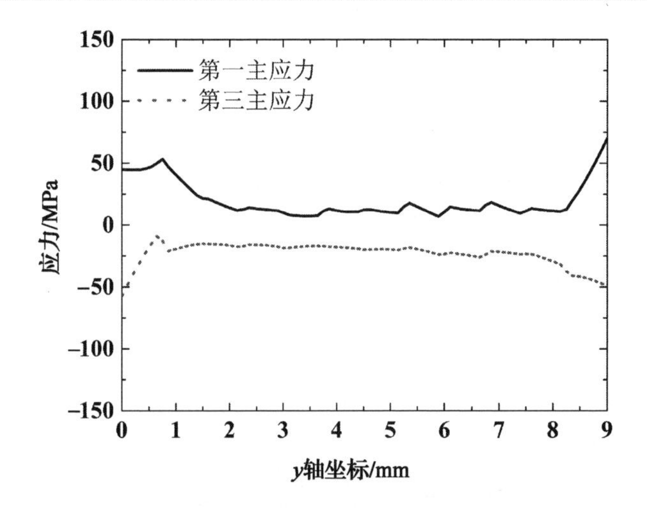

图 2-28　工作状态时芯片下表面沿着 y 轴方向的主应力分布

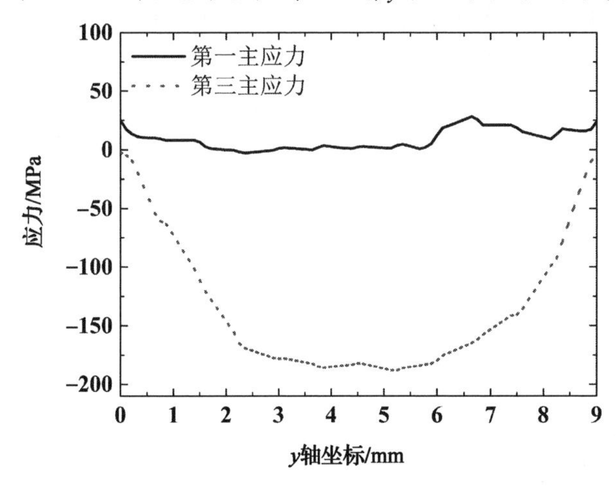

图 2-29　工作状态时芯片上表面沿着 y 轴方向的主应力分布

表 2-8　不同厚度铜底板和焊料层的 IGBT 热机械性能仿真结果

材　　料	厚度/mm	结温/°C	硅芯片回流焊接后残余应力		硅芯片工作应力	
			压应力/MPa	拉应力/MPa	压应力/MPa	拉应力/MPa
铜底板（TIM1 和 TIM2 的厚度为 0.15mm）	2	80.441	230.66	70.35	280.05	74.95
	2.5	80.430	254.32	80.20	276.32	71.50
	3	80.423	276.75	105.70	268.88	66.27
TIM1（铜底板的厚度为 3mm，TIM2 的厚度为 0.15mm）	0.10	80.407	288.52	113.04	279.23	71.12
	0.15	80.423	276.75	105.70	268.88	66.27
	0.20	80.439	265.28	98.16	244.12	60.28

续表

材　　料	厚度/mm	结温/°C	硅芯片回流焊接后残余应力		硅芯片工作应力	
			压应力/MPa	拉应力/MPa	压应力/MPa	拉应力/MPa
TIM2	0.10	80.403	284.66	110.95	277.67	69.63
（铜底板的厚度为 3mm，	0.15	80.423	276.75	105.70	268.88	66.27
TIM1 的厚度为 0.15mm）	0.20	80.443	267.85	98.65	250.12	62.53

2.5　电热力耦合设计

功率半导体模块中，电热力交互作用非常明显。功率半导体模块在实际工作状态下，由于功耗而产生热量，功率半导体模块内部发热、温度升高。温度的升高将影响芯片的性能及电气材料性能的变化，进而导致功率半导体模块电学性能变化，这一变化反馈到功耗，又将导致温度分布发生变化。由此可见，功率半导体模块瞬态温度变化过程是电热耦合动态平衡过程。与此同时，如 2.4 节中所说，温度的变化将引起功率半导体模块力学性能变化。在 2.2～2.4 节中，分别进行了电学设计、热设计和热机械设计，本节将对电、热、力三个物理场耦合进行分析，以使读者了解其中的物理规律，从而指导封装设计。

功率半导体模块内的电流场可描述为：

$$\nabla \bullet \boldsymbol{J} = \nabla \bullet \gamma(-\nabla \varphi) = Q_{\mathrm{j}} \tag{2-20}$$

式中，$\boldsymbol{J}$ 为电流密度（矢量）；γ为材料电导率；φ为电势；Q_{j} 为边界电流源。

器件在工作时将产生导通损耗和开关损耗，这些损耗即功率半导体模块内的热源。

对于导体，其功耗仅为导通损耗，即等效电阻的热量，单位体积损耗可由电流场模型计算而得：

$$Q_{\mathrm{V}} = \boldsymbol{V} \bullet \boldsymbol{J} = \frac{|\boldsymbol{J}|^2}{\gamma} \tag{2-21}$$

式中，Q_{V} 为单位体积损耗，或称为单位体积内焦耳热，单位为 $\mathrm{W/m^3}$；$\boldsymbol{V}$ 为电场强度（矢量）。

对于半导体，其功耗包括导通损耗和开关损耗，则单位体积损耗应表示为：

$$Q_{\mathrm{V}} = \frac{|\boldsymbol{J}|^2}{\gamma} + \frac{P_{\mathrm{sw}}}{V_{\mathrm{chip}}} \tag{2-22}$$

式中，P_{sw} 为开关损耗；V_{chip} 为芯片体积。

当功率半导体模块封装体内部温度由于功耗而升高之后，温度的变化将影响材料的电阻率。从芯片的电压和电流输出曲线可知，在线性区域中，其电阻率与温度近似呈线性关系。为了准确分析器件的性能，在考虑功率半导体封装电性能时，需要将热性能考虑进去。

当建立电热耦合动态平衡模型后，增加 2.4 节的热机械设计方法，即可完成电、热、力多物理场耦合建模。

2.6　小结

本章介绍了功率半导体封装设计、建模与仿真的基本方法、理念和具体的实例分析。建模与仿真方法经过数十年的发展，已经成为工业界和学术界广泛应用的技术，采用 DFX 方法实现产品全生命周期的设计需求，可在降低制造成本的同时提高产品的可靠性。

一个良好的封装设计必定同时满足电、热、力学性能，进行电、热、力学的耦合分析，保证器件功能良好及高可靠。在功率半导体封装设计过程中，电学设计、热设计和热机械设计为重点，从理论到有限元方法对此均做了对应分析。

在电学设计中，分析了封装寄生参数对器件工作性能的影响。同时采用 Q3D 软件对分立器件 TO-252 进行 3D 建模仿真，成功提取其封装寄生参数，在直流情况下与通过经验公式预估的封装寄生参数结果相比误差很小。

在热设计和热机械设计中，将集成微泵底板预置微通道的主动散热方法应用在一款 1200V、75A 的 IGBT 模块中，采用流体动力学模型和热机械耦合模型分析模块的热性能和力学性能，包括模块工作状态下的温度分布、回流焊接工艺后的残余应力和翘曲、工作状态下的应力和翘曲，结果表明该设计方案散热良好、热分布均匀，同时降低了模块工作状态中的翘曲。

参考文献

[1] GARGINI P. The international technology roadmap for semiconductors (ITRS): past, present and future[C]. IEEE Gallium Arsenide Integrated Circuits Symposium, 22nd Annual Technical Digest 2000.(Cat. No. 00CH37084), 2000.

[2] IANNUZZO F, CIAPPA M. Reliability issues in power electronics[J]. Microelectronics Reliability, 2016, 58: 1-2.

[3] CIAPPA M. Selected failure mechanisms of modern power modules[J]. Microelectronics Reliability, 2002, 42(4): 653-667.

[4] SANCHEZ J L. State of the art and trends in power integration[C]. MSM, Puerto Rico (USA), 1999: 20-29.

[5] SUGANUMA K, SONG J M, LAI Y S. Power electronics packaging (Content List)[J]. Microelectronics Reliability, Elsevier B.V., 2015, 55(Part A): 2523.

[6] 李玉山，刘洋．信号完整性与电源完整性分析[M]．北京：电子工业出版社，2016.

[7] ZHU H, HEFNER A R, LAI J S. Characterization of power electronics system intercon nect parasitics using time domain reflectometry [J]. IEEE Power Electronics Specialists Conference, 1999, 14 (4):622-628.

[8] CHEN J Z, YANG L, BOROYEVICH D, et al. Modeling and measurements of parasitic parameters for integrated power electronics modules[C]. IEEE Applied Power Electronics Conference & Exposition, 2004: 522-525.

[9] ZHANG L, GUO S, LI X, et al. Integrated SiC MOSFET module with ultra low parasitic inductance for noise free ultra high speed switching[C]. 2015 IEEE 3rd Workshop on wide Bandgap Power Devices and Applications, 2015.

[10] WANG J, CHUNG H S H, LI R T H. Characterization and experimental assessment of the effects of parasitic elements on the MOSFET switching performance[J].IEEE Transactions on Power Electronics, 2013,28(1):573-590.

[11] RAMY A, FLORIN U, WAI T N, et al. The current sharing optimization of paralleled IGBTs in a power module tile using a PSpice frequency dependent impedance model[J]. IEEE Transactions

on Power Electronics, 2008, 23(1): 206-217.

[12] LINDE A D, HOENE E. Analysis and reduction of radiated EMI of power modules[C]. International Conference on Integrated Power Electronics Systems (CIPS), 2012.

[13] 霍炎，吴建忠．铜片夹扣键合 QFN 功率器件封装技术[J]．电子与封装，2018, 18(7)：1-6.

[14] 张睿，赵志斌，陈中圆，等．压接型 IGBT 封装寄生参数对芯片开通过程中的均流影响分析[J]．智能电网，2016，4(4)：361-366.

[15] SCHULZ-HARDER J, DEZORD J B, SCHAEFFER C, et al. DBC (Direct Bonded Copper) Substrate with Integrated Flat Heat Pipe[C]. European Microelectronics and Packaging Conference, 2005.

[16] BHUNIA A, CHANDRASEKARAN S, CHEN C-L. Performance Improvement of a Power Conversion Module by Liquid Micro-Jet Impingement Cooling[J]. IEEE Transactions on Components and Packaging Technologies, 2007, 30(2): 309-316.

[17] TUCKERMAN D B, PEASE R. High-performance heat sinking for VLSI[J]. IEEE Electron device letters, 1981, 2(8): 213.

[18] EXEL K, SCHULZ-HARDER J. Water cooled DBC direct bonded copper substrates[C]. Conference of the IEEE Industrial Electronics Society, 1998, 4: 2350-2354.

[19] SAKANOVA A, YIN S, ZHAO J, et al. Optimization and comparison of double-layer and double-side micro-channel heat sinks with nanofluid for power electronics cooling[J]. Applied Thermal Engineering, Elsevier Ltd, 2014, 65(1-2): 124-134.

[20] GILLOT C, SCHAEFFER C, MASSIT C, et al. Double-sided cooling for high power IGBT modules using flip chip technology[J]. IEEE Transactions on Components and Packaging Technologies, 2001, 24(4): 698-704.

[21] WEBB R L. A critical evaluation of analytical solutions and reynolds analogy equations for turbulent heat and mass transfer in smooth tubes[J].Heat and Mass Transfer, 4(4): 197-204.

第3章

功率半导体封装工艺

本章着重讲述功率半导体封装的一般流程和基本工艺。IGBT 灌封模块的封装工艺流程在第 4 章进行介绍；第三代半导体材料碳化硅（SiC）和氮化镓（GaN）的封装工艺流程，可参考第 5 章的内容。通过阅读本章内容，读者可以了解到功率半导体封装工艺和其他类型半导体封装工艺的不同，也可以了解到在封装工艺应用时两者在材料等方面的差异。

3.1 功率半导体器件主要封装外形

功率半导体器件采用的主要封装形式为通孔插装类封装（Through Hole Package，THP），虽然表面贴装封装（Surface Mounted Package, SMP）应用逐渐增多，但是通孔插装类封装由于在可靠性、独立散热片的安装和固定方面具有优势，因此在实际应用中通孔插装类封装的应用更为普遍。

功率半导体器件通常采用的通孔插装类封装外形是晶体管外形（Transistor Outline，TO），它一般有三个引脚。部分二极管也常用晶体管的塑料封装外形，三个引脚为共阴极或者共阳极以及双管芯并联，或者将三个引脚改为两个引脚，即将中间引脚切除或在设计时去除。

功率半导体封装外形中，三个引脚的 TO-220 为最基本的外形，以 TO-220 封装体面积为基准，分类如下：

（1）面积更大的外形有 TO-3P、TO-247、TO-264 等，这些器件的功耗比 TO-220 更大些。

（2）面积更小的外形有 TO-92、TO-126、TO-251（IPAK）、TO-252（DPAK），这些器件的功耗比 TO-220 更小些。

（3）面积相同的外形有 TO-262（I2PAK）、TO-263（D2PAK），这些器件的功耗与 TO-220 相近。

功率半导体器件中还有部分小功率、引脚贴装的封装形式，主要有 PDFN、SOT-23、DO-214、SOT-34、SOT-89、SOD-123、SOD-323 等。

另外，还有一款特殊的 TO-220 形式，即全包封（Full Package）TO-220 器件。全包封 TO-220 器件的最大优点是在上电路板时，不需要外配绝缘垫。此特殊外形应用越来越广泛。

功率半导体器件封装分为塑料封装和气密性陶瓷-金属封装。气密性陶瓷-金属封装更适用于恶劣的环境，如高温、高湿度、高能辐照等环境，其外形尺寸通常与塑料封装兼容，其封装工艺与塑料封装工艺基本相同，差别在于：①芯片、键合引线等的保护；②气密性陶瓷-金属封装通常有空腔，采用平行缝焊、储能焊、激光焊接工艺等封帽，并做气密性检测，而塑料封装采用环氧模塑料将芯片、键合引线等包封起来。

由于功率半导体塑料封装应用非常广泛，而气密性陶瓷-金属封装所占比例很低，因此，本章仅对功率半导体塑料封装工艺进行阐述。

3.2　功率半导体器件典型封装工艺

封装属于半导体产业的后道加工过程，也就是将前道圆片（晶圆）制造厂所生产的圆片（晶圆）通过划片、装片、键合、塑封、去飞边、电镀、打印、切筋成形等工序进行加工。功率半导体器件封装工艺流程与一般器件封装工艺流程大致相同。由于功率半导体产品与一般产品性能的差异，导致封装材料的选择会有明显的差异，也带来了部分封装工艺的不同。

功率半导体器件典型封装工艺流程如图 3-1 所示。

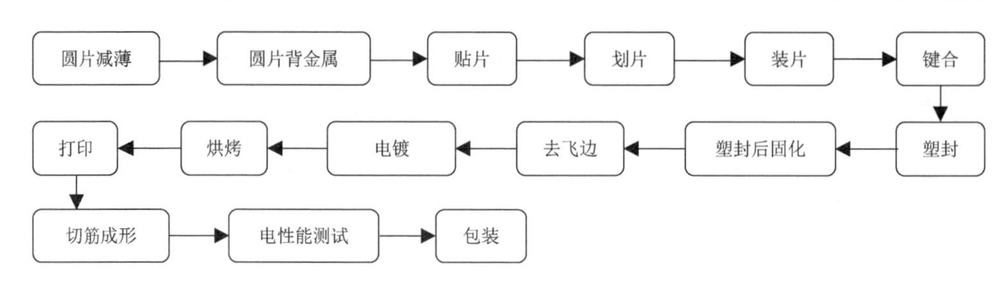

图 3-1 功率半导体器件典型封装工艺流程图

3.2.1 圆片减薄

功率半导体器件需要具有较好的散热、导电性能。为了满足这些特性，需要较薄的圆片，厚度一般在 300μm 以下，100～200μm 厚度的芯片成为主流。随着产品的不断更新换代，也有不少厚度为 50～100μm 的芯片出现。越来越多的功率半导体器件在往圆片更薄的方向上发展。

芯片较薄是功率半导体器件区别于其他器件的一个典型特征，但是薄圆片因本身受外力而易破裂的缺陷，在运输交接过程中会有很高的概率产生裂片。为了避免这类风险，有的圆片制造厂在加工这类圆片时，会对背面一定的区域进行减薄，同时圆片边缘保留一定厚度，这样既保证了圆片厚度的要求，同时增加圆片的整体强度。这种圆片通常也称为太鼓（Taiko）圆片，如图 3-2 所示。

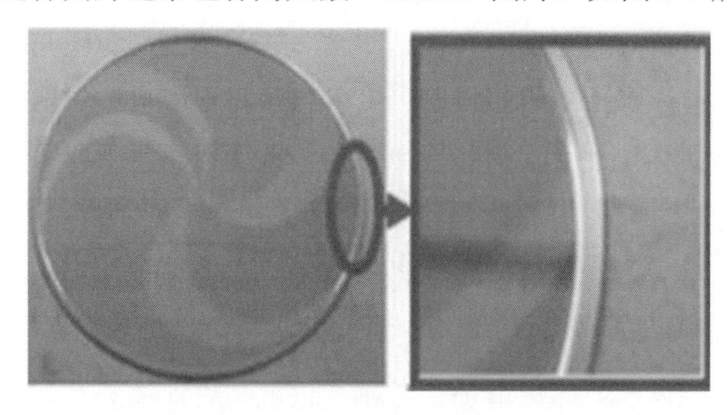

图 3-2 太鼓（Taiko）圆片示意图

不同于 IC 类器件，功率半导体器件减薄后需要在其背面镀上金属。

功率半导体器件目前以使用软焊料、焊膏进行装片为主流。由于传统半导体材质硅本身并不与焊料、焊膏等形成黏结力，因此为了保证与这些材料的充分黏结，需要在圆片的背面镀上金属以便与这类装片胶进行接合，完成装片工艺。

背面镀层从里到外一般以铝、钛、镍、金（银）为主，考虑到总的成本，最外面的金属一般以银为主流。

由于减薄工艺和背面镀金属工艺通常在圆片制造厂加工完成，因此本节就不过多地阐述相关内容了。

3.2.2　贴片

贴片是指在圆片背面贴上膜，并同时将膜固定在专用的环上的过程，如图 3-3 所示。贴片的作用除了将圆片固定，更是确保在划片过程中，切割后的单个芯片固定在膜上，不造成许多单个的芯片分散，也保证了划片、装片作业的可行性和质量，避免圆片变形，芯片间互相碰撞等。

贴片膜：用于固定圆片的薄膜，如图 3-4 所示，其结构如图 3-5 所示。通过层 2 的黏结树脂与圆片进行粘接，从而达到固定圆片的目的。膜的黏性是贴片膜的一个重要的特性，针对不同的黏性会有不同的膜型号。UV 膜是市面上应用比较多的一款膜。

图 3-3　贴片

图 3-4　贴片膜（带贴片环）

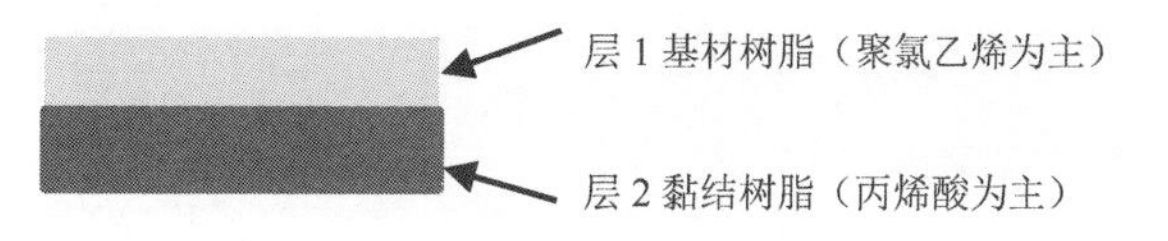

图 3-5　贴片膜的结构

UV 膜在紫外线照射前黏性较强，划片时可有效防范飞片，在紫外线照射后，黏性又会显著减小，在装片时芯片可轻松顶出。由于 UV 膜具有此种特性，所以需要放入避光袋中保存。薄芯片产品因芯片比较脆弱，为便于装片工序的操作，膜的黏性不能太高，一般优先选择 UV 膜。

贴片作业：利用贴片机对圆片背面进行贴片作业，并确认贴片质量。贴片后目视检查圆片背面应无异物或伤痕，贴片膜无褶皱，贴片膜切边平滑；贴片膜与圆片背面黏合处无明显的气泡。针对一些尺寸偏小的芯片，为了避免在划片工序因为黏度不够造成芯片未固定在膜上的现象，可有选择性地增加烘烤工序，以增加膜的黏度。此工艺的实施需要与装片工序结合在一起，因为黏度增大到一定程度，会造成芯片顶出困难，进而造成装片时吸取芯片不顺畅，甚至芯片出现裂纹的异常。

3.2.3 划片

划片是指通过切割的方法，把圆片上连在一起的芯片分割成一个个单独芯片的过程。

切割一般分为两种，即激光切割和刀片切割。

激光切割是利用高能量的激光束将圆片被照射区域熔化并汽化，移动光束进行切割。这种方式的优点是非接触式切割，划片槽宽度限制较小，对圆片没有机械压力。特别适用于高硬度的圆片，如碳化硅圆片等。它的缺点就是切割后边缘的形状不规则，没有传统刀片切割效果好。

刀片切割是利用高速旋转的划片刀按照芯片尺寸和布局，将已经贴片的圆片分割成一个个单独芯片的过程。切割前的圆片，如图 3-6 所示；切割后的单独的芯片，如图 3-7 所示。目前，刀片切割依然是封装过程划片的主要方式。

图 3-6　切割前的芯片

图 3-7　切割后的芯片

划片刀（见图 3-8）主要由铝、镍、金刚石、黏合剂按照一定比例混合制成。

为了顺利完成划片工艺，划片作业前，需要掌握划片刀的刃露出量、刀片厚度、划片槽宽度、圆片厚度等划片相关参数信息，如图 3-9 所示。

刀片通过设备主轴高速旋转，达到切割圆片的效果。从微观上看，其本质是刀片上的金刚石颗粒通过主轴高速旋转撞击硅片，达到切割目的。圆片材质、厚度、划片槽宽度的不同，决定了需要使用不同类型的划片刀解决不同的问题。同时，在作业过程中，需要对刀的寿命进行监控。

图 3-8　划片刀

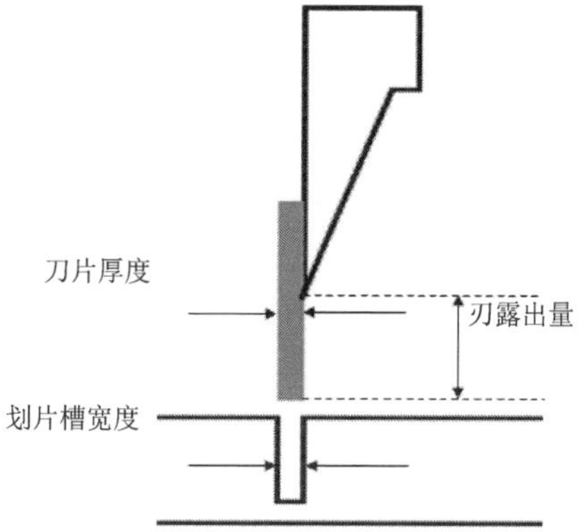

刀片厚度
刃露出量
划片槽宽度

图 3-9　划片刀剖视图

划片作业：使用专用的划片设备——划片机（见图 3-10）对圆片进行切割，如图 3-11 所示。针对不同的划片槽宽度、圆片厚度，选择合适的划片刀，进行切割，达到芯片与芯片分离的目的。此过程中切割速度、主轴转速等参数需要考虑。

切割速度：划片时，划片刀在 *X*/*Y* 方向运行的速度。根据圆片的材质、厚度、刀型号不同，相应的切割速度也是不一样的，需要根据实际的情况安排试验，找出最佳的参数。

主轴转速：划片刀高速旋转的参数，根据不同的芯片、划片刀，此参数需要做调整优化。

有时会采用分步切割的方式。即控制切割深度，先切部分深度，不将圆片切透，然后在前面的基础上再切进一定的深度，直到彻底将圆片切透，此种切割方法采用循序渐进的方式，不易产生裂片。

因切割过程产生大量热量，同时伴有静电，需要通入冷却去离子水来达到降温、冲洗硅渣的目的。通入二氧化碳，将切割水的电阻值控制在指定的范围，达到防静电的目的。

图 3-10 划片机

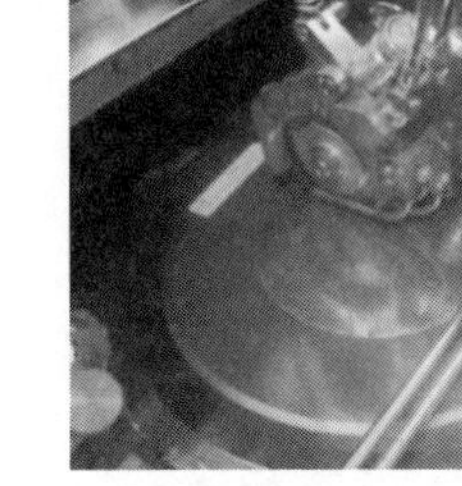

图 3-11 划片机正在进行划片作业

为了去除切割过程中产生的硅屑，需要在划片后增加清洗流程。切割后清洗的间隔时间尽量短，避免长时间未清洗而自然晾干，否则切割残留的硅屑等异物无法清洗干净。

为了保证切割品质，需要测量刀缝宽度。

刀缝宽度：如图 3-12 所示，可以在划片后利用测量显微镜测量（最小 100 倍），也可以在设备上利用设备自带的刀缝检查功能来测量刀缝宽度。

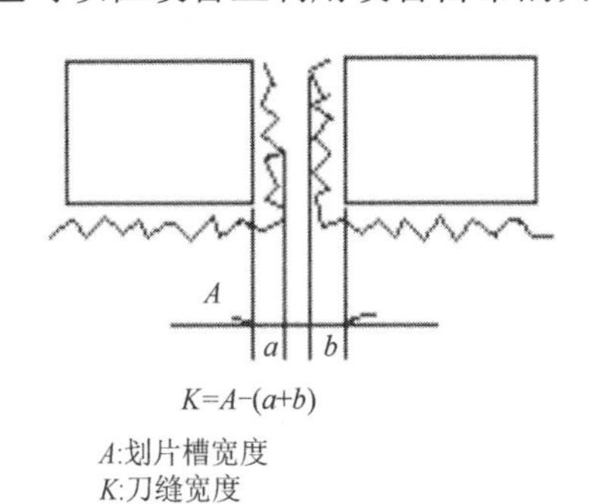

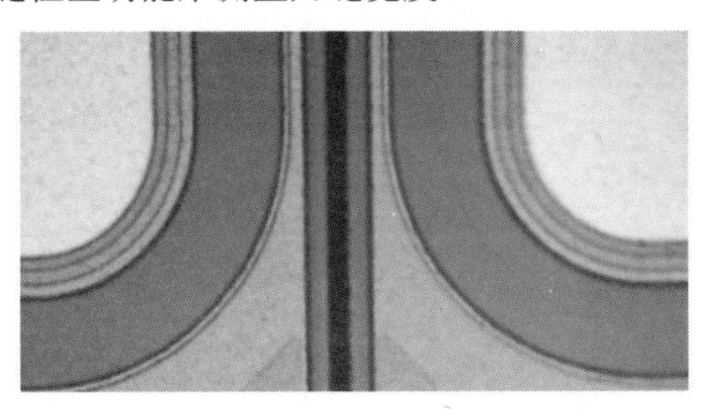

图 3-12 刀缝宽度示意图和实物图

芯片缺损：图 3-13、图 3-14 所示是比较常见的缺陷，一般发生在芯片表面、侧面、背面，需要对其尺寸进行管控，否则会影响芯片的电性能或者产品的可靠性。一般来说，划片刀型号、切割速度、主轴转速对产品切割质量的影响比较大。

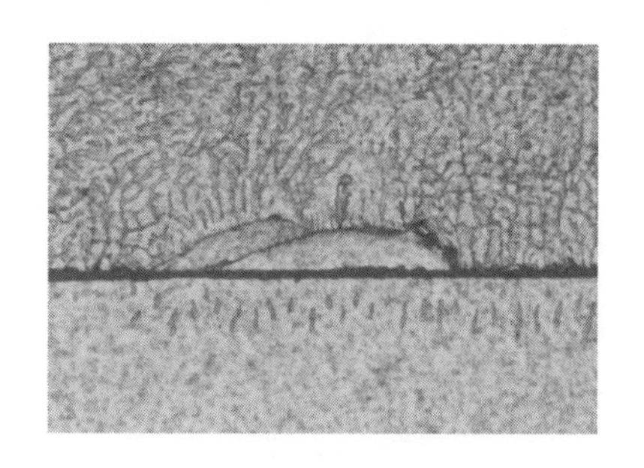

图 3-13　芯片背面缺损

图 3-14　芯片侧面缺损

3.2.4　装片

装片是指将切割后的单个芯片从膜上吸取，使用粘接材料将芯片固定在框架上的过程。

功率半导体器件装片时，由于功率半导体器件产品的不同，使用的粘接材料也不同。目前，功率半导体器件装片有三种方式，即导电胶装片、软焊料装片和焊膏装片。

1．导电胶装片

导电胶装片，顾名思义，该方式使用的粘接材料就是导电胶。导电胶也称银浆，由银粉与环氧树脂混合形成，银粉主要用于导电、散热；环氧树脂用于粘接芯片与引线框架。一般小功率器件所用的导电胶，其银粉含量较高，且存储条件较为苛刻，一般要求-40℃保存。故正式使用前，它需要在室温下回温几个小时。如果功率要求高的话，可以考虑烧结银，烧结银因其导热性很好而受到青睐。传统的导电胶通过叠加银粉可达到散热、导电的目的，传统导电胶剖面图如图 3-15 所示。烧结银在固化时，银粉颗粒间开始进行烧结，并形成网状的银块，烧结银剖面图如图 3-16 所示，从而具有很好的导热、导电性能。

图 3-15　传统导电胶剖面图

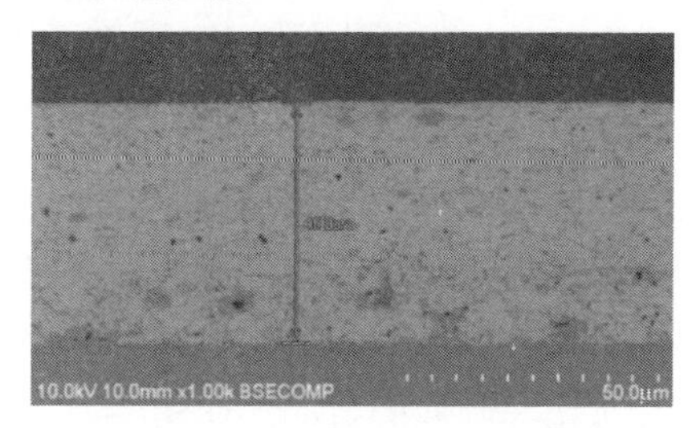

图 3-16　烧结银剖面图

导电胶作业时，首先通过点胶头将胶挤出并点到框架上，如图 3-17 所示。框架表面可以是铜或者银，具体根据实际情况选择。根据不同的芯片尺寸，需要选择不同类型的点胶头。点胶头按材质分为金属点胶头、塑料点胶头，如图 3-18 所示。某些厂家为了保证高质量装片，开发出画胶点胶头（见图 3-19），可以在框架基岛表面画出各种式样的图案，如图 3-20 所示。

图 3-17　导电胶点胶作业中

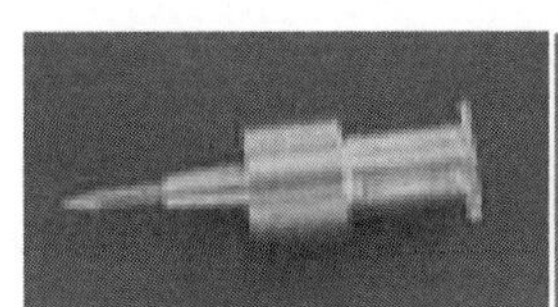

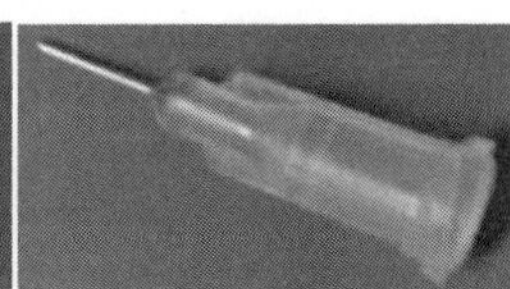

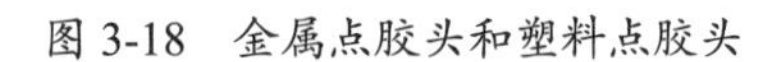

图 3-18　金属点胶头和塑料点胶头

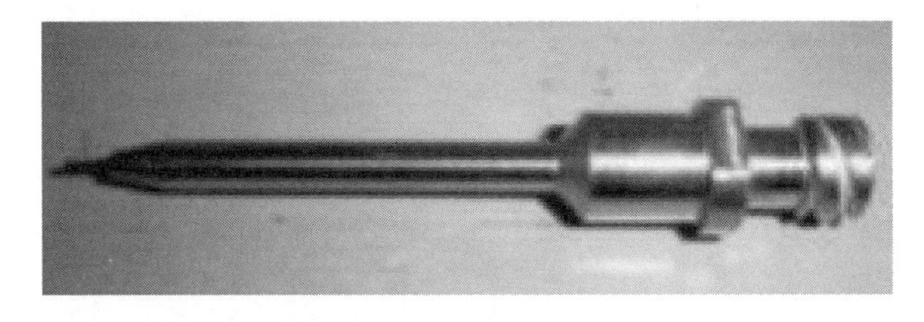

图 3-19　画胶点胶头

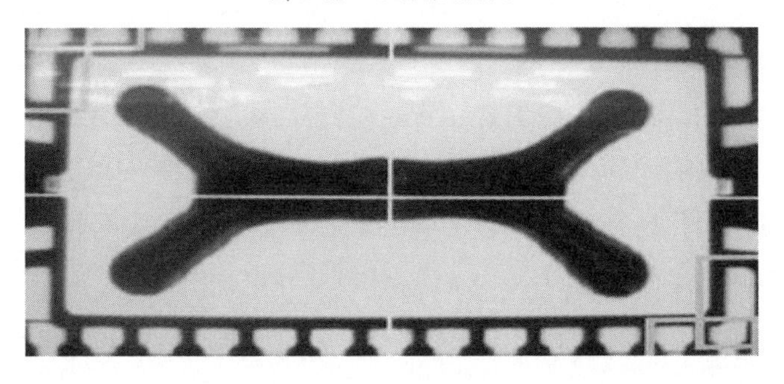

图 3-20　画胶实物

胶点完后，开始芯片顶出、吸取动作。吸嘴与芯片接触，吸嘴中空部分抽真空吸住芯片，顶针帽同步吸真空拉住贴片膜，内部的顶针将芯片往上顶出，达到芯片顶出和吸取的目的，如图 3-21 所示。

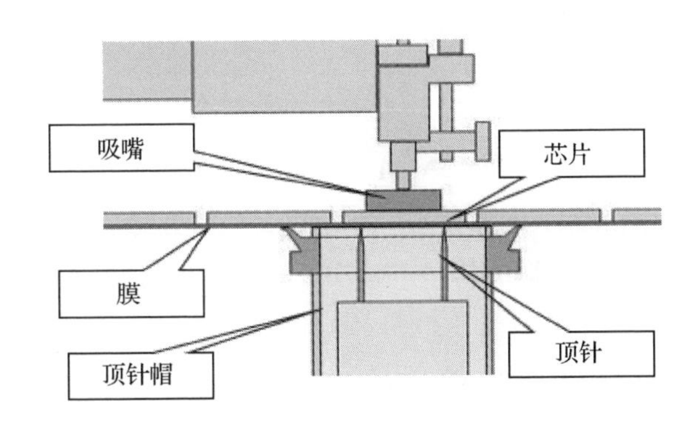

图 3-21　芯片顶出和吸取示意图

顶针按材质分为金属顶针和塑料顶针两种。顶针顶出时，需要特别注意芯片背面是否有顶出印迹，严重的会有裂纹产生。由于功率电子芯片做得越来越薄，因此防止芯片背面顶出印迹和出现裂纹是选用顶针时需要关注的问题。各个厂家为了解决芯片裂纹，开发出不同类型的顶针系统、工装。其头部半径主要有 100μm、200μm、300μm 等，如图 3-22、图 3-23 所示。

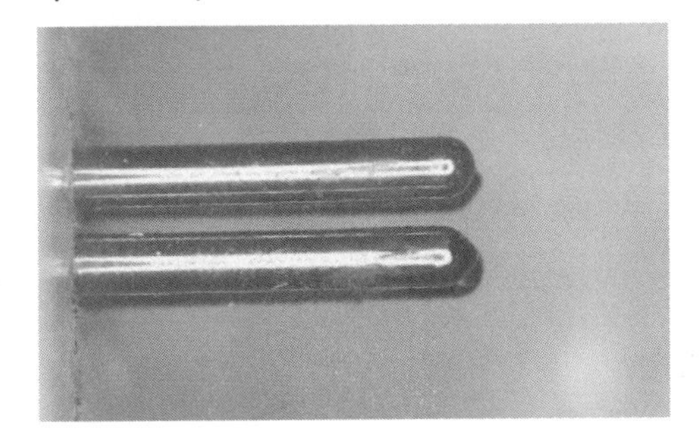

图 3-22　头部半径为 300μm 的金属顶针

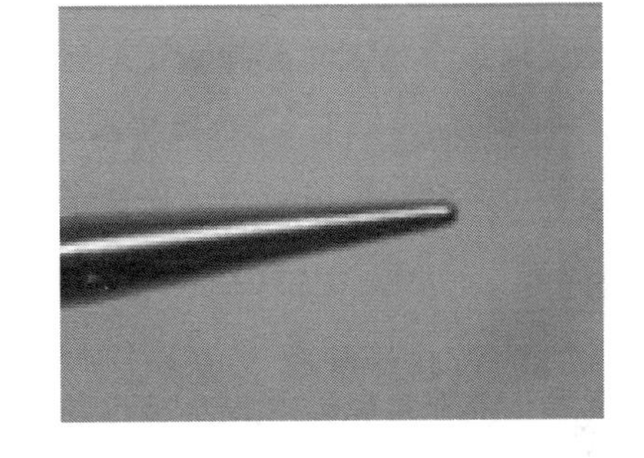

图 3-23　头部半径为 100μm 的金属顶针

吸嘴是吸取芯片的部件，中间开有小孔，用于抽真空吸取芯片，如图 3-24 所示。吸嘴型号的选择需要与芯片尺寸、顶针结合起来考虑。

导电胶含有环氧树脂，环氧树脂需要高温烘烤才能固化。为此，芯片装完后，需要增加烘烤工序，温度一般在 175℃左右，烘烤 90 分钟。具体实施烘烤时，需要参考各种胶生产厂家推荐的参数。导电胶装片如图 3-25 所示。

2．软焊料装片

软焊料装片使用的粘接材料是软焊料，软焊料采用合金线卷盘包装，如图 3-26

所示。针对贴装类功率半导体器件的软焊料一般铅含量较高，主要有 PbSn10、PbSn5Ag2.5、PbSn2Ag2.5。虽然铅的添加会提高整个产品的熔点，能满足贴装类电子产品 260℃回流焊的要求，但因环境对铅的限制越来越严格，并且由于其作业性差、价格高等，高铅类焊线应用并不广泛。对于直插类的功率半导体器件，因为不需要进行 260℃回流焊，故软焊料熔点可以降低，可使用诸如 SnAg3.5、SnAg25Sb10 等软焊料。

图 3-24 普通常温吸嘴

图 3-25 导电胶装片

软焊料点胶方式不同于导电胶，因其材料是金属，常温下不能起到粘接芯片的作用，故需要对装片机的轨道进行加热。根据所用的软焊料型号设置温度，一般为 300～400℃。因为温度太高，为避免氧化，轨道内部作业环境需要密闭，辅助充氮气、氢气保护铜框架。

软焊料装片，首先需要根据芯片的尺寸，设置一定长度的合金线（软焊料），软焊料中的锡将会熔化在经过加热后的框架上，如图 3-27 所示。框架表面可以是铜、银、镍镀层。

图 3-26 软焊料

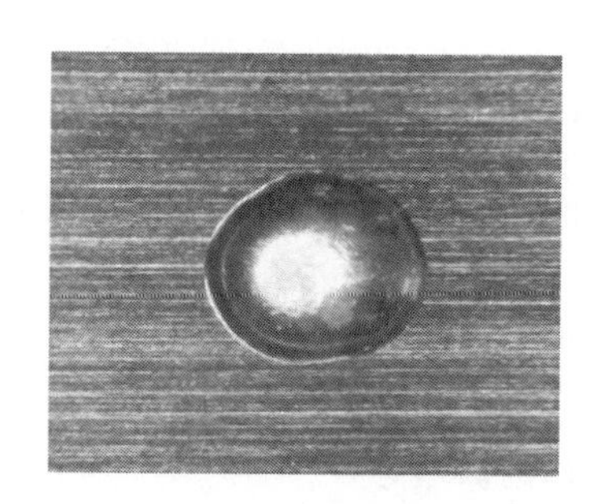

图 3-27 软焊料熔化

为了保证芯片装片的倾斜度、焊料厚度等要求，需要特制一个凹形的金属模块（俗称压模），并对熔融的软焊料进行压合，并生成规则的矩形，如图 3-28～图 3-30 所示。作业过程中，压模需要加热到高温，更换不同尺寸的压模时，需要用特制的工具更换，以免被烫伤。

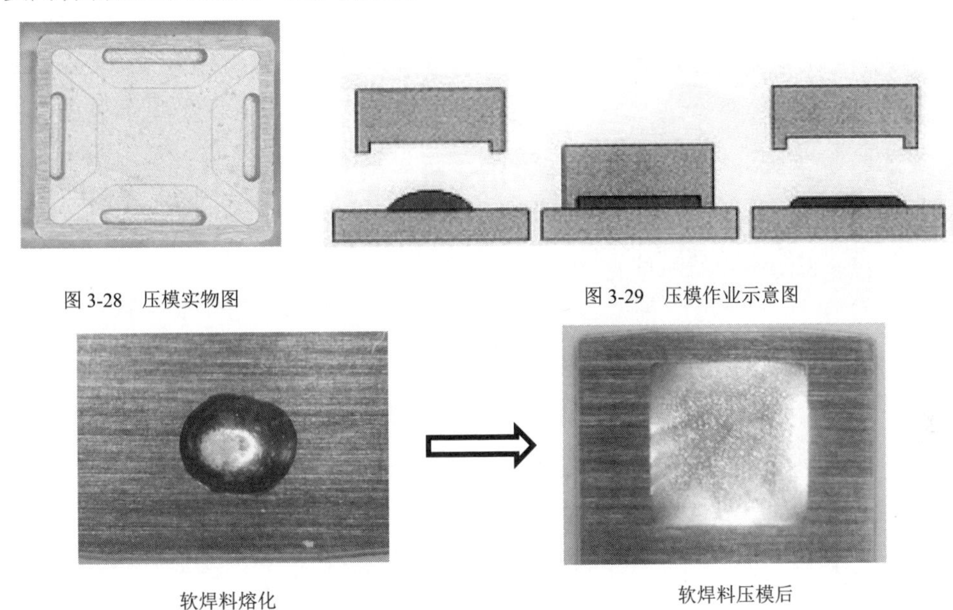

图 3-28　压模实物图

图 3-29　压模作业示意图

软焊料熔化

软焊料压模后

图 3-30　压模作业实物图

芯片的顶出与吸取方式与导电胶装片基本相同，唯一不同的是芯片需要放置在高温状态的软焊料上，吸嘴需要耐高温，如图 3-31 所示。

吸取的芯片放置在先前框架点完压模的位置，并施加压力，达到装芯片的目的。软焊料装片的示意图如图 3-32 所示，装片后的实物如图 3-33 所示。

3．焊膏装片

焊膏装片使用的粘接材料（装片胶）是焊膏，如图 3-34 所示。焊膏是在小合金颗粒中添加助焊剂搅拌而成的，如图 3-35 所示。合金的成分与软焊料一致，在焊膏中占 85%～90%。合金颗粒尺寸可以根据需要选择。助焊剂除了本身有辅助焊接的作用，还有去除氧化层、活性成分，控制本身黏度的作用。焊膏存放在 0℃以下，使用前解冻 1～2 小时，以达到室温。

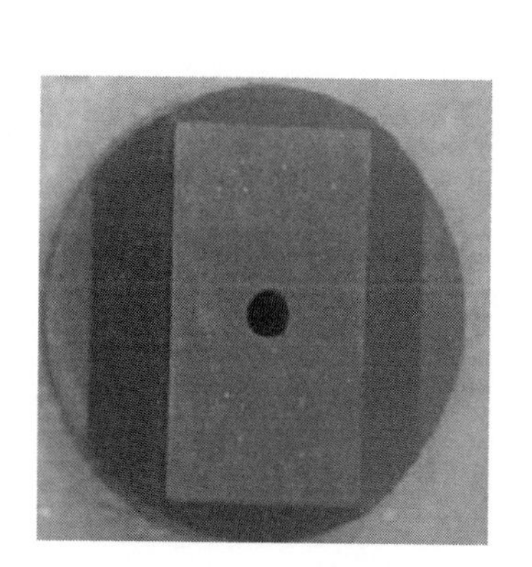

图 3-31　高温橡胶吸嘴

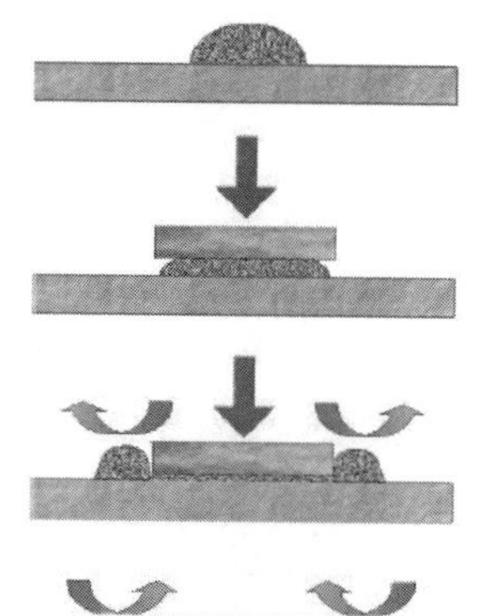

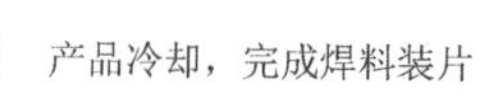

图 3-32　软焊料装片示意图

图 3-33　软焊料装片后的实物图

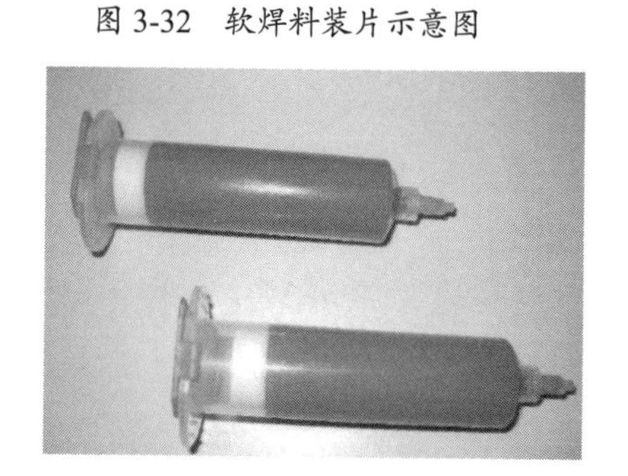

图 3-34　焊膏（针筒形式包装）

焊膏装片流程与导电胶装片类似，仅最后的烘烤流程改为红外回流，从而实现合金颗粒熔融并重新分布，如图 3-36 所示。

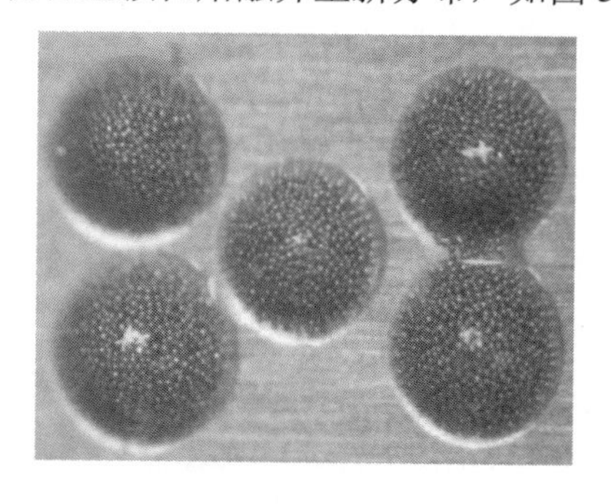

图 3-35　焊膏(放大)

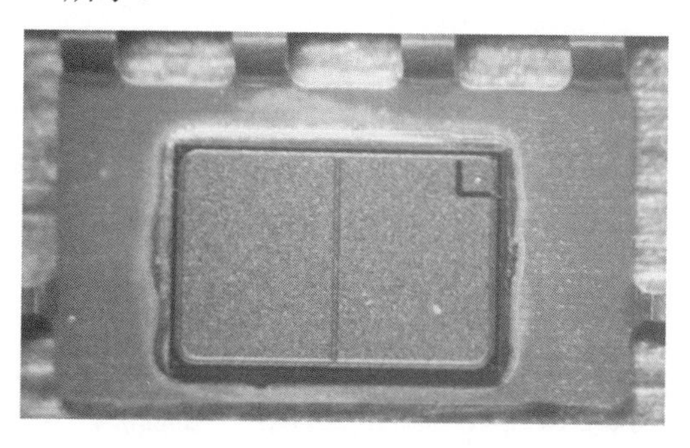

图 3-36　红外回流后的产品

焊膏本身自带助焊剂，助焊剂残留对后面的键合工序以及产品可靠性都有一定的影响，因此需要去除。市面上的清洗剂以溶剂类与水基类清洗剂为主，后期因为环保的要求，传统的溶剂类清洗剂将逐渐被水基类清洗剂所代替。

为了生产符合质量要求的装片产品，装片机至关重要。不同装片机的特点如表 3-1 所示。

表 3-1　各类装片机的特点

装片机	所用粘接材料	特点	作业速度	代表设备
导电胶装片机	导电胶、烧结银	作业、识别精度高，重复循环作业稳定性高，具备芯片顶出、吸取、放置功能，针对不同的框架、粘接材料进行不同的参数设置，达到产品品质要求	快	ASM AD828/838 ESEC 2008/2100
软焊料装片机	焊料	作业、识别精度高，重复循环作业稳定性高，具备芯片顶出、吸取、放置功能。具备密闭高温轨道，抗氧化性能非常好。参数可以调节，利于对不同的产品作业	较慢	ESEC 2007/2009 JAF 380
焊膏装片机	焊膏	同导电胶装片机，但需要额外增加一个红外回流炉	快	ASM 828/838 ESEC 2008/2100

导电胶装片机 ESEC2008 如图 3-37 所示。焊膏装片机 ASM 828 如图 3-28 所示。软焊料装片机 JAF 380 如图 3-39 所示。

图 3-37　ESEC2008

图 3-38　ASM 828

图 3-39　JAF 380

上述各类装片方式的通用工艺条件如下：

（1）顶针速度：顶针顶起芯片的速度，此速度需要控制，过大会有出现裂纹的风险，过小则会影响产品的产量。

（2）顶针顶出高度：顶针用于顶出芯片的最大高度，达到芯片顶出、吸嘴吸取的目的。

（3）装片高度：吸嘴借助真空吸取芯片至指定位置，并将芯片装在距离框架某个特定的高度。

为了保证装片质量，需要关注以下几个特性指标。

（1）装片胶厚度：装片胶厚度取决于点胶量的大小，装片胶厚度偏小，容易导致可靠性方面的问题；装片胶厚度太大，对产品的电性能会有一定的影响。具体需要根据各家芯片的功能要求制定合理的范围。一般取芯片四个角分别测量装片胶厚度并记录下来，然后取平均值。

（2）芯片倾斜度：又称为芯片的平整度，合格的芯片表面应该是平整的，不平整的表面会导致很多缺陷，如芯片裂纹、装片胶处裂纹、键合打线不良、图像识别不良、电性能参数不良等。具体测量方法是取芯片四个角的高度平均值，用最大值减去最小值，即倾斜度数值，如图 3-40 所示。

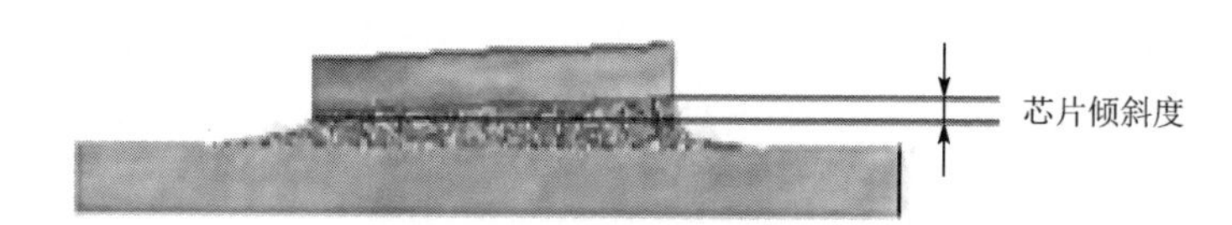

图 3-40　芯片倾斜度示意图

（3）装片胶沾润率：芯片下方的装片胶面积需要大于或等于芯片面积，装片胶面积过小，塑封料容易从外面渗入，使应力不均匀，导致分层、开裂。如图 3-41 所示，胶的沾润率不足，芯片周围有可见的间隙。在后面的塑封作业中，塑封料充填在间隙里，在冷热冲击条件下，容易产生芯片开裂的失效。

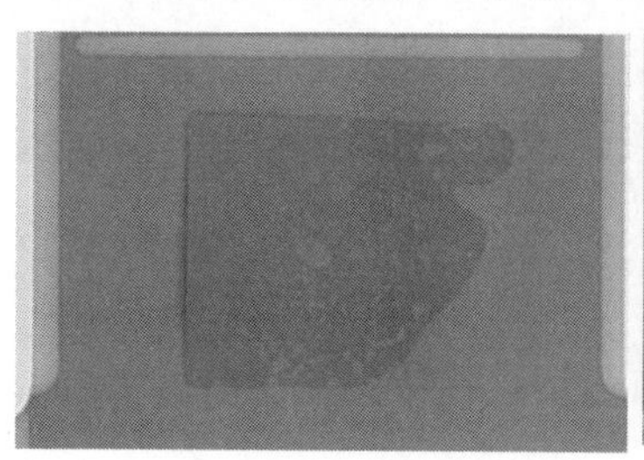

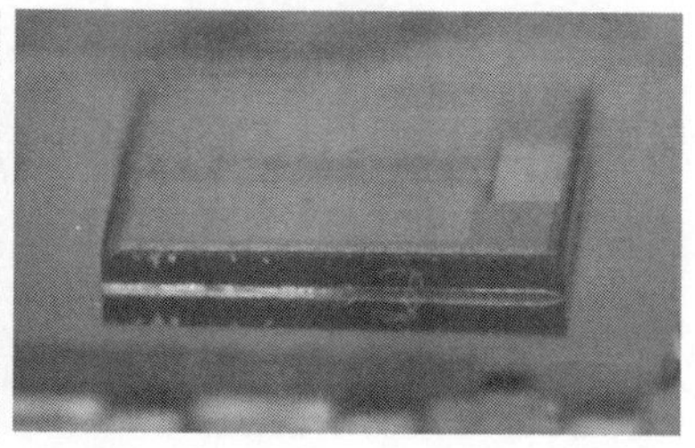

图 3-41　芯片沾润不足示意图

（4）胶内部的气泡：气泡不可避免，但是需要控制。一般单个气泡尺寸应该小于 5%芯片尺寸；总的气泡尺寸应该小于 10%芯片尺寸，如图 3-42 所示。为了达到低气泡率的目的，可采用真空设备。

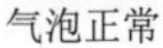

气泡正常

气泡超标

图 3-42　焊料装片中的气泡

（5）胶爬坡高度。胶爬坡常见于导电胶、烧结银的产品。一般需要控制爬坡高度小于 75%芯片厚度。爬坡高度过高，胶容易污染到芯片表面。胶类物质渗到芯片表面，可能造成可靠性不良，比较常见的是在高压蒸煮试验中，腐蚀芯片表面的铝层，如图 3-43 所示。

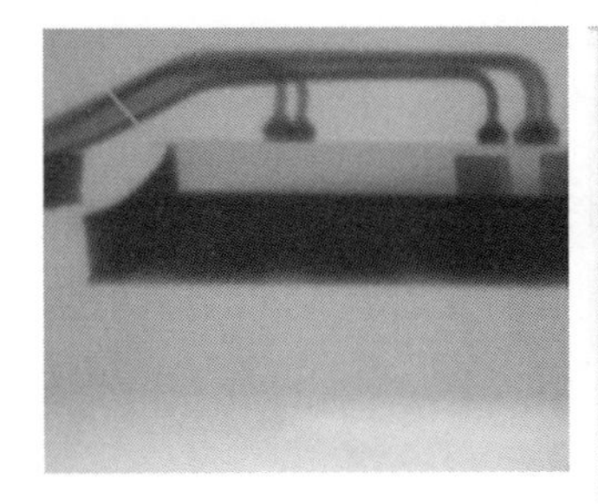

胶爬坡到芯片表面

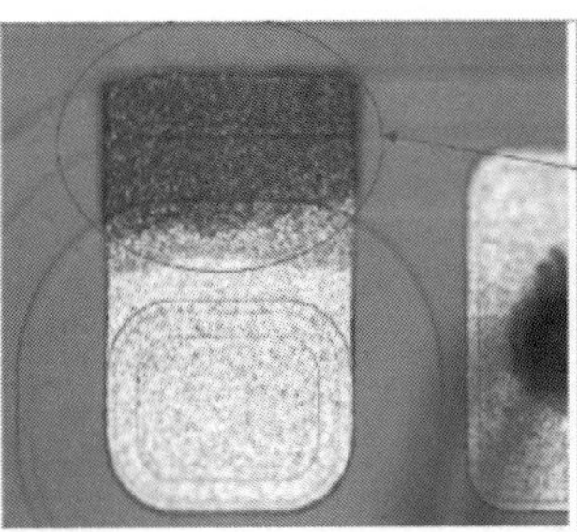

芯片可靠性失效，铝层腐蚀

图 3-43　胶爬坡至芯片表面导致可靠性失效

（6）芯片剪切：用治具推芯片，方向与框架表面平行，与芯片垂直，直至胶层或芯片层断裂。除了有较大的推力，对应的失效模式也必须考虑。最理想的断裂模式就是胶层断裂，表现在芯片背面、框架表面均有大面积的胶残留。如果胶在框架或者芯片背面被剥离，问题比较复杂，一般来说不太可能通过严格的可靠性试验。软焊料、焊膏一般与芯片背面金属层焊接强度很高，有的厂家不特别监控该项目，如果芯片背面镀层工艺差，或者沾污，也有可能导致剪切失效。芯片剪切后的照片，如图 3-44 所示。

功率半导体芯片变得越来越薄，比如，70μm 厚度的圆片已经较为常见，50μm 厚度的圆片甚至更薄的圆片已出现。因此，在芯片吸取的时候，裂纹的风险也越来越高，对应的作业参数范围变得越来越窄，这些都是需要工程师去解决的。

功率半导体芯片尺寸也做得越来越大，传统芯片边缘与基岛边缘的距离较大。后续因为大芯片的要求，芯片边缘与基岛边缘的距离越来越小，特别是对软焊料装片，由于其作业难度比导电胶装片、焊膏装片大，所以在某些特大芯片的应用上是有所限制的，不能发挥其优势。

框架表面胶残留

框架表面无胶残留

图 3-44　芯片剪切后照片

为了保证芯片具有高导热性、低传导电阻，有些圆片制造厂会在圆片背面镀上一层很厚的合金（如锡合金），不需要通过装片胶，借助装片机所施加的高压、高温实现背面合金直接与框架形成化合物，达到装片的目的。

3.2.5　键合

键合是使用金属线（片）连接芯片与框架或基板的工艺技术，可实现芯片与框架或基板间的电气互连、芯片散热以及芯片间的信息互通功能。金属线一般为金线（见图 3-45）、铜线、铝线（见图 3-46）、铝带、合金线等。另外，还有一种铜片连接技术，利用铜片连接芯片有源区和内引线脚，使芯片具有高导热性、高导电性。

对于功率半导体键合而言，较为普遍的做法是：小功率半导体器件使用金线、铜线等键合材料；中大功率半导体器件使用铝线、铝带和铜片等键合材料。

本节将对功率半导体器件的三种主要键合方式，即球形焊接、楔形焊接和铜片焊接进行详细介绍。

图 3-45　金线

图 3-46　铝线

1. 球形焊接工艺流程

球形焊接：利用微电弧使金线或铜线（一般直径为 18μm~50μm）端头熔化成球状，通过瓷嘴将球状端头压焊在裸芯片电极面的引线端子上，形成第一键合点。然后瓷嘴提升，并向框架引脚位置移动，在对应的引脚位置上形成第二键合点，完成引线连接过程。

步骤 1：烧球，如图 3-47 所示。

将金线或铜线（丝）穿入瓷嘴，利用微电弧将尾丝部分形成一个金（铜）球，这个过程称为烧球，是整个球形焊接过程的开始步骤。

步骤 2：球到瓷嘴口。

从瓷嘴口的金线或铜线形成球状到下一个压焊点之间，瓷嘴是在高速运动的。并且，在此过程中线夹是张开的，当到达预先设定的高度时，线夹关闭，金（铜）球将被吸到瓷嘴口，如图 3-48 所示。

步骤 3：形成第一焊点。

当球接触到芯片压焊块后，第一焊点即处在形成过程中，在程序的控制下，超声波能量通过瓷嘴传送到焊区，原先的球被压扁并与芯片上的压焊块粘在一起，形成第一焊点，如图 3-49 所示。第一焊点的球直径、球高度对焊接的品质尤为关键，过大和过小都影响焊接质量。在芯片压焊块尺寸足够大的情况下，球直径一般为 2～4 倍线直径，球高度一般为 0.15～0.3 倍球直径，如图 3-50 所示，具体的尺寸，需要依据实际情况确定。第一焊点 SEM 照片如图 3-51 所示。除了球直径、球高度，球与芯片压焊块金属层间会生长一层金属化合物，如图 3-52 所示，一般要求金属化合物的覆盖面积至少达到芯片压焊块面积的 60%。

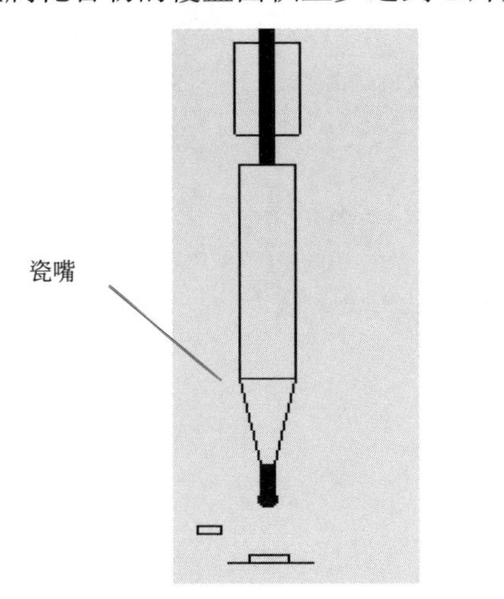

图 3-47　步骤 1

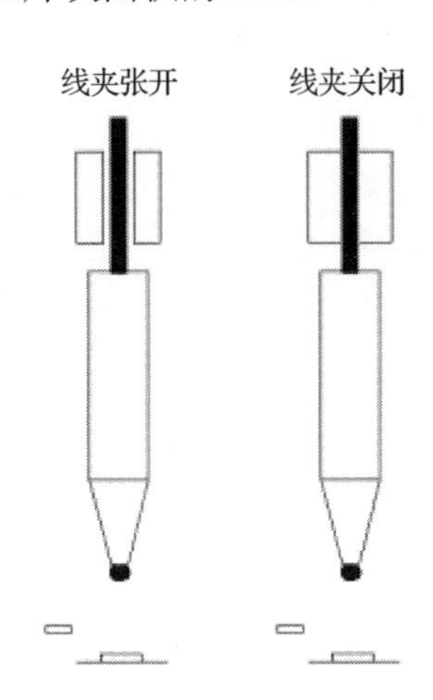

图 3-48　步骤 2

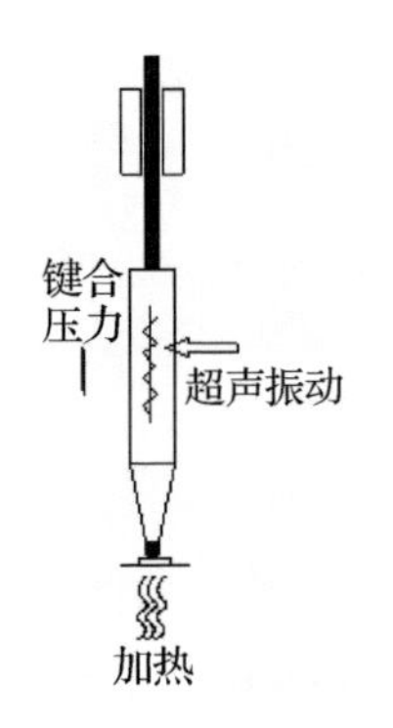

图 3-49　步骤 3

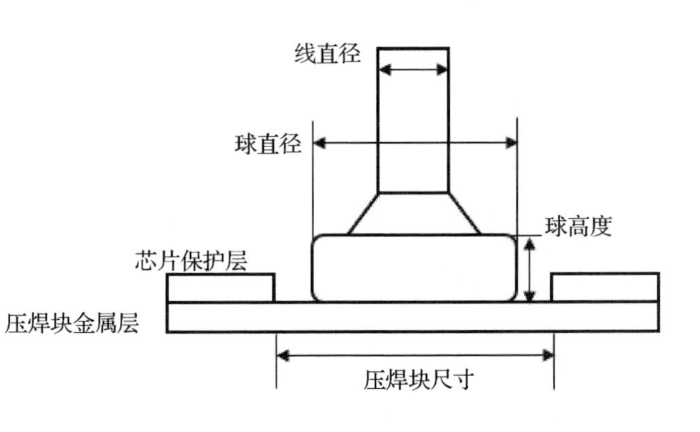

图 3-50　第一焊点剖视图

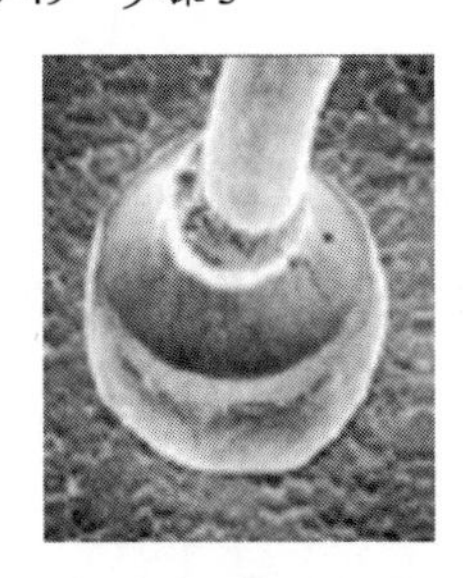

图 3-51　第一焊点 SEM 照片

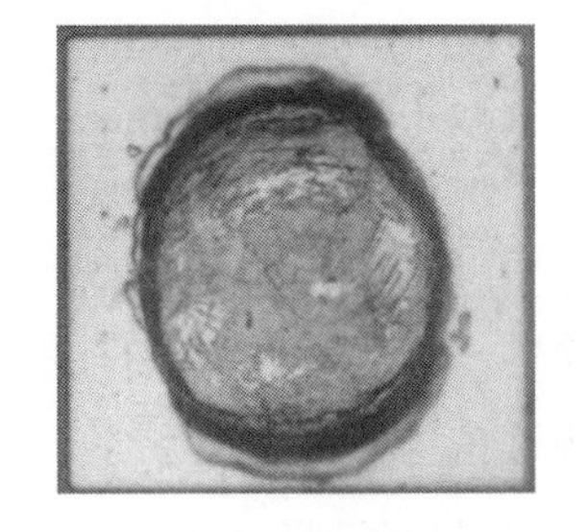

图 3-52　金属化合物照片

铜线焊接过程与金线焊接过程基本一致，由于铜线在焊接过程中容易被氧化，铜线焊接全程需要在保护气（一般为氮气、氢气混合气体）充填环境下作业，一般需要增加铜线防氧化装置，如图 3-53 所示。而且铜的硬度较大，同样的线径，相比于金线更容易对芯片造成冲击，容易产生弹坑等缺陷，这些都需要在实际的作业中避免。

图 3-53　铜线防氧化装置

步骤 4：拉弧。

当第一焊点形成后，瓷嘴向上运动，开始形成弧形，如图 3-54 所示。

然后瓷嘴继续向远离引线脚方向移动一小段距离，其目的是使第一焊点上方的金属线是笔直往上的，以免金属线的颈部变得脆弱。

由于金属线在此过程中会有一定的弯曲，所以要求瓷嘴的内倒角处是非常光滑的，从而可以减少阻力。

瓷嘴上升至弧的最高处，通过参数的设置，设备会自动计算出瓷嘴接下来该如何运动。当然，对瓷嘴内孔的抛光要求也非常高。这样可以减少金属线在瓷嘴内孔处的沾污。

步骤 5：形成第二焊点。

瓷嘴从弧的最高处移动到第二焊点上方，然后匀速下降到达第二焊点，超声波能量通过瓷嘴传送到焊区，形成第二焊点，过程如图 3-55 所示，焊点形状如图 3-56 所示。同样，第二焊点的尺寸也需要进行管控，也就是压后宽度为 1.2～3.0 倍线径，压后长度为 1.5～6.0 倍线径，如图 3-57 所示。

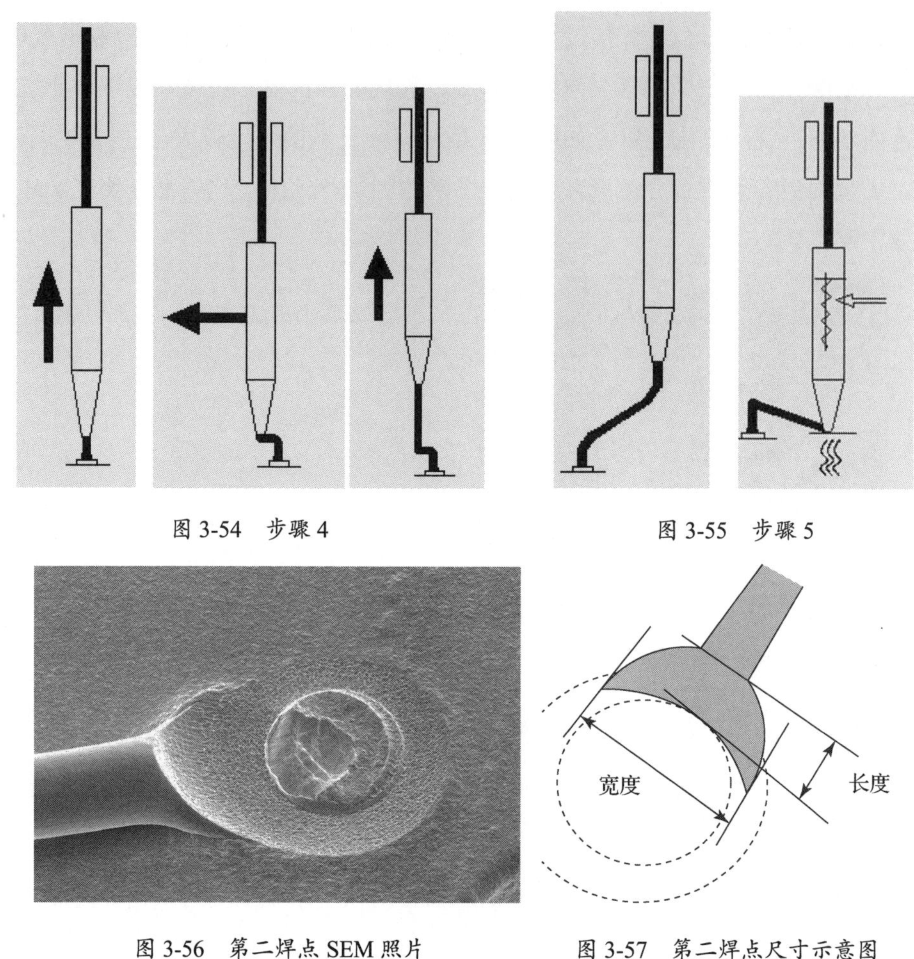

图 3-54　步骤 4

图 3-55　步骤 5

图 3-56　第二焊点 SEM 照片

图 3-57　第二焊点尺寸示意图

步骤 6：线拉断，开始下一个循环。

瓷嘴上升到设定好的高度，确保能形成下一个焊球。需要注意的是，这个时候线夹是关闭的。在线夹关闭的状态下，瓷嘴往上移动，从而将金属线拉断。在此过程中，瓷嘴继续往上运动，并到达复位位置。在电弧的作用下，形成一个新的焊球，至此完成一根线的焊接过程，如图 3-58 所示。

2. 楔形焊接工艺流程

楔形焊接：用焊接工具（设计上不同于之前的球形焊接瓷嘴，俗称钢嘴）将铝线（铝带）压紧在压焊块表面，再输入平行于压焊块表面数万赫兹的超声脉冲，同时施加向下的压力，使钢嘴带动铝线（铝带）在压焊块表面高频摩擦，铝线（铝带）和压焊块紧密相连。铝线、铝带是楔形焊接中应用较多的线材，相较于球形焊接，其线径比较大，更适合承载大电流、对散热性要求较高的功率半导体器件。

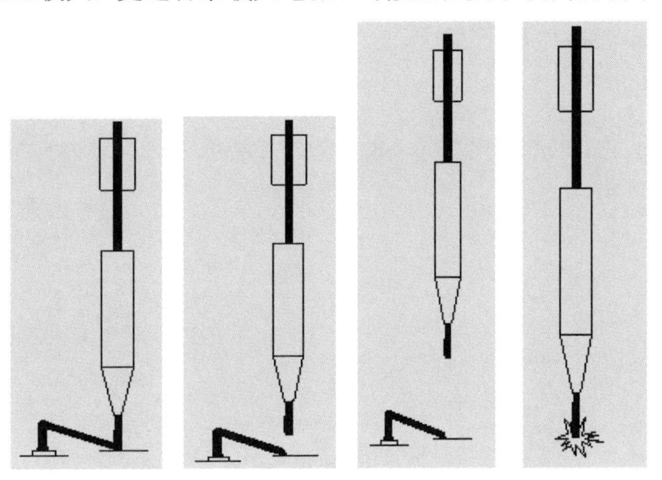

图 3-58　步骤 6

步骤 1：焊前。

焊接前铝线必须可靠地依附在钢嘴槽内（主要确认线夹的位置），如图 3-59 所示。通过控制铝线焊接头的下降速度和行程（主要根据线径来设置）来控制铝线的预变形。焊接前，*Z* 轴必须处于稳定状态，并且，焊接表面没有沾污和出现较大的倾斜。

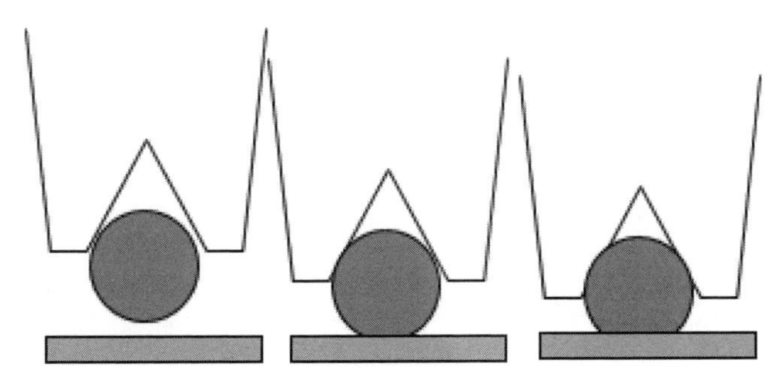

图 3-59　步骤 1

步骤 2：焊中，如图 3-60 所示。

合适的初始压力（Start Force）和初始超声波能量（Start Power）可确保铝线不会过早变形。通过合适的时间使初始压力和初始超声波能量上升到目标压力

（End Force）和目标超声波能量（End Power），并保持一段时间，可以把焊点中部未焊接区的范围减小到最小。

足够的焊接保持时间，可以保证焊料间的交互融合。充分的压紧，可以保证焊接的质量。

需要注意的是，高超声波能量、低压力容易造成焊点过变形且加速钢嘴沾污，有损坏芯片的风险。

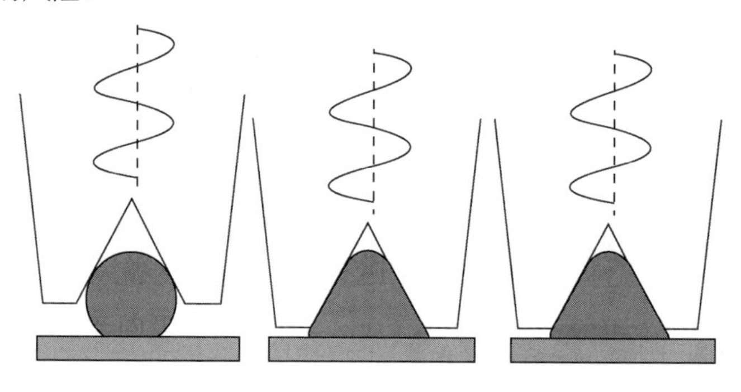

图 3-60　步骤 2

步骤 3：焊后。

不能存在过度的焊点角度（一般小于 90°）旋转，否则会将铝线拽出钢嘴槽，如图 3-61 所示；较小的送线阻力就可以减小或阻止颈部裂纹的发生。

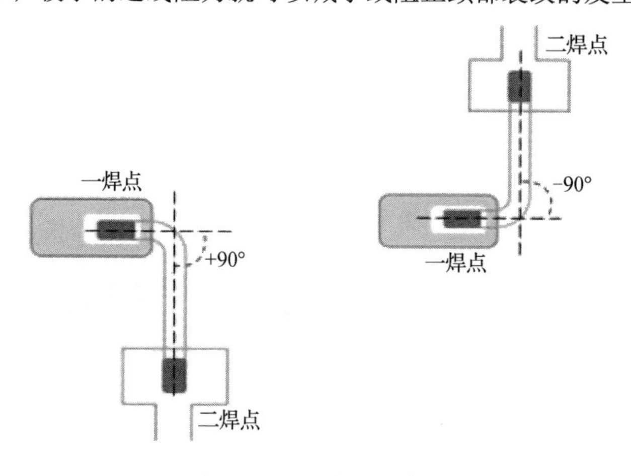

图 3-61　90° 焊接示意图

实践证明，优化弧形可以阻止颈部裂纹；同时，需要优化切线动作以确保有足够的尾线，如图3-62所示。焊接完成后的效果如图3-63所示。

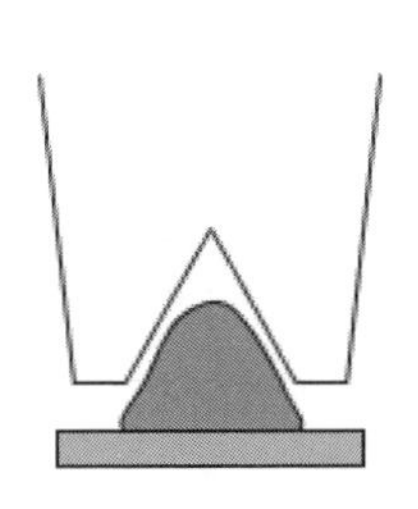
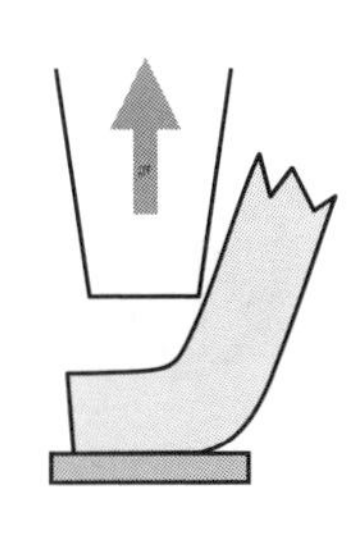

图3-62　步骤3

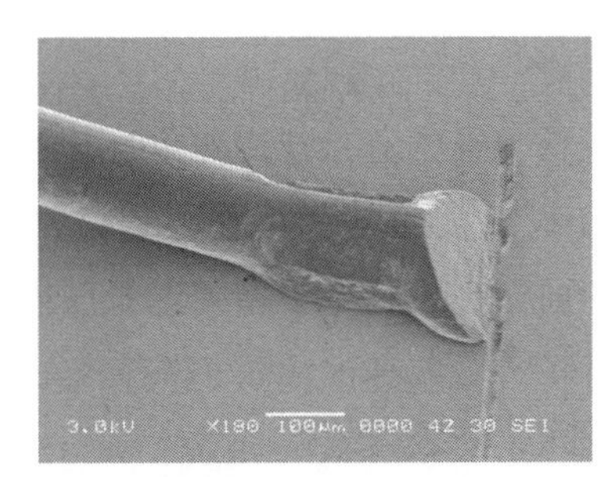

图3-63　焊接实物图

传统的楔形焊接，一般焊点中心部位很难与框架（或基板）形成真正意义的焊接，如果管控不当，中心未焊接区域会比较大，造成焊点剥离，或者虚焊，如图3-64所示。

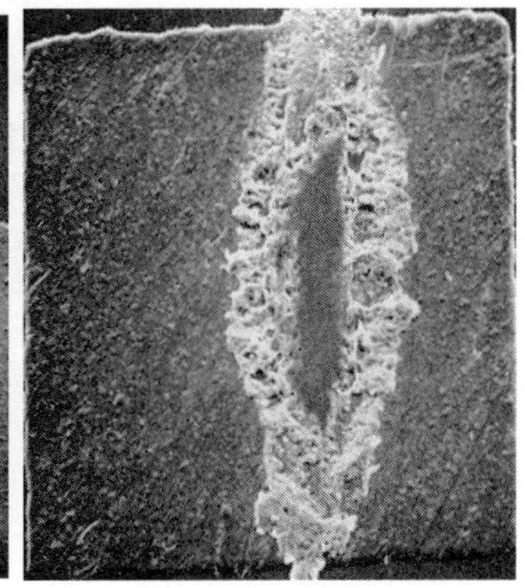

图3-64　焊点中间未焊接区

楔形焊接依靠超声波带动焊接工具振动，使引线产生塑性形变，并能去除界面的污物和氧化层，为原子扩散提供原始的接触区域，使焊点实现真正的冶金键合。如果超声波功率设得非常高，将使引线立即产生塑性形变，从而在键合压力作用下，引线马上坍塌下来，不能有效去除键合表面的污物和氧化物，限制了原子的扩散，原子扩散由外向里向起始焊接环扩张，导致一个大区域未焊接，如图3-65所示。

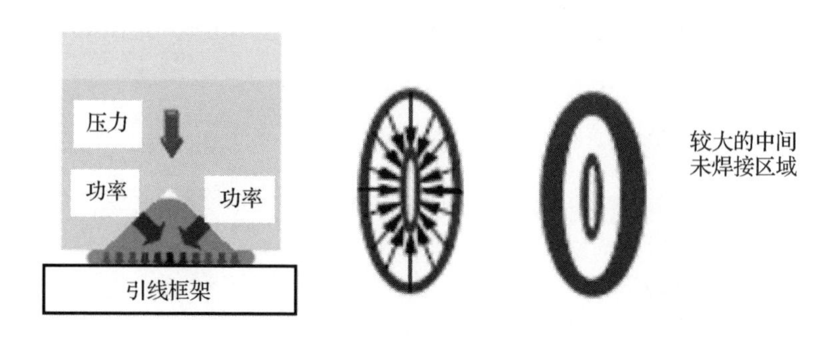

图 3-65　高功率下形成较大的中间未焊接区域

如果超声波功率设定得相对较低，引线的塑性形变较为平缓，能有效去除键合表面的污物和氧化物，为活性原子扩散提供原始的接触区域，原子扩散是从起始焊接环由里向外扩张的，这种情况的焊接是比较充分的，如图 3-66 所示。

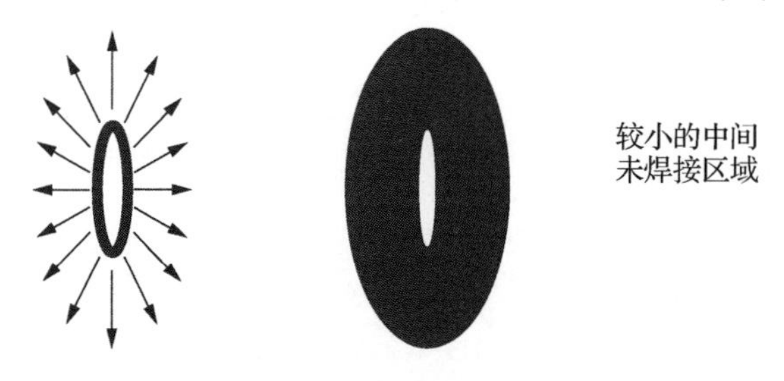

图 3-66　低功率下形成较小的中间未焊接区域

与球形焊接一样，楔形焊接也需要对其焊点的长度、宽度进行管控，通常规定如下：长度为 1.2～3 倍铝线直径；宽度为 1.2～2 倍铝线直径，如图 3-67 所示。

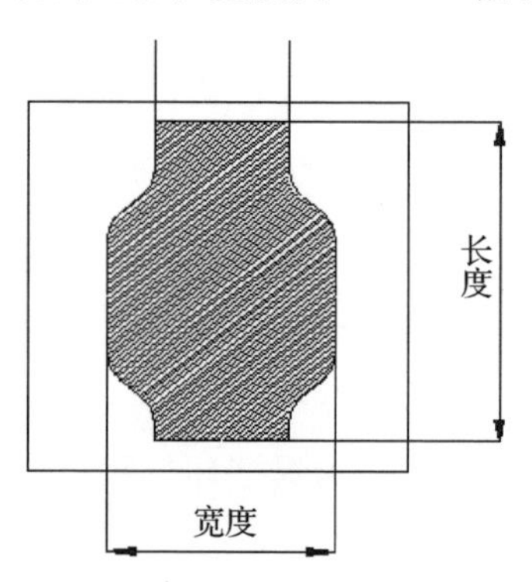

图 3-67　铝线焊点示意图

直径为 100μm 及以上的铝线第二焊点采用切断方式形成，直径 100μm 以下的铝线的第二焊点采用扯断方式形成。

完整的楔形焊接示意图如图 3-68 所示。

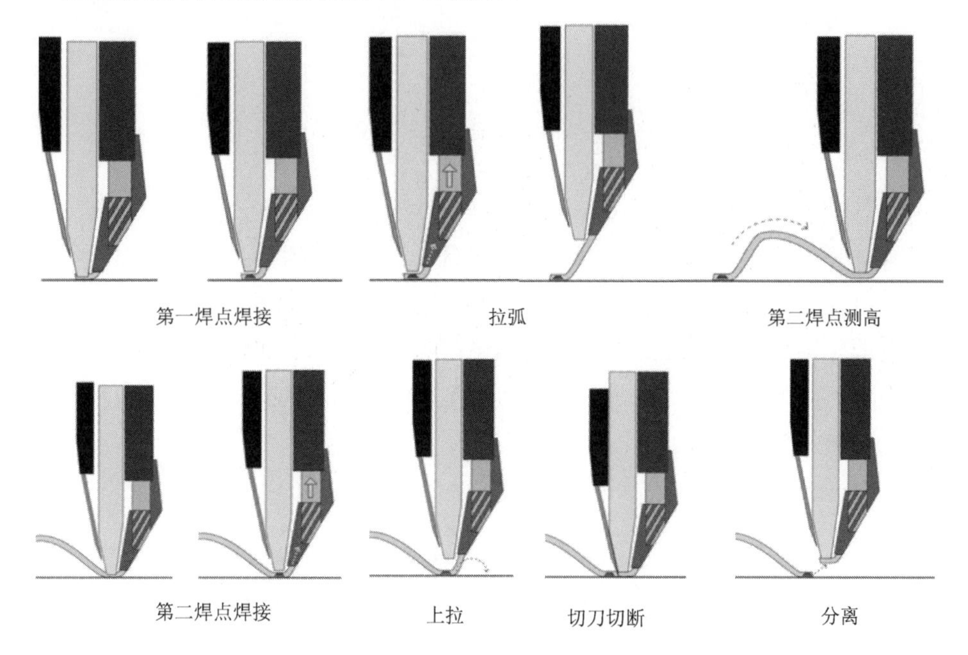

图 3-68　完整的楔形焊接示意图

3. 铜片焊接工艺流程

铜片焊接：使用铜片将芯片的有源区与框架的引脚区互连，达到焊接的目的。不同于球形焊接与楔形焊接，铜片焊接用焊膏实现互连，包括焊膏装片、铜片装片、红外回流、焊膏清洗几个步骤。铜片焊接原理接近于装片工艺。因为其功能属于键合，故放在本节介绍。铜片焊接与装片实则在一个工序内完成，作业流程需要与装片结合在一起考虑。铜片本身因为具有高导电性、高导热性，铜片焊接作业速度远远优于楔形焊接，且无拉弧空间限制，近年来备受市场青睐，特别是一些小型封装 QFN，更能显示出其优点。

步骤 1：焊膏装片。

焊膏装片，即装芯片，如图 3-69 所示，具体的流程可以参考 3.2.4 节介绍的装片工艺。

图 3-69　焊膏装片示意图

步骤 2：铜片装片。

在步骤 1 完成后，在芯片表面与框架引线表面相关部位分别点焊膏，之后吸取铜片，并进行铜片粘接，如图 3-70 所示。批量生产的铜片主要以编带的形式送入设备的指定位置，作业的时候，设备自带的冲压模具对铜片进行单个分离，以便吸取。不同于装片过程的是，铜片装片可以实现多个铜片同时吸取和粘接，达到提高效率的目的。

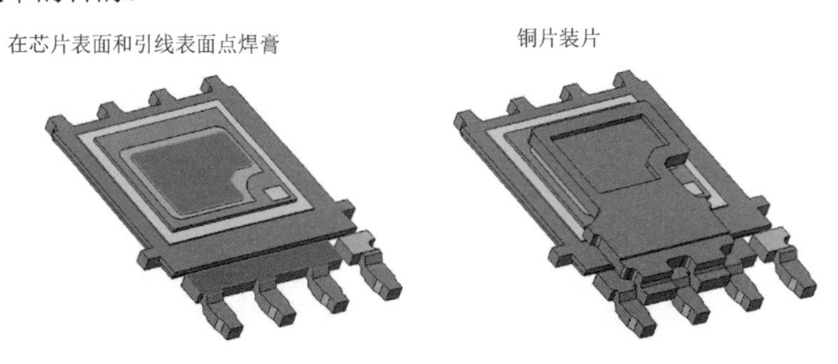

图 3-70　铜片装片示意图

步骤 3：红外回流。

铜片装片结束后，需要进行红外回流，以固定芯片与铜片。红外回流的条件需要依据所用的焊膏种类来设定，同时要确认铜片、芯片的位置是否发生严重的偏移，焊膏里面的气泡是否有超标现象。虽然红外回流过程相对简单，但是红外回流的条件确定往往比较复杂，需要反复试验和总结。

步骤 4：焊膏清洗。

由于焊膏自带助焊剂，一般在红外回流后容易在产品上附着。为了保证产品的质量，通常需要去除附着的助焊剂。由于焊膏的类型、产品的要求不同，清洗的方法也不一样。功率半导体器件封装用的焊膏一般是高铅焊料，以化学溶剂清洗、水基清洗为主。化学溶剂清洗流程简单、效果好，应用较为普遍，但是在环保要求日益提高的背景下，水基清洗方法也逐渐开始得到较多的应用。

4．键合相关生产设备、工夹具的主要性能指标介绍

根据金（铜）线、铝线（带）不同的工艺要求，键合设备（键合机）主要分为金（铜）线键合机、铝线（带）键合机，如图 3-71 所示。金（铜）线键合机与铝线（带）键合机各主要性能指标比较，可参考表 3-2。

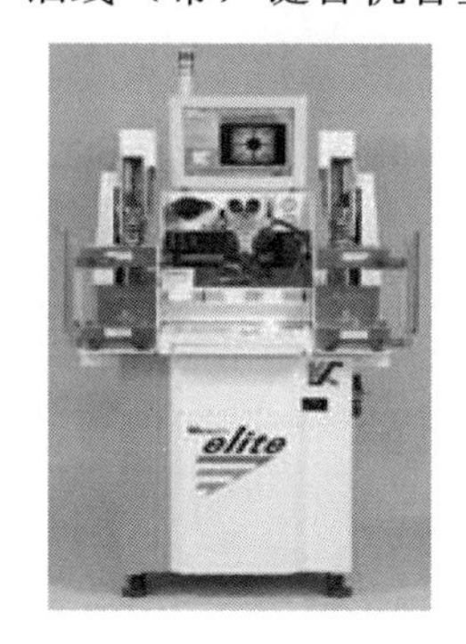

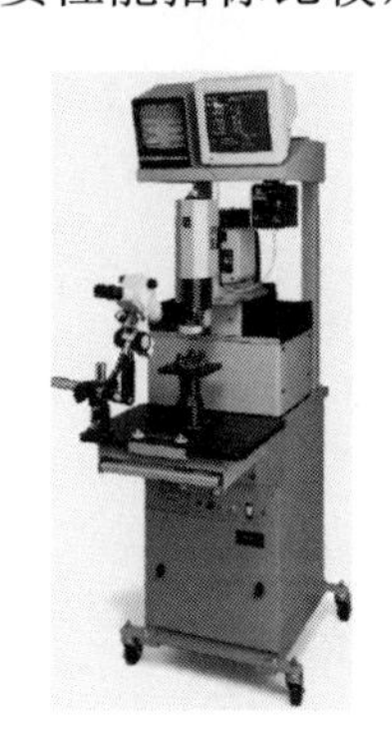

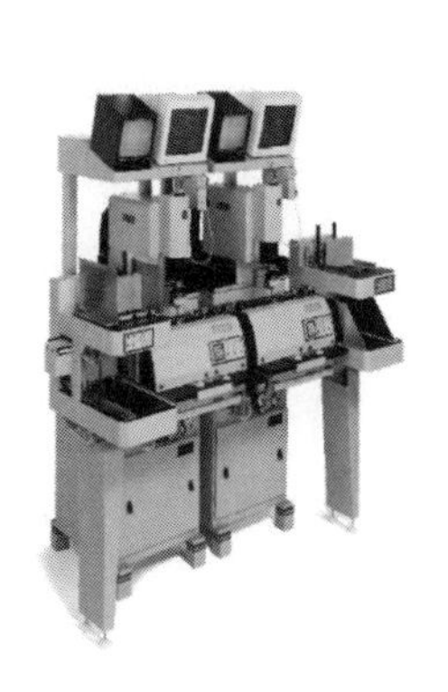

图 3-71　键合机

表 3-2　金（铜）线键合机与铝线（带）键合机的特点

键　合　机	键　合　线	特　　点	作 业 速 度	代 表 设 备
金（铜）线键合机	金（铜）线	作业、识别精度特别高，一般为几微米，重复循环作业稳定性高，且可以满足不同的弧度作业要求。可以通过设置不同的参数达到各种规范要求	快	KNS Elite/Connx
铝线（带）键合机	铝线（带）	作业、识别精度高，重复循环作业稳定性高。拉弧及其他作业参数可以设置，以满足不同线径的要求	较慢	KNS OE360/7200

键合焊接工具：焊接工具是键合工艺最重要的工具，可以说焊接工具的好坏直接决定了焊接质量的高低。根据键合方式不同，焊接工具有所不同。

（1）瓷嘴：通常用于球形焊接。在球形焊接时它能进行超声波能量传导，提供压力，引导线弧的形成，固定焊线中的焊球位置，如图 3-72 所示。

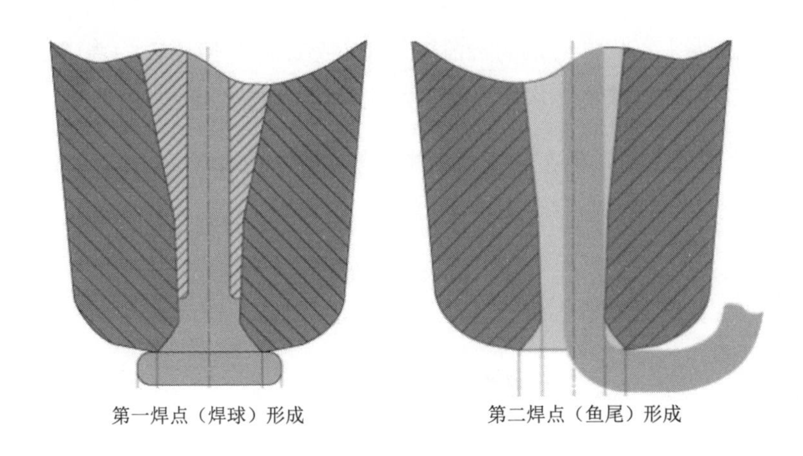

图 3-72　瓷嘴的功能

（2）钢嘴：用于楔形焊接。它中间有一段凹槽，在楔形焊接过程中，钢嘴需要额外配备切刀来切断粗铝线，如图 3-73 所示。

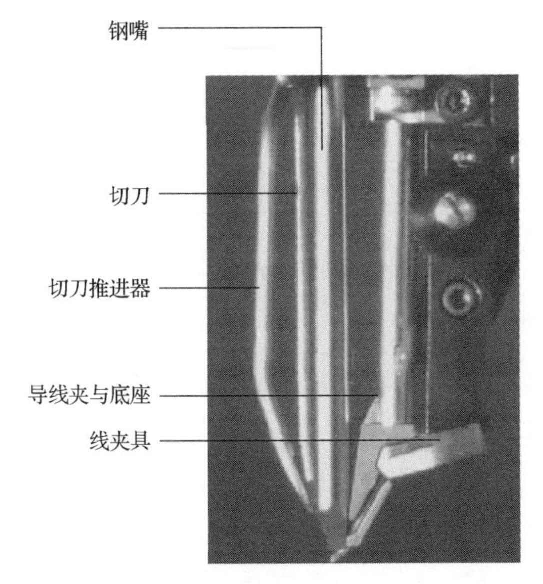

图 3-73　钢嘴实物图

（3）键合治具：用于固定引线框架，便于键合焊接。因为焊接过程中，超声波的施加会使引线框架产生形变及位移，需要特定的治具去固定，尤其是楔形焊接对产品固定的要求非常高，有时需要有明显的压痕才能满足要求。实际作业中铝线产品的压合图，如图 3-74 所示。

图 3-74 实际作业中铝线产品的压合图

5. 键合焊接主要工艺条件介绍

（1）键合温度：金线、铜线键合工艺对温度有较高的要求。过高的温度不仅会产生过多的氧化物影响键合质量，并且由于热应力应变的影响，图像监测精度和器件的可靠性也随之下降。在实际工艺中，温控系统都会添加预热区、冷却区，以提高控制的稳定性。键合温度指的是外部环境的温度，工艺中更关注实际温度的变化对键合质量的影响，因此需要安装传感器监控瞬态温度。不过，铝线、铝带在键合过程中不需要进行加热管控。

（2）键合时间：通常键合时间为几毫秒，并且键合材料线径不同，键合时间也不一样。一般来说，键合时间越长，引线球吸引的能量越多，键合焊点的直径就越大，界面强度增加而颈部强度降低。但过长的时间，会使键合焊点尺寸过大，超出焊盘边界，并且导致空洞产生概率增大。因此，合适的键合时间尤为重要。

（3）超声波功率与键合压力：超声波功率对键合质量和外观影响最大，因为它对焊球的变形起主导作用。过小的功率会导致过窄、未成形的焊点或第二焊点整体浮起；过大的功率会导致根部断裂或焊盘破裂。超声波功率和键合压力是相互关联的参数。增大超声波功率，通常需要增大键合压力，使超声波能量通过键合工具更多地传递到焊点处，但过大的键合压力会阻碍键合工具的运动，抑制超声波能量的传导，导致污染物和氧化物被推到键合区域的中心，形成中心未焊接区域。

6. 键合主要质量监控内容

键合工序在半导体封装中属于核心工序，不仅重要，而且容易产生质量缺陷，因此，对键合工序管控的要求相对较高。一般来说，常见的键合不良或缺陷有如下几种：焊接不良、键合线变形、焊点偏移、焊点尺寸超标、焊点颈部裂纹、键合线损伤、划伤、芯片压焊块铝层剥离、弹坑、芯片缺损等。其中，部分不良或缺陷可以通过显微镜观察外观来确定，还有部分需要通过专用设备做破坏性分析，才能判定。

（1）键合线拉力：把钩子放在键合线中间部分（如果侧重于分析第一焊点质量，可以靠近第一焊点位置；同理，如果侧重分析第二焊点质量，可以靠近第二焊点根部），然后勾住键合线匀速往上移动，直至线被扯断。记录拉力值，还有断裂的位置。拉力的大小某种程度上反映了焊接质量，随着线径增大，拉力值也会相应增加。但是拉力的大小不能完全体现焊接质量，除了拉力需要满足要求，断裂的位置也需要判断，一般而言，只要不是焊点（包含第一焊点、第二焊点）剥离的情况都算合格，如图 3-75 所示。

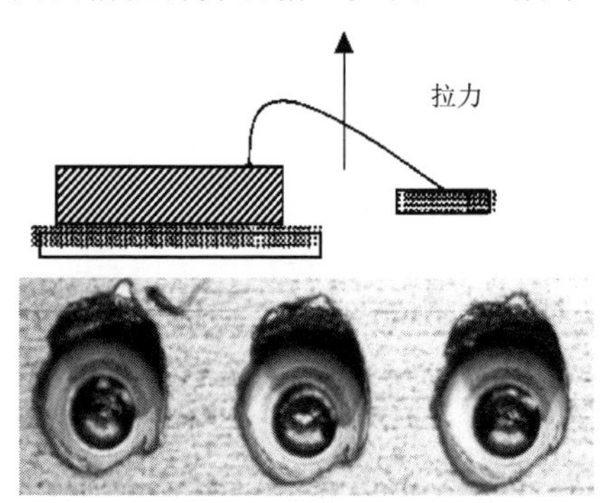

线在第二焊点根部断裂，合格

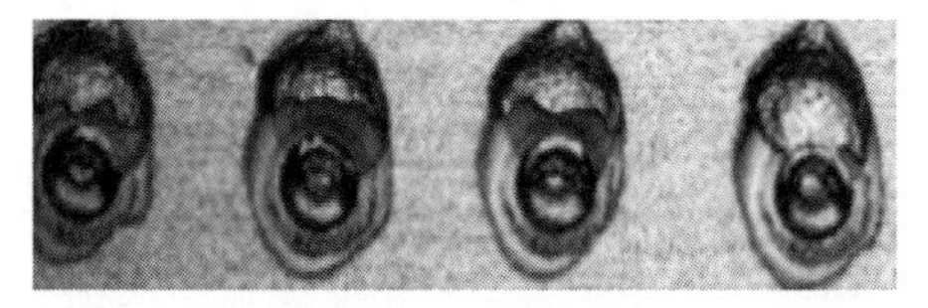
对比于左图，第二焊点部分残留面积过小，不合格

图 3-75　键合线拉力和断裂位置及失效模式

为了对键合线拉力进行管理，封装厂会运用 SPC 的方法。

针对铝线产品，因其线径较粗，为了防止虚焊，一般会在打线后，用钩子勾住铝线，并对不同线径的铝线设置不同的拉力，向上拉。不同于拉力测试，此过程不造成线的破坏，故也称非破坏性拉力。

可靠性失效中常见的一个缺陷是焊点开裂，除了本身拉力测试值偏低，该焊接区域与塑封料的分层也是一个很重要的因素，在分析此类异常时，不能只聚焦在键合本身，需要结合相关可能的流程，找出适合的解决方法。

（2）焊点剪切力：原理和芯片剪切力一样，用治具推焊点，方向与芯片表面平行，直至焊点断裂为止，记录剪切力值与破裂的位置。最好的失效模式就是键合材料残留在芯片表面或者框架表面。施加焊点剪切力后的失效模式，如图 3-76 所示。

为了对焊点剪切力进行管理，封装厂会运用 SPC 的方法。

铝带键合剥离试验（合格）

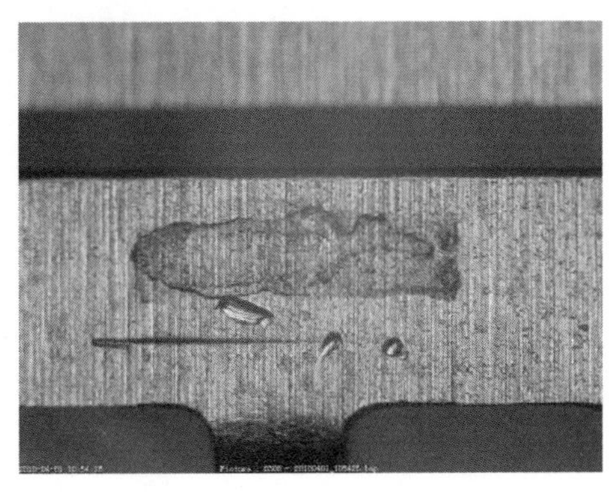

铝带键合剥离试验（不合格，无Al残留）

图 3-76　施加焊点剪切力后的失效模式

（3）芯片弹坑：任何焊接方式的前提条件是不能对芯片内部的电路造成损伤。日常监控时，需要用化学药剂去除焊点及焊点下面的金属层，确认下面的电路是否损坏，若已损坏，则会探测到凹坑状缺陷，也就是类似于子弹打到钢板上留下的坑（弹坑），如图 3-77 所示。

（4）焊点尺寸：不同规格的焊线，在不同芯片表面压焊块内键合，会形成不同尺寸的焊点。因此需要对焊点的尺寸进行管控，焊点尺寸过大或过小均有质量隐患。

（5）线弧高：线弧的高度需要管控，根据不同封装体的要求，弧度的规格也不一样，需要结合实际情况对线弧的高度进行管控。

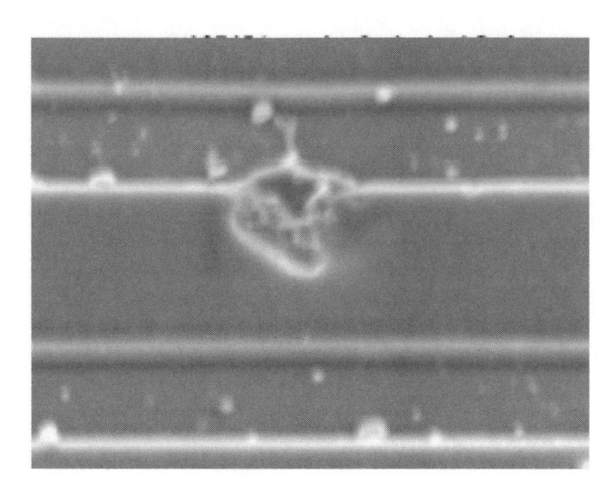

图 3-77　芯片表面焊接区域下面有弹坑，电路被损坏

以上这些管控内容都不能孤立地对待，需要结合上述特性做试验，找出满足要求的最佳键合参数范围。

3.2.6　塑封

塑封是指利用环氧模塑料，在相应的模具上通过高温、高压把键合好的产品包封起来，用以隔绝湿气与外在环境的污染，以达到保护芯片的目的。

1. 塑封工艺流程

完整的塑封工艺流程包括四个主要步骤：模具清模、模具脱模、空框架试封、产品塑封。这四个步骤的基本内容介绍如下。

步骤 1：模具清模。在产品连续生产过程中，塑封料中的蜡和树脂成分会在模具表面积聚，随着作业次数的增加，积聚物会越来越多，且积聚物在高温下易被氧化，导致产品的外观不良或者粘模的发生。因此，在作业前，或者是作业了一定数量的产品后，需要用专业的清模树脂对模具表面进行清理，以免在正式塑封作业时对表面造成二次污染。

步骤 2：模具脱模。刚清好模的模具或者未塑封的模具放置了较长的一段时间（一般超过 6～8 小时），模具表面没有脱模成分，若直接开始塑封作业，塑封料会与模具紧密贴合，待产品塑封完毕开模时，轻微的会对塑封内部产生应力，严重的直接导致产品开裂。故在正式塑封前，需要对模具进行润模，降低模具与塑封料间的黏结力，达到产品顺利脱模的目的。

步骤 3：空框架试封。待模具脱模结束后，在正式作业前，用指定的塑封料和对应的框架进行试封。这样做的主要目的是确认上述清模、脱模的效果，避免产品出现外观缺陷。

步骤 4：产品塑封。空框架试封无误后，可以正式开始产品塑封。模具的工作温度一般为 170℃，上下模具合模紧闭。塑封料通过注塑筒、模具的流道注入对应的型腔。这里用的塑封料的主要成分之一为热固性环氧树脂，不同于热塑封材料，在模具的工作温度下，热固性塑封料会逐渐自然固化，不需要通过降低模具温度来达到冷却固化的目的。

塑封料的主要成分是二氧化硅填料与环氧树脂的混合物，一般为黑色粉末状固体，如图 3-78 所示。可根据塑封模具的要求，将其压实为各种规格和形状，一般多为圆柱状。该塑封料需 5℃以下低温存储。使用前从冷库取出塑封料，进行十几小时回温达到室温，此过程也称为醒料。同时，为了确保产品品质，醒料后的树脂需在规定的时限内用完。醒料不充分的塑封料，因温度低于室温，打开袋口后其中的水汽冷凝，容易产生针孔、未充填等缺陷。超期塑封料的流动性下降，易出现未填充、金线变形等缺陷。

图 3-78　塑封料

塑封作业时，需要对塑封料及框架进行预热。一般小尺寸塑封料放入模具中，可以直接依靠模具的热量进行预热。但是尺寸偏大的塑封料，光靠模具的热量则远远不够，需要借助额外的预热设备，常见的就是高频预热炉。它可以对产品内部进行加热，一般可加热到 70℃左右。框架加热可借助预热平台，如图 3-79 所示，一般加热 1～2 分钟即可。框架加热时间太长会有被氧化的风险。

图 3-79　预热平台和高频预热炉

塑封设备主要分为塑封压机和塑封模具两部分，分别如图 3-80、图 3-81 所示。塑封模具是塑封设备的核心，不同的产品有不同的封装形式，对应不同的模具。塑封模具根据注塑头的数量，又分为多注塑头模具、传统模具。多注塑头模具里有多个注塑头进行注塑，传统模具只通过一个注塑头进行注塑。从产品的品质及材料的成本来看，多注塑头模具的优势很大，应用也比较多。塑封压机为塑封模具提供合适的温度、注塑压力、合模压力等作业条件。塑封压机又可以分为自动压机和手动压机。自动压机可自动实现塑封过程，无须人员手动上模，一般设备费用较高；手动压机，需要人员辅助上塑封料、上框架，设备相对廉价。

图 3-80　塑封压机

图 3-81　塑封模具

图 3-82 是塑封完成后的一个产品实物图。

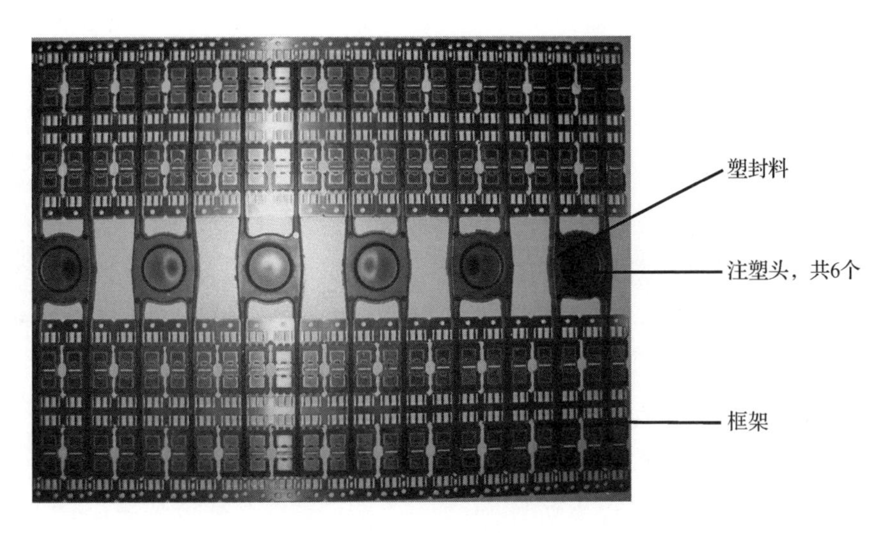

图 3-82　TO-252 产品塑封后实物图

2. 塑封工艺参数

塑封工艺过程的主要参数介绍如下。

（1）合模压力：上下模具压合的压力。合模压力过小会导致塑封料有溢料的情况发生；合模压力过大会对模具的使用寿命造成一定的影响。

（2）注塑压力：对塑封料施加的压力，可使其填充进模具里的型腔。过小的注塑压力，会有填充不足、出现气孔的现象。过大的注塑压力，会使塑封料对框架的中筋部分造成极大的压力，导致其变形。

（3）模具温度：模具温度用于保证热固性塑封料在加热过程中软化、液化，以便能流动。温度过高或过低，都会对塑封料的品质、成型特性带来影响。

（4）注塑时间：塑封料注塑过程的整体时间。针对一些结构复杂的产品，可以分段注塑，每段注塑单独控制时间。

（5）固化时间：塑封料从固化开始到形成一定的硬度，以至于能用顶杆顶出的时间（从产品注塑的时间开始算起，包含注塑时间）。

3. 塑封主要质量监控内容

为了保证塑封后产品的质量，需要关注以下两方面。

（1）外观质量：确定产品是否有外观缺陷，如未充填、表面针孔、塑封料疏松等，如图 3-83、图 3-84 所示。

图 3-83　表面针孔

图 3-84　塑封料疏松

（2）内部质量：确定内部是否有气泡，键合线是否变形。

功率半导体器件涉及金线键合、铜线键合、铝线键合等。铝线一般线径较粗，故变形的问题较少。金线、铜线的直径一般在 50μm 以下，塑封料注塑时容易产生变形，严重的话，会把线冲断、使相邻的线碰到，形成短路。此种现象一般与所选择的塑封料的特性、注塑时间有关，需要通过试验确定参数范围。

随着功率半导体器件的不断发展，功率密度不断提高，碳化硅、氮化镓类器件将得到广泛应用。由于对功率半导体器件高导热性、高工作温度的要求，对塑封料的要求也越来越高，如高玻璃化转变温度、高导热系数。这些会对塑封工艺提出新的挑战，相应的设备工艺也要及时改进，才能满足这些要求。

3.2.7　塑封后固化

因塑封料是热固性材料，为了保证其固化交联反应充分，需要额外增加一个烧烤过程。在塑封后追加的这个烘烤过程，又称为塑封后固化。

塑封后固化一般需在 170～180℃烘箱中烘烤 6 小时左右，这样，可以让塑封料中高分子链的交联反应更充分，以形成网状结构，增加自身的强度。交联反应的原理如图 3-85 所示。作业过程中需注意烘烤时间和温度。

塑封后固化结束后，需要借助超声波扫描（非破坏性）对产品内部的芯片、基岛表面进行扫描，如图 3-86 所示。超声波扫描可以检测到内部的微观缺陷，如分层、空洞、塑封体裂纹、芯片裂纹等，如图 3-87 所示。根据接收到的不同界面反射的波的信号可确定产品有无缺陷。产品分层是一般功率半导体器件失效的主要原因，需要随时监控和确定产品分层情况。

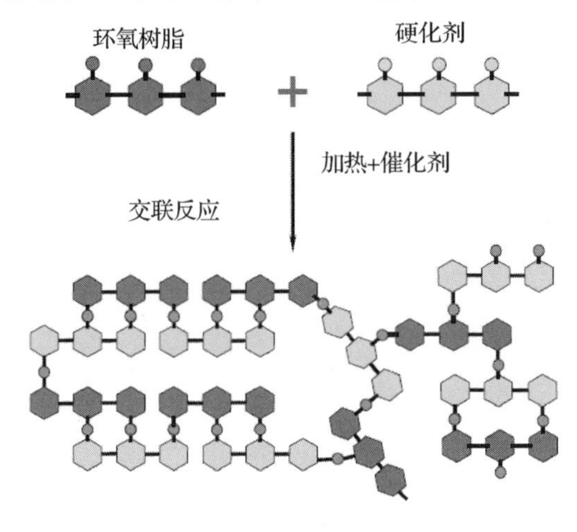

图 3-85 交联反应的原理

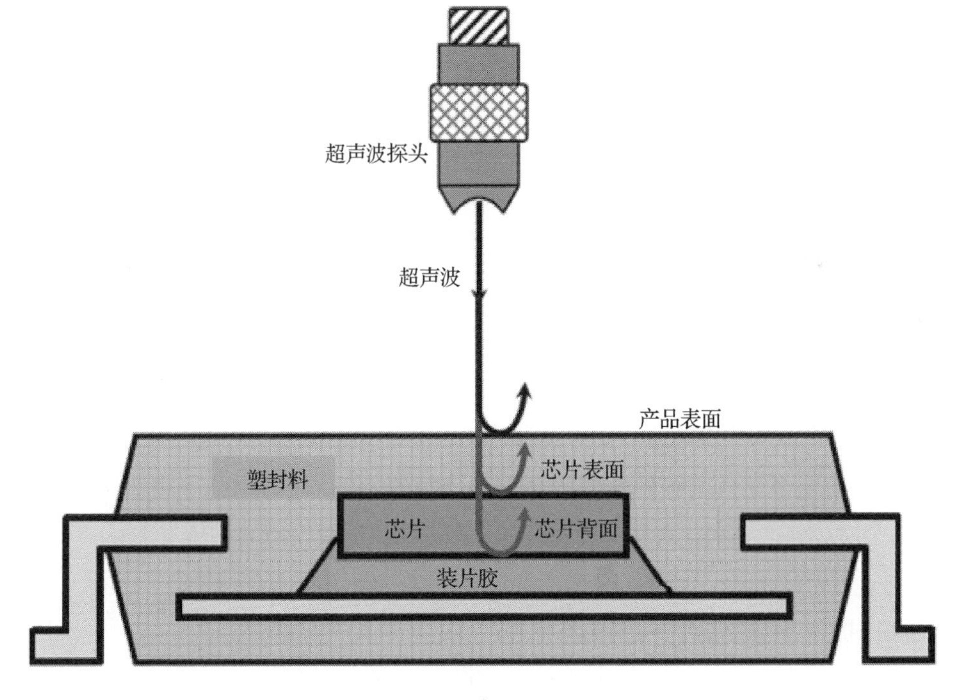

图 3-86 超声波扫描原理

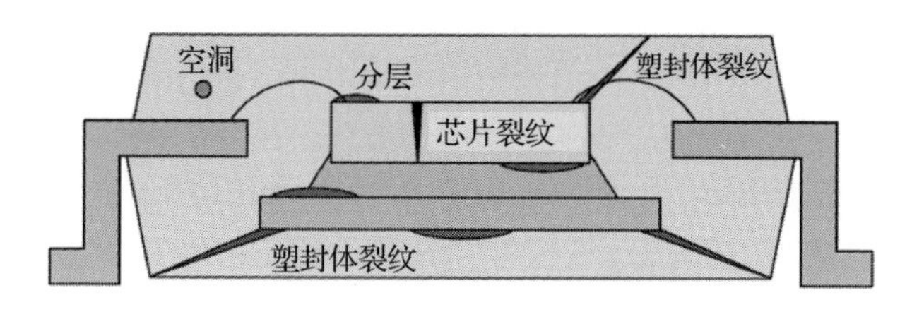

图 3-87　常见的内部缺陷

3.2.8　去飞边

产品塑封后在引线框架和塑封体接合面上，由于两者间有缝隙，塑封料注塑过程中会有少量的塑封料飞边溢出。这种飞边会影响后工序电镀质量，造成镀层露铜、发花，甚至影响产品易焊性。因此，需要去除塑封料溢出的飞边，这个过程就称为去飞边。

去飞边工艺流程：已塑封产品→电解（可选）→化学软化（可选）→喷砂（可选）→高压水击打（可选）→烘干（可选）。

塑封体飞边大致分三种情况：第一种是溢在产品外引线框架表面的一些发黄、发白的薄膜，若发黑了，一般不能清除，需反馈给塑封工序改善；第二种是沿着外引线框架侧面的长条溢料，若框架厚度超过 0.2mm，则去除起来会困难，最好要求塑封工序和框架供应商配合改善；第三种是塑封体周边上下模分型面溢料，一般是透明溢料，如果飞边又黑又硬，也须反馈给塑封工序进行改善。

目前清除塑封料飞边的方法大致有两类，即电化学法和机械击打法。其中，电化学法有碱性溶液电解法和化学软化剂浸煮法；机械击打法有喷砂击打法和高压水击打法。

1. 碱性溶液电解法

碱性溶液电解法是指电解槽中盛有碱性电解液，将塑封产品和电解槽的阴极连接。通上电流发生电解反应，在产品外引脚和塑封料飞边间产生大量的氢气泡，从而产生空隙，再经过机械打击使塑封料飞边脱落。电解电流通常约 150A，温度通常约 60℃，电解时间为 1～5 分钟。

电解反应的化学方程式：阴极 $2H^{+}+2e \longrightarrow H_2\uparrow$

阳极 $4OH^{-}-4e \longrightarrow 2H_2O+O_2\uparrow$

把产品和电解槽阳极连接，产生氧气泡，同样可以达到去除塑封料飞边的目的。但产品与阳极连接时，阳极的电解反应除上述 OH^- 失电子外，产品外引脚铜层也会失电子（反应式：$Cu-2e \longrightarrow Cu^{2+}$），造成表层铜流失，不可取。

另外，气泡鼓起让塑封料飞边产生空隙的同时，对塑封体和引线框架结合层产生影响，产品有分层失效的风险，因此对吸湿等级要求较高的产品或贴装器件，不建议使用碱性溶液电解法。

2．化学软化剂浸煮法

化学软化剂分两类：酸性软化剂和碱性软化剂。化学软化剂浸煮法的作用机理是塑封料飞边在酸性软化剂或碱性软化剂浸煮下被软化或溶胀，飞边和引线框架结合层产生小空隙，再经过机械打击使飞边脱落。

两种软化剂的不同点在于，酸性软化剂的作用机理是引线框架铜表面氧化层遇酸液直接反应使铜离子进入溶液，使得塑封料飞边和引线框架结合层产生空隙，利于飞边去除，化学反应式：$CuO + 3H^+ \longrightarrow Cu^{2+}+H_2O$。碱性软化剂的作用机理是铜在碱液和空气中氧的作用下生成铜的碱式盐而进入溶液，使得塑封料飞边和引线框架结合层产生空隙，利于飞边去除，化学反应式：$CuO + NH_2—R—OH \longrightarrow Cu(NH_2—R—O)_2+H_2O$。但环氧塑封料中大量的化学酯键、醚键在碱性条件下易水解，所以化学软化剂浸煮法温度不能过高，时间不能过长，否则会影响塑封体外观。

3．喷砂击打法

喷砂击打法是指在水中放入一定量的玻璃珠磨料，通过喷砂设备在设定的压力下击打塑封体上飞边使其脱落。但玻璃珠磨料打在塑封体表面也会使塑封体发毛，打在引脚铜基材表面也会留有微坑，之后的镀锡层外观也会粗糙些，这种方法现在很少用了。

4．高压水击打法

通过高压水设备形成高压水，通过尺寸合适的喷嘴喷出，击打产品塑封体飞边表面，达到去除飞边的目的。喷嘴有扇形出孔和圆形出孔之分，前者击打面积大，后者击打强度高，可依据实际情况选择。

以上是常见的塑封料飞边去除方法。在实际使用过程中，通常将电化学法和机械击打法结合起来使用。有些设备生产商会把碱性溶液电解法和高压水击打法融合在一条自动环形线上，这是一种经济、高效的方法。

化学软化剂浸煮法耗时较长。首先把产品放在浸煮槽里，之后经过多道水洗槽，由于使用的软化剂都是酸碱性软化剂，员工的一些防护用具（如手套、口罩、眼罩）要戴好，现在大都配置了单臂吊行车，减少了人工传递，提高了效率。

去飞边工序出现的产品缺陷，一般是外观方面的，如塑封体发毛、塑封体发白、塑封体飞边未去除干净等。也有影响产品可靠性的，如产品塑封体分层，这需用超声波扫描方法检测。另外，环形线设备如果发生卡滞，会造成产品的机械撕扯，也可能会发生塑封体裂纹的异常。

现在产品有越做越小的趋势，这使得塑封体飞边的去除也要精准，激光去飞边的方法也在逐渐得到广泛应用。

3.2.9 电镀

电镀是指在含有某种金属离子的电解质溶液中，将待镀件作为阴极，通以一定波形的低压直流电，使得金属离子不断在阴极沉积为金属薄层的加工过程。通俗地讲，就是在去飞边后的半导体器件露出金属的部位镀上一层金属薄层，其目的是使器件在终端应用时具有更好的易焊性，并且具有更好的耐腐蚀性。

电镀使用的金属材料各种各样，由于产品环保的无铅化要求，原来的铅锡电镀已逐渐被纯锡电镀所取代。本节将对纯锡电镀的工艺进行介绍。

通常，半导体器件对镀锡层的基本要求如下：

（1）与铜基体结合力好；

（2）镀层平滑、致密，外观色泽匀称一致；

（3）镀层厚度均匀；

（4）耐高温，易焊接；

（5）对于外部环境有一定的耐腐蚀性。

1. 电镀工艺流程

一般电镀工艺流程如下：

待镀产品 → 除油 → 水洗 → 去氧化层 → 水洗 → 活化 → 电镀 → 水洗 → 中和 → 水洗 → 脱水。

步骤 1：除油。

用碱性溶液去除铜基材表面油性沾污，之后再用 60℃的水清洗。

步骤 2：去氧化层。

由于铜基材表面生有微氧化层，所以可用酸性溶液浸泡去除。电镀前去除氧化层，一般使用以稀硫酸为主的溶液。

步骤 3：活化。

产品电镀前在电镀用酸（稀甲基磺酸溶液）里预浸一下，将有利于电镀上锡。

步骤 4：电镀。

电镀槽内需要盛有一定浓度的酸和锡盐，一般使用甲基磺酸和甲基磺酸锡，加上一定配比的电镀添加剂，再用 99.99%以上的纯锡锭作电解槽的阳极，待镀产品与阴极连接，用恒流源通以一定波形的低压直流电，即可实现电镀工艺。

电解化学式：阳极　$Sn-2e \longrightarrow Sn^{2+}$

阴极　$Sn^{2+}+2e \longrightarrow Sn$，有时也有 $2H^{+}+2e \longrightarrow H_2\uparrow$

这种现象称为析氢，会影响镀层质量。这说明电解液中锡离子不足，而氢离子浓度过大，这种情况要尽量避免。

电流设置，根据法拉第电解第一定律：

$$m=CQ=CIt$$

式中，m 为在电极上起反应沉积锡的量；C 为比例常数；Q 为通过的电量；I 为通过的电流；t 为通电时间。

锡的质量计算公式为

$$m=\rho V=\rho S\sigma$$

式中，ρ 为金属锡的密度；S 为镀锡层面积；σ 为镀锡层厚度。

所以所需的镀锡层厚度为

$$\sigma=CIt/\rho S$$

步骤 5：中和。

电镀后的产品表层带酸性，锡层容易被腐蚀，原来一般用强碱弱酸盐（如磷酸钾、碳酸钠等）中和，现在用的是复合性溶剂。它能在清洗后的镀层上覆盖一层薄膜，隔绝水汽，可以防止镀层被腐蚀沾污。

步骤 6：脱水。

电镀完成的产品表面是湿的，因此，一般把它放在高速离心脱水机中甩干镀层表面的水分以实现脱水。

2. 电镀主要质量监控内容

（1）电镀完成的产品需要做外观检查，常见缺陷有镀层厚度异常，这需要配备专门的测厚仪测量；另外，还有镀层露铜基底、镀层色泽异常、镀层气泡、镀层针眼、镀层烧焦等。

（2）耐热性。产品需要经 155℃、16 小时烘烤，也有折成 192℃、1 小时的烘烤，主要是看镀层是否变色、起泡；另外，折弯产品引脚，看折弯处是否开裂、脱壳；也有产品经过红外回流一次后，看镀层是否变色，出现球化气泡等。考虑到“锡疫”现象，高温天气时从制锡工厂出库、运输到用户入库滞留时间不宜太久。

（3）耐湿性。将产品放在蒸汽老化箱内，蒸汽温度为 93℃，保持 8 小时，取出后看镀层是否腐蚀变色。

（4）易焊性。焊锡槽内温度保持 245℃，把做过耐湿性、耐热性试验的样品做焊料槽浸焊试验，看样品是否有针孔、气泡，出现不沾润现象。更严格的做法是用润湿测量法，检验样品润湿力和润湿时间是否达到要求。

电镀后的产品还需要烘烤，即做热固化处理，电镀后的热固化也称为电镀退火。刚镀好的纯锡层比较软、晶粒尖锐，不利于后工序的加工，不利于晶须的控制。晶须是镀锡层在长期的潮湿环境中长出的一种细须状的晶体，在引脚较密的产品上极易造成短路。

将电镀好的产品放在 150～160℃的烘箱中烘烤约 1 小时，镀锡层内应力得到释放，镀锡层表面的锡晶粒更平滑，就不易产生晶须而导致短路等失效。

3.2.10 打印

打印也称打标，就是在半导体器件的表面上进行标记。

相对于其他工序，打印是一个比较“自由”的工序，它在封装流程中的位置是可以变化的。可根据产品需要，在塑封完成后，任意工序前进行打印，有时还可以根据器件电参数的优劣在测试后进行打印。

打印的目的主要有两方面：一方面是为了区分品种，可以根据印章的内容确定该半导体器件的品种型号；另一方面是为了追溯，一旦最终用户的产品出现问题，可以根据印章找到对应的组装批号，从而可以调查当时的生产作业机台等情况，进行相关处置。

打印工艺可分为机械冲压、机械雕刻、油墨喷码、化学腐蚀、激光掩模和激光振镜等，相关参数对比如表 3-3 所示。

表 3-3 打印参数对比

打印工艺	效果与精度	标记颜色	编辑难易度	耗材	性能评价
激光振镜	精度高，效果好	材质本身	容易	不需要	好
激光掩模	精度较高	材质本身	不易	需要	较好
化学腐蚀	精度不高	材质本身	不易	需要	好
油墨喷码	精度较高	任意颜色	容易	需要	较差
机械雕刻	精度不高	材质本身	容易	需要	较好
机械冲压	精度差	材质本身	不易	需要	较差

常用的打印方式有油墨打印和激光打印。油墨打印字迹是附着在器件表面的，对器件表面的清洁度要求较高，也容易被擦掉，因此油墨打印综合性能较差。目前主流打印方式是激光打印，是用激光在器件表面刻字，对器件表面清洁度要求不高，且字迹清晰。油墨打印，即在器件表面上盖印，如图 3-88 所示。激光打印，即在器件表面上刻印，如图 3-89 所示。

由于激光打印优越性显著，因此，激光打印的应用越来越广泛。下面主要介绍激光打印的原理及工艺流程和激光器的分类等。

1. 激光打印的原理

激光打印是将高能量密度的激光束对准目标（如塑封体），使其表面发生物理或化学变化，从而获得可见图案的标记方式。激光打印的原理：高能量的激光束聚焦在材料表面上，可使材料迅速汽化，形成凹坑。随着激光束在材料表面有规律地移动，同时控制激光的开断，激光束就在材料表面加工出指定的图案或文字。

图 3-88　油墨打印

图 3-89　激光打印

2. 激光打标机的分类

激光器主要分为固体激光器、气体激光器和液体激光器。激光打标机按照激光器不同，可分为 CO_2 激光打标机、半导体激光打标机、钇铝石榴石（YAG）激光打标机、染料激光打标机等；按照激光可见度不同，可分为不可见激光打标机和可见激光打标机；按照激光波长的不同，可分为紫外激光打标机（波长为266/355nm）、绿激光打标机（波长为 532nm）、灯泵 YAG 激光打标机（波长为1064nm）等。

激光打标机的分类及用途如图 3-90 所示。

随着产品的小型化、多功能化，需要在极小的空间内进行打印，而且要求对产品无损伤。所以短波激光的优势逐步体现，短波激光对于各种材质如树脂的吸收率高，具备更高的稳定性，不易受材料的变化影响；其光点直径更小（光点直径 $=\dfrac{4\cdot\gamma\cdot x^2\cdot F}{\pi\cdot D}$，其中 γ 为波长，x^2 为光束品质值，F 为焦距，D 为入射光束直径），光束更为集中；热应力也更低，对器件的损伤极小，所以紫外激光打印又可称为“冷打印（Cold Marking）”，且打印质量好。

3. 激光打印工艺流程

激光打印工艺流程：塑封后的产品→初始设置→印章模板的制作→框架参数

设定→激光参数设定→样品制作→批量生产。

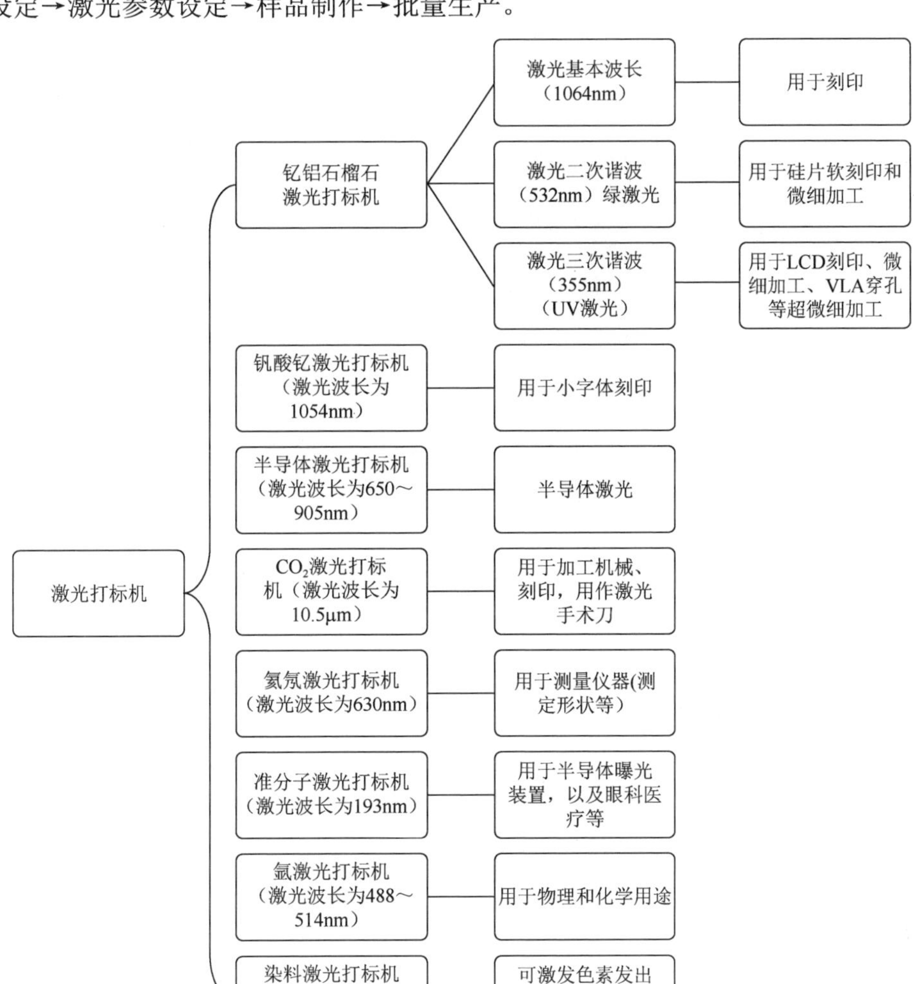

图 3-90　激光打标机的分类及用途

步骤 1：初始设置。

初始设置，即对设备镜头的参数进行最初设置，其参数包括焦距、尺寸、增益、“偏移”等。尺寸指镜头的打标范围，一般单头为 300mm×300mm，双头为 180mm×180mm。增益用来校准设定尺寸与实际打标尺寸的差异，分 X 和 Y 两个方向。“偏移”指打标偏移值，一般为 0。如图 3-91 所示，不同打标软件有不同的界面，参数内容基本一致。

步骤 2：印章模板的制作。

印章模板包括客户商标、字符（品名、生产工厂、生产日期及生产批次信息等）、二维码、流水码等内容，如图 3-92 所示，并输出相应的图纸文件，规范其打印位置及尺寸等。根据设备软件不同，其使用的文件格式也有所区别，常见的客户商标有 PLT、DXF 格式等；字符有 TTF、FNT 格式等，字符样式有 arial、ocr、roman 等。

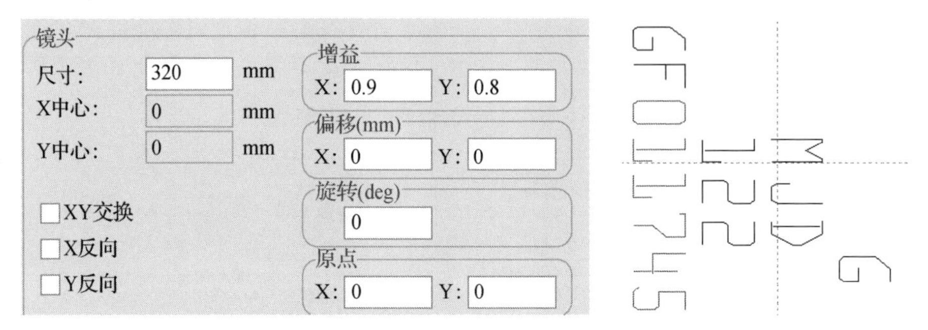

图 3-91　激光打印初始设置　　　　图 3-92　激光印章模板的内容

步骤 3：框架参数设定。

根据封装外形的不同，打印前需进行框架参数设定。框架一般有单排或多排，框架参数包括 IC 的宽度和高度，阵列的行数、列数以及行距和列距，在 X 或 Y 方向上分组的组数和组间距等，如图 3-93 所示。

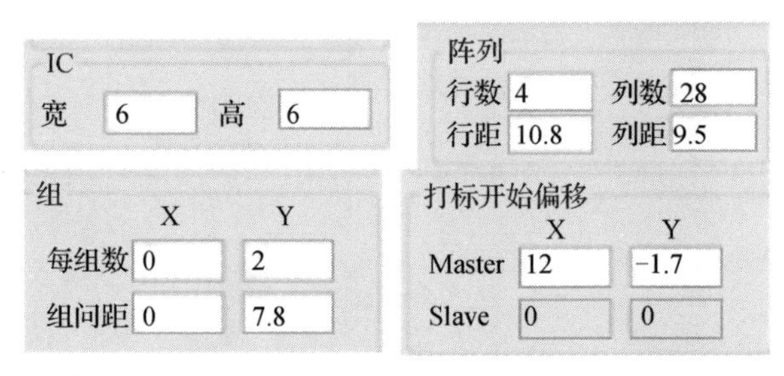

图 3-93　框架参数设定

步骤 4：激光参数设定。

根据不同的塑封料特性设定激光参数，激光打标的关键参数有频率、功率及打标速度等，如图 3-94 所示。

以上步骤完成后即可进行样品打印，确认无误后，可进行批量生产。

4．激光打标设备

激光打标设备按照自动化程度，分为手动、半自动和全自动三种类型；按扫描头的数量，分为单头设备和双头设备；按激光冷却方式，分为水冷式和风冷式。

频率	60	kHz	空笔	300	μs
功率	80	%	走笔	300	μs
打标速度	400	mm/s	转折	10	μs
空笔速度	3000	mm/s	开激光	-100	μs
脉冲宽度	8	μs	关激光	100	μs
首脉冲	100	μs	线宽补偿	0	mm
			补偿频率	1000	Hz

图 3-94 激光参数设定

目前常见的设备供应商及型号如下。

Rofin: PowerLine E Air 301C。

EO: LS-80/LS-338DE/LS-323DE（见图 3-95）/SLD-402(L)。

金泰科技：K511/K512（见图 3-96）/King-512B。

大族激光：MARS-10J/20J/EP-15-THG-S。

图 3-95 激光打标设备 LS-323DE

图 3-96 激光打标设备 K512

5．激光打印主要质量监控内容

（1）打印内容的检查，通过目视或显微镜观察，必须满足商标及字符图案等的打印要求。

（2）打印字符尺寸检查，通过测量仪器（如毫米尺、测量显微镜等）进行印章的实际测量，必须满足规定尺寸要求。

（3）打印格式检查，其内容包含打印方向、打印面、字体格式、位置格式等，通过目视或显微镜观察和测量仪器测量，必须满足规定格式要求。

（4）打印外观检查，检查印记的清晰度、印记的一致性以及是否有印重叠、无印、断印（印不全）、字符变形/倾斜、印记沾污等。

（5）打印深度检查，通过高倍测量仪等专业仪器对打印印记深度进行测量，测量结果反映打印深度情况，体现打印质量。激光烧灼点与塑封体表面在高倍显微镜下拍摄的照片，如图 3-97 所示。

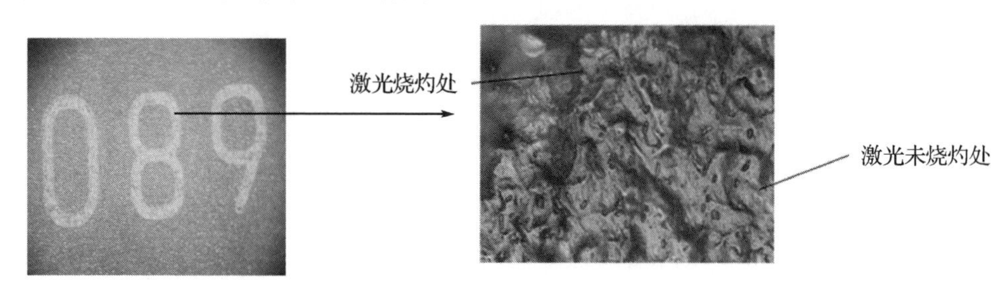

图 3-97　激光烧灼点与塑封体表面

3.2.11　切筋成形

切筋是指切除引线框架上连接引脚的横筋及边筋。成形是指将引脚弯成一定的形状，以适合后期装配的需要。切筋成形就是将一条条塑封后的产品逐一进行分离，并达到最终外形图要求的过程。由于引线框架铜基材延展性较好，一般用冷加工冲压模式将产品加工成形。

一个塑封产品的外形尺寸包含两方面：一是塑封体外形尺寸，它和塑封模具相关；二是外引脚的尺寸和形状，它和切筋成形相关。切筋成形的相关工艺流程，介绍如下。

1. 切筋成形工艺流程

由于引线框架结构及产品封装形式的不同，切筋成形工艺流程也有不同。要把产品从塑封后引线框架上分离出来，通常有下面 4 个工艺步骤：去浇口→切断→成形→分离。

步骤 1：去浇口。

浇口是塑封料注塑的入口。引线框架产品从树脂流道剥离后，产品塑封体注塑浇口仍有段硬胶体残留，需要预先切除，否则浇口残留的硬胶体在后面切筋过程中脱落会造成产品机械压伤。去浇口方法是使用冲塑冲头直接将浇口残留硬胶体冲掉。为防止冲塑时使外引脚变形，下模需有与引脚相配的齿状结构将产品支撑。由于浇口残留的硬体和塑封体是一体的，因此冲塑冲头离塑封体的距离要考虑，远了达不到去除效果，近了会使塑封体受力引起产品分层，一般建议留 0.10mm 的距离。

步骤 2：切断。

切断，主要指切断横筋及部分边筋。这里冲头和下模的间隙设计很重要，间隙太小，冲头和下模易磨损；间隙太大，引脚切面毛刺就大。为防止冲偏位，冲头上一般会设计一个导向结构。为防止冲头与下模的磨损，一般使用碳化钨等硬质合金材料。

步骤 3：成形。

成形也称打弯，指利用冲模弯曲原理将产品各外引脚冲压成产品外形所需的尺寸和形状。打弯有三种方式，即硬打弯、滚轮打弯、摆动打弯，前两者为刚性打弯，后者为柔性打弯。柔性打弯对镀层刮擦影响最小，但它要求设备精度高，因此其维护成本也高，维护难度也大，现在一般采用刚性打弯。打弯有一次完成的，也有分两次完成的。分两次完成的，第一次先把打弯脚弯至 60°，然后释放形变产生的应力，再弯至所需要的尺寸。

（1）硬打弯：设备简单，维护容易，但容易损伤镀层，如图 3-98 所示。

（2）滚轮打弯：镀层损伤小，但体积较大，不易维护，如图 3-99 所示。

（3）摆动打弯：镀层损伤小，打弯效果好，但对设备精度要求高，如图 3-100 所示。

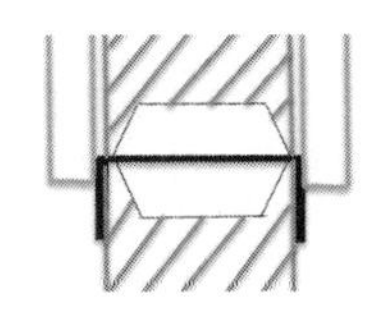

图 3-98　硬打弯

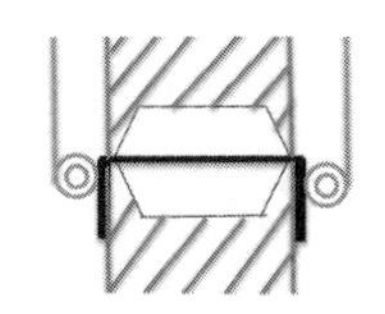

图 3-99　滚轮打弯

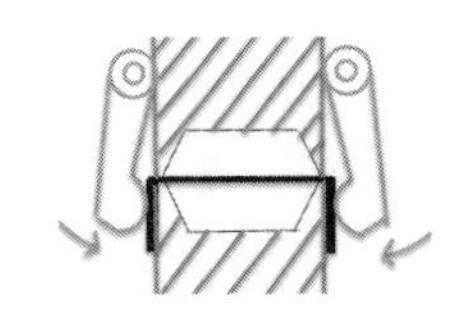

图 3-100　摆动打弯

作业过程中主要需管控冲切速度、冲压力等。

步骤 4：分离。

分离，即利用冲压方式将成形好的产品从引线框架上取下，使其成为单一个体产品。在这个过程中，把产品之间最后的连筋切断，与切断步骤相类似。

2. 切筋成形主要质量监控内容

（1）在去浇口工艺中，常见的工艺缺陷有：

① 塑封硬料压伤产品，主要原因是模具吸尘能力不足，未把硬塑封料屑吸走。

② 塑封体擦伤，这主要是冲头碰触塑封体造成的，可能是定位系统出现异常。

③ 浇口残留未去除干净，这可能是冲头磨损导致的。

（2）在切断工艺中，常见的工艺缺陷有：

① 引脚切口有毛刺，可能是冲头磨损或定位不准导致的。

② 未切断，可能是冲切深度不够或冲头断裂导致的。

③ 切偏，可能是定位系统异常或引线框架累积步距导致的。

（3）在成形（打弯）工艺中，常见的工艺缺陷有：

① 引脚根部有空隙或裂纹，原因是引脚和塑封体结合处受力太大，可调整下模垫肩，以减小撕扯力。

② 弯脚尺寸异常，可能是硬料屑沾污模具或下模磨损导致的。

③ 锡层刮伤异常，可能是弯脚冲头被锡沾污或光滑度不够造成的。

（4）在分离工艺中，常见的工艺缺陷与切断工艺类似，不再赘述。

（5）早期的切筋成形模具是手动冲床，整条引线框架一起冲切，模具和框架各自累计步距的波动，极易造成产品切偏，且不易调整。如今一般采用全自动切筋成形系统和模具，一条引线框架产品分多步切筋成形，就避免了因累积步距造成的切偏问题。

（6）切筋成形作为封装的最后一道关键生产工序，由于产品分离、成形，塑封体内部芯片极易被静电破坏，因此切筋成形过程中必须有安全的防静电措施。

切筋成形工序完成后，需要进行必要的质量检验，在符合封装的质量和良率要求的情况下，产品可流转到测试工序进行电性能测试，最后进入包装工序。

第 4 章

IGBT 封装工艺

绝缘栅双极型晶体管（Insulated Gate Bipolar Transistor，IGBT）广泛应用于轨道交通、智能电网、新能源、电动汽车、家用电器、工业控制等领域，以实现高效率、小尺寸、低成本、高可靠性及高安全性的能量转换与控制。通常 IGBT 封装采用两种形式，一种是塑封式，另一种是灌封式。塑封式 IGBT 器件封装工艺类似于本书第 3 章介绍的通孔插装类封装，这类产品内部以引线框架为载体，以注塑环氧树脂为绝缘介质，其工艺流程也与通孔插装类封装类似，本章不再赘述。灌封式 IGBT 器件封装工艺，即在 IGBT 内部用硅胶填充，为器件提供可靠的绝缘能力。本章主要介绍灌封式 IGBT 器件封装流程与工艺。

由于灌封式 IGBT 器件的电压、电流等级普遍较高，对整个封装制造工艺提出更为严格的可靠性要求，通过本章内容的介绍，读者会对灌封式 IGBT 器件封装过程和封装原理有一个较为清晰的认识。

4.1 IGBT 器件封装结构

常见 IGBT 器件封装内部结构如图 4-1 所示，主要由芯片、陶瓷覆铜板（DBC 板）、散热底板、电极端子、键合线、硅凝胶、PCB、外壳等部分组成。

1. 芯片

对于传统 IGBT 器件而言，内部 IGBT 芯片和二极管芯片的材质为硅片，根据电气需求布局在 DBC 板上表面。对于部分 IGBT 器件而言，其内部还有栅极电阻。通常来说，栅极电阻也以芯片形式焊接在 DBC 板上表面。在工艺实施过程中，这几种芯片采用相同的焊料，并通过相同的焊接程序一次焊接完成。IGBT 晶圆（芯片）如图 4-2 所示。

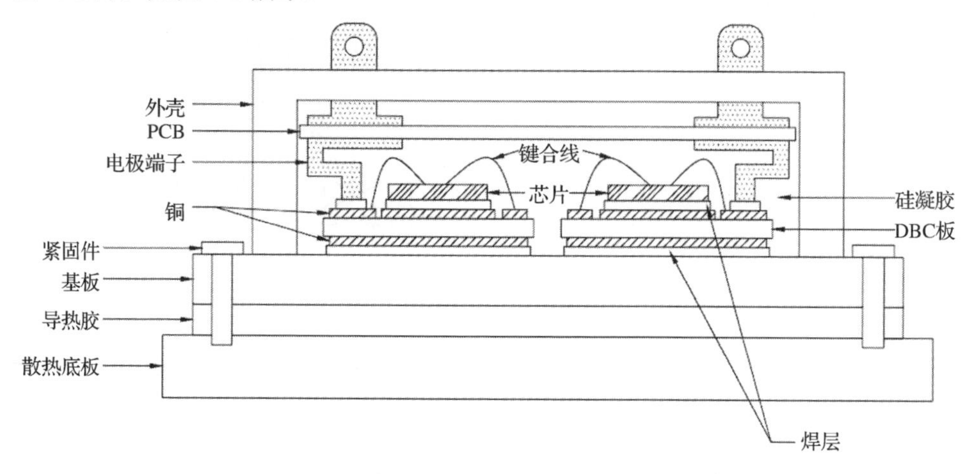

图 4-1　IGBT 器件封装内部结构

图 4-2　IGBT 晶圆（芯片）

2. DBC 板

DBC 板，即陶瓷覆铜板，如图 4-3 所示。由于芯片是 IGBT 器件的发热来源，DBC 板作为主要的散热通道，同时为器件提供电气绝缘，DBC 板的材质一般为 Al_2O_3 或 AlN，这两种材料相比于其他材料具有更低的热阻，即更加优异的热导率，同时 DBC 板的热膨胀系数与芯片相近，在工作时产生较小的热应力和具有较好的热稳定性。DBC 板设计时首先要确保芯片排布位置合理，利于键合，还要注意其通流、均流能力。通常在设计后要对 DBC 板进行电学和温度仿真，确保其设计合理。

图 4-3　DBC 板

3．散热底板

散热底板如图 4-4 所示。其材质一般为 AlSiC 或 Cu。根据设计需求将不同数量的 DBC 板焊接在散热底板上，散热底板具有较高的热导率和硬度，为器件提供机械支撑。散热底板不是平坦的，通常具有一定弧度，在紧固后保证底板与散热器更好的接触，具备优良的散热性能。

图 4-4　散热底板

4．电极端子

电极端子用于实现外部电路与器件内部电路的连接，常用材质为铜。铜具备优异的通流能力和良好的机械特性。为了防止氧化和污染，在电极表面需要进行镀镍处理。

5. 键合线

键合线主要完成器件内部芯片间、DBC 板间的电气互连，需要具备良好的通流能力和功率循环能力，常用材质为铝线和铜线。

6. 硅凝胶

硅凝胶主要实现绝缘作用，以保护器件内的元件。其优点是既具备良好的绝缘特性，又具有良好的机械灵活性。

7. 外壳

外壳是 IGBT 器件的重要组成部分，用于实现器件外部环境与内部环境的隔离，为器件内部结构提供一个密闭的空间，也为器件的安装使用提供机械支撑。

4.2 IGBT 器件封装工艺

IGBT 器件的工作电压为 600～6500V，工作电流为 50～3600A，根据不同的应用需求选用不同电压、电流的 IGBT 芯片及二极管芯片，根据电路拓扑设计相应的 DBC 板、外壳、电极端子。通过芯片焊接、键合、子单元焊接、外壳安装、硅凝胶灌封、电极折弯和测试等工序，实现 IGBT 器件的封装、测试，具体封装工艺流程如图 4-5 所示。

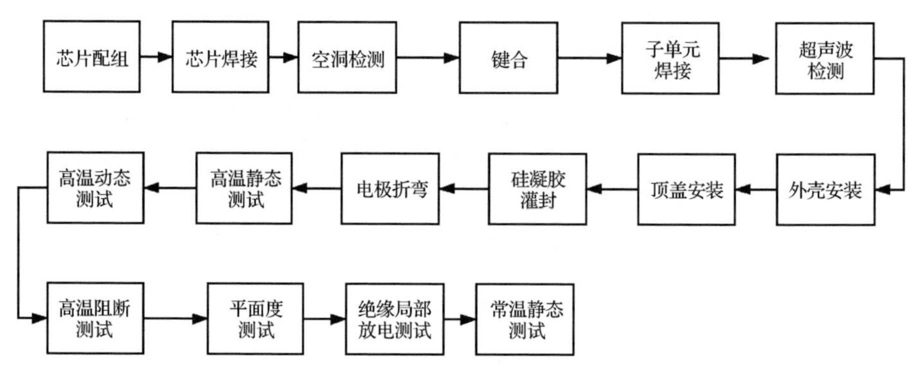

图 4-5　IGBT 器件封装工艺流程

4.2.1　芯片配组

芯片配组工序是按照 IGBT 器件的电气架构，将芯片特性参数一致或相近的芯片经过筛选搭配成可以组成单个子单元的形式。依据芯片的筛选方案，一般要求 V_{CESAT}、V_F、V_{GETH}、$t_{d(off)}$、$t_{d(on)}$等特性参数一致或相近，参数偏差不超过一定范围。如果参数偏差过大，会导致器件均流特性变差，RBSOA（反偏安全工作区）表现变差，影响器件的可靠性等。

4.2.2　芯片焊接

芯片焊接工艺通常采用焊片或锡膏完成芯片与 DBC 板的焊接，使两者之间形成导电、导热通道，满足器件通流和散热的要求，芯片焊接后要确保焊接面沾润性好，空洞率小，焊层厚度均匀，焊接牢固等。

芯片焊接通常采用真空回流焊工艺，该工艺通过工装夹具将芯片、焊料和 DBC 板组装在一起，并放入真空焊接炉，对真空回流焊工艺过程的控制表现在对回流温度曲线的控制上，回流湿度曲线如图 4-6 所示。通过严格控制焊接炉的炉温、炉内气体压力、真空度、焊接时间、升降温速度等工艺参数，来完成焊接过程。通过调整焊接过程中的工艺参数，尽可能减少焊接后存在于焊层中的气泡空洞，确保器件具有良好的散热和通流能力。焊接具有不可逆性，因此在焊接过程中需通过调整各项工艺参数，尽可能保证焊接效果。

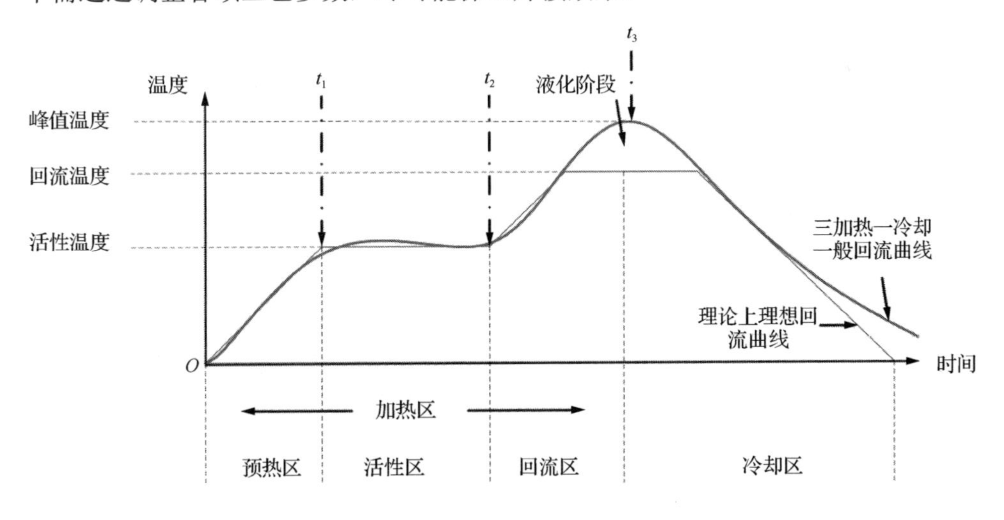

图 4-6　回流温度曲线

4.2.3 芯片焊层空洞检测

焊层空洞是指芯片焊接工艺结束后存在于焊层中的气泡空洞。空洞率是检验焊接质量的关键参数。一般用 X 射线穿透芯片、焊层和 DBC 板，探查并计算空洞面积占焊层面积的百分比，即空洞率。图 4-7 为 X 射线检测效果图。

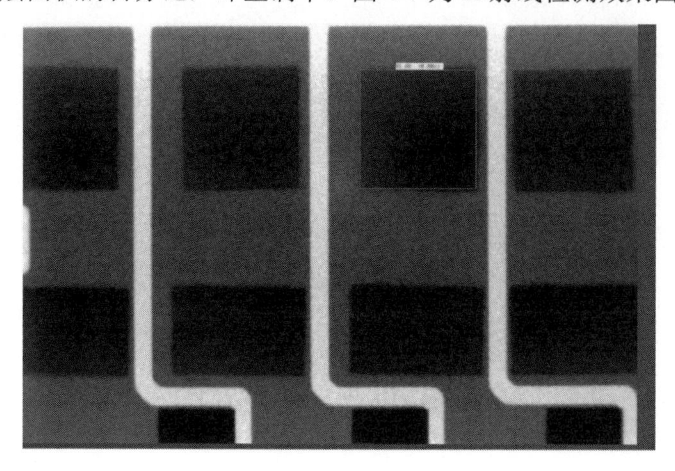

图 4-7 X 射线检测效果图

X 射线检测通过使用低能量 X 射线来保证被检测装置或器件的完整性，在此基础上快速检测相关指标。X 射线检测原理为通过高电压加速电子撞击金属释放出的 X 射线穿透样品实现对电子元器件、半导体等内部结构质量以及相关部分焊接处焊接效果的检测。X 射线检测原理如图 4-8 所示。

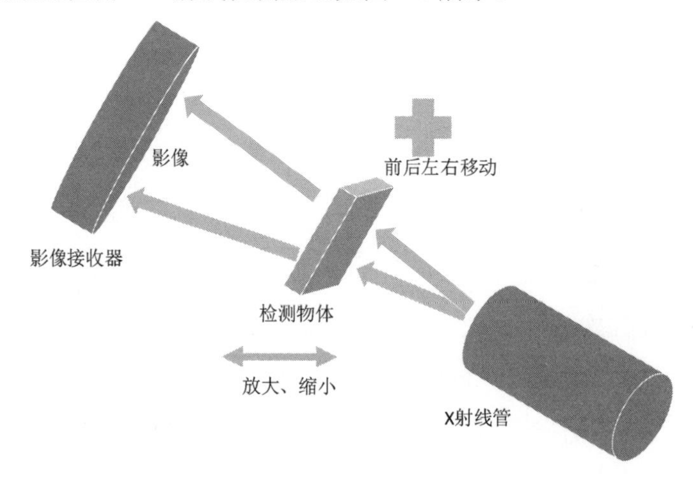

图 4-8 X 射线检测原理

空洞形成的原因很多，主要原因是真空焊接过程中的气体或焊接过程中的残渣残留，焊接材料表面的粗糙程度和焊料润湿性也会影响焊接时焊料的流动性，进而形成空洞。空洞现象的出现概率和出现位置具有随机性。

芯片的焊接质量是 IGBT 器件质量控制中的关键环节，直接影响芯片的通流能力、散热能力和功耗的大小。此外，芯片的焊接质量对后续的键合工艺质量产生直接影响。因此，所有产品焊接完成后都必须使用 X 射线检测设备对焊接空洞率进行检测，以保证芯片焊接质量。为了保证产品的可靠性，重点对单个芯片的焊接空洞率、最大空洞占比及芯片倾角进行严格的管控。

4.2.4　键合

在 IGBT 封装工艺中，键合是重要的引线互连技术，也是功率半导体器件封装内部电气连接的主要方式。在大功率 IGBT 封装工艺中主要使用铝线或铜线，使用超声键合法进行引线互连[1]。IGBT 器件在引线键合工艺参数和质量检测等方面与传统半导体器件基本相同，在键合点分布上与传统半导体器件有所区别，主要是由于大功率 IGBT 器件芯片所通过的电流大，所以芯片表面键合点较多。大功率 IGBT 器件芯片表面键合点需要均匀等距排布以保证芯片表面的均流，同时键合线在排布时长度应尽量相等。图 4-9 所示为 IGBT 芯片表面键合点分布示意图。

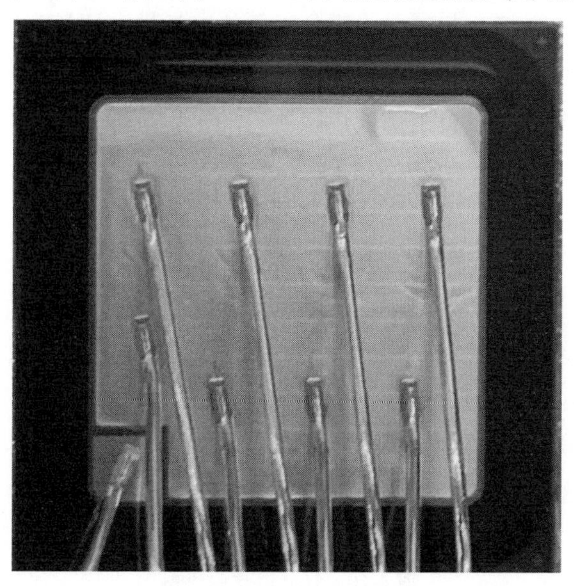

图 4-9　IGBT 芯片表面键合点分布示意图

4.2.5 子单元焊接

一般而言，芯片焊接与子单元焊接分两次完成，其主要目的是提高产品的成品率。在芯片键合后增加必要的子单元电气功能测试，可避免由于个别子单元上芯片的失效而引起整个产品的失效。因此，子单元焊接通常是指在芯片键合工艺完成后，通过焊料使DBC板与底板、DBC板与电极端子焊接在一起的工艺过程。这两次焊接所使用的焊料有所不同，通常芯片焊接所使用的焊料熔点更高。对于结构简单的IGBT产品，或者内部只有一块DBC板的IGBT产品，为了提高生产效率，一般会采取一次焊接方式，即芯片焊接和子单元焊接、电极端子焊接同时完成。

在焊接之前，一般会对子单元进行清洗，目的是去除芯片、DBC板表面的尘埃粒子、金属粒子、油渍、氧化物等杂质和污物。

对不同结构的IGBT器件和不同的焊接设备需要采用相应的焊接工装，进行子单元与电极端子、底板的焊接。焊接过程中根据不同的产品结构、焊料熔点等精确控制焊接设备的升降温度、真空度、气体流速等参数，通过对这些参数的反复调整获得最佳的焊接效果。

焊接设备完成焊接工艺过程一般分为预热、活性、回流、冷却 4 个阶段。图4-10为焊接温度曲线图。不同阶段的温度范围和保持时间等工艺参数都有所差异，这些工艺参数的设置是保证焊接质量的关键。

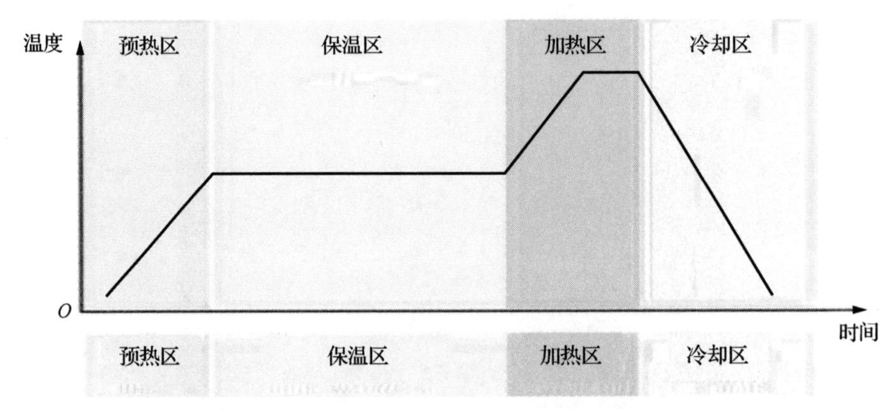

图4-10 焊接温度曲线图

（1）预热阶段。预热阶段是将芯片、DBC 板、电极端子和焊料等从室温加热到焊料熔化温度的过渡阶段。

（2）活性阶段。设置活性阶段的目的是保证芯片、DBC 板、电极端子和焊料等子单元焊接材料在进入回流阶段前达到一样的温度以保证焊接质量；同时使助焊剂去除焊料表面的氧化层，保证焊接时焊料的清洁度。这一阶段根据焊料及其中助焊剂的参数进行温度和保持时间的设置。

预热阶段与活性阶段在设备的预热腔内完成。

（3）回流阶段。回流阶段是主要的焊接阶段，在这个阶段完成焊料与上下焊接面的浸润。这一阶段在焊接设备焊接腔内完成，是影响焊接质量的关键过程，各项参数设置必须根据焊料数据和产品尺寸等因素进行调整。

（4）冷却阶段。冷却阶段在焊接设备冷却腔内完成。研究表明，冷却时间过长会导致焊点灰暗，降低 IGBT 产品的可靠性；冷却速度过快会导致焊料上下界面的温度梯度过大，容易因热膨胀系数的差异产生开裂和裂纹。

焊接完成后需要对焊接产品进行目检，要求焊接无虚焊、连焊、堆焊、流焊等现象，DBC 板、芯片无破损，并且键合线无脱落或断裂等。焊接不良，如堆焊、DBC 板破损，如图 4-11 所示。

（a）堆焊

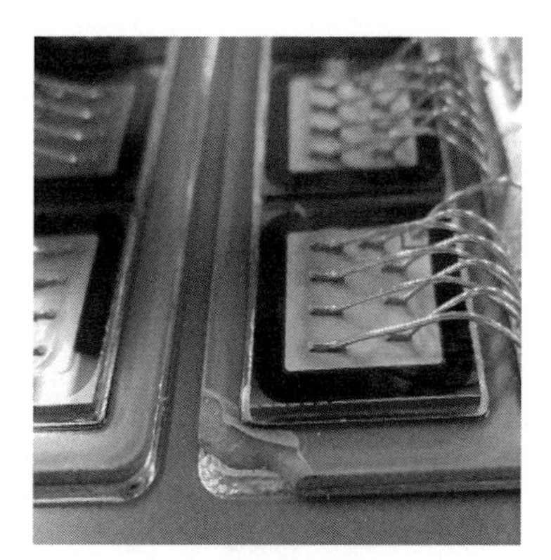

（b）DBC 板破损

图 4-11　焊接不良示意图

焊接完成后，为检测焊接质量需要进行超声波检测。超声波检测是指通过超声波设备对器件焊层的焊接质量进行检查的工艺过程，要求子单元焊接完成后产品的单个子单元空洞率和最大空洞占比符合工艺标准。图 4-12 所示为超声波检测到的焊层空洞图像。

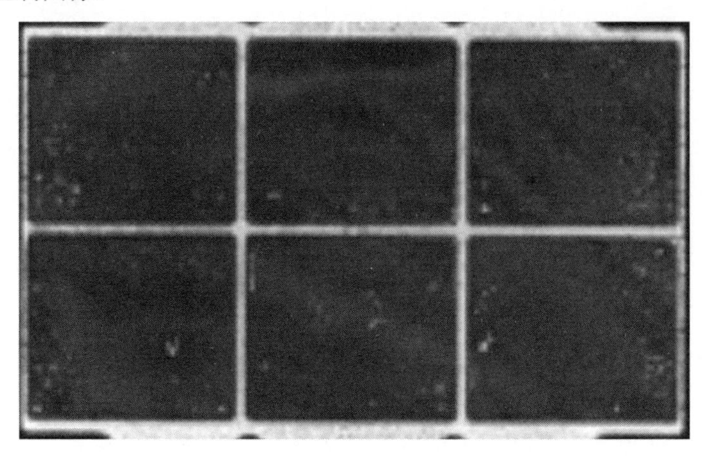

图 4-12　超声波检测到的焊层空洞图像

4.2.6　外壳安装

外壳安装工序主要完成外壳与底板之间的安装，通过对外壳涂胶实现外壳与底板之间的粘连，并使用紧固件进行连接，紧固应有力矩要求。图 4-13 所示为涂胶效果。在涂胶前先检查子单元是否干净、是否有大颗粒尘埃附着、是否有焊球残留，有则用无尘棉签处理干净；之后用尖头镊子整理铝线和栅极针，要求栅极针垂直，铝线没有相互接触和变形，特别是连接栅极与发射极的铝线不能短接，否则会造成短路。

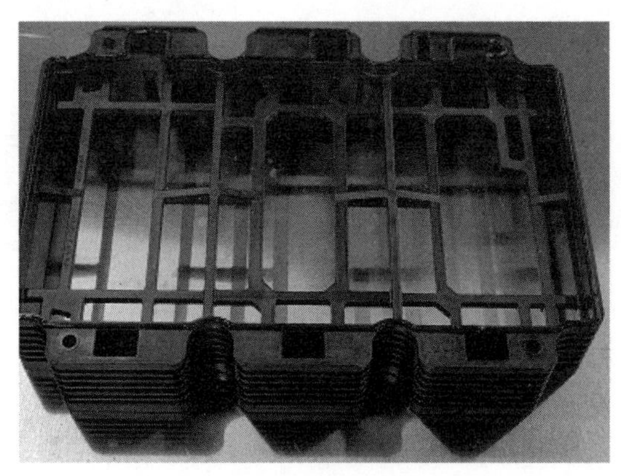

图 4-13　涂胶效果

外壳涂胶是为了保证器件外壳与底板之间的密封性，同时对器件提供支撑，保证整个器件的机械稳定性。涂胶使用专用的自动涂胶设备，涂胶过程需考虑涂胶图形、胶量等参数。胶体应当在外壳上的凹槽内，不能骑线，同时胶量的多少可通过质量管理方法控制。通常使用烘箱对胶体进行高温固化。

根据需求，该工序一般有 PCB 安装工艺。该工艺是将 PCB 与子单元辅助端子连接起来，实现辅助控制电极 G、E 的相互独立连接。

4.2.7 硅凝胶灌封

硅凝胶灌封通常采用自动注胶机完成。硅凝胶灌封通过将 A、B 两种组分的硅凝胶按一定比例充分融合，并灌注到 IGBT 外壳中，再将 IGBT 放置在烘箱中完成硅凝胶固化[2]。

灌封过程需重点管控设备的注胶量、真空度及注胶后的保压时间，保证注胶后硅凝胶内无气泡。

4.2.8 电极折弯

当硅凝胶固化后，对器件进行外观检查，要求器件底板、外表面无硅凝胶。随后通过电极折弯设备将电极主端子和辅助端子进行折弯，如图 4-14 所示，确保折弯角度接近 90°。折弯后电极表面平整，无机械损伤。

图 4-14 电极折弯后示意图

4.2.9 IGBT 例行试验

为了确保器件性能及可靠性，需要对器件进行例行试验。例行试验通常包括

HTRB（高温阻断）测试、静态测试、动态测试、平面度测试和绝缘局部放电测试。本节将简单介绍 IGBT 静态测试、动态测试和绝缘局部放电测试的相关测试原理、方法。有关功率半导体器件的详细测试原理与方法可参阅第 6 章内容。

1. 静态测试

根据测试条件不同，IGBT 例行测试的被测参数可以分为两大类，分别是静态参数和动态参数。IGBT 静态参数主要是指 IGBT 自身固有的性能参数，这些数据与其工作条件和工作状态无关。图 4-15 所示为 IGBT 器件符号，FWD 为续流二极管。IGBT 由栅极 G、集电极 C、发射极 E 构成。静态测试的主要测试参数有：V_{CES}（集电极-发射极击穿电压）、V_{CESAT}（集电极-发射极饱和电压）、V_{GETH}（栅极-发射极阈值电压）、I_{GES}（栅极漏电流）、I_{CES}（集电极截止电流）、V_F（二极管导通电压），参数具体定义如表 4-1 所示。

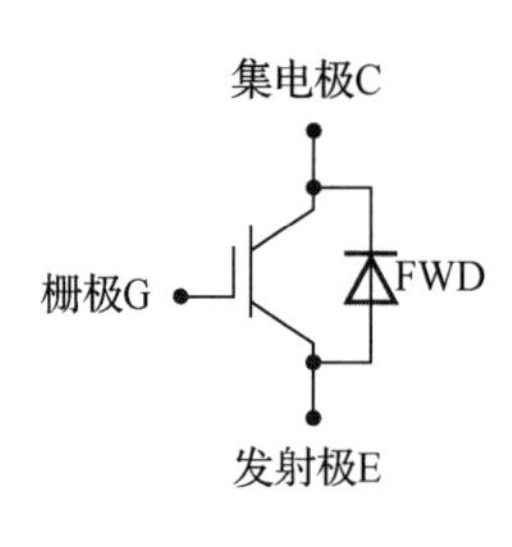

图 4-15　IGBT 器件符号

表 4-1　静态测试参数的符号与定义

测试参数名称	符　号	定　义
集电极-发射极击穿电压	V_{CES}	栅极与发射极短路时，集电极与发射极间的电压。超过此电压，集电极电流急剧增加
集电极-发射极饱和电压	V_{CESAT}	IGBT 在饱和导通时，通过额定电流的集电极-发射极电压
栅极-发射极阈值电压	V_{GETH}	IGBT 导通所需的最小栅极-发射极电压
栅极漏电流	I_{GES}	集电极与发射极短路时在特定的栅极-发射极电压条件下，流入栅极的漏电流
集电极截止电流	I_{CES}	栅极与发射极短路时在规定的集电极-发射极电压条件下的集电极电流
二极管导通电压	V_F	续流二极管在特定电流时的正向导通电压

此测试的目的在于提供 IGBT 器件的详细特性，让设计者能准确地预测器件在稳态（Steady State）时的特性，方便使用者选用。

集电极-发射极击穿电压 V_{CES} 测试时，栅极与发射极之间应短路，在特定的集电极电流条件下，测量集电极与发射极之间的电压，测试电路如图 4-16 所示。IGBT 的集电极-发射极击穿电压会随着结温的增加而增加，对于额定电压为 600V 的 IGBT，其 V_{CES} 的温度系数一般为 0.7V/℃。

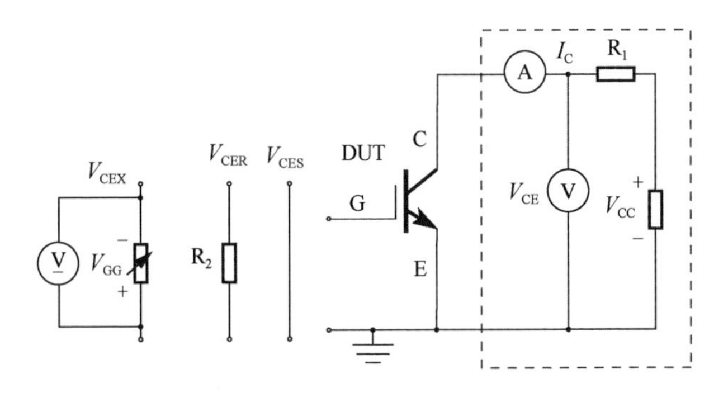

图 4-16　V_{CES} 测试电路

集电极-发射极饱和电压 V_{CESAT} 测试时，在额定的集电极电流及特定的栅极-发射极电压条件下，测量集电极-发射极饱和电压，测试电路如图 4-17 所示。V_{CESAT} 是相当重要的特性，该参数决定 IGBT 的导通损耗，在集电极电流很大时，测试的脉冲必须非常短，这样不致有过多的损耗。

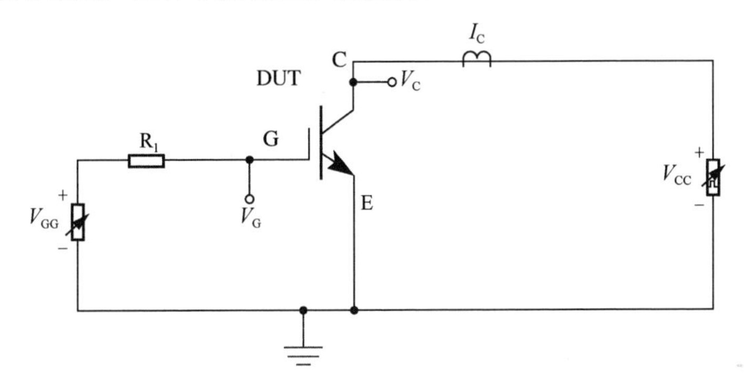

图 4-17　V_{CESAT} 测试电路

栅极-发射极阈值电压 V_{GETH} 测试时，栅极与集电极之间应短路，在特定集电极电流条件下，测量栅极-发射极电压。当栅极-发射极电压小于阈值电压时 IGBT 呈截止状态，阈值电压即 IGBT 导通的临界电压，测试电路如图 4-18 所示。V_{GETH} 是随着结温升高而递减的，经过测试，其温度系数为-11mV/℃。

栅极漏电流 I_{GES} 测试时，集电极与发射极之间应短路，在特定的栅极-发射极电压条件下，测量栅极的漏电流，所测量的电流相当小。为避免因栅极电容吸收的电流所产生的误差，此测量在栅极电压稳定后才可进行。I_{GES} 测试电路如图 4-19 所示。

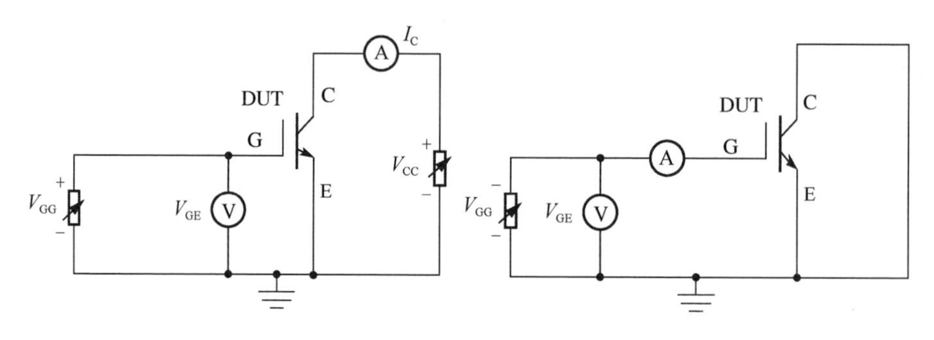

图 4-18　V_{GETH} 测试电路　　　　图 4-19　I_{GES} 测试电路

集电极截止电流 I_{CES} 测试时，栅极与发射极之间应短路，在额定的集电极-发射极电压条件下，测量集电极电流值，测试电路如图 4-20 所示。I_{CES} 会随结温升高而增加。因此，在测试期间限制电流流过及避免温度升高是很重要的。

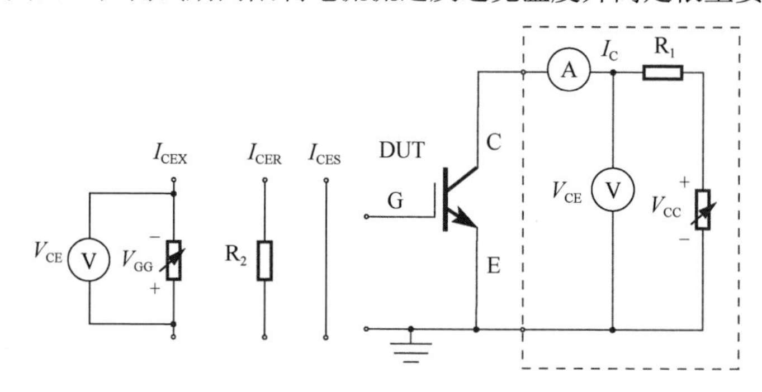

图 4-20　I_{CES} 测试电路

二极管导通电压 V_F 是在特定电流条件下的正向导通电压，其测试电路如图 4-21 所示。

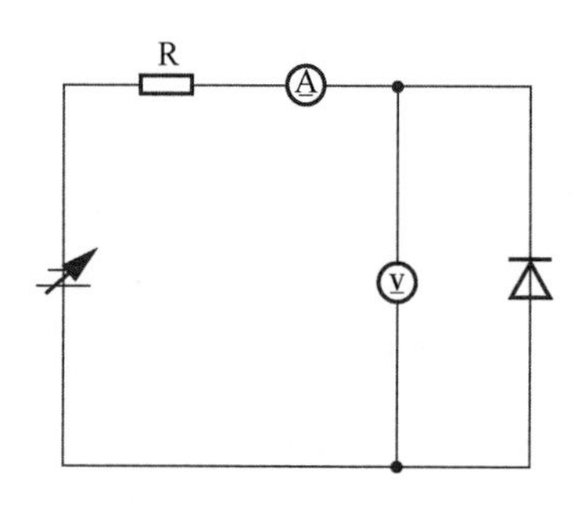

图 4-21　V_F 测试电路

2．动态测试

IGBT 动态测试主要包括开通测试、关断测试、二极管反向恢复测试、短路安全工作区测试，由于 IGBT 一般作为开关使用，因此充分理解其开通和关断时的特性非常重要。开关特性包括开关时间和开关损耗[3]。

测量 IGBT 开通过程中参数最有效的方法是双脉冲测试法。通过进行双脉冲测试，可以了解在实际运行中 IGBT 带负载运行时的开通过程。图 4-22 所示为动态测试电路图，DUT 为被测器件，FWD 为续流二极管，L 是负载电感，V_{GE} 为栅极开启电压（一般为 15V）。

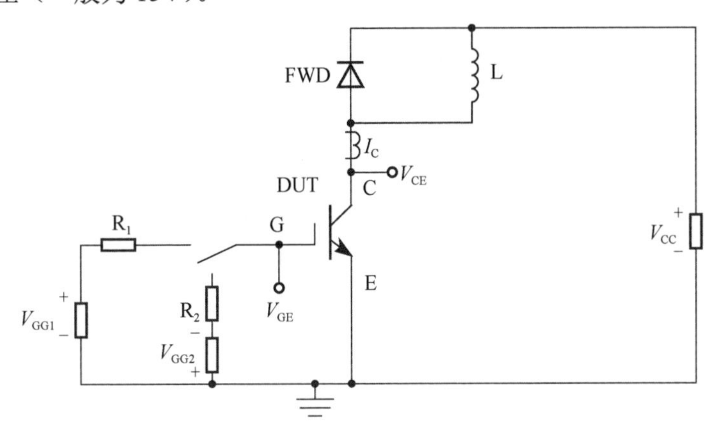

图 4-22　动态测试电路图

动态测试电路的工作原理：通过在栅极施加两个连续的脉冲，观察第二个脉冲的开通过程。第一个脉冲给栅极加上电压后，被测 IGBT 开通，回路中电压加在负载 L 上，电感电流上升，电流大小由回路电压与电感共同决定；两个脉冲间隔期，这时被测 IGBT 呈关断状态，此时负载 L 上的电流由上侧续流二极管续流；第二个脉冲到来后，被测 IGBT 第二次开通，此时续流二极管进入反向恢复状态，反向恢复电流与负载 L 上流过的电流共同叠加到被测 IGBT 上。图 4-23 为 IGBT 器件开通过程波形图，该项测试的参数为：$t_{d(on)}$、t_r、t_{on}、E_{on}。

（1）导通延迟时间 $t_{d(on)}$：从栅极电压达到 $10\%V_{GE}$ 到集电极-发射极电流达到 $10\%I_c$ 所需的时间。

（2）电流上升时间 t_r：集电极-发射极电流从 $10\%I_c$ 上升至 $90\%I_c$ 所需的时间。

（3）导通时间 t_{on}：导通延迟时间 $t_{d(on)}$和电流上升时间 t_r 的总和。

（4）开通损耗 E_{on}：当 IGBT 导通时消耗的总能量，即图 4-23 中阴影部分面积。

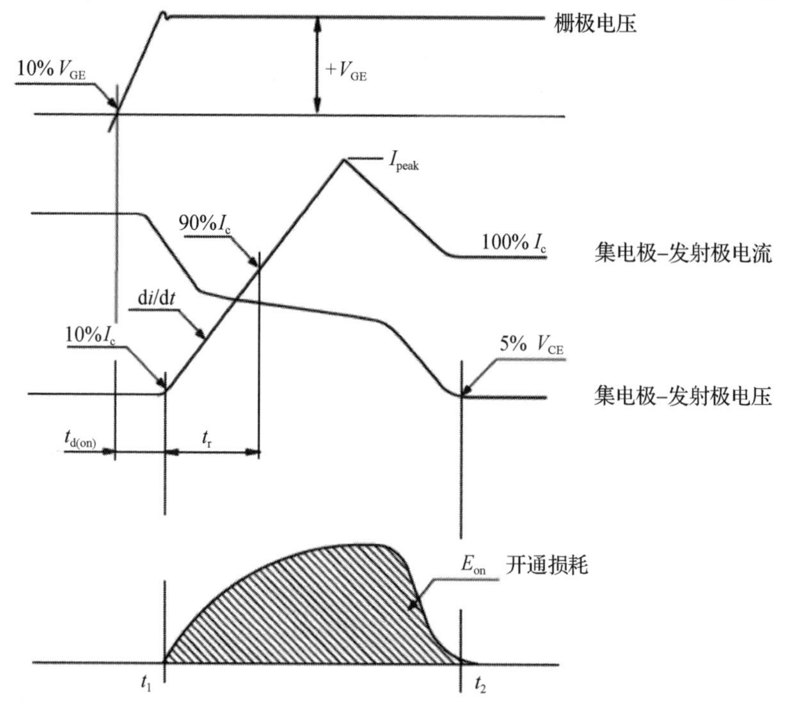

图 4-23　IGBT 器件开通过程波形图

图 4-24 为 IGBT 器件关断过程波形图，该项测试的主要参数：$t_{d(off)}$、t_f、t_{off}、E_{off}。

（1）关断延迟时间 $t_{d(off)}$：从栅极电压达到 90%V_{GE} 到集电极-发射极电流达到 90%I_c 所需的时间。

（2）电流下降时间 t_f：集电极-发射极电流从 90%I_c 下降至 10%I_c 所需的时间。

（3）关断时间 t_{off}：关断延迟时间 $t_{d(off)}$与电流下降时间 t_f 之和。

（4）关断损耗 E_{off}：当 IGBT 关断时所消耗的能量，即图 4-24 中阴影部分面积。

图 4-25 为二极管反向恢复过程波形图，该过程实际上是观察二次开通时，被测 IGBT 器件并联的二极管上的电流。测试参数：Q_{rr}、I_{rr}、t_{rr}、E_{rec}。

（1）反向恢复电荷 Q_{rr}：二极管反向恢复过程中的电荷量。

（2）反向恢复电流峰值 I_{rr}：二极管反向恢复过程中的电流峰值。

（3）反向恢复时间 t_{rr}：在特定条件下反向恢复电流从 0 到 10%I_{rr} 所需的时间。

（4）反向恢复能量 E_{rec}：二极管反向恢复能量，即图 4-25 中阴影部分面积。

图 4-26 为短路测试波形图，短路安全工作区由短路持续时间与集电极-发射极电压决定，IGBT 器件在短路安全工作区能开通和关断而不失效。若承受特定的短路电流，测试结束后可以关断，则说明该 IGBT 器件通过测试。

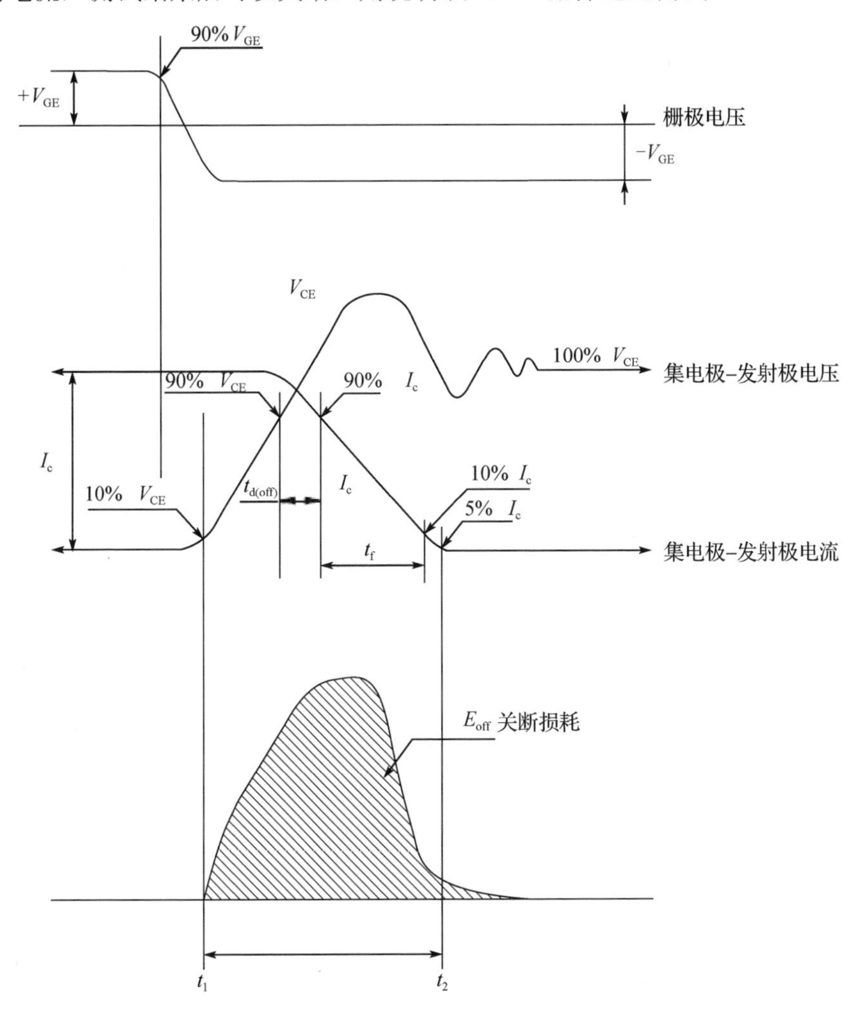

图 4-24 IGBT 器件关断过程波形图

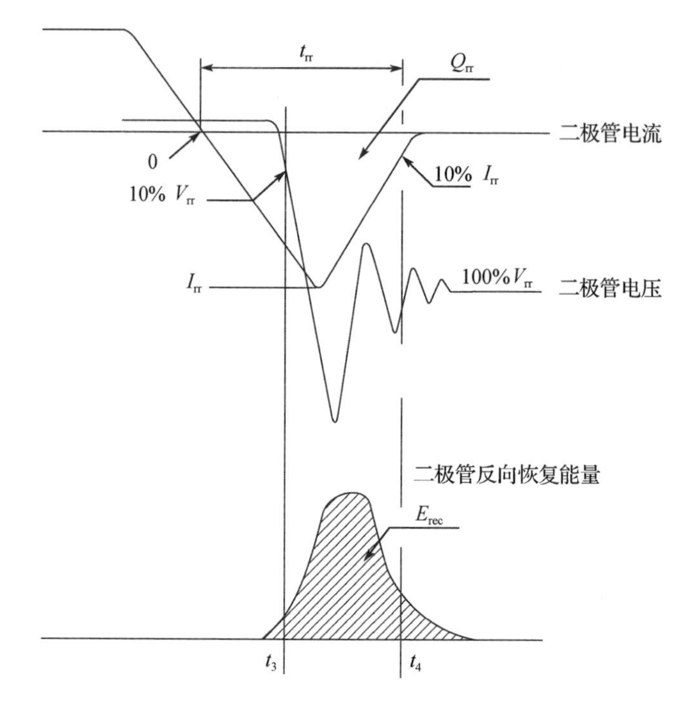

图 4-25　二极管反向恢复过程波形图

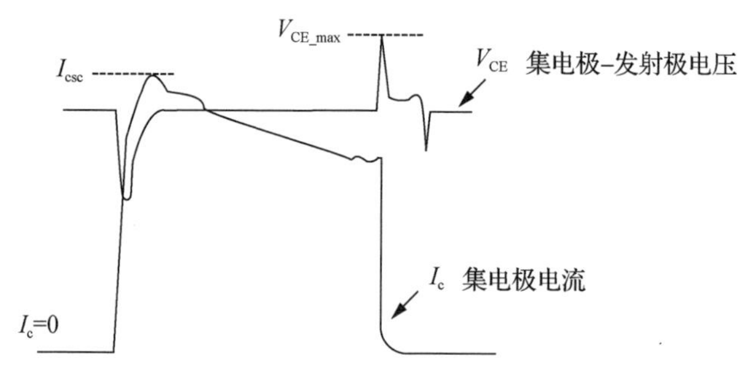

图 4-26　短路测试波形图

3. 绝缘局部放电测试

绝缘局部放电测试包括绝缘测试和局部放电测试。绝缘电压是指 IGBT 器件在栅极–发射极短路条件下，主电极对底板可承受的最大绝缘电压。绝缘测试，即在电极与底板之间持续施加最大绝缘电压的条件下，测量漏电流。局部放电是指在 IGBT 器件绝缘介质内部发生的局部放电现象。该测试如图 4-27 所示，对 IGBT 器件施加特定电压 V_1，持续 t_1 时间，电压变为 V_2，持续 t_2 时间，测量该过程中的局部放电量。

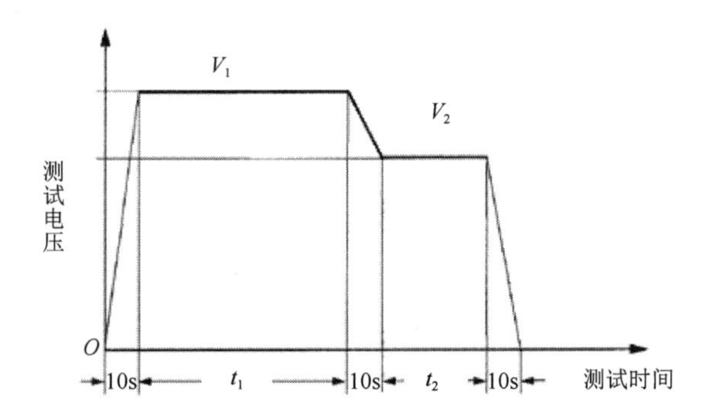

图 4-27　局部放电测试过程中电压变化曲线图

表 4-2 为 4500V、1200A IGBT 器件的测试条件，V_1 为图 4-27 中 t_1 时间内施加的电压，V_2 为 t_2 时间内施加的电压。

表 4-2　4500V、1200A IGBT 器件的测试条件

名　　称	测 试 条 件	判　　据
绝缘测试	V_{iso}=10.2kV，t=60s，f=50Hz	漏电流小于 35mA
局部放电测试	V_1=4800V，V_2=3500V，t_1=60s，t_{meas}=85s f=50Hz	局部放电量小于 10pC

参考文献

[1] 普拉萨德．复杂的引线键合互连工艺[M]．刘亚强，译．北京：中国宇航出版社，2015．

[2] 陈宏，杨春宇，刘革莉，等．国产化 6500V/200A 高压大功率 IGBT 的研制[J]．机车电传动，2017(1)：1-4．

[3] 胡珊，罗贤明，白杰．IGBT 动态参数测试方法研究[J]．电力电子技术，2012，46(12)：62-63．

第 5 章
新型功率半导体封装技术

随着科技的不断发展，对功率半导体的要求变得越来越高。作为半导体发展的基础，半导体材料逐步更新换代，第一代半导体材料以硅（Si）为主，目前 95%的半导体器件和 99%以上的集成电路都由硅制作而成。20 世纪 90 年代以来，光纤通信和互联网的高速发展，促进了以砷化镓（GaAs）、磷化铟（InP）为代表的第二代半导体材料的发展，它们是制造高性能微波、毫米波器件及发光器件的优良材料，广泛应用于通信、导航等领域。第三代半导体材料包括碳化硅（SiC）、氮化镓（GaN）、氧化锌（ZnO）、氧化铝（Al_2O_3）、金刚石等，因其禁带宽度（E_g）大于或等于 2.3eV（电子伏特），又称为宽禁带半导体材料。第三代功率半导体晶圆制造工艺日趋成熟，新型功率半导体封装技术也得到快速发展，虽然第三代半导体材料众多，但是从目前第三代半导体材料和器件的研究来看，较为成熟且极具发展前景的是 SiC 和 GaN 这两种半导体材料。本章主要对 SiC、GaN 功率半导体封装技术进行介绍。

5.1 SiC 功率半导体器件的封装技术

由于 SiC 材料具有高出传统 Si 材料数倍的禁带宽度、漂移速度、击穿电压、热导率，在高温、高压、高频、大功率、光电、抗辐射等方面应用具有相当优势。SiC 晶圆还具有硬度高、脆性大、导热性高和高温下抗氧化性能强等特点。

通常，SiC（功率半导体）器件涉及的封装有塑料封装、陶瓷封装、金属封装等，考虑到塑料封装应用的广泛性，本章仅对 SiC 塑料封装功率半导体器件的封装技术进行介绍。

5.1.1　SiC 功率半导体器件主要封装外形及特点

SiC（功率半导体）器件主要封装外形有：TO-247、TO-263、TO-220、TO-252 等。

与传统 Si 器件相比，SiC 器件具有良好的抗漂移性且能够实现快速切换，反向恢复时间短，能够满足更高的频率需求。由于带隙宽和化学稳定性好，SiC 器件可以在高温（>250℃）下运行。

5.1.2　SiC 功率半导体器件封装关键工艺

1．SiC 器件封装工艺流程图

SiC 器件封装工艺流程如图 5-1 所示，它与第 3 章“功率半导体器件典型封装工艺流程”相似，主要差异在划片、装片、塑封等工序。在这些工序进行特殊的工艺控制，也成为 SiC 器件封装工艺流程中的关键部分。

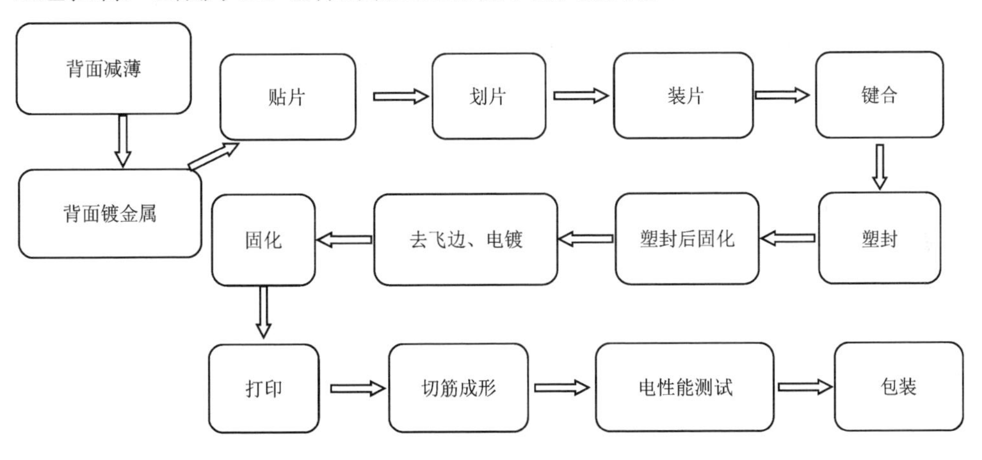

图 5-1　SiC 器件封装工艺流程图

2．SiC 功率半导体器件封装关键工艺说明

1）划片工艺

由于 SiC 材料硬度很大，其莫氏硬度仅次于金刚石颗粒（10 级），因此 SiC 晶

圆的划片精度与效率成为封装过程关注的重点。目前比较常见的划片工艺有以下三种。

（1）传统工艺划片。

传统工艺划片采用金刚石砂轮划片方式，是目前应用广泛的划片方式。它利用高速旋转的刀片对晶圆进行划切。由于 SiC 晶圆硬度很大，划片过程容易造成晶圆表面崩边或龟裂，因此切割速度较慢。若遇金属层，则切割速度更慢，且容易断刀，破片及碎片率高。划片流程如图 5-2 所示。

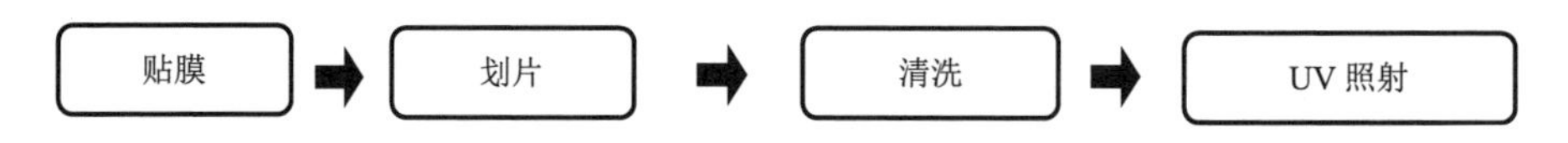

图 5-2　划片流程

由于 SiC 晶圆硬度很大，因此切割过程中划片刀需要承受很大的应力。如果用一刀划透的模式，切割产生的应力超出划片刀承受能力，划片刀刃会出现破损、变形等。因此使用开槽模式划片，过程如下：先在晶圆表面开槽，再划透；每条划道划两刀，从而减小划片刀在切割过程中承受的应力；第一刀，划片刀在晶圆表面开槽，此时晶圆并未被划透，切割晶圆 1/3 左右厚度，如图 5-3 所示；第二刀，划片刀高度降低，将晶圆划透，如图 5-4 所示。

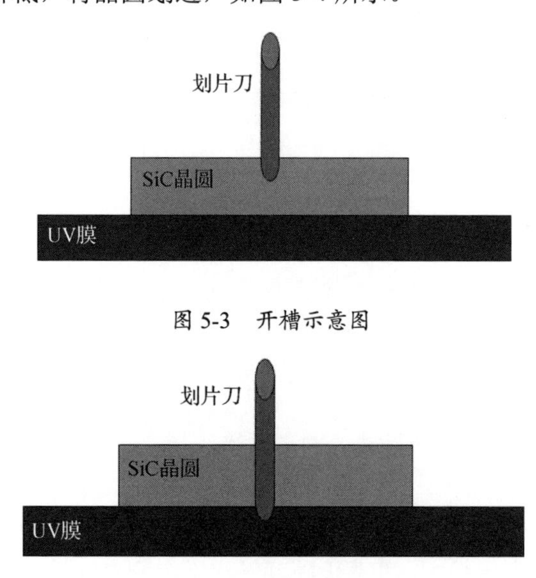

图 5-3　开槽示意图

图 5-4　划透示意图

划片膜采用紫外线光固型膜，俗称 UV（Ultraviolet）膜。相对常用的蓝膜，UV 膜黏度更高，光照结胶后提取阻力更小，可以在划片过程中对晶圆进行有效固定，减小芯片背崩等缺陷的产生。

蓝膜与 UV 膜黏性的对比如表 5-1 所示。

表 5-1　划片膜黏性比较

划片膜类型	黏性（N/mm）	
蓝膜	1000～3000	
UV 膜	光照前	光照后
	≈20000	≈300

（2）超声波划片。

超声波划片指在现有划片机主轴上安装超声波发生器，将产生的超声波作用于划片刀上进行划片，以实现更快的切割速度和更小的背崩，如图 5-5 所示。

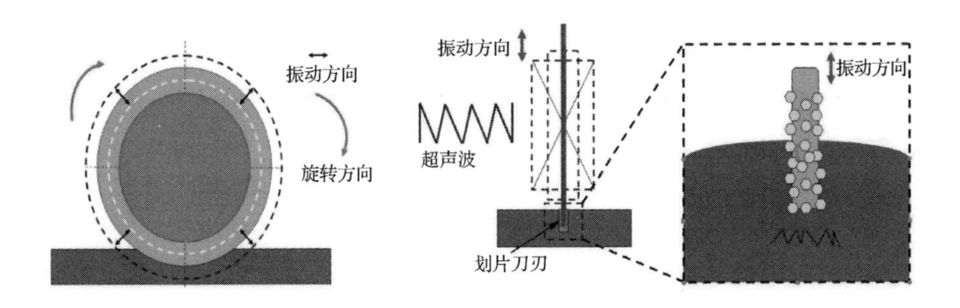

图 5-5　超声波划片示意图

超声波划片的主要优点：利用电锤粉碎工作材料来提高切削能力。由于超声波振动，切割时水进入刀痕内部提高了润滑度，降低了切削摩擦力，减少了粉尘，达到了清洁效果。同时超声波振动使划片刀与芯片侧面产生摩擦，起到抛光作用。

（3）裂片法划片。

裂片法划片是指先将砂轮刀片作用于晶圆表面形成垂直裂纹，然后通过弯曲、扩片产生作用力使芯片完全断开的方法。

第一步：划片，将砂轮刀片作用于晶圆表面形成垂直裂纹。第二步：裂片，通过弯曲让划槽裂透，使分开的两芯片完全断开。第三步：扩片，通过扩片环（图中未画出）增大芯片间隔，防止两芯片接触。裂片过程如图 5-6 所示。

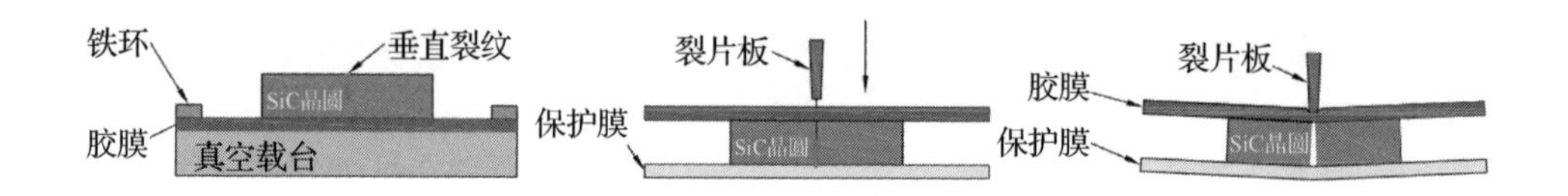

图 5-6 裂片过程示意图

2）装片工艺

SiC 器件在较高温度下工作，因此在装片工艺中需要使用耐高温、导热性高、导电性好、黏结层应力低的材料。目前装片时通常使用高铅焊料、烧结银（半烧结和全烧结）、烧结铜等高温焊接材料。

目前装片时采用的固晶材料有高铅焊料、半烧结银浆、全烧结银浆等，表 5-2 列出了高铅焊料与烧结银的主要参数对比。

表 5-2 SiC 芯片固晶材料参数对照表

项 目	高 铅 焊 料	半烧结银浆	全烧结银浆
主要成分	Pb、Sn、Ag	环氧树脂、银（颗粒）	银（颗粒）
密度/（g/cm³）	10～12	5～10	4～8
结温/℃	280～300	250～280	200～250
热导率/［W/(m·K)］	40～60	80～120	200～250
电阻率/（$10^{-6}\Omega\cdot cm$）	4～6	7～12	4～5
热膨胀系数/（$\times10^{-6}/K$）	25～35	30～40	20～30
粘片工艺	高温粘片	常温+烘烤	常温+烘烤
粘片设备	软焊料上芯机	通用银浆上芯机	
监控项	焊料覆盖面积、润湿性、空洞、黏结厚度、翘片	银浆覆盖面积、润湿性、空洞、黏结厚度、翘片、银扩散	
可靠性	高可靠性	高可靠性	较高可靠性

宽禁带 SiC 器件有更高的热导率、击穿电压和结温，可以在 200℃以上的高温环境中使用。

3）塑封工艺

SiC 器件比传统 Si 器件有更高的结温、更高的功率，可以适应多样化的使用环境，从而对器件的安装及可靠性提出更高的要求，特别是在高温环境下，对环氧塑封料的热稳定性要求更高。传统的环氧树脂玻璃化温度在 180℃以下，为了满足 SiC 器件耐高温、耐高压的要求，环氧树脂选择玻璃化温度较高的多官能团环氧树脂。不同环氧树脂组合的 T_g 值如表 5-3 所示。

表 5-3　不同环氧树脂组合的 T_g 值

项　　目	样　件　1	样　件　2	样　件　3	样　件　4	样　件　5
树脂体系	OCN+PN	MF+PN	MAR+PN	MAR+MAR	MF+MF
T_g/℃	170	190	160	140	200

通过 DOE 试验，对不同 T_g 的环氧塑封料在 200℃高温下的热损失进行分析，如图 5-7 所示，发现使用 MAR 树脂的环氧塑封料热损耗表现较好。为了提高 SiC 器件的热稳定性，环氧塑封料通常选取 MF 环氧树脂和 MAR 环氧树脂的组合，并通过优化配比来提高其可靠性。

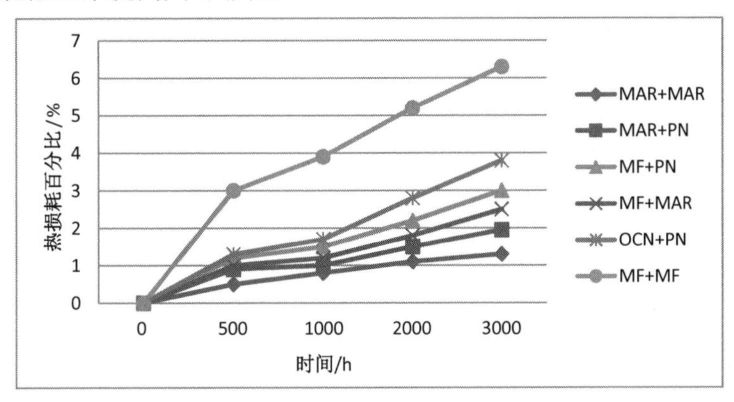

图 5-7　不同环氧树脂组合热损耗百分比

在 SiC 器件封装中，由于环氧塑封料、芯片、框架、铝线、涂层材料等的线膨胀系数存在差异，且环氧塑封料的线膨胀系数最高，在成型冷却或器件使用环境的温差较大时，会因线膨胀系数的不同而产生一种热应力，严重时会导致焊点开裂或者分层。热应力是影响可靠性的主要因素之一。为了降低热应力，通常需要降低环氧塑封料的弹性模量和热膨胀系数，提高填料含量和采用适当的应力稀释剂都能有效降低热应力，减少分层的发生。同时，提高填料含量能改善其散热性能，提高封装的可靠性。

SiC 器件在使用过程或者可靠性试验过程中，水汽通过塑封体与引脚的结合部位进入塑封体内部，与环氧塑封料中的杂质离子形成一种能腐蚀金属布线的电解液，会严重影响器件的可靠性。只有减少离子杂质，提高产品的耐湿性能，才能显著提高环氧塑封料的可靠性。离子杂质一方面由工艺制程引入，应从原材料、设备、工艺、环境等方面加强控制，确保环氧塑封料的纯度；另一方面来自原材料（主要是环氧树脂与填料），为了减少杂质离子对器件可靠性的影响，常常在配方设计时加入离子捕捉剂。

5.2 GaN 功率半导体器件的封装技术

GaN（功率半导体）器件具有宽带隙、高热导率、高熔点、化学稳定性好、耐腐蚀等特点，特别适合在高频、高温、高功率场合下使用。

基于 GaN 材料的物理特性以及 GaN 功率半导体器件的结构特点和应用场景，对 GaN 器件的封装提出了如下要求：

（1）由于芯片面积不断减小，电力电子系统的集成度也在不断提高，因此对功率半导体器件的封装提出了更高的散热要求。

（2）由于 GaN 晶圆具有较脆、较硬等特点，对减薄、划片、装片工序有特殊要求。

（3）为满足封装散热要求，一般 GaN 器件采用陶瓷基板进行堆叠封装，这对键合工艺提出了更高的要求。

（4）由于 GaN 材料与 Si 材料在物理特性上的差异，为减小 GaN 器件的封装应力，对装片材料、塑封料等封装材料也有新的要求。

（5）由于 GaN 器件具有不同于传统 Si 器件的结构特点，因此 GaN 器件的测试标准和测试设备也与现有传统 Si 器件有所不同。

（6）要求封装集成度提升，尤其针对低功率应用。在 PD（如 USB Power Delivery）快充等消费品应用领域，目前已经出现了驱动芯片集成、控制芯片集成、半桥拓扑多开关器件集成和过流检测集成等方面的需求，在一定程度上增加了封装的技术难度和成本。

5.2.1 GaN 功率半导体器件主要封装外形及封装特点

GaN 器件主流的封装形式为 TO 系列（包括 TO-220/247 等）、SMD 系列（包括 QFN/DFN 等）和模块封装。目前市面上 GaN 芯片的封装形式除了上述传统形式，还有集成驱动及其他器件的集成型封装、新型嵌入式封装及低压器件 LGA 封装等。

TO 系列封装作为功率半导体器件的主流封装形式，也是 GaN 器件的主要封装形式，在百瓦级别以 TO-220 为主，在千瓦级别以散热性能更好的 TO-247 为主。SMD 系列封装虽然散热性能不及 TO 系列封装，但是解决了 TO 系列封装寄生电感过大的问题，其主要应用在功率为几十瓦到几百瓦的场合。集成型封装，可集成驱动芯片、控制芯片及桥式电路，最大化地发挥 GaN 器件在高频方面的优势，目前已验证的开关频率接近 1 MHz，主要为几十瓦功率的 PD 快充。集成型封装的缺点是控制器参数受限，下游客户缺少调整自由度。

5.2.2　GaN 功率半导体器件封装关键工艺

1．GaN 功率半导体器件封装工艺流程图

GaN 器件封装工艺流程如图 5-8 所示。

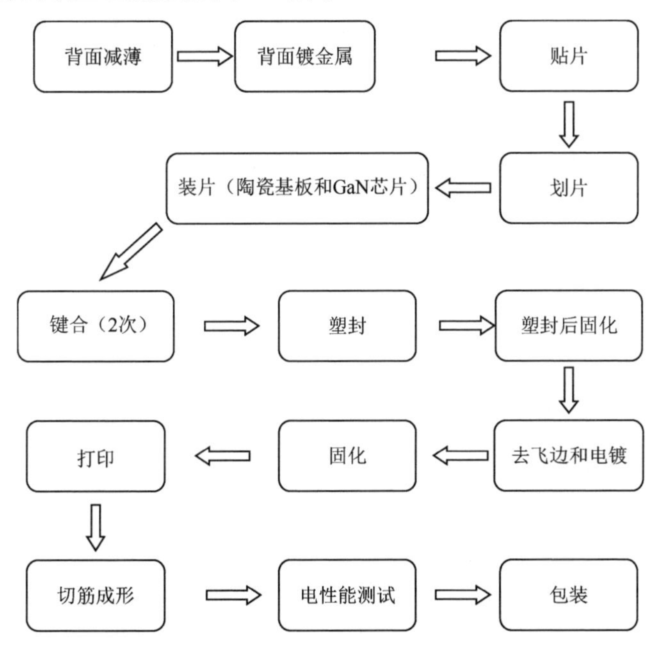

图 5-8　GaN 器件封装工艺流程图

GaN 器件封装工艺流程跟 Si 器件类似，主要在背面减薄、划片、装片、塑

封工序进行特殊工艺控制，其中背面减薄、划片、装片、键合、塑封工序技术难度比较大，下面分别加以说明。

2. GaN 器件封装关键工艺说明

1）背面减薄

为了在封装上更加凸显 GaN 器件的各项优异性能，在封装前将 GaN 晶圆减薄至一定厚度是必要的。这样可以显著提高散热效率，缩短器件内部连线，进而提高器件的电气性能；还可以满足封装小型化、整机系统轻便化的需求。

用于 GaN 厚膜生长的衬底材料目前主要有硅（Si）、碳化硅（SiC）、蓝宝石（Al_2O_3）、砷化镓（GaAs）、氮化镓（GaN）等。结构上，GaN 器件的实现方案主要有 Si 衬底上的横向结构器件和 GaN 基垂直结构器件两种。在 Si 衬底上制造的 GaN 横向结构器件由于成本相对低廉且与 CMOS 工艺的兼容性良好，已经逐渐实现产业化，其背面减薄工艺流程包括：贴膜→背面研磨→背面蚀刻→撕膜。但是在 Si 上外延生长 GaN 时，由于晶格不匹配，晶圆的位错密度大，易发生弯曲、龟裂等，这些材料缺陷带来的应力问题，在减薄时也需要特别注意。

对于 GaN 基垂直结构器件，由于可以从根本上解决 GaN 横向结构器件易发生的电流崩塌问题，且可以使 GaN 材料的高击穿电压特性更好地发挥出来，因此成为近年来的研究热点并不断取得突破。所以对以 GaN 为衬底的器件，由于 GaN 材料的物理化学性质与 Si 材料不同，其减薄工艺也需要做相应的改进。

目前作为 GaN 器件主流封装形式的 TO 系列封装，与 Si 器件类似，晶圆减薄至 300μm 左右，即可满足封装性能要求；但随着对器件性能、集成度等要求的提高，未来晶圆背面减薄将趋向越来越薄的极限厚度，相应地对减薄工艺技术也提出了更大的挑战。此外，随着衬底技术的发展，或可直接采用特定厚度的衬底晶圆进行器件或电路的制作，而不需要再进行减薄。

2）划片工艺

由于 GaN 晶圆比较硬，其切割工艺跟普通硅晶圆有较大差异，采用传统划片刀切割方式和切割工艺条件，切割速度比较慢，生产效率比较低；而采用激光或等离子划片方式，切割质量更容易控制，生产效率比较高。不论采用哪种切割方式，GaN 晶圆切割工艺成本比普通硅晶圆高得多。

激光划片是将高峰值功率的激光束经过扩束、整形后聚焦在晶圆表面，使材料表面或内部发生局部熔化、高温气化或者升华现象，从而使材料分离的一种划片方法。激光划片整体上分为激光半划和激光全切割两类。激光半划又包括激光开槽+砂轮切割、激光半切+裂片、激光隐形划切。针对 Si 基 GaN 器件，考虑到晶圆上器件有效区域的厚度一般为 5～10μm，且整个晶圆厚度一般在 300μm 左右，考虑到与现在应用非常广泛的砂轮切割工艺的兼容性及成本问题，采用激光开槽+砂轮切割工艺是不错的选择。

激光开槽+砂轮切割工艺的主要过程：切割前先在晶圆表面涂覆一层水溶性保护膜，以防止切割粉尘或其他异物沾污晶圆；然后利用窄光在划道上切出两条基准线，如图 5-9 所示；之后利用宽光进行开槽，如图 5-10 所示，开槽深度一般为 10～20μm；激光开槽完成后进行清洗，最后进行砂轮切割将晶圆彻底划透，如图 5-11 所示。

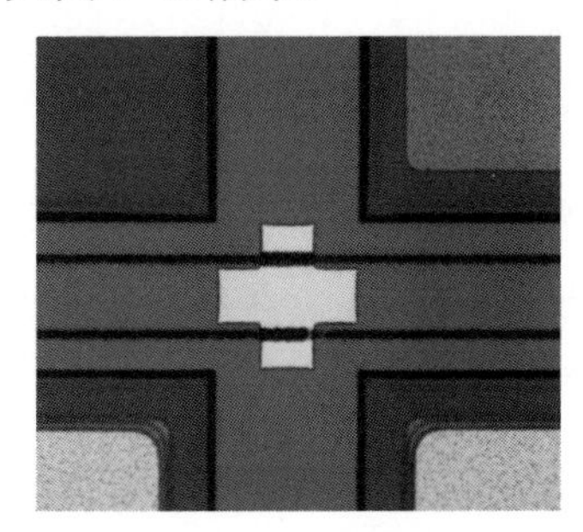

图 5-9　用窄光切出基准线

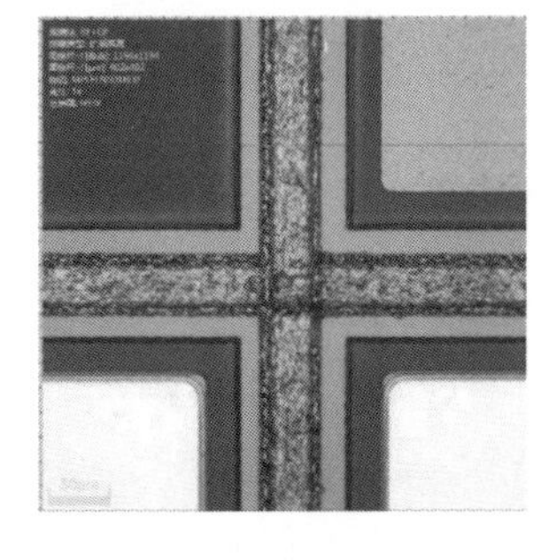

图 5-10　用宽光进行开槽

图 5-11　彻底划透的晶圆

等离子划片技术来源于微电子晶圆制造过程中的干法刻蚀工艺，其技术核心是等离子刻蚀工艺。等离子刻蚀工艺是一种物理化学性刻蚀技术，其基本原理为在真空低气压下利用高密度等离子体对晶圆表面进行轰击，晶圆图形区域的半导体材料的化学键被打断，与刻蚀气体生成挥发性物质，以气体形式脱离晶圆，从真空管路被抽走，从而达到切割的目的。等离子划片的典型工艺流程如图 5-12 所示。

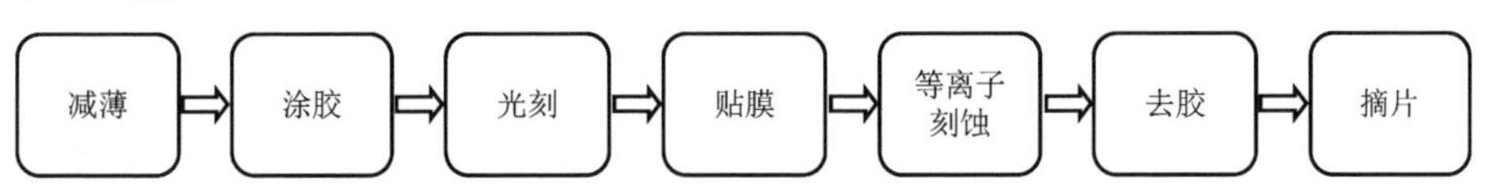

图 5-12　等离子划片的典型工艺流程

等离子划片工艺与传统刀片划片工艺和激光划片工艺相比，是一种清洁的划片工艺，不会在划片过程中引入机械应力和较强的热应力，因此不会造成崩边、崩角、裂纹等缺陷。而且由于等离子划片是对整片晶圆所有划道同时刻蚀，刻蚀速度与芯片尺寸和厚度无关，所以其具有超高的划片速度，一般其划片速度是刀片划片速度的 4 倍以上。另外，由于有涂胶、光刻的工序，等离子划片不受芯片形状的限制，特别是在芯片形状、大小不同的多目标晶圆的划片中，具有明显的优势。

等离子划片具有诸多优势的同时，其劣势也很明显。目前等离子划片技术由日本和美国几家公司掌握；且相对于传统刀片划片和激光划片，等离子划片由于要引入涂胶、光刻、去胶等工序，因此设备、材料成本巨大。

另外，等离子切割技术一般应用在对较薄晶圆的切割工艺中，对于现阶段 GaN 器件，封装的主流晶圆厚度在 300μm 左右，也不是特别适用。

3）装片工艺

GaN 器件的装片工艺，从封装结构上大致分为两类：单芯片封装和多芯片堆叠封装。对于单芯片封装，在装片工艺上与单芯片 Si 器件类似，只是在对装片材料的选择上，由于对散热的特殊要求，一般选择高导热银浆进行粘片。相应的工艺为常温粘片+粘片后烘烤。

对于对散热要求更严格或需要功能集成的 GaN 器件，通常采用陶瓷基板将 GaN 芯片和控制芯片进行堆叠封装。根据对 GaN 器件的散热性、功能和可靠性等要求不同，选择不同类型的陶瓷基板，常用 Al_2O_3 陶瓷基板、SiN 陶瓷基板、AlN 陶瓷基板等，它们的热导率依次升高价格也依次升高。在性能方面，AlN 陶瓷基板的导热性优异，但价格较高；性能与价格均折中的 SiN 陶瓷进一步发展成熟。在贴片材料方面，GaN 器件与 SiC 器件所用装片材料类似，焊锡应用范围最广，但在多芯片堆叠封装时有一定难度；导热银胶产品的热导率也在不断提高，有助于多芯片堆叠封装，但其结合度弱，Level 1 的 MSL 可靠性仍存在问题；基于纳米银的全烧结技术，热导率最高，结合度强，但成本较高。

GaN 器件在装片工艺中对焊料的空洞、厚度及芯片倾斜度控制要求比较高。空洞越多，GaN 器件的热阻和导通电阻比越高，产生热量越多，散热越差。若要达到更好的电性能和散热效果，可使用真空回流炉解决空洞问题。焊料的厚度需要控制在一定范围内，过薄不利于应力缓解，过厚不利于散热和芯片倾斜度的控制。芯片倾斜不利于键合焊接，键合质量的波动大，也会引起焊料裂纹、芯片裂纹。解决芯片倾斜问题最好的方式是采用焊片方式。

GaN 器件中采用陶瓷基板进行堆叠装片，各层焊料厚度的波动、基板或芯片倾斜度对芯片总高度和最上层芯片的倾斜度影响比较大，所以对底层陶瓷基板、二层芯片的焊料厚度、位置精度、倾斜精度控制要求更高，否则对键合焊接质量影响比较大。

4）键合工艺

对于单芯片封装的 GaN 器件，其键合工艺与 Si 器件键合工艺相似；而对于采用陶瓷基板进行堆叠封装的 GaN 器件，焊接时会有两种不同线径，且焊接的线数比较多，配线复杂，其中 GaN 芯片表面焊接的线数最多，因此焊接工艺条件优化尤为重要。

影响键合质量的主要因素有陶瓷基板表面金属化层质量、堆叠装片后二层或三层芯片的倾斜度、堆叠装片后二层或三层芯片的总高度、堆叠装片后二层或三层芯片的位置精度等，焊接过程中需要注意监控焊接质量的波动。

5）塑封工艺

根据 GaN 器件的功能、内部结构、对散热性等的要求，塑封料应具备低应力、充填性好、黏结性好、散热性好等特点，还应有良好的塑封作业性能，能耐受更高的工作温度等。

第6章 功率器件的测试技术

6.1 测试概述

功率器件是为完成一定的电功能而设计的单片模块电路。在实际的设计制造过程中，材料本身会存在缺陷，即使是非常专业的生产线和制造过程也会产生有缺陷的产品，为了检出不良产品或进行分类，要对功率器件进行测试。测试就是通过电性能和物理外观等检测出那些带有缺陷的产品，并对产品的性能做出评定，所以测试是功率器件制造过程中必不可少的重要环节之一。

6.2 测试标准

本章涉及的测试项目，参考的标准是 GB/T 4586－1994《半导体器件-分立器件 第8部分：场效应晶体管》（IDT IEC 60747-8:1984），以及美国军用标准 MIL-STD-750D。

国际上集成电路的测试标准是由国际电工委员会（International Electro Technical Commission，IEC）发布的，我国的国家标准与之保持一致。

6.3 参数测试

参数测试是根据功率器件的类型，就其特点与功能制定的电测试项目。功率半导体器件的测试参数可以分为静态参数和动态参数两种，另外还有反映引线框架金属体与塑封体之间的绝缘性能的绝缘参数。

6.3.1　静态参数测试

静态参数主要指功率半导体器件的输出和转移特性参数，MOSFET 与 IGBT 这两类功率器件的静态参数比较类似，而 SCR 的静态参数与 MOSFET 及 IGBT 有差异。静态参数测试是应用欧姆定律来确定器件的电性能参数的。

1. MOSFET 及 IGBT 的静态参数测试

MOSFET 及 IGBT 的静态参数测试主要有：开尔文测试、开路/短路测试、漏电流测试、漏-源击穿电压测试、栅极阈值电压测试、漏-源导通电阻测试、正向跨导测试、二极管正向压降测试、雪崩测试、栅极电阻/栅极电荷测试、反向恢复时间/反向恢复电荷量测试等。

1）开尔文测试

四线开尔文测试（Kelvin Four-terminal Sensing）简称开尔文测试，又称四端子检测，比传统的两个终端测试可以进行更精确的测量，其优点是可以消除布线和接触电阻的阻抗的影响。

器件的每个引脚使用 Force 线（激励线）与 Sense 线（检测线）进行连接，可以称为开尔文连接。开尔文测试用于检查测试夹具的 Force 线与 Sense 线两端与器件引脚的接触是否良好。

开尔文测试的步骤如下：

（1）将夹持待测器件（DUT）的测试夹具各 Force 线及 Sense 线端首尾相连，末端接地，首端接电源，施加额定电压 1V。

（2）用电表测量引脚末端电压值。

（3）对测量的电压值进行判断，看是否在一个合理的范围内，如 0.995～1.005V。

（4）由此判定 Force 线与 Sense 线两线连接是否良好，测试夹具接触是否正常。

开尔文测试电路如图 6-1 所示。图 6-2 所示为开尔文测试连线图。

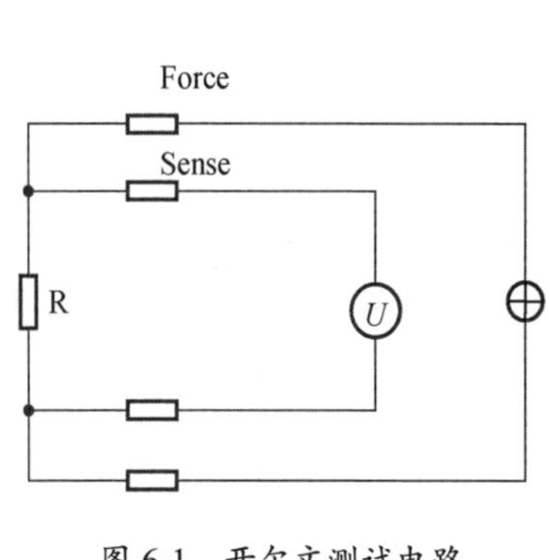

图 6-1　开尔文测试电路

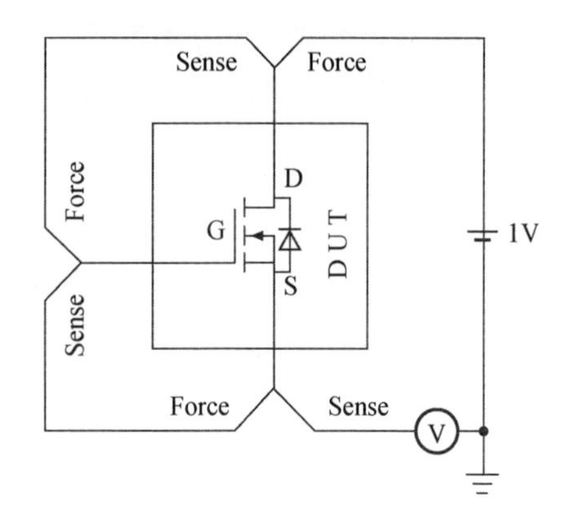

图 6-2　开尔文测试连线图

2）开路/短路测试

开路/短路（Open Short，OS）测试，又称接触性测试，这项测试保证测试设备与被测器件正常连接。针对内部包含保护二极管（ESD）的器件，OS 测试通过测量输入、输出引脚上保护二极管的自然压降来确定连接是否完好。例如，在二极管上如果施加一个适当的正向偏置电流，则二极管的压降将为 0.7V 左右。图 6-3 所示为 OS 测试原理图。以下是实现 OS 测试的几个步骤：

（1）所有引脚先预设为 0V。

（2）给待测引脚上施加一个正向偏置电流 I，测量 I 引起的电压。

（3）合格值范围设定为 0.1～1.0V，若测试电压小于 0.1V，说明该测试引脚短路；若测试电压大于 1.0V，说明该测试引脚开路。测试电压在 0.1～1.0V 之间，说明该引脚与测试设备正常连接。

注意：电流的方向决定电压值的正负。

对于内部不含有 ESD 保护二极管的 MOSFET 及 IGBT 类产品，OS 测试一般可以用 I_{DSS}、I_{GSS}、V_{TH}、V_{FSD} 或 BV_{DSS} 等参数测试来替代。

3）漏电流测试

所谓漏电流，是指器件内部和输入引脚之间的绝缘氧化膜太薄在生产制造过程中引起短路的状况。漏电流测试是指在输入与输出引脚上施加电压，使得其间电阻中有电流通过，然后测量该引脚电流的大小。

一般 MOSFET 的漏电流测试分为两种：漏极-源极漏电流测试、栅极-源极漏电流测试。

（1）漏极-源极漏电流（Drain-to-Source Forward Leakage Current）I_{DSS}：漏极与源极之间的漏电流。漏极-源极漏电流测试方法：如图 6-4 所示，当 V_{GS}=0 时，在漏极与源极之间加 V_{DSS}，测试 D 端经过的电流。

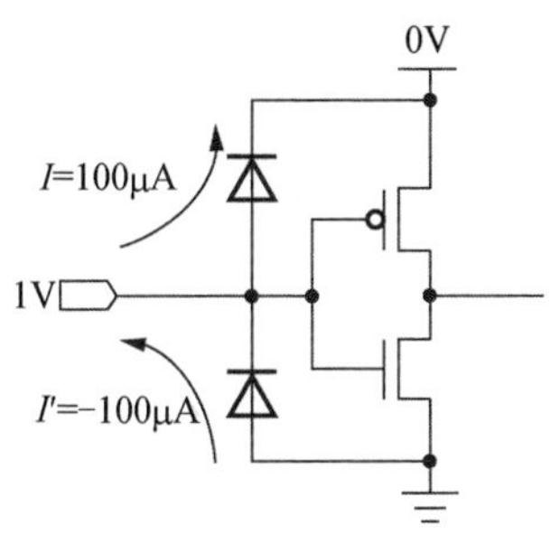

图 6-3　OS 测试原理图

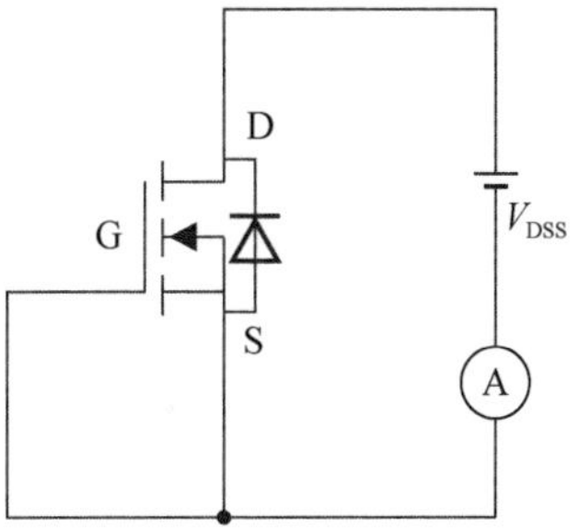

图 6-4　I_{DSS} 测试原理图

（2）栅极-源极漏电流（Gate to Source Forward Leakage Current）I_{GSS}：栅极与源极之间的漏电流。栅极-源极漏电流测试方法：如图 6-5 所示，当 V_{DS}=0 时，在栅极与源极之间加 V_{GSS}，测试 G 端经过的电流。

4）漏-源击穿电压测试

漏-源击穿电压（Drain to Source Breakdown Voltage）BV_{DSS} 是指在某种特定的温度和栅极与源极短接的情况下，流过漏极的电流达到一个特定值时的漏-源电压，该电压又称雪崩击穿电压。BV_{DSS} 具有正温度系数，在-50℃时，BV_{DSS} 大约是 25℃时最大漏-源额定电压的 90%。BV_{DSS} 测试原理如图 6-6 所示。

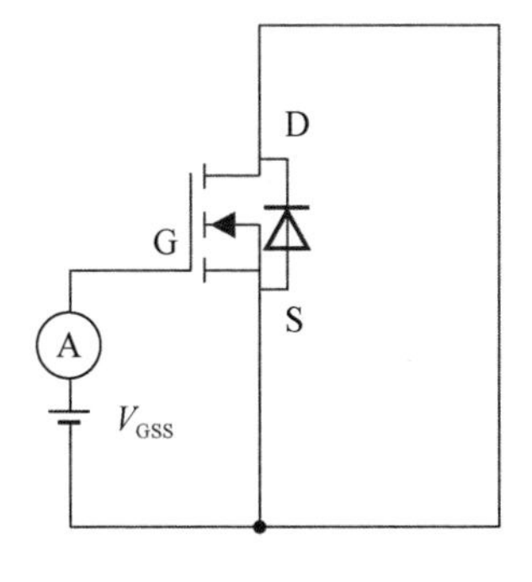

图 6-5　I_{GSS} 测试原理图

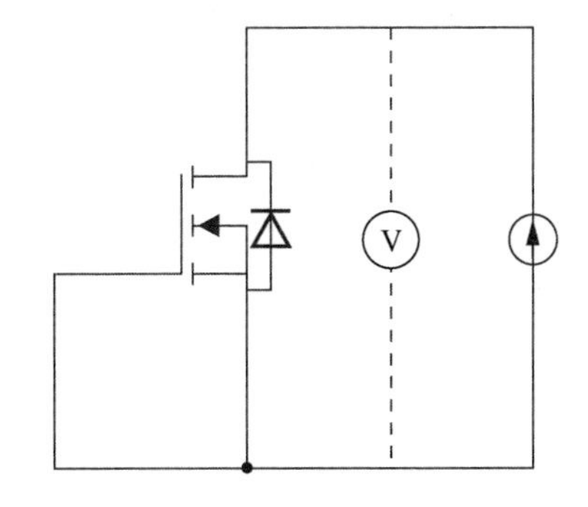

图 6-6　BV_{DSS} 测试原理图

5）栅极阈值电压测试

栅极阈值电压（Gate Threshold Voltage）$V_{GS(th)}$测试是指在漏极、栅极、源极短接的情况下测试阈值电压的大小，正常测试下 MOS 器件的栅极阈值电压一般是不同的。栅极阈值电压具有负温度系数，所以当温度上升时 MOSFET 的栅极阈值电压很低。$V_{GS(th)}$测试原理如图 6-7 所示。

6）漏-源导通电阻测试

漏-源导通电阻(Static Drain to Source On-Resistance）$R_{DS(on)}$是指在特定的漏极电流（通常为额定漏极电流的一半）、特定的栅-源电压（一般为 2.5V、4.5V 或 10V）条件下的 MOSFET 导通电阻。MOSFET 导通电阻具有正温度特性，所以导通电阻越大，开启状态时的损耗越大，工作中要尽量减小 MOSFET 的导通电阻。$R_{DS(on)}$测试原理如图 6-8 所示。

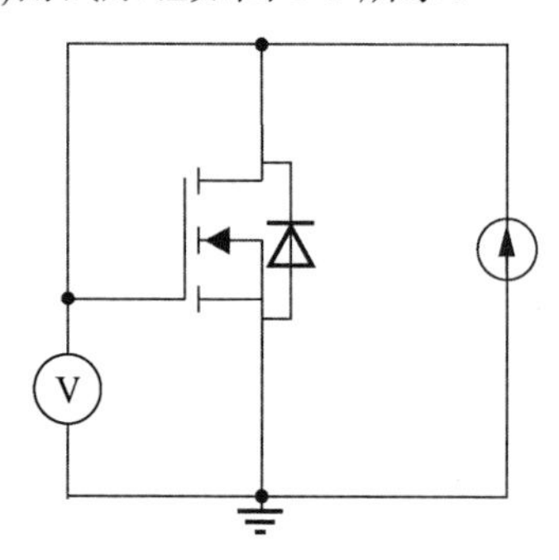

图 6-7　$V_{GS(th)}$测试原理图

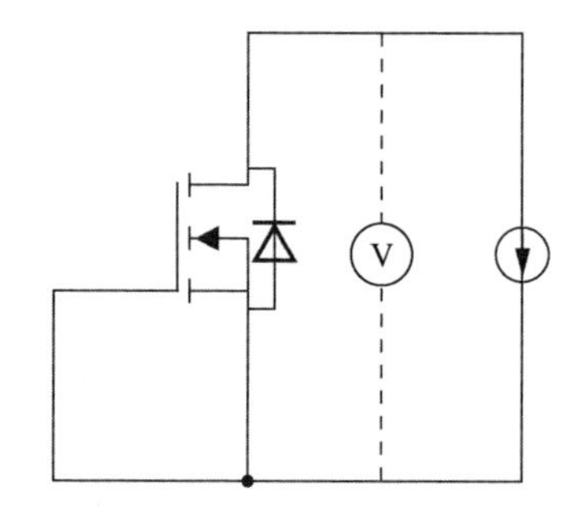

图 6-8　$R_{DS(on)}$测试原理图

7）正向跨导测试

正向跨导（Gate Forward Transconductance）G_{FS}：代表输入与输出的关系，即栅极电流变化值与漏极电压变化值之比，单位为 S。当栅极电流越大时，G_{FS}也越大，在切换动作的电路中，G_{FS}值越高越好。G_{FS}测试原理如图 6-9 所示。

8）二极管正向压降测试

二极管正向压降（Diode Forward Voltage）V_{FSD}：内部二极管中有正向电流流过时的电压降。二极管正向压降测试的目的是检测漏极与源极之间二极管的正向电压，测试原理是在漏极与源极间加载额定电流，然后测量正向电压，如图 6-10 所示。

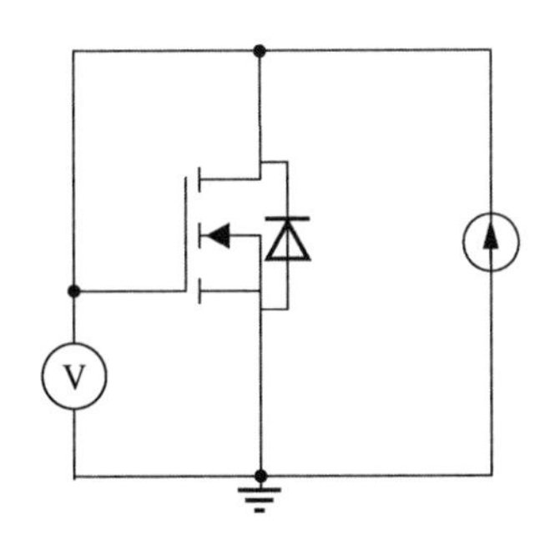

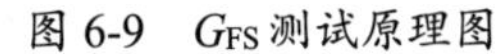
图 6-9　G_{FS} 测试原理图

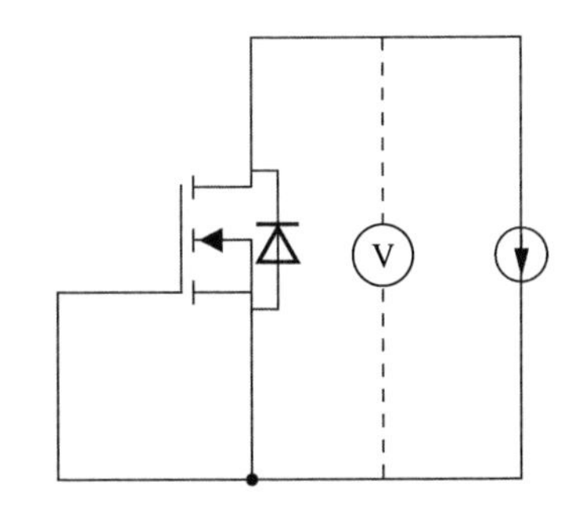

图 6-10　V_{FSD} 测试原理图

9）雪崩测试

雪崩特性用来描述功率 MOSFET 在雪崩击穿的状况下负载能量的能力。雪崩能量一般是在非钳位感性负载开关（UIS）状态下进行测试的，它有两个值：单脉冲雪崩击穿能量（Single Pulsed Avalanche Energy）E_{AS} 和重复雪崩能量（Repetitive Avalanche Energy）E_{AR}。E_{AS} 定义为单次雪崩状态下器件能够消耗的最大能量，雪崩能量取决于电感值和起始的电流值的大小。雪崩测试原理如图 6-11 所示。

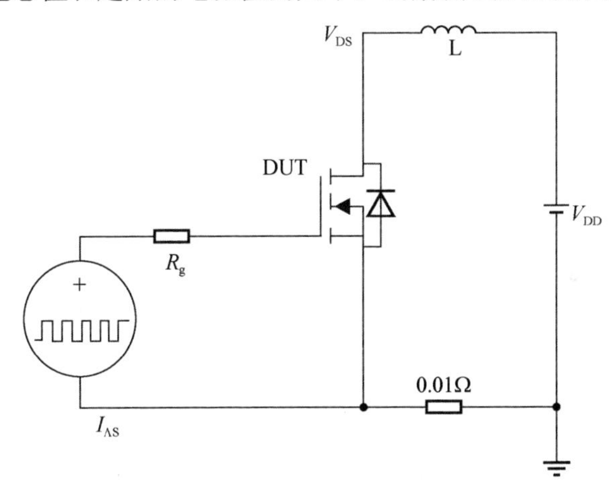

图 6-11　雪崩测试原理图

E_{AS} 计算公式如下：

$$E_{AS}=\frac{1}{2}L\cdot I\cdot\frac{BV_{DSS}}{BV_{DSS}-V_{DD}}$$

式中，E_{AS} 为雪崩击穿能量；L 为电感值；I 为电感上流过的电流峰值；BV_{DSS} 为雪崩击穿时的电压；V_{DD} 为电源电压。

（1）单脉冲雪崩击穿能量 E_{AS}。

雪崩能量标定了器件可以承受的瞬时过冲电压的安全值，其取决于雪崩击穿所需降低的能量。在电压过冲值（通常是因为漏电流和杂散电感的存在而造成的）没有超过击穿电压值的情况下，器件不会发生雪崩击穿，因此也就不需要降低雪崩击穿的能量。

在对器件的额定雪崩能量定义时通常也会定义其额定的 E_{AS}。额定雪崩能量与额定 UIS 具有相近的意思。E_{AS} 标定了器件可以安全吸收反向雪崩击穿能量的范围。

在 MOSFET 关断时，电感上流过电流的峰值，会突然转换成被测量器件的漏极电流值。当电感上产生的电压大于 MOSFET 的击穿电压时，就会发生雪崩击穿。当雪崩击穿发生时，即使 MOSFET 处于断开状态，电感上的电流也会流过 MOSFET 器件。电感上所储存的能量与杂散电感上存储的能量，会转移到 MOSFET 上进行消散。

当 MOSFET 并联后，不同器件之间的击穿电压很难达成一致。通常状况下只要某个器件首先发生雪崩击穿，随后全部的雪崩击穿电流（能量）都会从该器件流过。

（2）重复雪崩能量 E_{AR}。

E_{AR} 已成为一种工业标准，该参数只有在设定频率和其他损耗及冷却量的情况下才有意义。但经常受到散热（冷却）状况的制约，雪崩击穿所产生的能量也很难预测。

定义额定 E_{AR} 的实际意义在于标定了被测器件所能容忍的重复雪崩击穿能量的大小。该定义的成立条件：对频率不做任何限制，这样器件就不会过热。在对设计的器件进行验证的过程中，尽量通过检测处于正常工作状态的器件或者热沉的温度来判断 MOSFET 器件是否存在过热现象，对于可能会发生雪崩击穿的器件要特别关注。

10）热阻测试

MOSFET 在工作时产生的功率消耗会转化为热量，进而增加结温。结温

（Junction Temperature）是半导体器件在电子设备中的实际工作温度。在操作中它通常要高于封装外壳的温度（Case Temperature）。两者的温度差等于 MOSFET 内部热量的功率乘以热阻，该温度差会影响 MOSFET 的特性和寿命，所以必须将热量释放出来以降低结温度。热阻是影响 MOSFET 散热能力的因素。

热阻测试用来测试功率半导体器件的热稳定性或封装散热特性，其测试原理是根据半导体器件 PN 结在电流不变的情况下，两端的电压随温度变化而发生变化，在对被测功率器件施加特定功率的同时，检测 PN 结两端的电压的变化（ΔV_{DS}），以此作为被测器件的散热标准。根据规定值对测试结果进行筛选，淘汰掉散热性不符合要求的产品。热量不能及时发散就会影响 MOSFET 许多静态、动态参数值的测量，而且器件可能会在应用的时候烧掉或者存在可靠性问题。

图 6-12 所示为 N 型 MOSFET 的 ΔV_{DS} 测试原理图，图（a）是初始测量原理图（测得 V_{DS1}），图（b）是测试仪给测试器件加大电流 I_d 时原理图，图（c）是加电流 I_d 后第二次测量原理图。测得 V_{DS1}、V_{DS2}，ΔV_{DS} 就是 V_{DS2} 与 V_{DS1} 之差。

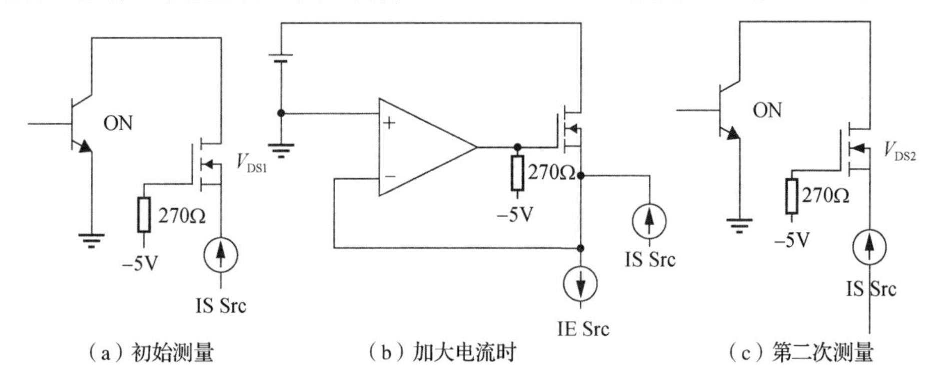

图 6-12　N 型 MOSFET 的 ΔV_{DS} 测试原理图

11）栅极电阻/栅极电荷测试

栅极电阻测试也称为 R_G 测试，有两种测试模式：定频和扫频。栅极电荷测试也称 Q_G 测试。

（1）定频模式下 R_G 测试原理。

在定频模式下，施加一定频率（通常是 1MHz）的交流信号到 DUT 的栅极和源极两端，同时将漏极和源极短路。通过对栅极和源极两端的交流电压和电流进行采样，计算出栅极和源极两端的阻抗，阻抗实部即栅极和源极两端的等效电阻（R_G）。定频模式下 R_G 测试原理如图 6-13 所示。

（2）扫频模式下 R_G 测试原理。

在栅极和源极施加不同频率的交流信号，通过采样电感 L 和 DUT 的源极端的交流电压和电流，计算出电感和 DUT 的源极端的阻抗，当该阻抗虚部为 0 时，表示电感 L 和 DUT 的栅极和源极之间的电容匹配，此时计算所得的阻抗即电感 L 和栅极与源极两端的等效电阻。扫频模式下 R_G 测试原理如图 6-14 所示。

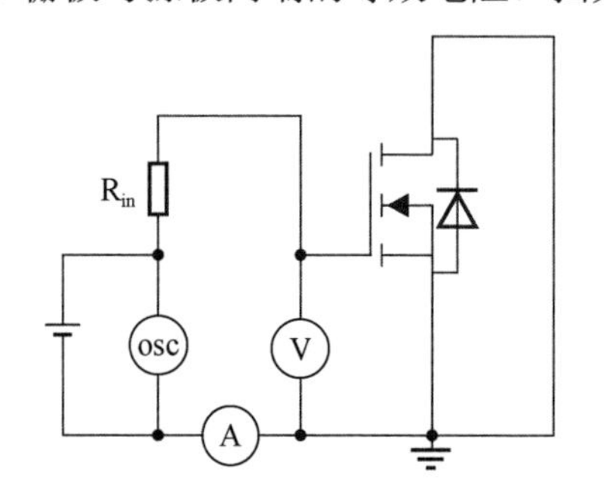

图 6-13　定频模式 R_G 测试原理图

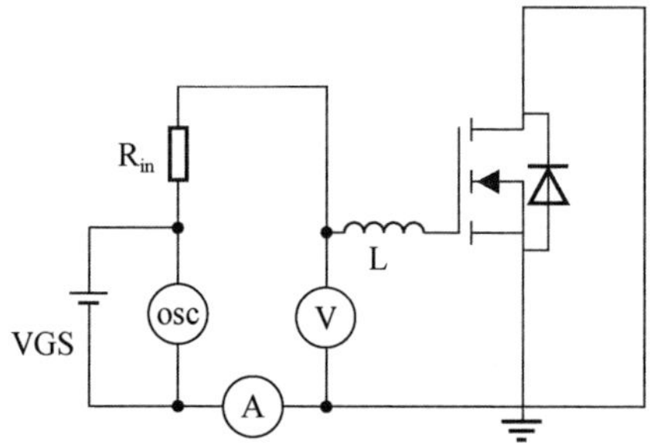

图 6-14　扫频模式 R_G 测试原理图

（3）栅极电荷（Q_G）测试。

在功率半导体家族中，功率 MOSFET 由于是多子器件，在开关过程中没有少子的建立、渡越及存储的过程，可以实现较快的开关速度。因此对于 MOSFET 而言，其电容的充放电速度就成为制约功率 MOSFET 开关性能的主要因素。

由图 6-15 所示的 MOSFET 等效电容可以看出：MOSFET 的开关过程也是对输入电容 C_{GS} 和 C_{GD} 进行充/放电的过程，因此从理论上讲，C_{GS} 和 C_{GD} 的电容值可以直接反映 MOSFET 的开关速度。然而，由于 C_{GD} 的电容值的非线性特性，固定电压下的输入电容值并不能准确反映 MOSFET 的开关特性。而利用栅极电荷（Q_G）可更直观地描述功率 MOSFET 的开关性能。通过栅极电荷可以很容易地计算出某驱动功率下所需要的开关时间或给定开关时间的驱动功率。因此，将它和另一个重要参数 $R_{DS(on)}$ 一起组成了优值函数 FOM=$Q_G \cdot R_{DS(on)}$，用来表征功率 MOSFET 的性能。

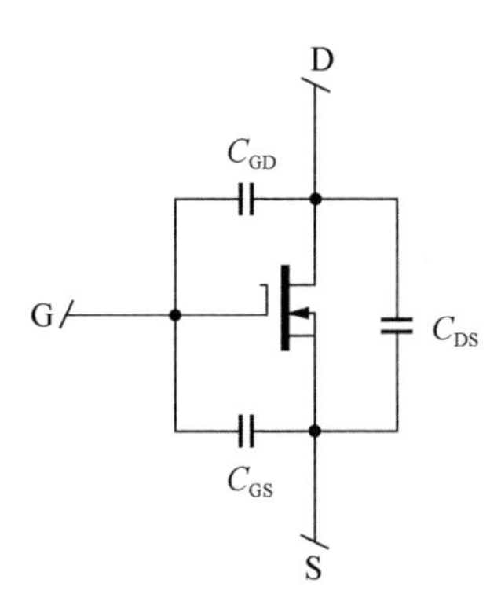

图 6-15　MOSFET 等效电容

① 栅极电荷（Q_G）定义。

栅极电荷是指可以让栅极开启到一定电压所需要的总电荷量。图 6-16 所示为 MOSFET 的栅极电荷各参数定义及相应漏极电压、电流的变化曲线，图中各参数定义如表 6-1 所示。

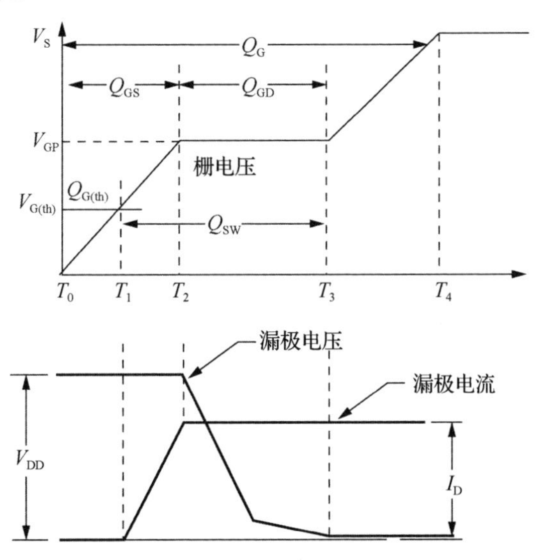

图 6-16　MOSFET 栅极电荷及漏极电压、电流曲线

表 6-1　栅极电荷测试中各部分参数定义

符　号	定　义
$Q_{G(th)}$	为使栅-源电压上升至 MOSFET 阈值电压所需要的电荷量。该参数与漏极电流 I_D 和漏极供电电压 V_{DD} 无关
Q_{GS}	为使漏极电流达到某额定值所需要的电荷量。该参数会随漏极电流 I_D 变化

续表

符　号	定　义
Q_{GD}	对栅极和漏极进行充电所需要的电荷量。该参数随漏极供电电压 V_{DD} 变化
Q_{SW}	MOSFET 开启过程中所需要的电荷量
Q_G	MOSFET 栅极到达额定电压所需要的总电荷量
V_{GP}	MOSFET 进入米勒平台时的栅-源电压

② 栅极电荷（Q_G）测试电路。

图 6-17（a）所示为使用恒流源负载的栅极电荷测试电路示意图。测试条件有漏极供电电压 V_{DS}、漏极额定电流 I_D 以及额定栅-源电压 V_{GS}。

在测试开始之前，图 6-17（a）中的继电器 S 保持关闭状态。在测试开始时继电器 S 打开，恒定电流 I_G 开始对栅极进行充电。在栅极电压达到阈值电压 $V_{G(th)}$之前，被测器件处于截止状态；这时漏极所接恒流源产生的电流全部流向续流二极管；续流二极管保持导通状态，则 V_{DS} 约等于 V_{DD}。

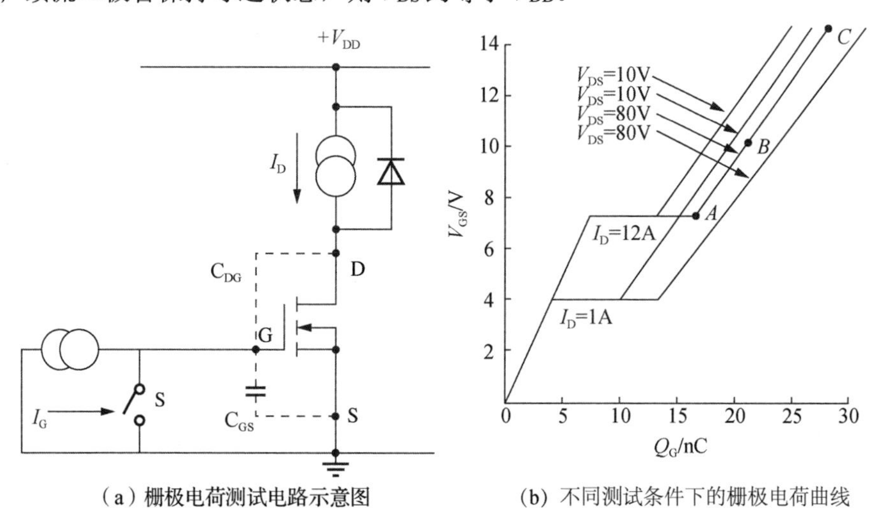

（a）栅极电荷测试电路示意图　　（b）不同测试条件下的栅极电荷曲线

图 6-17　栅极电荷测试电路示意图和不同测试条件下的栅极电荷曲线

当栅极电压达到阈值电压 $V_{G(th)}$之后，被测器件开启。此时恒流源电流有一部分流过被测器件的漏极，剩余部分继续由续流二极管分流，V_{DS} 保持不变。随着 V_{GS} 的升高，漏极电流 I_D 持续增加并达到额定电流，而通过续流二极管的电流则相应减小，直至二极管截止。此后 V_{DS} 开始迅速下降，而 V_{GS} 则基本保持不变，直至米勒效应结束后才继续上升。当 V_{GS} 上升至额定的栅源电压时，表示栅极的整个充电过程已完成，则测试结束。由于在整个充电过程中栅极电流 I_G 保持恒定，因此通过总充电时间 t 就可以得出 Q_G，$Q_G=I_G \cdot T$。

通过图 6-17（b）可以，看出不同测试条件对最终栅极电荷值的影响。漏极电流 I_D 主要对 Q_{GS} 有影响，电流越大，到达米勒平台的时间越晚，Q_{GS} 相应越大；漏-源电压 V_{DS} 则会影响 Q_{GP}，因为 V_{DS} 越高，电容 C_{GD} 中存储的电荷越多，在米勒平台期间就需要更多的电荷对其进行中和，导致 Q_{GP} 增大；而额定栅-源电压越高就意味着最后阶段用作安全裕量的电荷量越大。

12）反向恢复时间/反向恢复电荷量测试

反向恢复时间（Reverse Recovery Time）T_{RR}、反向恢复电荷量（Reverse Recovery Charge）Q_{RR} 都是功率半导体器件内部二极管特性测试的重要参数。

由于功率半导体器件内部的二极管具有交流特性，因此二极管可看成一种电容。积累的电荷（电荷量为 Q_{RR}）完全放掉所需要的时间为 T_{RR}。另外，二极管在反向恢复时处于短路状态，损耗很大，因此内部寄生二极管的电容特性使 MOSFET 开关频率受到限制。

（1）T_{RR}/Q_{RR} 测试原理。

测试时，首先设置一个正向电流（I_F）输入待测器件，然后设置的正向电流会根据设定的电流下降斜率（dI_F/dT，单位为 A/μs）输入，最后输入一个设置的反向电压；经过器件的电流反偏，然后测试此器件所能允许的反偏电流的时间及大小。T_{RR}/Q_{RR} 测试原理如图 6-18 所示。

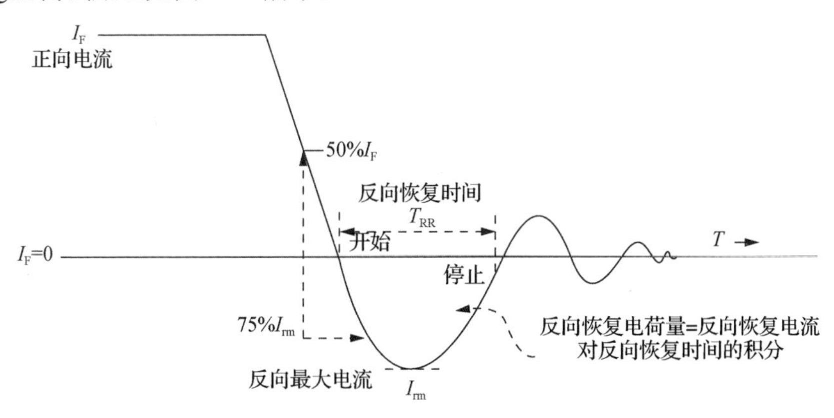

图 6-18　T_{RR}/Q_{RR} 测试原理图

（2）T_{RR}/Q_{RR}测试电路原理。

测试反向恢复时间（T_{RR}）和反向最大电流（I_{rm}）：待测器件中的电流通过一个带宽极大的同轴电阻进行侦测（阻值为0.5Ω）。测试T_{RR}所获取的结果以电压信号的形式体现（0.5V 代表 1A），此信号被耦合到一个门限值可编程的高速比较器；高速比较器的输出用于启动和停止一个时钟电路，此时钟电路可以进行精确到纳秒（ns）级别的时间测量，此时钟电路的启动门限由编程设置为0A（零安培）。

测试反向最大电流（I_{rm}）：采用一个快速峰值侦测器抓取电流波形的峰值。对测试所得到的结果进行模数转换，将采集到的电压值模拟量转换为数字量。此峰值侦测器能够抓取最高为10A 的电流峰值，分辨率达 0.01A。

测试反向恢复电荷量（Q_{RR}）：反向电流对电容充电，此充电过程中电容积累电量会导致电压增大，测试电容的电压值，然后进行模数转换。该测试最大可以测试 110nC，分辨率达 0.1nC。

2．SCR 的静态参数测试

SCR 的静态参数有漏电流、峰值电压、控制端电流与电压、维持电流与关断电流等。

1）漏电流测试

SCR 的常见漏电流参数有：断态重复平均电流和反向重复平均电流。

（1）断态重复平均电流（Repetitive Peak Off-State Current）I_{DRM}。

在 G（Gate，控制端）处于关断状态时，在 A（Anode，阳极端）和 K（Cathode，阴极端）上加方向为 A→K 的正向电压 V_{AK}，测试 A→K 经过的平均电流，如图 6-19 所示。施加的正向电压V_{AK}通常等于产品的标称电压（Grade Voltage）。

（2）反向重复平均电流（Repetitive Peak Reverse Current）I_{RRM}。

在 G 处于导通状态时，在 A 和 K 上加方向为 K→A 的反向电压 V_{KA}，测试K→A 经过的平均电流，如图 6-20 所示。施加的反向电压V_{KA}通常等于产品的标称电压。

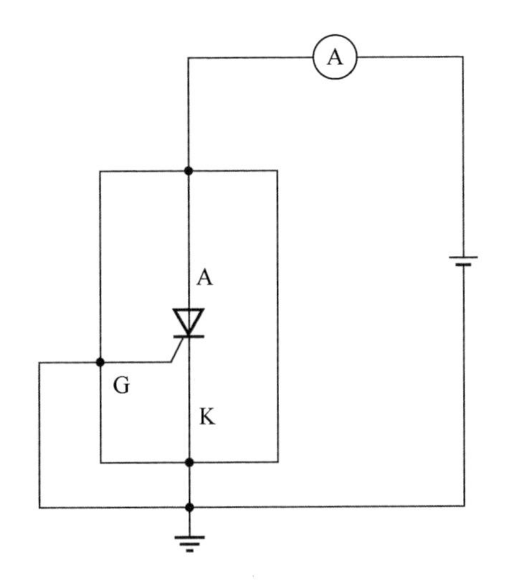

图 6-19　I_{DRM} 测试原理图

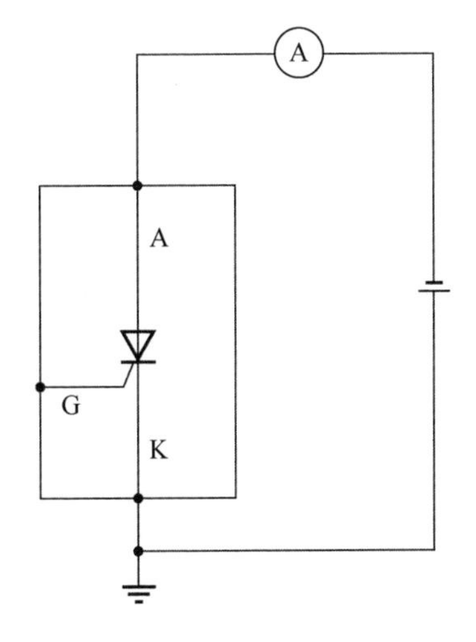

图 6-20　I_{RRM} 测试原理图

2）峰值电压测试

SCR 的常见峰值电压参数有：断态重复峰值电压和反向重复峰值电压。

（1）断态重复峰值电压（Repetitive Peak Off -State Voltage）V_{DRM}。

在 G 处于关断状态时，在 A 和 K 上加方向为 A→K 的正向电流 I_{AK}，测试 A→K 上产生的峰值电压，如图 6-21 所示。

（2）反向重复峰值电压（Repetitive Peak Reverse Voltage）V_{RRM}。

在 G 处于导通状态时，在 A 和 K 上加方向为 K→A 的反向电流 I_{KA}，测试 K→A 上产生的峰值电压，如图 6-22 所示。

3）控制端测试

SCR 的控制端测试参数主要有：控制极触发电流、触发电压、正向电压和反向电压。

（1）控制极触发电流（Gate Trigger Current）I_{GT}。

在 A、K 两端，通过一个可编程电阻，施加一个可编程的电压 V_{AK}。同时，在控制端 G 从 0 开始，以很小的步进值增加开启电流 I_G，直到 V_{AK} 上的压降达到 3.5V 后，所得到的 I_G，即 I_{GT}。

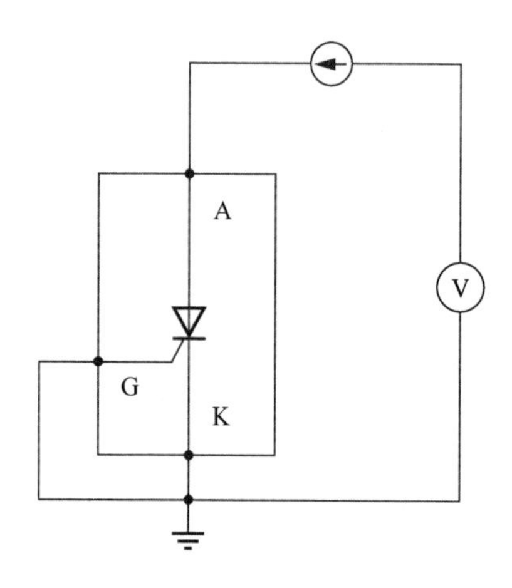

图 6-21　V_{DRM} 测试原理图

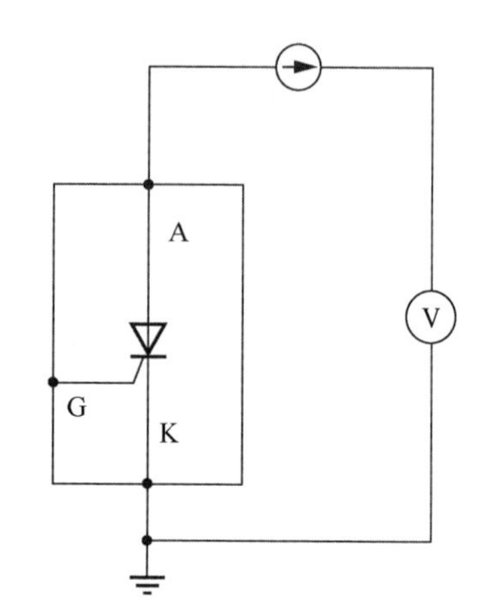

图 6-22　V_{RRM} 测试原理图

I_{GT} 测试原理如图 6-23 所示。

（2）控制极触发电压（Gate Trigger Voltage）V_{GT}。

在 A、K 两端，通过一个可编程电阻，施加一个可编程的电压 V_{AK}。同时，在控制端 G 从 0 开始，以很小的步进值增加开启电压 V_G，直到 V_{AK} 上的压降达到 3.5V 后，所得到的 V_G 即 V_{GT}。V_{GT} 测试原理如图 6-24 所示。

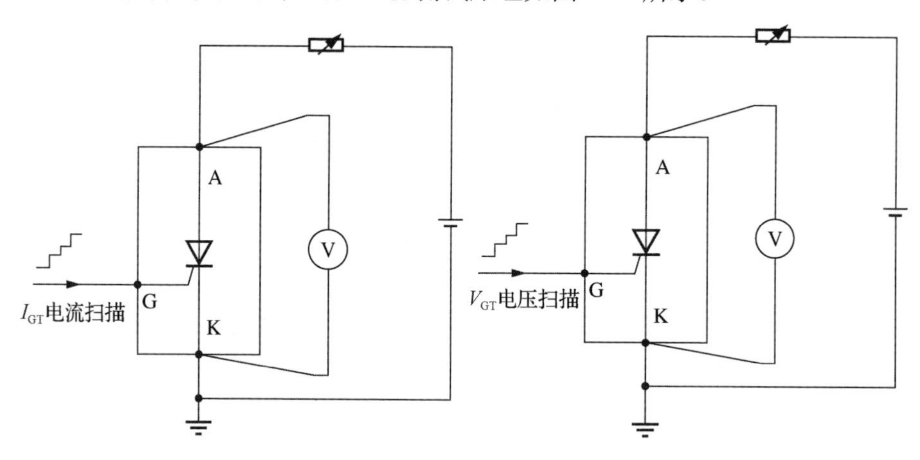

图 6-23　I_{GT} 测试原理图

图 6-24　V_{GT} 测试原理图

（3）控制极正向电压（Gate Forward Voltage）V_{GF}。

从 G 到 K，施加一个正向电流 I_{GK}，A 开路，测试 G 与 K 上产生的峰值电压。V_{GF} 测试原理如图 6-25 所示。

（4）控制极反向电压（Gate Reverse Voltage）V_{GR}。

从 G 到 K，施加一个反向电流 I_{KG}，A 开路，测试 G 与 K 上产生的反向峰值电压。V_{GR} 测试原理如图 6-26 所示。

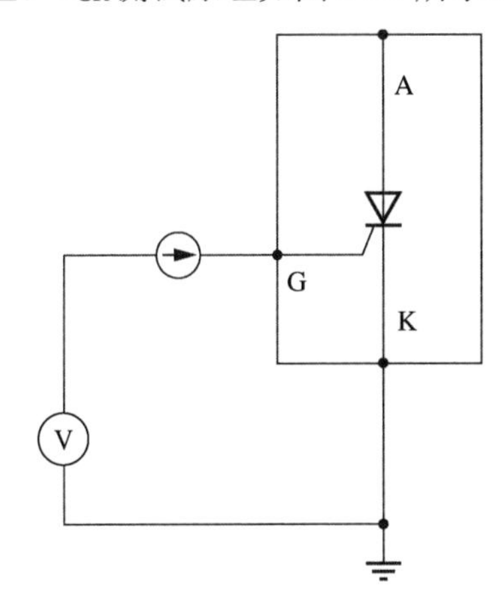

图 6-25　V_{GF} 测试原理图

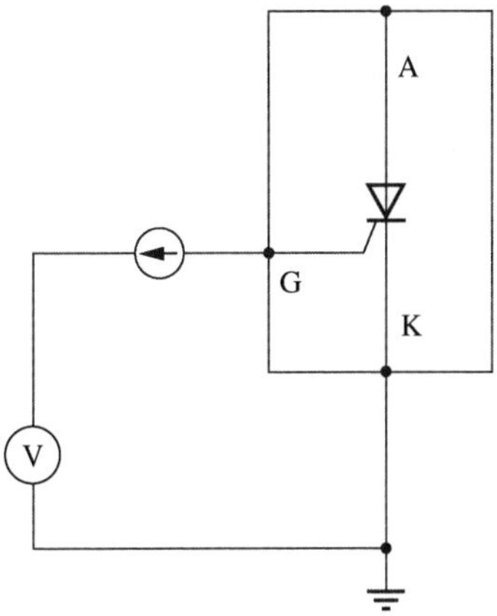

图 6-26　V_{GR} 测试原理图

4）维持电流 I_H 与关断电流 I_L 测试。

SCR 导通与关断的条件如下。

关断→导通：$V_A>V_K$ 且 I_{GT}/V_{GT} 足够。

维持导通：$V_A>V_K$ 且 $I_T>I_H$。

导通→关断：$V_A<V_K$ 或 $I_T<I_H$。

（1）维持电流 I_H。

在控制端 G 施加一个可编程开启电流 I_{GT}，另外，在阳极端 A 施加一个可编程正向导通电流 I_T。

迅速切断 I_{GT} 后，逐渐以很小的步进值减少 I_T，直到 A、K 两端的压降上升至 3.5V 时，得到的 I_T 即维持电流。I_H 测试原理如图 6-27 所示。

（2）关断电流 I_L。

在控制端 G 施加一个可编程开启电流 I_{GT}，另外，在阳极端 A 施加一个可编程正向导通电流 I_T。

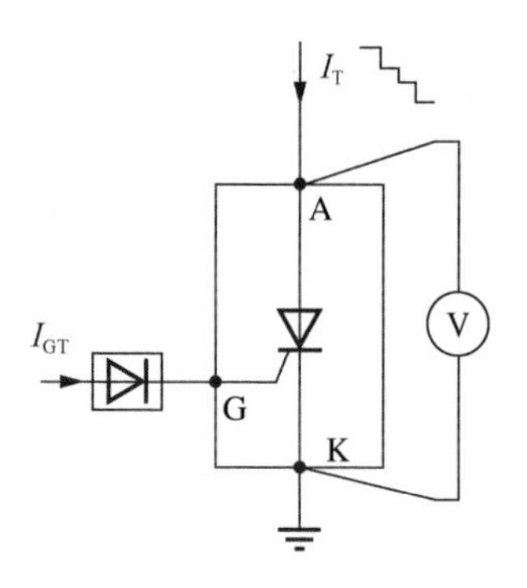

图 6-27　I_H 测试原理图

迅速切断 I_{GT} 后，逐渐以很小的步进值减少 I_T，通过逐次近似计算法得到维持期间导通状态所需的最小 I_T 即关断电流。I_L 测试原理如图 6-28 所示。

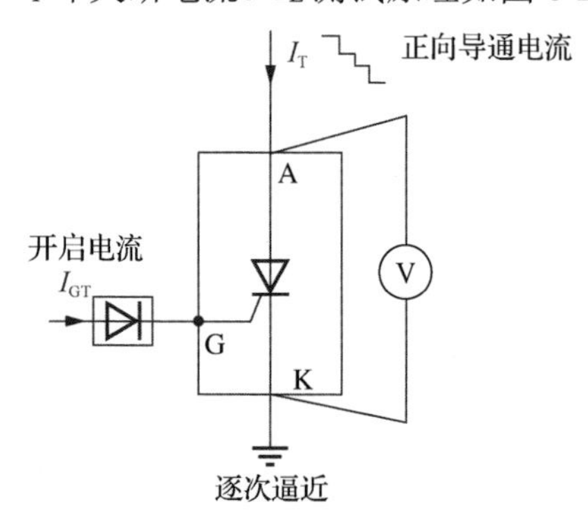

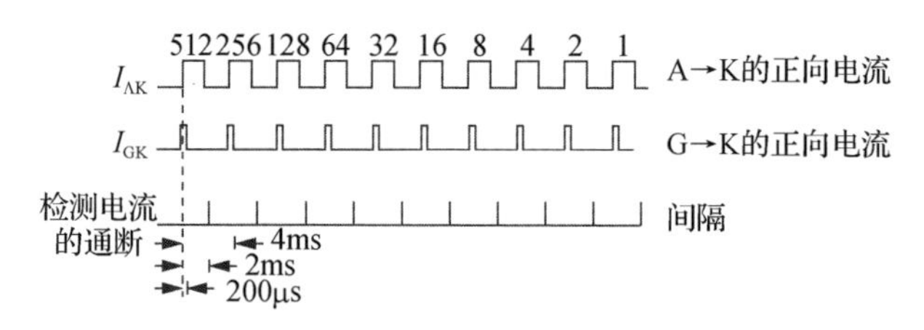

图 6-28　I_L 测试原理图

6.3.2　动态参数

功率 MOSFET 和 IGBT 都是应用非常广泛的半导体开关器件。一般而言，电力电子领域中由于 IGBT 功率大而频率偏低的特性，主要使用 IGBT；而在高频率应用中，功率 MOSFET 则占主导地位。

在开关应用场合，功率半导体原有的静态参数并不能准确反映出器件的开关特性，因此所谓的开关测试应运而生。开关测试模拟器件在应用中的条件，对器件在动态开关过程中的性能进行测试，也称为动态测试，其中的测试参数也称为动态参数。

1．开关测试定义

如上所述，开关测试是指在特定条件下控制被测器件进行开关，并测试其在该动态开：关过程中的表现。开关测试中常见测试参数定义如表 6-2 所示，开关测试可以分为两类。一类为安全工作区测试，如 F_{BSOA}、R_{BSOA} 和 S_{CSOA}。这类测试一般是在安全工作区的边缘选取一个或几个工作点，使被测器件在该工作点进行动态开关，其目的是验证该安全工作区对被测器件是否适用。另一类为开关性能测试，如 $E_{\mathrm{(on)}}$、$E_{\mathrm{(off)}}$和 $T_{\mathrm{d(on)}}$等，这类测试一般控制被测器件在正常工作条件下进行开关，同时测量开关过程中的性能参数。

表 6-2　开关测试中常见测试参数定义

符　号	定　义
F_{BSOA}	验证被测器件是否能在最大正偏安全工作区中可靠工作而不失效的测试
R_{BSOA}	验证被测器件是否能在最大反偏安全工作区中可靠工作而不失效的测试
S_{CSOA}	验证被测器件是否能在最大短路安全工作区中可靠工作而不失效的测试
$E_{\mathrm{(on)}}$	集电极/漏极电流导通期间，IGBT/MOSFET 内部耗散的能量
$E_{\mathrm{(off)}}$	集电极/漏极电流关断期间，IGBT/MOSFET 内部耗散的能量
$T_{\mathrm{d(on)}}$	IGBT/MOSFET 从断态向通态转换期间，输入端电压脉冲起始点与集电极/漏极电流上升起始点之间的时间间隔。通常，在输入脉冲幅值的 10%和输出脉冲幅值的 10%两点测定该时间
$T_{\mathrm{d(off)}}$	IGBT/MOSFET 从通态向断态转换时，维持 IGBT/MOSFET 处于通态的输入端电压脉冲终点与集电极/漏极电流下降起始点之间的时间间隔。通常，在输入脉冲幅值的 90%和输出脉冲幅值的 90%两点测定该时间
T_{r}	IGBT/MOSFET 从断态向通态转换期间，集电极/漏极电流上升分别达到规定的下限值瞬间和上限值瞬间之间的时间间隔。通常，下限值和上限值分别为脉冲幅值的 10%和 90%
T_{f}	IGBT/MOSFET 从通态向断态转换期间，集电极/漏极电流下降分别达到规定的上限值瞬间和下限值瞬间之间的时间间隔。通常，上限值和下限值分别为脉冲幅值的 90%和 10%

表 6-2 列出了开关测试中常见的测试项目，图 6-29 则是 IGBT 开关测试参数的波形示意图。

2. IGBT 开关过程分析

如图 6-30 所示，IGBT 是一种场控器件，由其内部 MOSFET 的栅极来控制器件的开通和关断。它的开通过程与功率 MOSFET 完全一样，但关断时间要比功率 MOSFET 等多子器件长很多，这是由于在 IGBT 断开时，漂移区内存在的空穴必须从漂移区内消失导致。

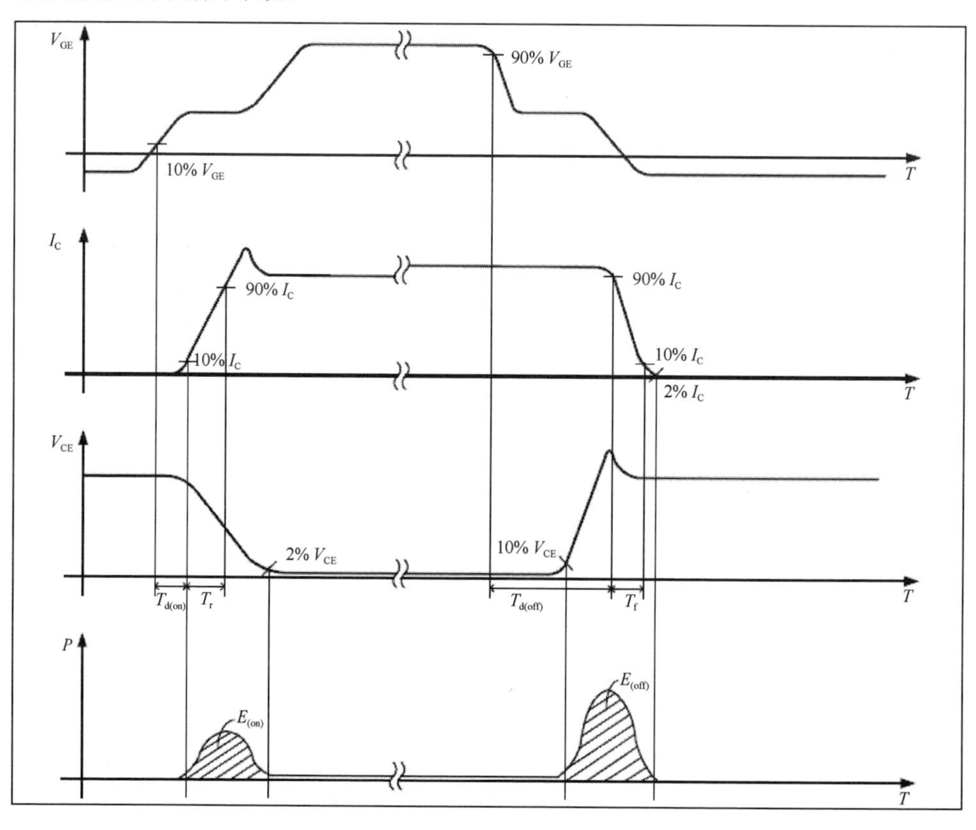

图 6-29 IGBT 开关测试参数波形图

开通过程：IGBT 的开通过程首先是内部 MOS 结构部分的开通，当栅极-发射极被施加正向电压之后，输入电容开始充电，经过一段时间之后，栅极电压达到阈值电压，此时开始有电流在作为输入器件的 MOS 结构中流动，并构成 PNP 晶体管的基极电流。随后，PNP 双极晶体管的集电极电流在一个由载流子穿越基区的渡越时间所决定的延迟之后开始流动，器件开始导通。由此可以得到，IGBT 从最初的施加栅极正电压到 IGBT 集电极电流上升所经历的开通时间为两次延迟时间之和：$T_{(on)}=T_{d(on)}+T_r$。

关断过程：从内部结构上说，IGBT 的通态电流 I_c 主要由电子电流 I_e 和空穴电流 I_h 组成，即 $I_c=I_h+I_e$。其中空穴电流 I_h 来自 P+集电区的注入，流经 MOS 沟道的电子电流 I_e 受控于栅极电压，要想使 I_e 中断，必须将栅极通过外电路与发射极连接，使栅极电容放电。当 V_{GE} 低于阈值电压时，MOS 沟道反型层就会自行消失。在沟道关闭之后，电子电流 I_e 迅速减小为零，但由于这个 PNP 晶体管基区没有直接连接电极，无法同正常的双极性晶体管（Bipolar Junction Transistor，BJT）一样通过反向基极电流抽取存储的过量电荷，这些过剩载流子只能通过集电极逐渐抽走，形成了 IGBT 的拖尾电流。

3. 开关特性测试电路

功率半导体的开关特性测试电路根据负载的不同可以分为两类：一类为阻性负载开关测试电路，另一类为感性负载开关测试电路。这里以图 6-31 为例介绍感性负载开关测试方法。

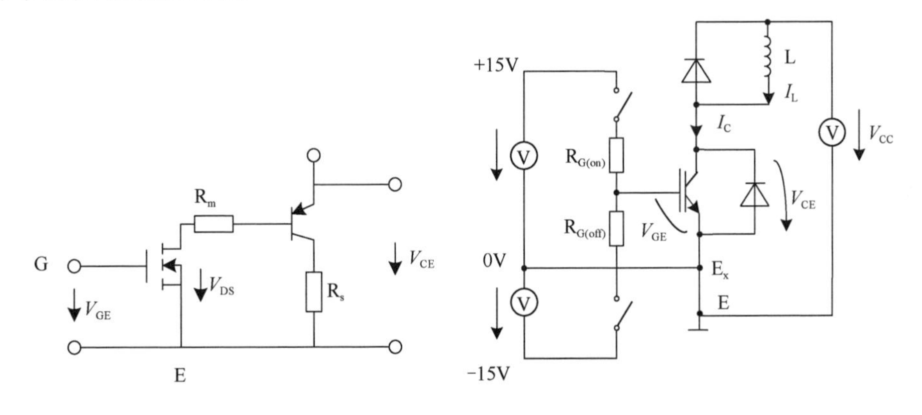

图 6-30　IGBT 器件内部电路示意图　　图 6-31　感性负载开关测试电路示意图

在测试开始之前，需要按照测试规范为被测器件连接合适的电感以及栅极导通/关断电阻。在图 6-31 中有两个极性相反的电源连接在被测器件栅极，一般可以在+15V 与−15V 之间切换。而被测器件的 I_C、V_{CE} 以及 V_{GE} 波形需要被全程抓取。

当测试开始之后，Vcc+通过 $R_{G(on)}$向栅极施加+15V 的电压，IGBT 开启。此时集电极电流 I_C 开始增大，由于负载 L 的存在，I_C 无法突变，只能线性增加，而此时的 V_{CE} 的值则从 V_{CC} 急剧降低至导通压降 $V_{CE(on)}$。这一阶段用来给电感充电以达到测试规范规定的额定电流。

当器件集电极电流 I_C 达到额定电流值之后，栅极电源切换至连接着 $R_{G(off)}$的 V_{CC}-。栅极电压变为-15V，IGBT 开始关断。此时集电极电流 I_C 迅速降低，而电感电流 I_L 则通过续流二极管继续泄流；此时的 V_{CE} 值再次回到接近 V_{CC} 的值。这一阶段即被测器件的关断阶段，常在该阶段测量 $E_{(off)}$、$t_{d(off)}$及 t_f 等参数。

一段时间之后栅极电压再次反转，IGBT 开启。此时电感电流 I_L 从续流二极管转移至 IGBT 集电极，而 V_{CE} 的值则从 V_{CC} 再次急剧降低至导通压降 $V_{CE(on)}$。这一阶段即作为被测器件的开通阶段来测量 $E_{(on)}$、$t_{d(on)}$及 t_r 等参数。

6.3.3 绝缘测试

针对功率器件的绝缘测试是指使用绝缘耐压测试仪，对封装好的功率器件进行直流或交流耐压测试。

功率器件结构如图 6-32 所示。绝缘测试是对引线框架金属体与塑封体之间的绝缘性能进行测试。

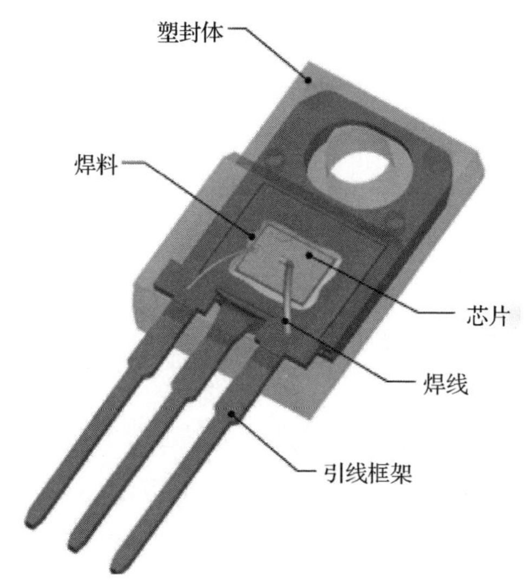

图 6-32 功率器件结构图

1. 绝缘性能

绝缘性能是指绝缘耐压强度。绝缘耐压强度由加在绝缘体两端的电压决定，电荷受到的电场力与绝缘体两端的电压成正比，电压越高，电场力就越大，越容易导致绝缘体击穿。

抗张强度由绝缘材料单位截面积可以承受的拉力决定。

绝缘材料的耐热等级是根据绝缘材料的耐热程度分级评定的，根据耐热程度大小，将绝缘材料分为 Y、A、E、B、F、H、C 等级别。

绝缘测试加载的电压可分为直流和交流不同模式，交流模式一般有 50Hz 和 60Hz 两种固定频率。图 6-33 是绝缘测试的电压施加时序图和交流（AC）模式下的电压波形图。

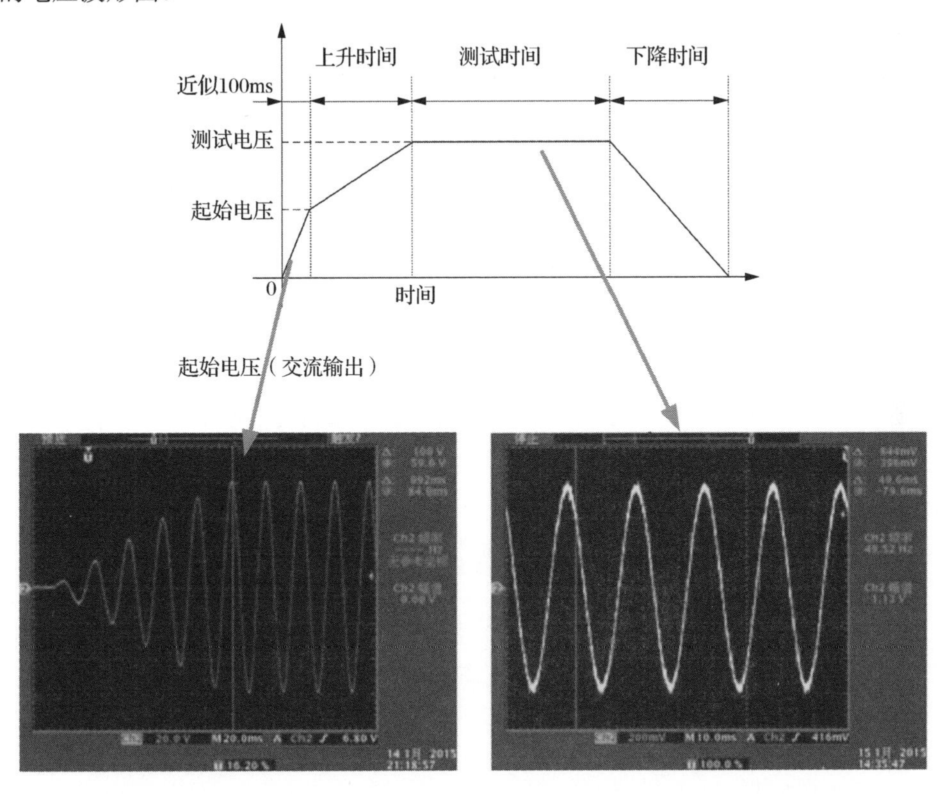

图 6-33　绝缘测试的电压施加时序图和交流（AC）模式下的电压波形图

业界存在两种绝缘测试流程，即在封装过程中进行的绝缘测试和在成品测试阶段进行的绝缘测试。

第一种是在器件切筋成形之前，进行整个框架的绝缘测试。绝缘测试后，再把绝缘测试失效的产品剔除。

另一种为单个器件测试，通常在成品测试之前进行绝缘测试。绝缘测试时间较长，可以进行并行测试以缩短整体的测试时间。图 6-34 是封装测试流程图，从中可以看到单个器件的绝缘测试在整个工序流程中的位置。

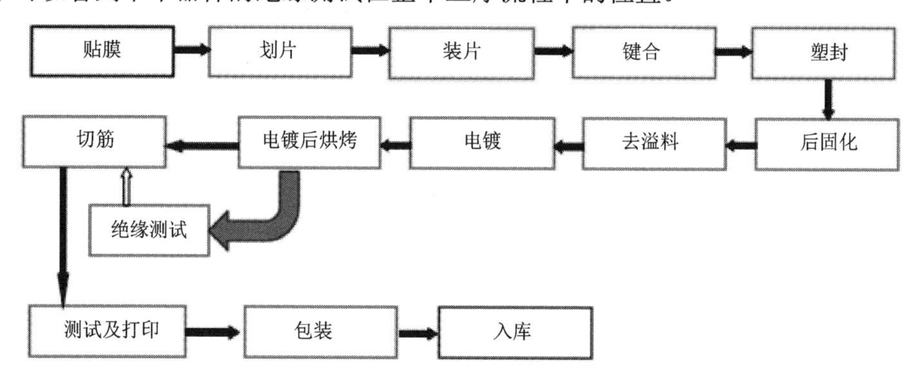

图 6-34　封装测试流程图

2. 绝缘测试类型

绝缘测试根据绝缘要求和性能要求在业界大致分为以下两大测试类型。

1）半覆盖绝缘测试

半覆盖绝缘测试是指因安装和实际应用，对于塑封体的背面极的绝缘性能要求很高，绝缘测试时只测试该面，如图 6-35 所示。该测试易于实现，适用于普通消费类产品。

2）全覆盖绝缘测试

全覆盖绝缘测试是指绝缘测试时对金属引脚与塑封体的各面都进行绝缘检测，如图 6-36 所示。绝缘测试时要求塑封体的各面具有同样的绝缘性能。

3. 绝缘测试试验

1）耐压值试验

绝缘测试的条件有电压、电压模式、测试时间，可抽取部分样品进行试验，评估出最大的器件耐压值，如图 6-37 所示。

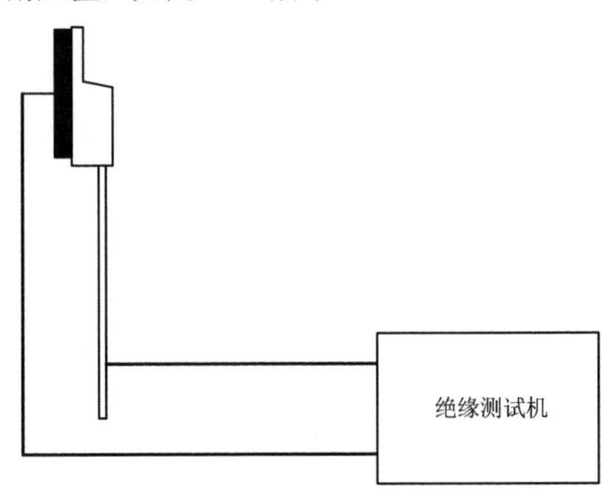

图 6-35 半覆盖绝缘测试示意图

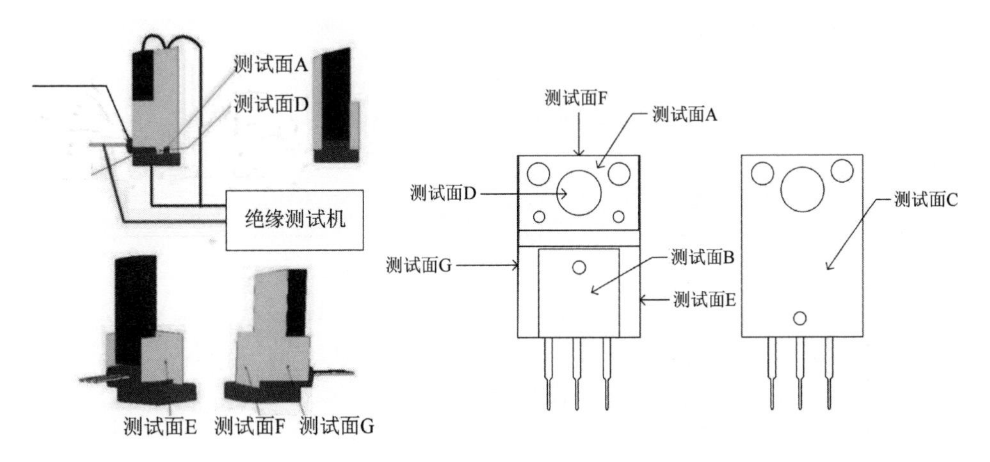

图 6-36 全覆盖绝缘测试示意图

DUT	1000V 1s	1100V 1s	1200V 1s	1300V 1s	1400V 1s	1500V 1s	1600V 1s	1700V 1s	1800V 1s	1900V 1s	2000V 1s	2100V 1s	2200V 1s
1	√	√	√	√	√	√	√	√	√	√	×		
2	√	√	√	√	√	√	√	√	√	×			
3	√	√	√	√	√	√	√	√	×				
4	√	√	√	√	√	√	√	√	√	√	×		
5	√	√	√	√	√	√	√	√	√	√	×		
6	√	√	√	√	√	√	√	√	×				
7	√	√	√	√	√	√	√	√	√	×			
8	√	√	√	√	√	√	√	√	√	√	×		

图 6-37 绝缘测试条件

2）可靠性验证

绝缘测试中可进行高压加速老化（PCT）、高温加速老化（TCT）的可靠性考核，测试塑封体在模拟的各种应力环境条件下的适应性，从而评估器件绝缘的可靠性。

6.4 电性能抽样测试及抽样标准

电性能抽样（EQC）测试是成品测试（Final Test，FT）之后一道重要的质量管控工序，它是代表用户对即将入库的成品进行检验，体现了对成品质量以及制造部门工作质量的监督。

EQC 测试一般采用抽样检测的方式进行，测试项目一般与成品测试相同或略有调整，测试结果必须为百分之百通过，否则必须分析原因。EQC 测试抽样数量参照美国军用标准 105E 样本代字表（MIL-STD-105E）（CNS2779Z4006），如表 6-3 所示。

表 6-3 MIL-STD-105E 样本代字表

批　量	特殊检验水准				一般检验水准		
	S-1	S-2	S-3	S-4	I	II	III
2～8	A	A	A	A	A	A	B
9～15	A	A	A	A	A	B	C
16～25	A	A	B	B	B	C	D
26～50	A	B	B	C	C	D	E
51～90	B	B	C	C	C	E	F
91～150	B	B	C	D	D	F	G
151～280	B	C	D	E	E	G	H
281～500	B	C	D	E	F	H	J
501～1200	C	C	E	F	G	J	K
1201～3200	C	D	E	G	H	K	L
3201～10000	C	D	F	G	J	L	M
10001～35000	C	D	F	H	K	M	N
35001～150000	D	E	G	J	L	N	P
150001～500000	D	E	G	J	M	P	Q
500001 以上	D	E	H	K	N	Q	R

正常检验单次抽样计划表如表 6-4 所示。

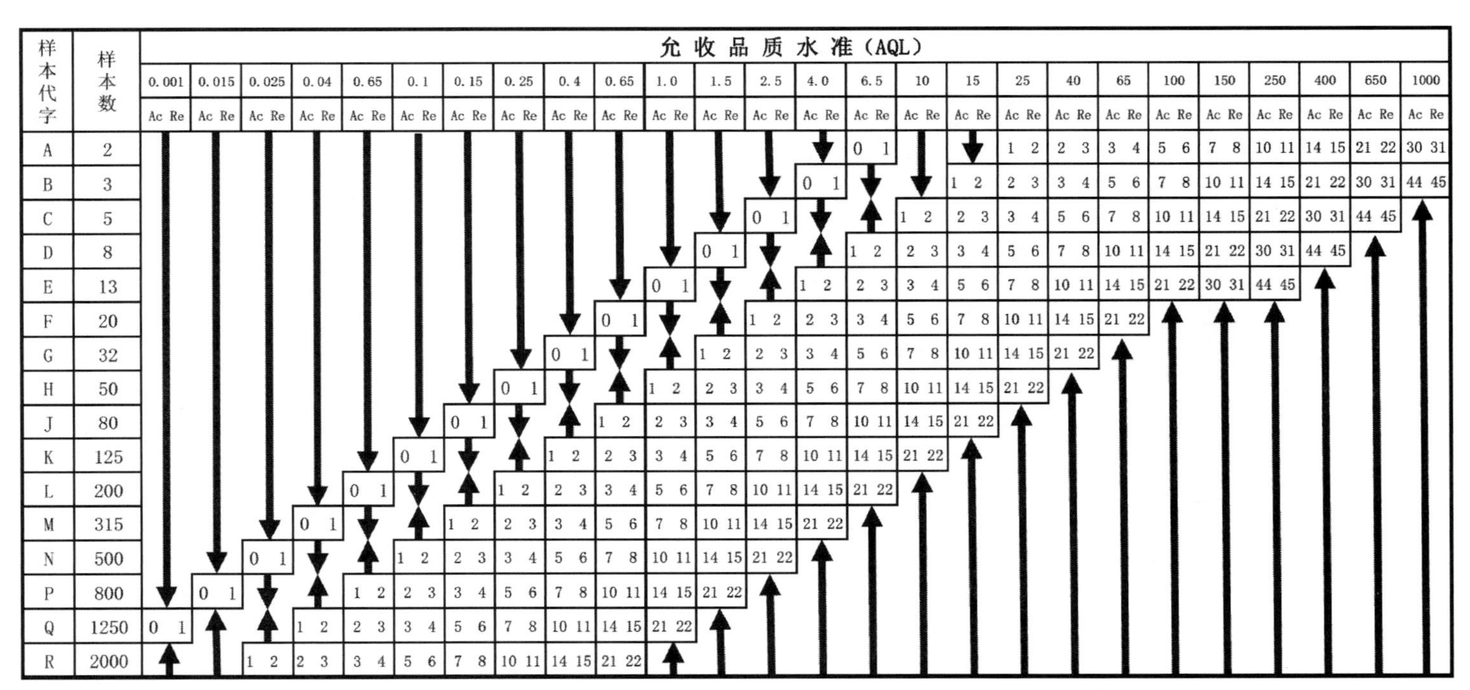

表 6-4 正常检验单次抽样计划表

样本代字	样本数	允收品质水准（AQL）																									
		0.001	0.015	0.025	0.04	0.65	0.1	0.15	0.25	0.4	0.65	1.0	1.5	2.5	4.0	6.5	10	15	25	40	65	100	150	250	400	650	1000
		Ac Re	Ac Re	Ac Re	Ac Re	Ac Re	Ac Re	Ac Re	Ac Re	Ac Re	Ac Re	Ac Re	Ac Re	Ac Re	Ac Re	Ac Re	Ac Re	Ac Re	Ac Re	Ac Re	Ac Re	Ac Re	Ac Re	Ac Re	Ac Re	Ac Re	Ac Re
A	2	↓	↓	↓	↓	↓	↓	↓	↓	↓	↓	↓	↓	↓	↓	0 1	↓	↓	1 2	2 3	3 4	5 6	7 8	10 11	14 15	21 22	30 31
B	3	↓	↓	↓	↓	↓	↓	↓	↓	↓	↓	↓	↓	↓	0 1	↓	↓	1 2	2 3	3 4	5 6	7 8	10 11	14 15	21 22	30 31	44 45
C	5	↓	↓	↓	↓	↓	↓	↓	↓	↓	↓	↓	↓	0 1	↓	↑	1 2	2 3	3 4	5 6	7 8	10 11	14 15	21 22	30 31	44 45	↑
D	8	↓	↓	↓	↓	↓	↓	↓	↓	↓	↓	↓	0 1	↓	↑	1 2	2 3	3 4	5 6	7 8	10 11	14 15	21 22	30 31	44 45	↑	↑
E	13	↓	↓	↓	↓	↓	↓	↓	↓	↓	↓	0 1	↓	↑	1 2	2 3	3 4	5 6	7 8	10 11	14 15	21 22	30 31	44 45	↑	↑	↑
F	20	↓	↓	↓	↓	↓	↓	↓	↓	↓	0 1	↓	↑	1 2	2 3	3 4	5 6	7 8	10 11	14 15	21 22	↑	↑	↑	↑	↑	↑
G	32	↓	↓	↓	↓	↓	↓	↓	↓	0 1	↓	↑	1 2	2 3	3 4	5 6	7 8	10 11	14 15	21 22	↑	↑	↑	↑	↑	↑	↑
H	50	↓	↓	↓	↓	↓	↓	↓	0 1	↓	↑	1 2	2 3	3 4	5 6	7 8	10 11	14 15	21 22	↑	↑	↑	↑	↑	↑	↑	↑
J	80	↓	↓	↓	↓	↓	↓	0 1	↓	↑	1 2	2 3	3 4	5 6	7 8	10 11	14 15	21 22	↑	↑	↑	↑	↑	↑	↑	↑	↑
K	125	↓	↓	↓	↓	↓	0 1	↓	↑	1 2	2 3	3 4	5 6	7 8	10 11	14 15	21 22	↑	↑	↑	↑	↑	↑	↑	↑	↑	↑
L	200	↓	↓	↓	↓	0 1	↓	↑	1 2	2 3	3 4	5 6	7 8	10 11	14 15	21 22	↑	↑	↑	↑	↑	↑	↑	↑	↑	↑	↑
M	315	↓	↓	↓	0 1	↓	↑	1 2	2 3	3 4	5 6	7 8	10 11	14 15	21 22	↑	↑	↑	↑	↑	↑	↑	↑	↑	↑	↑	↑
N	500	↓	↓	0 1	↓	↑	1 2	2 3	3 4	5 6	7 8	10 11	14 15	21 22	↑	↑	↑	↑	↑	↑	↑	↑	↑	↑	↑	↑	↑
P	800	↓	0 1	↓	↑	1 2	2 3	3 4	5 6	7 8	10 11	14 15	21 22	↑	↑	↑	↑	↑	↑	↑	↑	↑	↑	↑	↑	↑	↑
Q	1250	0 1	↑	↑	1 2	2 3	3 4	5 6	7 8	10 11	14 15	21 22	↑	↑	↑	↑	↑	↑	↑	↑	↑	↑	↑	↑	↑	↑	↑
R	2000	↑	↑	1 2	2 3	3 4	5 6	7 8	10 11	14 15	21 22	↑	↑	↑	↑	↑	↑	↑	↑	↑	↑	↑	↑	↑	↑	↑	↑

注：↓ ：表示用箭头下方第一组抽样法（若样本数大于批数，则进行全数检验）。

↑ ：表示用箭头上方第一组抽样法（若样本数大于批数，则进行全数检验）。

Ac：表示判定允收件数　　Re：表示判定拒收件数

A：2~8　B：9~15　C：16~25　D：26~50　E：51~90　F：91~150　G：151~280　H：281~500

J：501~1200　K：1201~3200　L：3201~10000　M：10001~35000　N：35001~150000

P和Q：150001~500000　R：500000以上。

6.5 测试数据分析

芯片在出货之前，每一颗都需要经过几次严格的测试。而每一次测试都会产生一系列的测试数据。因为测试程序往往是根据测试规范从多个方面对芯片和外在条件进行充分检测的，其最终的测试结果不但告诉我们每颗芯片是否符合设计要求，而且给出各种详细的测试数据，可以根据芯片结构、功能、电气特性等指标来分析每颗芯片。对测试得到的数据资料进行统计分析的过程就是测试数据分析。

将所有产品的测试数据整合在一起，就能够在很大程度上反映出整个产品在设计和工艺流程中的若干问题。产品经验丰富的设计公司都十分重视对实际量产测试数据的分析，通过对测试数据的充分分析，可发现产品在设计和生产工艺上存在的问题，从而帮助设计人员和工厂改善产品的性能和良率。

1. SYL/SBL/ PAT（6σ 概念）

要想达到产品上市期间质量零缺陷的目标，最佳方案就是全面实施异常值控制。随着自动化程度、数据采集和数据传输水平的不断提高，在增强异常值控制过程中，实时反馈的机会也增多。测试异常值控制包括统计合格率限制（SYL）、不良项统计限制（SBL）、部件平均测试（PAT）。

1）SYL 和 SBL 的计算方法

SYL、SBL 的计算方法如下：

（1）数据来源：从计算日往前抽出 6 个月的测试数据。

（2）总合格率 UCL（上控制限）/LCL（下控制限）计算公式。

① 平均值：

$$\bar{X} = \frac{\sum \mathrm{Pn}(i)}{N}$$

式中，N 为对应批数；$\mathrm{Pn}(i)$为每批合格率。

$$\mathrm{LCL} = \bar{X} - 3\sigma \qquad \mathrm{UCL} = \bar{X} + 3\sigma$$

② 标准偏差 $\sigma = \sqrt{\dfrac{\sum (\text{Pn}(i) - \bar{X})^2}{N-1}}$

$$\text{LCL} = \bar{X} - 3\sigma \quad \text{UCL} = \bar{X} + 3\sigma$$

（3）BIN（某一不良项）不良率 UCL/LCL 计算公式。

① 平均值：

$$\bar{X} = \frac{\sum \text{Pn}(i)}{N}$$

式中，N 为对应批数；$\text{Pn}(i)$为每批 BIN 不良率。

② 标准偏差 $\sigma = \sqrt{\dfrac{\sum (\text{Pn}(i) - \bar{X})^2}{N-1}}$

③ $\text{UCL} = \bar{X} + 3\sigma$（BIN 不良率不计算 LCL 值）

（4）更新频次：每个月定期计算一次，若数据量不满 100 组，则不计算。

2）部件平均测试及其计算方法

资料显示，通过实施部件平均测试（Part Average Testing，PAT），剔除变异的材料，能够识别出制造过程中的参数漂移，并迅速采取措施以避免出现品质和可靠性的事故。

在功率器件测试中，主要测试的参数为 I_{GSS}、I_{DSS}、BV_{DSS}。一般分析某些批次的最新数据，为感兴趣的测试项设置 PAT 门限。这些门限为平均值±6σ（见图 6-38），通常作为规格上限（USL）和下限（LSL）整合到测试中，同时静态 PAT 门限必须至少每六个月复审并更新一次。

首先采用的方法是计算每个批次或者晶圆的动态 PAT 门限。设置动态 PAT 门限一般要比设置静态 PAT 门限严格很多，应消除非正常范围内的全部异常值。其中最为重要的差异是动态 PAT 门限是根据晶圆或批次计算出来的，所以会随着晶圆或批次所采用的材料性能的变化而发生改变。动态 PAT 门限为平均值±$(n\cdot\sigma)$或中位数±(N·鲁棒 σ)，且不能小于测试程序中所规定的 LSL 或大于 USL。

所有超过动态 PAT 门限且处于 LSL 和 USL 之间的值都被认定为异常值。这些异常值往往被分配到测试前规定的异常值软件和硬件箱中。分析晶圆或批次计算出的 PAT 门限以及每一个测试所检测到的异常值对于后期追溯具有重要意义。

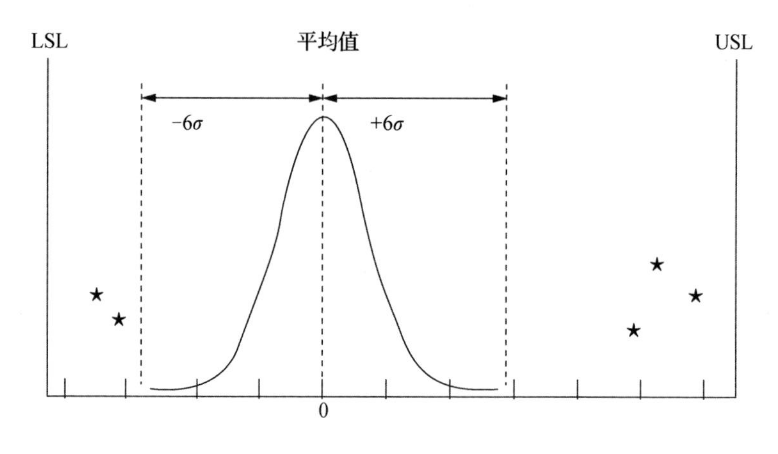

图 6-38 6σ 分布图

2. Datalog 统计分析

大多数测试软件的数据分析模块具有正态分布的分析功能，也可使用 Excel 及专业的分析软件进行统计分析。

描述正态分布的参数有两个，即期望（均数）μ 和标准差 σ，其中 σ^2 为方差。

正态分布公式

$$f(x)=\frac{1}{\sqrt{2\pi}\sigma}\mathrm{e}^{-\frac{(x-\mu)^2}{2\sigma^2}}$$

正态分布是拥有 μ 和 σ^2 两个参数的一种连续型的随机变量分布，μ 是服从正态分布的随机变量的均值，σ^2 是该随机变量的方差，因此正态分布可记作 N（μ，σ^2）。

μ 是正态分布的位置参数，用来描述正态分布的集中趋势所在的位置。概率规律会随所取值离 μ 的远近而变化，表现为：取离 μ 越近的值，概率就会越大；取离 μ 越远的值，则概率越小。正态分布是一种期望、均数、中位数和众数都相同且以 $X=\mu$ 为对称轴，左右完全对称的分布。

σ 用来描述正态分布中数据分布的离散程度，规律表现为：σ 越大，数据分布越分散；σ 越小，数据分布越集中。

σ 也可以称为正态分布的形状参数，σ 越大，曲线越扁平；σ 越小，曲线越高耸。

1）正态分布假定

在进行统计分析之前，需要识别出数据的分布，否则，错误的统计检验将带来一定的风险，许多统计方法假定数据符合正态分布，如单/双样本 T 检验、过程能力分析、I-MR 和方差分析等。如果数据不符合正态分布，则需要使用非参数方法，利用中位数进行检验，也可以使用 BOX-COX 转换或 Johnson 变换的方法把数据转换为正态分布数据。

2）数据的正态检验

图 6-39 中的数据点应该靠近直线和分布直线且通过“粗笔检验”（用一只粗笔盖在拟合直线上，如果粗笔能盖住所有数据点，则数据满足正态分布）。同时，Anderson-Darling 检验统计量应该很小，P 值应该大于选择的 α 风险（通常取 0.05 或 0.1）。Anderson-Darling 统计量用来衡量数据点远离拟合直线的程度，是每个数据点到直线距离的平方和，对于一组给定的数据来说，分布拟合得越好，该值就会越小。

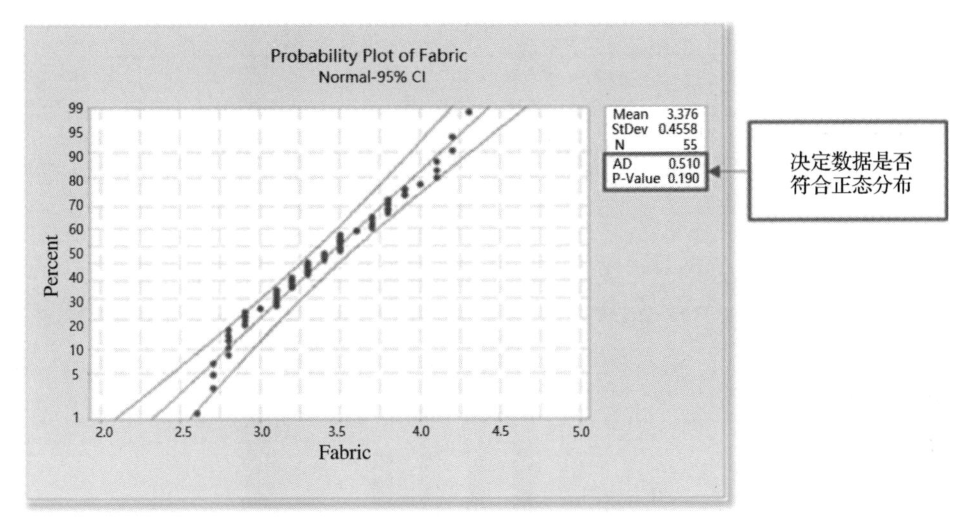

图 6-39　正态检验图

（1）直方图。

通过大多数测试软件的数据分析模块的正态分布分析可了解器件分布特性、测试稳定性、测试机台差异。测试数据的直方图可以解析出数据的规律性，通过直方图可比较直观地看出数据的分布状态，便于判断其总体质量分布情况。

直方图用来反映样本数据的分布情况。直方图把样本值划分为许多间隔，把这些间隔称为区间。条形的大小表示落于每个区间内的观测值的数量（频率）。例如，在图 6-40 所示的直方图中，有两个观测值落在 2.5～7.5 之间，有三个观测值落在 7.5～12.5 之间等。

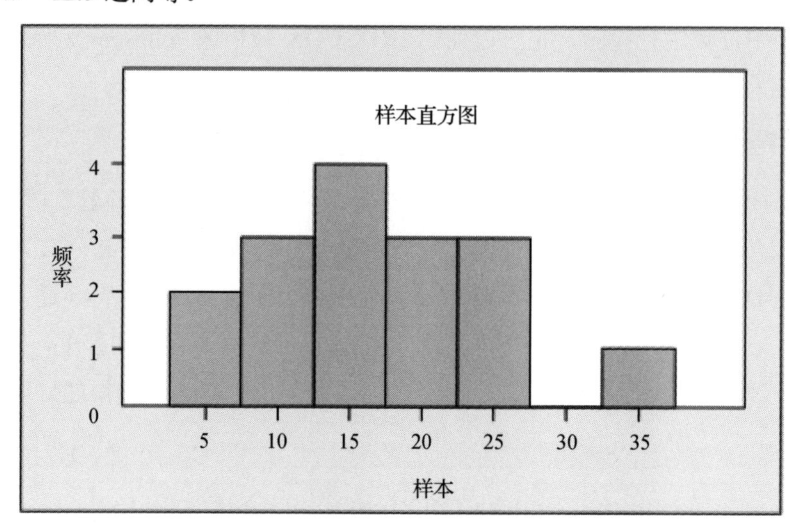

图 6-40　直方图

恰好落在区间边界上的观测值将归入右侧区间（如果是最后一个区间，则归入左侧区间）。

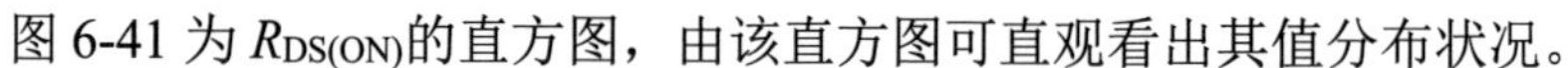

图 6-41 为 $R_{DS(ON)}$的直方图，由该直方图可直观看出其值分布状况。

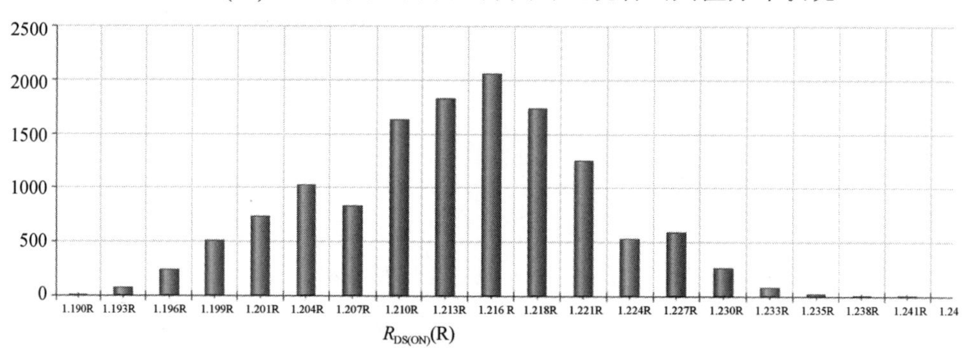

图 6-41　$R_{DS(ON)}$的直方图

（2）其他相关图。

① 点状关系图，以两个参数的值作为横、纵坐标的值，在交叉点画点。图 6-42 可直观地显示 $R_{DS(ON)}$与 V_{TH} 的相关性。

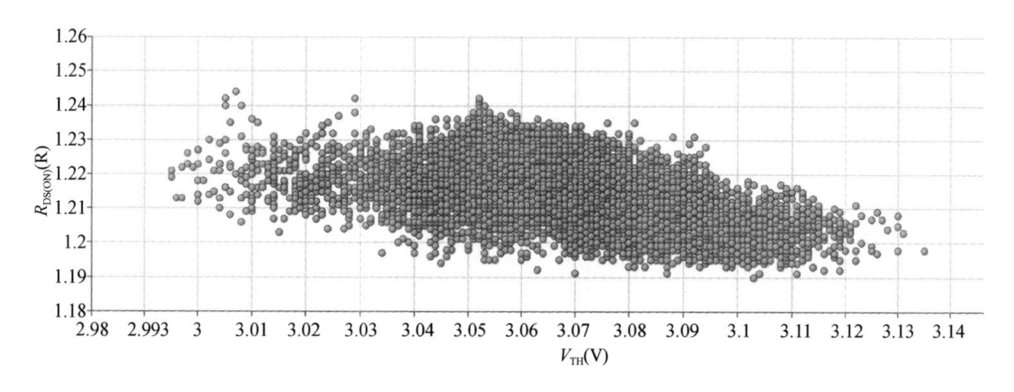

图 6-42　$R_{DS(ON)}$与 V_{TH} 的点状关系图

② 箱式图（Box-Plot）又称为箱体图或箱线图，是一种用于显示一组数据分散情况的统计图。图 6-43 所示为 BV_{CES} 测试值与批次之间的相关性。

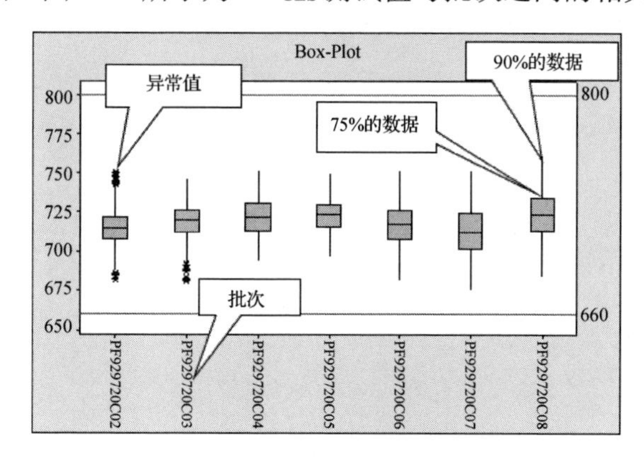

图 6-43　BV_{CES} 箱式图

③ 可靠度的分析，图 6-44 可反映 $R_{DS(ON)}$分布的均匀程度。

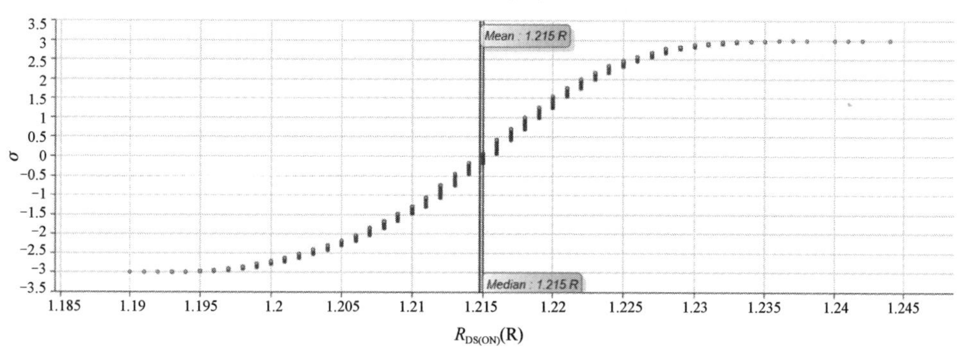

图 6-44　$R_{DS(ON)}$可靠性分析图

④ 趋势图或运行图，描述测试参数在产品依序测试过程中的波动性。图 6-45 显示了 BV_{DSS} 测试过程中的波动情况。

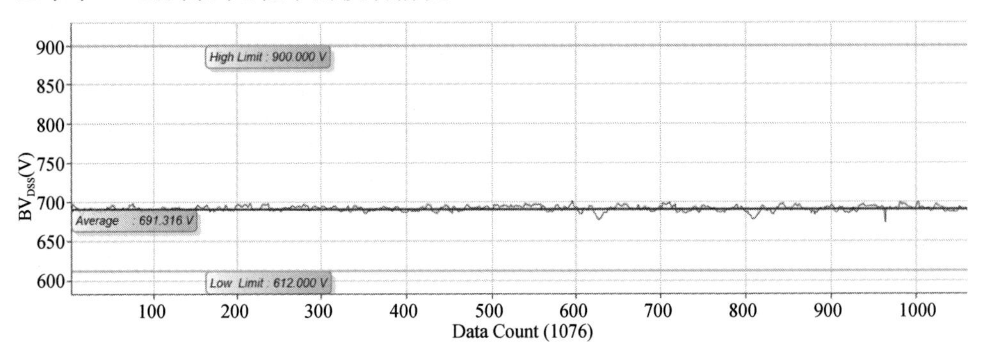

图 6-45 BV_{DSS} 趋势图或运行图

第7章

功率半导体封装的可靠性试验

7.1 概述

半导体封装可靠性是指半导体封装产品在规定的条件和规定的时间内，完成规定功能的能力。半导体封装产品的可靠性与规定的条件是密切相关的，如产品使用的环境条件、负载的大小以及使用的方法等。按常规的说法，半导体封装产品的温度越高，额定的负荷就越大，半导体封装后的电子产品所承受的应力也就越大，相对地，可靠性会有所下降。

半导体封装产品的可靠性与设计的寿命也有关联。例如，一般大型桥梁、道路的设计寿命为50～100年。产品的可靠性还与规定的功能有密切的关系。例如，一个普通的晶体管有反向漏电流、放大倍数、反向击穿电压、特征频率等多项功能参数。半导体功率型封装器件主要用于电子产品的控制电路中，需要承担电压以及电流的变换工作，且需要保持电压及电流稳定。因此，功率方面的试验与考核对功率器件来说是非常重要的环节。

7.1.1 可靠性试验的目的

为评鉴半导体封装产品的寿命而进行的试验称为可靠性试验。半导体封装可靠性试验可以量化电子产品的可靠性特征，为电子产品的使用、生产及设计提供有用的量化数据；也能够暴露出产品设计、生产过程中所使用的原（物）料、产品结构、制造工艺以及环境适应性等方面所存在的问题；还可以验证电子产品在不同环境和应力的条件下所呈现的失效规律与模式。

7.1.2 可靠性试验的分类

电子组件可分为以下几个级别：军用级别、工业用级别、商（民）用级别、汽车级别。而在各种电子组件的分级定义中，都按相应的国家标准、行业标准、企业标准中的“分级条款”要求执行。不同的电子组件分级方法之间没有可对照性，要了解分级具体如何执行，必须查阅相关的“技术手册”或“相关标准”。但是有个共同的规律，军用级产品的耐温特性、耐振能力、稳定性、可靠性、耐过载性、抗干扰性以及参数的准确性等，都远优于其他级别的产品。

随着电子产品技术的发展，越来越多的电子产品开始应用在各种复杂环境中，人们对半导体封装产品可靠性的要求也越来越高。为了提高半导体封装电子产品的可靠性，半导体封装可靠性试验在产品的设计阶段，越来越受到重视。为了减少可靠性试验费用与节约时间，半导体封装可靠性工程界必须研究出新的试验技术和方法。但由于产品种类繁多、故障情况各异，各种应力的不确定性及样本量过小等因素，给可靠性试验及可靠性的评估研究带来很大的挑战。

半导体封装可靠性试验按项目来分类，可分为环境类试验、寿命类试验、特殊条件试验；按目的来分类，又可分为筛选试验、验证试验、鉴定试验、交收试验等。

7.1.3 可靠性试验的应用

半导体封装可靠性试验可以用来评价产品失效率的等级，一般来说可以分为定级试验、维持试验、升级试验。

定级试验：主要是为首次确定产品的失效率等级而进行的试验，或在某一失效率等级的维持试验和升级试验失败后，才对半导体封装产品重新确定其失效率而进行的试验。

维持试验：是为证明半导体封装产品的失效率等级，仍不低于上一次定级试验或升级试验所确定的失效率等级而进行的试验。

升级试验：是为证明半导体封装产品的失效率等级比原定的失效率等级更高所进行的试验。

置信度：是指产品的真实失效率等于被定等级的最大失效率而被判定不合格的概率。定级试验和升级试验的置信度一般取 60%或 90%，维持试验的置信度则取 10%。

7.2　环境类试验

所谓环境试验，是为了保证产品在设计的寿命期间，在一定环境条件下，保持功能在运输、储存或使用过程中的可靠性所进行的试验；是将产品暴露或放置在自然环境或人工特意制造环境中经受考验，用以评鉴产品在经过实际的运输、储存后在使用环境条件下的性能，并分析研究环境因素对半导体封装产品的影响程度及其作用机理，可以提供可靠性和质量设计的信息；是保证半导体封装可靠性的重要手段。

7.2.1　湿气敏感等级试验与预处理试验

试验目的：研究贴装产品在运输、储存直到回流焊过程中整机受到温度及湿度等环境因素变化的影响。此试验应在可靠性试验之前进行，仅用来评价产品的封装等级。

参考标准：① JESD22-A113D　Preconditioning of Nonhermetic Surface Mount Devices Prior to Reliability Testing（《非气密性表面贴装器件可靠性试验前的预处理》）。

② IPC/JEDEC J-STD-020 Moisture/Reflow Sensitivity Classification for Nonhermetic Solid State Surface Mount Devices（《非气密性表面贴装器件的湿气/回流焊敏感等级》）。

湿气敏感等级试验与预处理试验在试验条件上基本一致，预处理试验主要指产品在进行温度循环、高压蒸煮等试验之前进行的预处理，是贴装产品必须进行的试验。产品的湿气敏感等级试验将决定产品是否采用密封、干燥包装，拆开包装后的使用期限等。

湿气封装等级水平如表 7-1 所示。

表 7-1　湿气封装等级水平

水平	室内储存要求		试验的必要条件			
			标准试验		相当的加速试验	
	时　间	条　件	时间（小时）	条　件	时间（小时）	条　件
1	无限制	≤30℃/85%RH	168～173	85℃/85%RH	—	—
2	1 年	≤30℃/60%RH	168～173	85℃/60%RH	—	—
2a	4 周	≤30℃/60%RH	696～701	30℃/60%RH	120～121	60℃/60%RH
3	168 小时	≤30℃/60%RH	192～197	30℃/60%RH	40～41	60℃/60%RH
4	72 小时	≤30℃/60%RH	96～98	30℃/60%RH	20～20.5	60℃/60%RH
5	48 小时	≤30℃/60%RH	72～74	30℃/60%RH	15～15.5	60℃/60%RH
5a	24 小时	≤30℃/60%RH	48～50	30℃/60%RH	10～10.5	60℃/60%RH
6	标签时间	≤30℃/60%RH	标签时间	30℃/60%RH	—	—

试验条件：根据产品工艺要求选择合适的湿气敏感等级，所选条件必须满足 IPC/ JEDEC J-STD-020。

试验过程：产品首先需要在 125℃条件下烘烤 24 小时，以去除内部水汽，然后按照等级要求浸入相应的湿度箱，保持相应的时间，然后取出并在 15 分钟到 4 小时的时间内完成 3 次回流焊。回流焊具体曲线如图 7-1 所示，回流焊条件具体数据如表 7-2 所示。

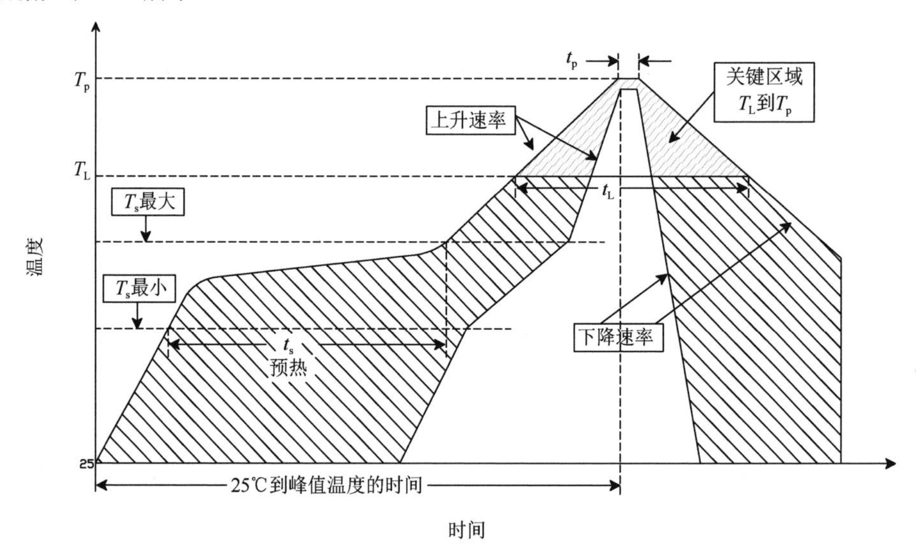

图 7-1　回流焊曲线图

表 7-2　回流焊条件

<table>
<tr><th>温度分布特点</th><th colspan="4">无铅焊料装配</th></tr>
<tr><td>预热/渗浸
最低温度（T_s最小）
最高温度（T_s最大）
时间（t_s）</td><td colspan="4">
150℃
200℃
60～120s</td></tr>
<tr><td>平均上升速率</td><td colspan="4">最大 3℃/s</td></tr>
<tr><td>液相温度（T_L）
温度维持在 T_L 上的时间（t_L）</td><td colspan="4">217℃
60～150s</td></tr>
<tr><td rowspan="4">封装体峰值温度（T_p）*</td><td>封装厚度</td><td>体积<350mm^3</td><td>体积为 350～2000mm^3</td><td>体积>2000mm^3</td></tr>
<tr><td><1.6mm</td><td>260℃</td><td>260℃</td><td>260℃</td></tr>
<tr><td>1.6～2.5mm</td><td>260℃</td><td>250℃</td><td>245℃</td></tr>
<tr><td>>2.5mm</td><td>250℃</td><td>245℃</td><td>245℃</td></tr>
<tr><td>规定等级温度 T_c 5℃内的时间(t_p)</td><td colspan="4">30s</td></tr>
<tr><td>平均下降速率（T_p 到 T_s）</td><td colspan="4">最大 6℃/s</td></tr>
<tr><td>25℃到峰值温度的时间</td><td colspan="4">最长 8 分钟</td></tr>
</table>

*峰值温度（T_p）分布的公差规定为供货商最高，用户最低。

电性测试：要求对试验样品进行电性测试时，需在试验前进行电性测试，符合产品电性能要求则继续试验，不符合则不予进行试验。

外观检验：在 10～40 倍的光学显微镜下观察产品的外观，要求塑封体无裂缝、破损，引脚无剥落、断裂等缺陷。

判定规则：试验前后均应对产品进行外观检查及电性测试，若试验样品外观及电性测试均符合产品规范要求或客户规定要求，则结论为合格；否则判为不合格。如果试验要求使用超声波检测设备进行检测，那么需要遵循如下规则：

（1）芯片表面没有分层，任何引线框架的压焊点区域（包括打线区域和 LOC 产品的引线框架表面）没有分层。

（2）任何（固定框架的）聚合膜区域的分层不超过 10%（可通过 T-SCAN 来证实）。基岛试验前后的分层变化不超过 10%。

（3）粘胶层区域的分层/裂缝不超过 10%。

（4）非打线引脚、支撑杆、散热器或散热片上，由内往外延伸出的分层不超过其总长度的 50%。

（5）芯片表面与塑封料界面无分层。

（6）在层压板的任何打线区域无分层。

（7）沿着阻焊层与层压板之间，无大于 10%的分层。

（8）在整个芯片黏合区域内，无大于 10%的分层。

（9）在填充胶与芯片之间无分层。

（10）在整体长度上，没有发生表面损坏特征的分层。

（11）在基座式封装上，C-SCAN 扫描不容易解读，建议进行 T-SCAN 扫描，因为该扫描容易解读，也比较可靠。

（12）如果有必要确认封装内裂缝/分层的发生，应使用横截面切割抛磨分析，建议利用电子显微镜放大到一定的倍数下观察。

7.2.2 温度循环试验

试验目的：检测半导体封装结构在使用期间反复承受高温与低温的变化而产生的应力变化的能力。它能有效地检验出生产过程中的装片、键合和塑封工艺所存在或可能产生的缺陷，尤其是在一个封装结构体内存在的异质材料，如金属框架、金属引线、有机（或无机）基板、导（或不导）电胶以及塑封料的匹配性等。

参考标准：GB/T 2423.22—2012《环境试验 第 2 部分：试验方法 试验 N：温度变化》，JESD22-A104 Temperature Cycling，具体数据如表 7-3 所示。

表 7-3 试验温度及参考标准

试验温度条件	低温温度（℃）	高温温度（℃）	参考标准
A	−65～−55	85～95	JESD22-A104
B	−65～−55	125～135	
C	−75～−65	150～160	
G	−50～−40	125～135	
H	−65～−55	150～160	JESD22-A104
I	−50～−40	115～125	
J	−10～0	100～110	

续表

试验温度条件	低温温度（℃）	高温温度（℃）	参 考 标 准
K	-10～0	125～135	JESD22-A104
L	-65～-55	110～120	
M	-50～-40	150～160	
N	-50～-40	85～95	
R	-35～-25	125～135	
T	-50～-40	100～110	
	-65℃、-55℃、-50℃、-40℃	+175℃、+155℃、+125℃、+100℃、+85℃	GB/T 2423.22—2012

注 1．根据产品规范及客户要求选择试验条件，通常使用条件 C。

注 2．采用 GB/T 2423.22—2012 试验条件时，使用两个试验箱，一个试验箱用于低温，一个试验箱用于高温，试验样品从一个试验箱转移到另一个试验箱要在规定的时间内完成。

循环次数： 100/200/500/1000 次，通常由产品的可靠性要求或客户需求决定。

停留时间： 具体数据如表 7-4 所示。

表 7-4　停留模式对应的停留时间

停 留 模 式	停留时间（分钟）
1	1
2	5
3	10
4	15

注：根据产品规范及客户要求选择停留模式，通常选择模式 3。

转移时间： 采用 GB/T 2423.22—2012 的试验条件时，试验样品从一个试验箱转移到另一个试验箱的时间不超过 3 分钟。放入试验箱后，试验腔内温度达到指定温度的时间应不长于停留时间的 1/10。

试验过程： 将样品放在样品架上或样品盒中，样品摆放应使腔内空气流通，放入试验设备中开始进行试验。在高温时结束试验，防止样品取出后表面结露。待试验结束后取出样品进行试验后的测试。

电性测试： 要求对试验样品进行电性测试时，需在试验前进行电性测试，符合产品电性能要求则继续试验，不符合则不予进行试验。

外观检验： 在 10～40 倍的光学显微镜下观察产品的外观，要求塑封体无裂缝、破损，引脚无剥落、断裂等缺陷。

判定规则：试验前后均应对产品进行外观检查及电性测试，若试验样品外观及电性测试均符合产品规范要求或客户规定要求，则结论为合格；否则判为不合格。

循环速率：典型的温度循环速率是 1～3 循环/小时，通常选择 2 循环/小时。

7.2.3 高压蒸煮试验

试验目的：测试产品的气密性和抗湿气能力，可以检验产品塑封体的气密性，塑封体与框架的结合是否良好。

参考标准：JESD22-A102E Accelerated Moisture Resistance-Unbiased Autoclave。

试验条件：包括温度、相对湿度及蒸汽压力，具体数据如表 7-5 所示。

表 7-5　高压蒸煮试验条件

温　　度	相 对 湿 度	蒸汽压力（绝对压力）
(121±2)℃	100%RH	205kPa（29.7psi）

试验时间：

A: 24 小时（−0，+2）。B: 48 小时（−0，+2）。C: 96 小时（−0，+5）。D: 168 小时（−0，+5）。E: 240 小时（−0，+8）。F: 336 小时（−0，+8）

注：试验时间根据产品的要求或客户要求来进行选择，常规推荐值为 96 小时。

试验过程：将样品放在样品架上或样品盒中，并放入试验设备中开始进行试验。样品应放置在距离试验腔内壁至少 3cm 处。待试验结束后取出样品，在正常室温条件下恢复 2 小时，并在 16 小时内按照产品电性能测试标准进行电性测试。

注 1：试验在温湿度达到设定值后开始计时，温湿度开始下降时停止计时。

注 2：上升及下降阶段时间应小于 3 小时。

电性测试：要求对试验样品进行电性测试时，需在试验前进行电性测试，符合产品电性能要求则继续试验，不符合则不予进行试验。

外观检验：在 10～40 倍的光学显微镜下观察产品的外观，要求塑封体无裂缝、破损，引脚无剥落、断裂等缺陷。

判定规则：试验前后均应对半导体封装产品进行外观检查及电性测试，若试验样品的外观及电性测试均符合半导体封装产品规范的要求或客户的要求，则判为合格；否则判为不合格。

7.2.4　高温高湿试验

试验目的：检验半导体封装产品的结构及其耐高温、高湿度的能力，意在检验半导体封装产品结构的气密性。

参考标准：GB/T 2423.3—2016《环境试验 第 2 部分：试验方法 试验 Cab：恒定湿热试验》，JESD22-A101-D Steady State Temperature Humidity Bias Life Test。

试验条件：85℃、85%RH、168 小时/500 小时/1000 小时，具体数据如表 7-6 所示。

表 7-6　试验的温度、相对湿度表

温度(℃)	相对湿度（%RH）	参 考 标 准
85 ± 2	85 ± 5	JESD22-A101
30 ± 2	93 ± 3	GB/T 2423.3—2016
30 ± 2	85 ± 3	
40 ± 2	93 ± 3	
40 ± 2	85 ± 3	

试验过程：将样品放在样品架上或样品盒中，然后放入试验设备中开始进行试验。样品放置尽量不要堆叠，使其充分暴露在环境应力下。待试验结束后取出样品，在正常室温条件下恢复 2 小时，并在 16 小时内按照产品电性能测试标准进行电性测试。

稳态湿热试验的条件根据试验产品的不同可以是多种多样的，双 85 试验是半导体元器件试验中条件最多的，其他的主要有 40℃ 93%、60℃ 85% 等，或者还有一些交变湿热的试验。

注 1：若客户有需求，根据 GB/T 2423.3—2016 的规定，试验箱内温度变化速率不应超过 1℃/分钟（速率按 5 分钟平均值计算）。

注 2：从室温上升到稳定的温度和相对湿度（试验条件）的时间应当小于 3 小时，下降时间也应当小于 3 小时。

电性测试：要求对试验样品进行电性测试时，需在试验前进行电性测试，符合产品电性能要求则继续试验，不符合则不予进行试验。

外观检验：在 10～40 倍的光学显微镜下观察产品的外观，要求塑封体无裂缝、破损，引脚无剥落、断裂等缺陷。

判定规则：试验前后均应对半导体封装产品进行外观检查及电性测试，若试验样品的外观及电性测试均符合产品规范要求或客户的要求，则判为合格；否则判为不合格。

7.2.5 高温储存试验

试验目的：检验产品储存过程中承受高温的能力。

参考标准：GB/T 2423.2—2008《电工电子产品环境试验 第 2 部分：试验方法 试验 B：高温》，JESD22-A103 High Temperature Storage Life。

试验条件：根据产品的要求或客户要求进行选择，推荐 150～160℃，具体数据如表 7-7 所示。

表 7-7 高温储存试验条件

试验类型	储存温度（℃）	参考规范
A	125～135	JESD22-A103
B	150～160	
C	175～185	
D	200～210	
	80～90	GB/T 2423.2—2008
	95～105	
	120～130	
	150～160	
	170～180	
	195～205	

试验时间：168 小时/500 小时/1000 小时（参考 JESD22-A103 High Temperature Storage Life），72 小时/96 小时/168 小时/240 小时/336 小时/1000 小时（参考 GB/T 2423.2—2008《电工电子产品环境试验 第 2 部分：试验方法 试验 B：高温》）。

试验过程：将样品放在样品架上或样品盒中，并放入试验设备中开始进行试验。样品放置尽量不要堆叠，使其充分暴露在环境应力下。待试验结束后取出样品，在正常室温条件下恢复 2 小时，按照产品电性能测试标准进行电性测试。

注：若客户有要求，根据 GB/T 2423.2—2008 的规定，试验箱内温度变化速率不应超过 1℃/分钟（速率按 5 分钟平均值计算）。

电性测试：要求对试验样品进行电性测试时，需在试验前进行电性测试，符合产品电性能要求则继续试验，不符合则不予进行试验。

外观检验：在 10～40 倍的光学显微镜下观察产品的外观，要求塑封体无裂缝、破损，引脚无剥落、断裂等缺陷。

判定规则：试验前后均应对半导体封装产品进行外观检查及电性测试，若试验样品的外观及电性测试均符合产品规范要求或客户规定要求，则判为合格；否则判为不合格。

7.2.6　低温储存试验

试验目的：检验产品承受长时间低温应力作用的能力。

参考标准：① GB/T 4589.1—2006《半导体器件　第 10 部分：分立器件和集成电路总规范》。

② JESD22-A119　Low Temperature Storage Life。

③ GB/T 2423.1—2008《电工电子产品环境试验　第 2 部分：试验方法　试验 A：低温》。

试验条件：根据产品的要求或客户要求进行选择，推荐-65～-55℃，具体数据如表 7-8 所示。

表 7-8　低温储存试验条件

试验类型	储存温度（℃）	参考规范
A	-50～-40	JESD22-A119
B	-65～-55	
C	-75～-65	
	-45～-35	GB/T 2423.1—2008
	-55～-45	
	-60～-50	
	-70～-60	

试验时间：168 小时/500 小时/1000 小时（参考 JESD22-A119 Low Temperature

Storage Life)，2 小时/16 小时/72 小时/96 小时（参考 GB/T 2423.1—2008《电工电子产品环境试验 第 2 部分：试验方法 试验 A：低温》)。

试验过程：将样品放在样品架上或样品盒中，并放入试验设备中开始进行试验。样品放置尽量不要堆叠，使其充分暴露在环境应力下。待试验结束后取出样品进行试验后的测试。

注：如客户有要求，根据 GB/T 2423.1—2008 的规定，试验箱内温度变化速率不应超过 1℃/分钟（速率按 5 分钟平均值计算)。

电性测试：要求对试验样品进行电性测试时，需在试验前进行电性测试，符合产品电性能要求则继续试验，不符合则不予进行试验。

外观检验：在 10～40 倍的光学显微镜下观察产品的外观，要求塑封体无裂缝、破损，引脚无剥落、断裂等缺陷。

判定规则：试验前后均应对半导体封装产品进行外观检查及电性测试，若试验样品的外观及电性测试均符合产品规范要求或客户的要求，则判为合格；否则判为不合格。

7.2.7 高速老化试验

试验目的：主要检验产品的气密性和耐湿气能力，以及产品在高温高湿下承受电应力的能力。

参考标准：JESD22-A110E Highly-Accelerated Temperature and Humidity Stress Test (HAST)，JESD22-A118B Accelerated Moisture Resistance-unbiased HAST。

试验条件：如表 7-9 所示。

表 7-9 高速老化试验条件

试验条件	温度（℃）	相对湿度（%）	试验时间（h）
A	130±2	85±5	96（-0，+2）
B	110±2	85±5	264（-0，+2）

注：根据产品规范及客户要求选择试验条件，通常使用条件 A，当产品无法承受 130℃ 高温时可以选择条件 B。根据产品规范或客户的要求选择所加的偏置电压。

试验过程：

无偏置状态：将样品放在样品架上或样品盒中，并放入试验设备中。样品应放置在距离试验腔内壁至少 3cm 处。

加偏置状态：按要求将样品正确地安装在老化板上，放入试验设备中，使用高温导线正确连接好试验板和直流稳压电源，根据老化电压设置好电源的过压保护，加载电压。试验过程中，检验员需每天对直流电源上显示的电压、电流进行确认，如果有异常，应及时反馈给工程师处理。试验结束后，先停机，待温度降至常温后，减小偏置电压至零后关断直流电源，取出样品进行试验后的测试。

注 1：试验在温湿度达到设定值时开始计时，温湿度开始下降时停止计时。

注 2：达到稳定温度和相对湿度条件的时间应小于 3 小时，下降时间也应当小于 3 小时。

电性测试：要求对试验样品进行电性测试时，需在试验前进行电性测试，符合产品电性能要求则继续试验，不符合则不予进行试验。

外观检验：在 10～40 倍的光学显微镜下观察产品的外观，要求塑封体无裂缝、破损，引脚无剥落、断裂等缺陷。

判定规则：试验前后均应对半导体封装产品进行外观检查及电性测试，若试验样品的外观及电性测试均符合产品规范要求或客户的要求，则判为合格；否则判为不合格。

7.3　寿命类试验

功率半导体器件在使用中本体需要承担较大的电压、电流负载，产品的寿命会影响到整机产品的返修率。在以下检验方法中，结合产品的实际应用，包含了电流、电压、功率、温度等多种加速因子，通过长时间试验的方式来评估产品的可靠性。

7.3.1　高温反偏试验

试验目的：检验半导体器件承受长时间电应力（电压）和温度应力作用的能力。

参考标准：GB/T 4589.1—2006《半导体器件 第10部分：分立器件和集成电路总规范》，GB/T 4587—1994 半导体分立器件和集成电路 第7部分：双极型晶体管》，JESD22-A108 Temperature, Bias, and Operating Life。

试验条件：为模拟客户实际上板焊接的情况，在对产品进行高温反偏试验前，可增加回流焊试验，或按试验需求方要求执行。高温反偏试验包括MOS管和IGBT的高温反偏（HTRB）及高温栅偏试验，并且进行试验时应当将产品剩余的一个引脚按照要求进行短路或悬空处理。

温度：(125±3)℃或更高，或根据产品要求确定。

电压：通常为最大反偏电压的80%或100%，或根据产品要求确定。

试验时间：168小时/500小时/1000小时。

试验过程：先加载偏置电压，然后升高试验箱的温度。当试验箱的温度达到规定温度时，开始计时。试验结束后，先将温度降至55℃或者更低，再减小电压至零。在正常室温条件下恢复2小时后，高压器件（击穿电压＞10V）不超过96小时，其余的不超过168小时内测试完毕。若因测试设备或者其他因素导致器件不能在规定时间内完成试验，那么偏置电压必须保留在器件上。保留偏置电压可通过下面两种方法实现，一种是器件维持在温度应力下；另一种是器件在室温下，但加速电压降至额定电压。

高温反偏试验在电性测试方面基本等同于电耐久试验，主要是检验芯片的能力，以及封装过程中球焊、装片的好坏。

电性测试：要求对试验样品进行电性测试时，需在试验前进行电性测试，符合产品电性能要求则继续试验，不符合则不予进行试验。

外观检验：在10～40倍的光学显微镜下观察产品的外观，要求塑封体无裂缝、破损，引脚无剥落、断裂等缺陷。

判定规则：试验前后均应对半导体封装产品进行外观检查及电性测试，若试验样品的外观及电性测试均符合产品规范要求或客户的要求，则判为合格；否则判为不合格。

7.3.2 电耐久试验

试验目的：检验半导体器件承受长时间电应力（电压、电流）和温度应力（产品因负载造成的温升）作用的能力。

参考标准： GB/T 4587—1994《半导体分立器件和集成电路 第 7 部分：双极型晶体管》第 V 章 接收和可靠性/第一节 电耐久性试验。

实际上，由于样管之间存在参数差异，在进行老炼时，老炼电流允许在规定值的±5%之间变动。

为模拟客户实际上板焊接的情况，在对产品进行常规电耐久试验前，可增加回流焊试验，或按试验需求方要求执行。具体数据如表 7-10 所示。

表 7-10　常规三端稳压器电耐久试验条件

产品系列[1]	输出电压（V_o）[2]/V	输入电压范围（V_i）/V	典型输入电压（V_{it}）[3]/V
05	5	7～25	10
06	6	8～25	11
08	8	10.5～25	14
09	9	11.5～27	16
10	10	12.5～28	17
12	12	14.5～30	19
15	15	17.5～30	23
18	18	21～33	27
24	24	27～38	33

① 产品系列是以稳压值来区分的，如 05 系列包含 7805、7905、78M05、79M05、78L05、79L05 等型号。

② 输出电压即产品的稳压值。

③ 功率老炼输入电压：除试验另有要求外，一般均采用典型输入电压。

三极管试验条件：常温下电压、电流：V_{CE}=0.7BV_{CEO}，I_C=P_{tot}/V_{CE}，试验另有规定时可参照相应产品详细规范或客户要求。BV_{CEO} 为规范要求值，P_{tot} 为规范要求的功率值。试验时间：168 小时/500 小时/1000 小时。

此试验主要针对三极管、三端稳压器和稳压二极管进行相关的试验。对三端稳压器而言，负载电流＝额定功率/(输入电压−输出电压)。例如，TO-220 封装的 7805，输入电压为 10V，输出电压为 5V，功率为 2W，则负载电流为 400mA。稳压二极管也同样让产品处于满负荷工作状态。

7.3.3　间歇寿命试验

试验目的： 检验产品承受间歇电应力的性能。

参考标准： MIL-STD-883 Department of Defense Test Method Standard Microcircuits。

试验过程： 按照产品的电性能要求，对产品施加电压和电流应力，并且此电应力的施加与去除应当是周期变化的，而这种周期变化又导致器件和外壳温度的周期变化。所加应力应当是突然的，而不是缓慢地施加或去除，一般采用 4 分钟或 10 分钟一个周期。所加电应力应当使产品芯片结温满足$\Delta T_j \geqslant 100$℃，或者达到芯片的额定结温。对于大型 IGBT 产品，应当保证应力施加期间产品的结温能够达到规定的要求，并且，应力去除期间芯片温度能够降低到规定的温度。降温过程可以使用风冷甚至水冷的方式，但要保证器件表面不会出现结霜而影响试验的进行。

电性测试： 要求对试验样品进行电性测试时，需在试验前进行电性测试，符合产品电性能要求则继续试验，不符合则不予进行试验。

外观检验： 在 10～40 倍的光学显微镜下观察产品的外观，要求塑封体无裂缝、破损，引脚无剥落、断裂等缺陷。

判定规则： 试验前后均应对半导体封装产品进行外观检查及电性测试，若试验样品的外观及电性测试均符合产品规范要求或客户的要求，则判为合格；否则判为不合格。

7.3.4 高温寿命试验

试验目的： 检验半导体封装产品在高温下的工作性能。

参考标准： GJB 360.8—1987《电子及电气元件试验方法 高温寿命试验》。

试验过程： 按照产品的电性能要求，对产品施加相应的电应力，并且保持合适的高温，但此高温不得超过产品的额定温度（通常为 125℃）。所加电应力过程中产品芯片结温应当满足 $\Delta T_j \geqslant 100$℃，或者达到芯片的额定结温。

电性测试： 要求对试验样品进行电性测试时，需在试验前进行电性测试，符合产品电性能要求则继续试验，不符合则不予进行试验。

外观检验： 在 10～40 倍的光学显微镜下观察产品的外观，要求塑封体无裂缝、破损，引脚无剥落、断裂等缺陷。

判定规则： 试验前后均应对半导体封装产品进行外观检查及电性测试，若试验样品的外观及电性测试均符合产品规范要求或客户的要求，则判定为合格；否则判为不合格。

7.4　其他试验

半导体器件除要进行环境类及寿命类试验，还涉及一些特殊参数或性能的其他试验。这些试验一般测试时间较短，用来测试产品的单一性能，包括但不限于可焊性试验、耐溶性试验、耐火性试验等。

7.4.1　可焊性试验

试验目的：检验半导体器件引出端易于润湿的能力（上锡能力）。

参考标准：J-STD-002、JESD22-B102、GB/T 0423.28—2005、MIL-STD-883E (2022.2)。

试验预处理具体数据如表 7-11 所示。

表 7-11　可焊性试验预处理参数

条 件 分 类	预处理类型	暴 露 参 数	引 用 标 准
A	蒸汽［(93±3)℃］	1 小时±5 分钟	J-STD-002
B		4 小时±10 分钟	J-STD-002
C		8 小时±15 分钟	J-STD-002
D		16 小时±30 分钟	J-STD-002D
E	干烘烤（155℃）	4 小时±15 分钟	J-STD-002D
1a	蒸汽	1 小时	GB/T 2423.28—2005
1b		4 小时	GB/T 2423.28—2005
2	恒定湿热（40 ℃ ±2 ℃，93%±3%RH）	10 天	GB/T 2423.28—2005
3	干烘烤（155℃）	16 小时	GB/T 2423.28—2005

注：一般采用蒸汽老化的方式进行预处理，将待测试的所有器件置于蒸汽老化箱内，样品的引脚或端子不应当触碰到老化箱腔壁。不应将样品堆叠放置于老化箱内，否则会影响样品表面暴露于蒸汽中。样品的任意一部分都应当距离水面 40mm 以上。完成了蒸汽老化后，应当从老化箱内取出样品，自然干燥至少 15 分钟，但不超过 24 小时。

助焊剂：推荐使用异丙醇或乙醇与松香（质量比为3∶1）或其他非活性助焊剂。助焊剂成分如表7-12所示。

表7-12　助焊剂成分

构　成	成分的质量百分比（%）	
	1号助焊剂（铅锡可焊性）	2号助焊剂（无铅可焊性）
松香	25±0.5	25±0.5
二乙胺盐酸盐	0.15±0.01	0.39±0.01
异丙醇	余量	余量
氯当量	0.2	0.5

焊料：铅锡电镀选用K63（Sn63%/Pb37%）或K60（Sn60%/Pb40%）的焊锡。

无铅电镀选用锡银铜焊料，其成分为锡（96.5%）、银（3.0%）、铜（0.5%），允许银含量为3%～4%，允许铜含量为0.5%～1%。锡槽所用焊料至少750g，锡槽的大小需确保满足产品试验热容量要求，且产品浸入后不触碰锡槽底部。焊锡使用期满后需要进行更换，以保证焊料的材质稳定。

可焊性试验条件如表7-13所示。

表7-13　可焊性试验条件

可焊性流程	锡铅可焊性		无铅可焊性
焊料/焊膏类型	K63或K60		SAC305
助焊剂类型	1号助焊剂	2号助焊剂	2号助焊剂
助焊剂浸泡时间（s）	5～10		
浸入角度	20°～45°；90°		
焊料温度（℃）	235	245±5	245±5
焊料浸入时间	2s（热容量较大器件：5s）	4.5～5	4.5～5
焊料浸入/取出速度（mm/s）	25±2.5	25±6	25±6
参考标准	GB/T 2423.28—2005	J-STD-002D	J-STD-002D

注：针对无铅电镀产品中的大热容器件（如TO-3P、TO-247等），常规焊接时间（5s）试验有问题的，可通过以下方式之一进行再验证：①焊接时间延长至(10±0.5)s；②推荐焊接时间仍取(5±0.5)s，将引脚剪下进行可焊性试验。

试验过程：按试验要求对试验样品进行预处理。

试验前应首先用合适的材料（耐高温的塑料板或完全不上锡的金属板）把熔

融焊料表面刮得清洁光亮，去除表面氧化的焊料，试验应在刮后立即进行。浸助焊剂的方法如下：

用适当的夹具夹住试验样品，把样品引脚需焊接的部位全部浸渍到室温条件下的助焊剂中至少 5s，随后取出样品，去除可能有的助焊剂液滴，比如用干净的滤纸吸收多余的助焊剂。注意：助焊剂应密封保存，在使用中要求每 8 小时更换一次助焊剂。

将浸好助焊剂的样品引脚浸入焊锡中，引脚应距离槽壁 10mm 以上，一般应在锡槽的中心区域进行试验，达到规定的停留时间后再取出。

取出样品后，在常温下恢复 10～15 分钟，待其冷却至常温后，用乙醇清洗，以去除助焊剂残留。清洗后，样品需在室温下干燥，待样品干燥后，才可以进行外观检查。

对于直插式产品，应使引脚垂直焊锡面浸入。对于弯脚的贴装产品，要求引脚部位以 20°～45°的角度浸入焊锡。

判定规则：在完成可焊性试验后，用 10~40 倍的光学显微镜来检查。焊接区域表面应有光亮、光滑的均匀焊料层，每个引脚的焊接有效区域的 95%以上上锡，上锡部分无针孔、空洞、露铜现象，否则判为不合格。

润湿力的计算：

为了评定试验样品的可焊性，应将所测得的力（$F_{测}$）在消除浮力（$F_{浮}$）影响后得到的实际润湿力（$F_{实}$）和理论润湿力（$F_{理}$，单位为 mN）进行比较。此理论润湿力计算公式为

$$F_{理}=0.4L$$

式中，L 为由样品引脚需焊接部位的宽度和厚度计算出的周长，单位为 mm。

$$F_{浮}=0.08\mathrm{V}$$

式中，V 为试验样品浸渍部分的体积，单位为 mm^3。

$$F_{实}=F_{理}-F_{浮}$$

开始润湿所需的时间，即 t_0 至 A 点的最大时间间隔，过浮力线的时间小于 1.0s。

在润湿过程中，t_m=2s 时，实际润湿力要大于或等于理论润湿力的 2/3。

在润湿稳定后，计算出 De-wetting=$(F_{max}-F_{min})/F_{max}\times100\%$，要求 De-wetting≤20%。$F_{max}$为整个润湿过程的最大润湿力，$F_{min}$为从润湿力为$F_{max}$时到结束之间的最小润湿力。图 7-2 为一个典型的实际润湿力曲线图，具体判断要求如表 7-14 所示。

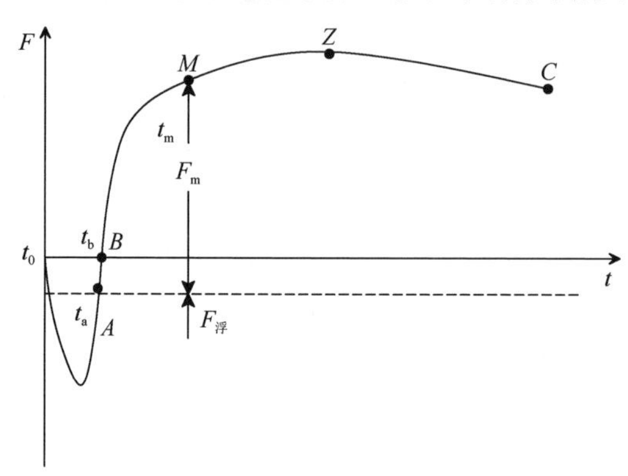

图 7-2　润湿力曲线图

曲线上各点的含义说明如下：

（1）时间 t_0 是焊料表面与试验样品开始接触的时间，也是时间的开始点。

（2）A 是作用于半导体封装试验样品上的力等于计算出来的浮力的点，在浮力计算中的浸渍深度系数就是指原来的焊料平面以下的深度。

（3）通过 A 点的水平虚线为浮力线，将所有的力均参照浮力线进行测量。

（4）B 点是作用于半导体封装试验样品上方的力为零时的点。

（5）M 点表示测试开始到 2s 的润湿力。

（6）Z 点表示在规定的浸渍周期内获得的最大向下力，即 F_m。

（7）C 点表示从测试开始到 5s 的润湿力。

（8）C 点和 Z 点力的数值可能会相同。

表 7-14　润湿力判定表

参　数	说　明	建议标准	
		A 组	B 组
t_0	经过浮力修正的零交时间	≤1s	≤2s
F_2	从测试开始到 2s 时的润湿力	t≤2s 时，大于等于 50%的最大理论润湿力	t≤2s 时，为正值
F_5	从测试开始到 5s 时的润湿力	不小于 F_2 值的 90%	不小于 F_2 值的 90%

7.4.2　耐溶性试验

试验目的：检验半导体器件在经受下面规定的溶剂清洗时受影响的程度。

参考标准：GB/T 2423.30—1999《环境试验 第 2 部分：试验方法 试验 XA 和导则：在清洗剂中浸渍》

浸渍时间为(5±0.5)分钟；浸渍温度为(23±5)℃，沸点为 48.6～50.5℃。

试验过程：样品在规定的温度下浸渍到规定的溶剂中，到规定的时间后取出干燥 5 分钟，可以用脱脂棉或薄卷纸擦拭标记区域来评价样品的耐久性。

外观检验：在 10～40 倍的光学显微镜下观察产品的外观，要求塑封体无裂缝、破损、溶化，引脚无剥落、断裂等缺陷，标记清晰可见。

电性测试：有必要时可对产品进行电性测试。

7.4.3　耐火性试验

试验目的：检验产品的阻燃特性。

参考标准：GB/T 2408—2008《塑料 燃烧性能的测定 水平法和垂直法》。

试验条件：依据垂直燃烧试验，根据样品燃烧的时间，熔滴引燃脱脂棉等试验结果，把聚合物材料定为 V-2、V-1、V-0 三个级别，其中以 V-2 级为最低阻燃级，V-0 级为最高阻燃级。具体分级指标如表 7-15 所示。

此试验用小条样品长 127mm，宽 12.7mm，最大厚度 3.2mm。在无通风试验箱中进行试验。样品的上端（6.4mm 的地方）用支架上的夹具夹住，并保持样品纵轴的垂直性。样品下端距灯嘴 9.5mm，距干燥脱脂棉表面 305mm。再将本生灯点燃并调节至产生 19mm 高的蓝色火焰，把本生灯火焰置于样品的下端，点火 10s，移去本生灯火焰（离样品至少 152mm），并记下样品有焰燃烧时间及条件。

若移去本生灯火焰后 30s 内样品的火焰熄灭，必须再次将本生灯移到样品下面，重新对样品点火 10s，然后移开本生灯火焰，并记下样品的有焰燃烧和无焰燃烧的续燃时间及条件。若样品熔滴滴落，让其落入样品下 305mm 的脱脂棉上，看其是否引燃脱脂棉。

表 7-15 具体分级指标

测试项目	94V-0	94V-1	94V-2
十次点燃总有焰燃烧时间最大值（s）	50	250	250
个别的有焰燃烧时间最大值（s）	10	30	30
无焰燃烧时间（s）	30	60	60
有焰熔滴	无	无	仅允许短时燃烧

7.5 产品的工程试验方法

当新产品认定或产品主要材料变更时应按照本节表格的要求进行可靠性试验，但试验项目应当按照产品的实际情况进行，并不是必须进行所有的试验。

功率半导体器件产品认定时需要按照表 7-16～表 7-18 的要求进行试验。

表 7-16 器件认定测试

试验项目	参考标准	条件	要求	
			批数/每批样本数	持续时间/可接受失效数
高温寿命试验	JESD22A108, JESD85	$T_j \geqslant 125$℃，$V_{CC} \geqslant V_{CCmax}$	3 批/77 颗	1000 小时/0 失效
早期失效率试验	JESD22A108, JESD74	$T_j \geqslant 125$℃，$V_{CC} \geqslant V_{CCmax}$	见早期失效表	48 小时$\leqslant t \leqslant$168 小时
低温寿命试验	JESD22A108	$T_j \leqslant 50$℃，$V_{CC} \geqslant V_{CCmax}$	1 批/32 颗	1000 小时/0 失效
高温储存试验	JESD22A103	$T_a \geqslant 150$℃	3 批/25 颗	1000 小时/0 失效
闩锁测试	JESD78	等级 I 或等级 II	6 颗	0 失效
人体模式静电测试	JESD22A114	T_a=25℃	3 颗	参数符合产品要求
机器模式静电测试	JESD22C101	T_a=25℃	3 颗	参数符合产品要求

表 7-17 非气密性产品工程试验方法

试验项目	参考标准	条件	要求	
			批数/每批样本数	持续时间/可接受失效数
在以下试验之前的预处理：THB、HAST、TC、AC、UHAST	JESD22-A113	按照 J-STD-020 标准中的 MSL level 选择	—	电性测试（可选）
高温储存试验	JESD22-A103 & JESD22-A113	150℃或以上。如有需要可在试验前进行预处理测试	3 批/25 颗	1000 小时/0 失效
高温高湿偏置试验	JESD22-A101	85℃，85 % RH，V_{CCmax}	3 批/25 颗	1000 小时/0 失效

续表

试验项目	参考标准	条件	要求	
			批数/每批样本数	持续时间/可接受失效数
高加速温湿度应力测试（有偏置）	JESD22 -A110	130℃/110℃， 85%RH， V_{CCmax}	3 批/25 颗	96/264 小时或者封装要求的等效时间/0 失效
温度循环试验	JESD22-A104	B −55～+125℃	3 批/25 颗	700 循环/0 失效
		C −65～+150℃		500 循环/0 失效
		G −40～+125℃		850 循环/0 失效
		K 0～+125℃		1500 循环/0 失效
		J 0～+100℃		2300 循环/0 失效
高加速温湿度应力测试（无偏置）	JESD22-A118	130℃/85% RH 110℃/85% RH	3 批/25 颗	96 小时/0 失效 264 小时/0 失效
高压蒸煮试验	JESD22 -A102	121℃/100% RH	3 批/25 颗	96 小时/0 失效
焊线拉力测试	M2011	按照封装工艺要求	30 根/5 颗	过程性能指数 P_{pk}≥1.66 或过程能力指数 C_{pk}≥1.33 (note 6)
焊球剪切力测试	JESD22 -B116	按照封装工艺要求	30 根/5 颗	P_{pk}≥1.66 或 C_{pk}≥1.33
可焊性测试	M2003 JESD22-B102	按照产品要求	3 批/22 颗	0 失效
无铅锡须测试	JESD22-A121 JESD 201	按照 JESD201 的要求	见 JESD201	见 JESD201

表 7-18　气密性产品工程验证方法

试验项目	参考标准	条件	要求	
			批数/每批样本数	持续时间/可接受失效数
温度循环试验	JESD22A104	−55～+125℃或其他可替代的温度	3 批/25 颗	700 循环/0 失效
焊线拉力测试	M2011	按照封装工艺要求	1 批/30 根/5 颗	P_{pk}≥1.66 或 C_{pk}≥1.33
焊球剪切力测试	JESD22B116	按照封装工艺要求	1 批/30 根/5 颗	P_{pk}≥1.66 或 C_{pk}≥1.33
可焊性测试	M2003 JESD22B102	按照产品要求	3 批/22 颗	0

续表

试验项目	参考标准	条件	要求	
			批数/每批样本数	持续时间/可接受失效数
机械冲击测试	JESD22B104 M2002	仅 Y1 平面，5 次脉冲，时间 0.5ms，1500g 的峰值加速度	3 批/39 颗	完成 CA 后测试
变频振动测试	JESD22B103 M2007	20～2 kHz（log 变频）>4 分钟，每个方向 4 次，50g 的峰值加速度	使用 MS 之后的样品	—
恒定加速度测试	M2001	—	使用 VVF 之后的样品	
外观检验	—	—		符合产品要求
物理尺寸检查	—	—	1 批/30 颗	符合产品要求
引线完整性检查	—	—	45 个引脚；最少 5 颗样品	符合产品要求
封盖扭矩试验	—	—	1 批/5 颗	符合产品要求
内部水汽试验	MIL-STD 883 M1018	对封装腔体内的气体进行水汽含量分析	3 批/1 颗	—
无铅锡须测试	JESD22A121	按照 JESD201 的要求	见 JESD201	见 JESD201

第 8 章

功率半导体封装的失效分析

8.1 概述

功率半导体器件在封装、使用过程中可能出现失效的情况，需要通过失效分析确定失效机理，以采取措施避免再次出现相同的失效，提高器件的可靠性。

器件失效的原因可以概括为封装测试过程引起的失效、芯片设计缺陷引起的失效和芯片制造过程引起的失效三类。对于失效的器件，首先需要验证并确定失效模式，然后确定失效的种类，即器件是电性能失效还是物理失效，再确定需要分析的失效种类、失效机理和失效位置，最后根据分析结果制定并实行适当的整改措施。

本章主要针对封装测试过程引起的失效，详细介绍失效模式、失效机理及失效分析方法。如果无损分析均符合标准要求、有损分析无法发现异常，而且在不损伤芯片的情况下去除塑封料，电性能测试结果无变化，可以判断器件失效与封装测试过程无关，如果有任何一项发现异常，就需要按照本章内容对器件进行失效分析。

8.1.1 封装失效分析的目的和应用

功率半导体器件在工作过程中发热量及工作电压、电流较大，因此其在应用中更容易出现过电应力（Electrical Over Stress，EOS）失效，此外也存在很多封装缺陷可以直接或间接地导致器件在测试或上机应用时失效。根据封装失效的模式和机理，利用必要的分析手段和程序来确定器件是否存在封装异常导致的失效，可以有针对性地对封装环节进行改进，以提高产品良率和可靠性。

通常会在以下几种情况下进行封装失效分析。

1. 电性测试后

在封装结束后的测试（Final Test，FT）环节出现非预期的情况（如开短路产品过多、测试良率低以及电性能抽测不良等）时，需要对某种不良品进行失效分析以确定是否存在封装异常。

2. 可靠性试验后

在可靠性试验或寿命试验后出现失效时，对不良品进行失效分析以确定影响器件可靠性及寿命的环节。

3. 上机失效后

器件在实际上机应用中出现性能不良或失效时，通常需要进行失效原因的确定。

8.1.2 封装失效机理

封装导致的器件失效存在多种机理，通常包括封装应力、封装污染、静电损伤、物理损伤及缺陷等。了解常见失效模式和机理可以为失效分析的方案设计和结论判定提供帮助。

1. 封装应力

封装后的器件由多种热膨胀系数不同的材料结合而成，如果材料和工艺的选择不合理，在封装、组装以及上机使用过程中就会出现过大的应力导致芯片性能发生改变（如耐压性能发生改变）。一方面，封装会给芯片带来不同程度的应力，如划片、装片、键合和塑封等过程对芯片产生的机械应力和热应力；另一方面，封装材料和工艺的选择还会影响产品在装配及使用时所能承受的机械应力和热应力极限，例如芯片粘接材料厚度的不同会直接影响封装结构对芯片的保护和缓冲能力。

2．封装污染

封装过程中芯片需要经过多个环节的加工和处理（例如芯片暴露在不同环境中或与不同物质接触），并与塑封料等封装材料相结合，如果材料选择不当或工艺环境控制不佳就会导致一些有害离子污染芯片，导致芯片性能降低甚至完全失效。

3．静电损伤

功率半导体器件在晶圆制造和封装过程以及包装、运输及装配、使用过程中均可能被静电损伤。同时静电损伤不易观察且不一定能够通过简单的测试来剔除，因此做好器件在不同环节的静电防护非常重要。

4．物理损伤及缺陷

封装环节对芯片产生的一些非预期损伤或封装结构中的一些物理缺陷同样会导致芯片或整个器件的完整结构遭到破坏，使器件出现直接或潜在的失效风险。

5．常见的封装失效机理

常见的封装失效机理，如表 8-1～表 8-5 所示。

表 8-1　封装应力

序　　号	项　　目	原　　因	导致失效类型
1	塑封料应力	塑封料玻璃化温度高 塑封料热膨胀系数大 树脂和固化剂选择不当 填料类型选择及比例管控不当	芯片裂纹 短路、漏电流偏大 分层比例偏大
2	焊料与芯片的匹配	BLT 控制不当 焊料层空洞增加热应力 焊料与芯片材料热膨胀系数不匹配	翘片 散热能力不足 导通电阻偏大
3	塑封料与芯片、基板的匹配	塑封料与芯片、基板的热膨胀系数不匹配	分层比例偏大 芯片内部结构损伤 短路、漏电流偏大
4	塑封过程中的应力	模具脱模能力不足 塑封后冷却过程中的温度冲击	分层比例偏大 散热能力不足
5	切筋过程中的应力	夹具与模具配合不当	引脚分层比例偏大
6	测试过程中的应力	测试过程热应力影响 测试过程电流脉冲影响	电性能参数偏移

表 8-2　静电损伤

序　号	项　目	原　因	导致失效类型
1	人体模式（HBM）	接触产品的员工衣着不符合静电防护要求，工厂地板等静电泄放系统不完善	产品失效或损伤
2	机器模式（MM）	设备、工作台及金属工具等带电或接地不良	产品失效或损伤
3	带电器件模式（CDM）	器件包装的静电防护不规范导致器件本身带电	产品失效或损伤

表 8-3　封装污染

序　号	项　目	实 例 图	原　因	导致失效类型
1	硅渣污染	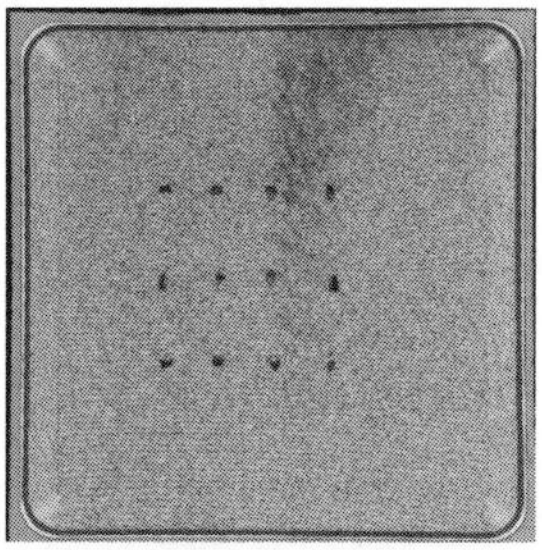	划片过程中硅渣清洗不彻底	键合过程虚焊 接触电阻变大
2	去离子水污染	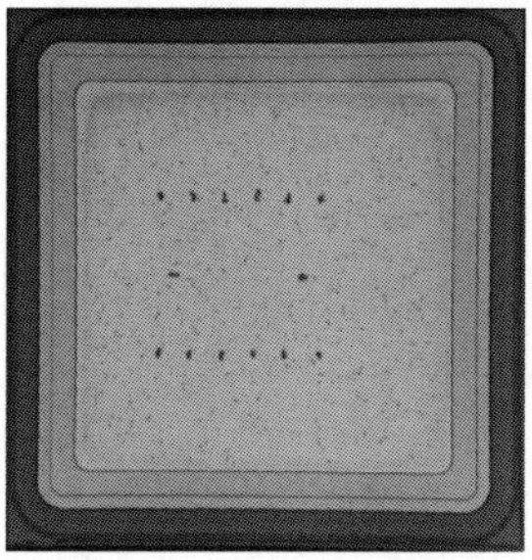	去离子水纯度不达标	键合过程虚焊 接触电阻变大

表 8-4　物理损伤

序　号	项　目	实 例 图	原　因	导致失效类型
1	崩边		划片刀选择不当，封装过程造成的芯片崩边	产品短路 漏电流偏大

续表

序　号	项　目	实　例　图	原　因	导致失效类型
2	裂片		划片、装片、键合过程中参数设置不当	短路 漏电流偏大
3	弹坑		芯片焊线区域铝层厚度偏薄 键合工艺异常	电流偏大 短路
4	顶针印		顶针选择不当 顶针高度设置不当	芯片裂纹 芯片内部结构被破坏 短路、漏电流偏大
5	蹭/划伤		封装过程中设备异常 人员作业手法不当	短路 漏电流偏大 参数失效

表 8-5　封装结构缺陷

序　号	项　目	实　例　图	原　　因	导致失效类型
1	空洞	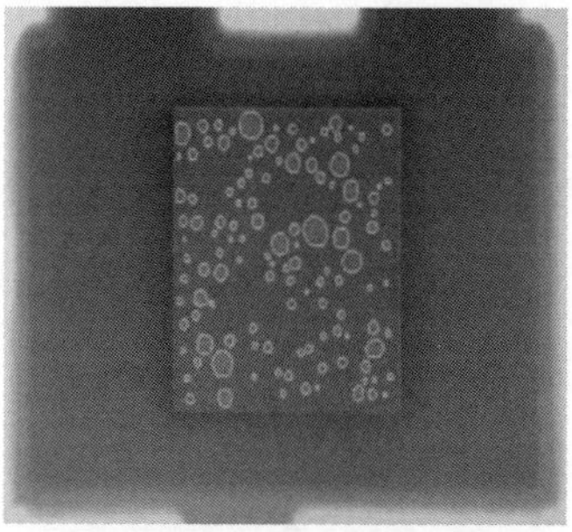	芯片背面金属层或引线框架异常 装片工艺异常	过热，散热能力不足 导通电阻偏大
2	粘接层厚度超标		装片设备参数调试不当	影响散热能力 TCT 潜在风险
3	翘片		装片设备参数调试不当	散热不良 裂片
4	短路	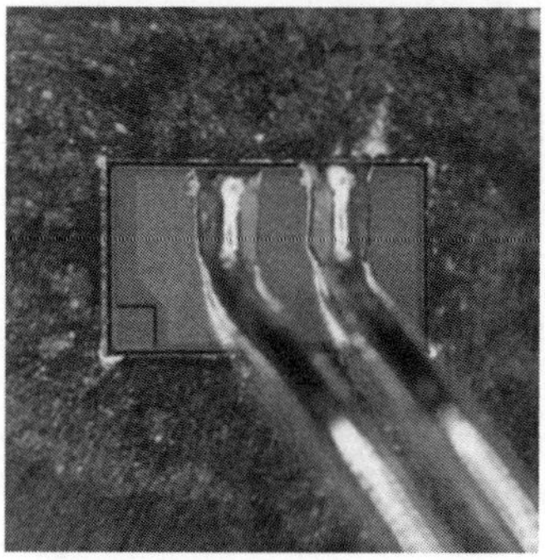	键合位置设置错误	产品短路

续表

序　号	项　目	实　例　图	原　　因	导致失效类型
5	虚焊		材料表面异常 打线参数设置不当	产品开路 接触电阻变大
6	弧度不良	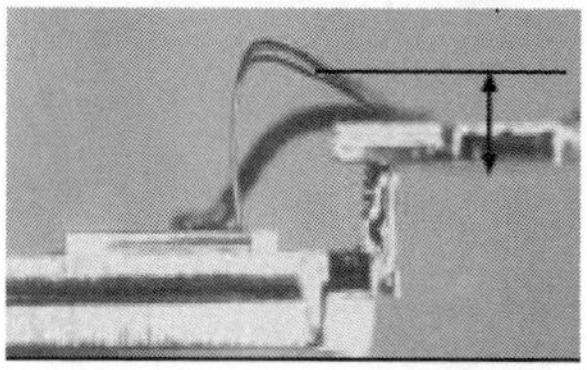	焊线弧度参数不当	塑封焊线外露 断丝
7	交丝	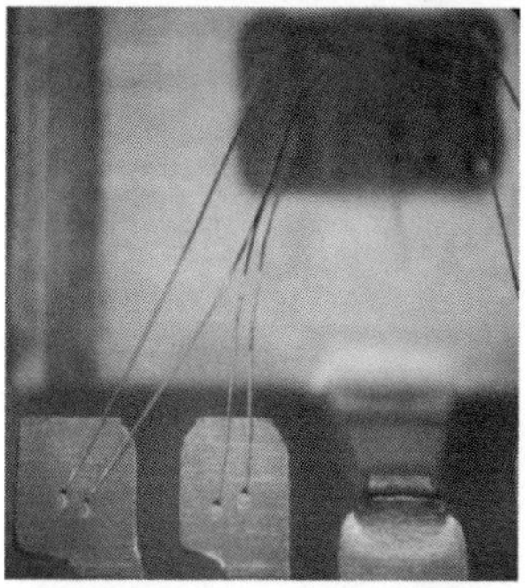	焊线弧度异常	短路 功能失效
8	冲丝		塑封注塑参数设置不当 塑封料特性异常	开/短路

续表

序　号	项　目	实　例　图	原　　因	导致失效类型
9	气孔	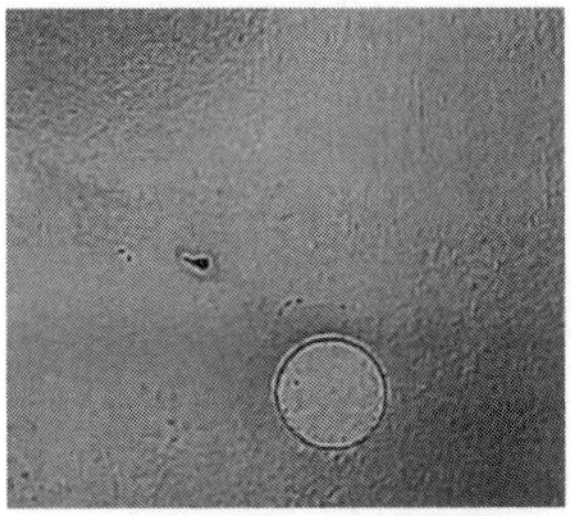	塑封料异常或注塑参数设置不当	绝缘不良 潜在 PCT 失效风险
10	砂眼		塑封料异常或注塑参数设置不当	绝缘不良 潜在 PCT 失效风险
11	起皮、分层	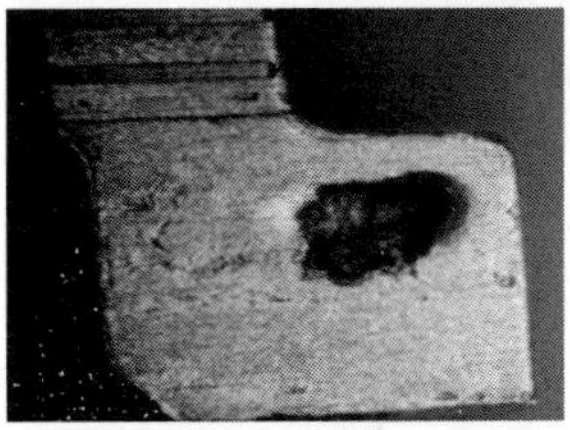	铜带内部有气泡或者杂质、污物	键合不良
12	框架折弯深度超标		设备异常导致框架折弯超标	背胶偏薄或者偏厚

续表

序　号	项　目	实　例　图	原　　因	导致失效类型
13	铜丝搭接		框架模具异常	内、外绝缘失效或者短路
14	框架表面不洁净或者被氧化		封装过程中引入污物或空气中暴露时间控制不当	分层、浸润性差

8.2　失效分析方法

失效分析（Failure Analysis，FA）是指产品失效后，通过对产品外观、结构、功能等的系统研究，从而鉴别失效模式，确定失效机理和失效演变的过程。失效分析的目的是通过失效机理、失效原因分析获得产品改进的建议，避免类似失效事件的发生，提高产品的可靠性。本章主要针对封装过程导致的产品失效进行说明。

一般失效分析的步骤如下：

第一步：对失效模式进行验证与确认。在发现产品存在失效的过程中，可能由于人为失误或者设备故障，导致发现的产品失效与实际情况存在差异，进而使失效分析失去意义。因此，在进行失效分析前，必须对产品的失效情况再次进行确认，一般做法为检查设备、操作无误后重新对产品进行测试。

第二步：确认失效的种类。功率器件失效主要分为两类，分别是电性能失效和物理失效。常见的电性能失效有参数不符合标准、伏安特性曲线偏离基准、漏电流异常（偏大或偏小）等。常见的物理失效有器件引脚腐蚀、塑封体损坏等。

第三步：确定需要分析的失效种类。一个半导体器件发生的失效，可能由多个失效机理导致。为了提高失效分析的针对性与准确性，同时节约人力、物力，有必要进行一定的理论分析或基本测试，减轻失效分析的工作量，同时提高准确性。

第四步：确认失效机理和失效位置。这一步是整个失效分析中的核心，为了进行失效分析而使用的技术最终都用来确定缺陷的位置及失效机理。

第五步：实施相应的预防措施。在完成失效产品的失效分析后，需要相关部门、人员制定一定的纠正、预防措施，从而避免失效的再次发生。

8.2.1 电性能分析

失效分析对功率半导体的设计、生产（晶圆和封装）和应用都具有重要的意义。半导体失效可能发生在产品研制阶段、生产阶段到应用阶段的各个环节，通过对工艺不良品缺陷、试验失效、早期验证失效以及现场失效，应用终端的失效产品，以及产品封装完成后最终测试的电性能不良品进行失效分析、电性能分析，明确失效模式，分析失效机理，最终明确失效原因。

在产品进行电性能分析前了解失效的背景，有利于产品失效的分析和找到失效的原因。失效背景调查包括以下项目：产品失效现象、失效环境、失效阶段（设计调试、早期失效、中期失效、试验失效、可靠性失效、终端应用失效等）、失效数量、失效比例、失效历史数据、器件电性能分布状况和不良产品的分析情况。

1. 电性能分析的类型

电性能分析包括开短路测试、功能测试、参数测试、曲线特征分析、应力下的测试分析。

（1）开短路测试：根据器件的定义可以简单地判断出产品的开路或短路情况，开路、短路测试如图 8-1 和图 8-2 所示。经常使用的开短路测试仪器有数字式万用表、开短路测试仪、曲线分析仪，也可用常规的测试机进行测试。

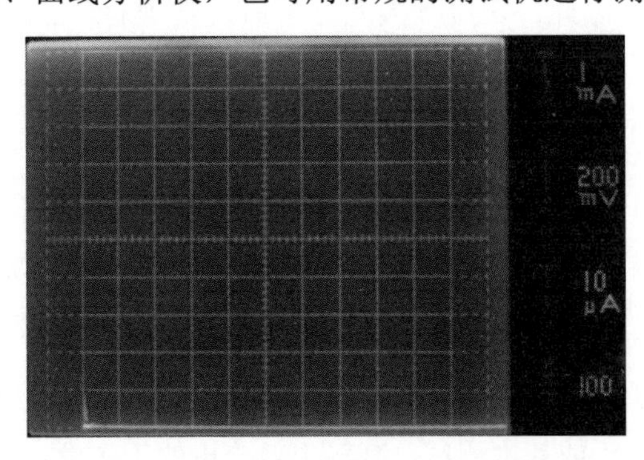

图 8-1 用曲线扫描仪测试二极管开路

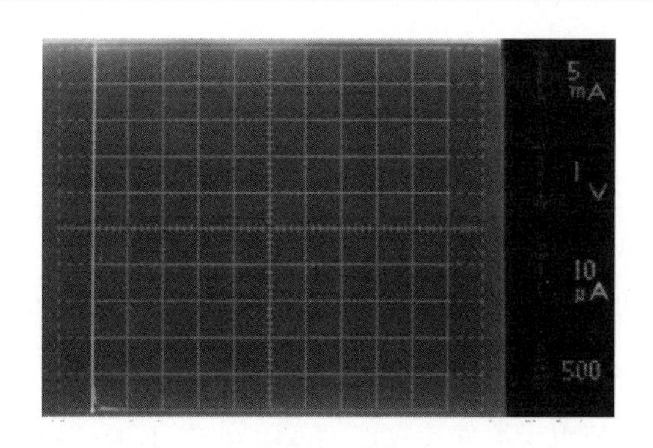

图 8-2　用曲线扫描仪测试二极管短路

（2）功能测试：根据器件的特性简单判断器件是否具有该功能。例如，MOSFET 丧失了开启的功能，通过简单地判断几项开短路的情况，进而获知器件是否具备该有的功能，或者利用常规的测试机获得的参数判断。

（3）参数测试：通过用常规的测试机进行测试，获得器件特定的参数或全部参数，获知器件对实际参数相对标准值的偏离值或范围，并进行精确性的评估和判断。功率器件常规电性能参数测试项目如表 8-6 所示。特别留意大电流的测试，对于失效的样品可能导致二次损坏或者加剧其失效程度。

表 8-6　功率器件常规电性能参数测试项目

测 试 类 型	测试项目
功率分立器件	绝缘耐压测试
	栅极电阻 R_G 测试
	栅极电容 C_G 测试
	栅极电荷 Q_G 测试
	分立器件瞬态热阻测试（DVDS）
	分立器件雪崩测试
	开关时间 t_{don}、t_{off}、t_f、t_{on} 测试
	分立器件直流参数测试

绝缘耐压测试、栅极电荷测试、DVDS、雪崩测试、开关时间测试带有一定的破坏性，分析时需先考虑无损的电性能测试。

注意：对失效发生时的现场和样品务必进行细致保护，避免力、热、电等方面因素的二次损害。

举例：E_{AS} 作为 MOSFET 器件常见的测试参数，由于大多数晶圆在针测（CP）

时不进行 100%雪崩测试，在常规的 FT 测试中雪崩失效为产品失效的主要原因之一。雪崩失效分析包括对雪崩极限电流（能量）的确定和扫描，以确定产品的晶圆是否有所波动。通常采用固定电感、扫描电流的方式，获知器件的最大电流（能量）。

量产测试时选取 I_D 最大值的 40%～80%作为测试条件。当产品良率较低时，针对低良率的产品进行雪崩极限电流的扫描以确定产品 E_{AS} 的情况。

（4）曲线特征分析。曲线扫描图可以实时反映器件特性（见图 8-3）。曲线扫描设备（见图 8-4）使电子器件接收连续或阶梯式的功率输入，以确定器件的性能、效率或公差以及器件特性的差异。

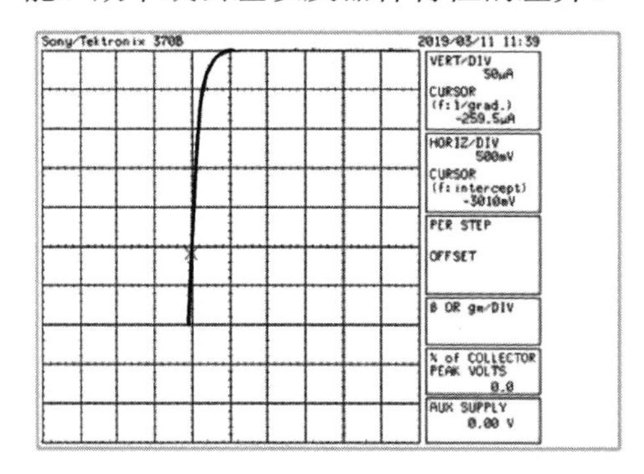

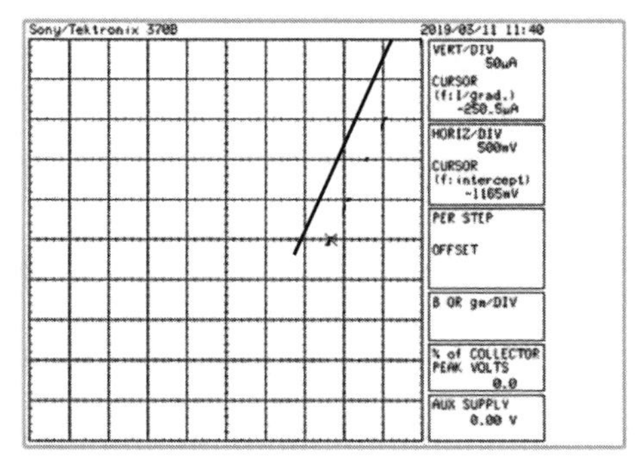

图 8-3　曲线扫描仪显示图形

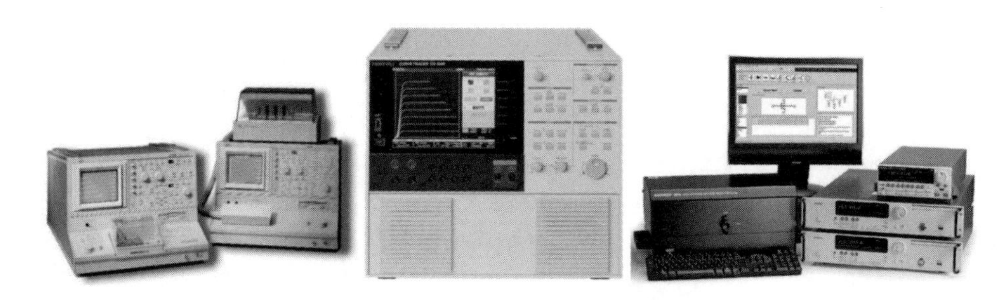

图 8-4　各种类型曲线扫描设备

（5）应力下的测试分析：包括室温电性能测试、高温试验电性能测试、压力下电性能测试等。

室温电性能测试：器件在常温下进行的各类电性能测试。

高温试验电性能测试：器件在高温（100℃、125℃、150℃）或者模拟失效电路应用环境下的各类电性能测试。

压力下电性能测试：器件在某种特定的工作情况或压力条件下的电性能测试，如器件在加速运动过程中进行的电性能测试。

图 8-5 所示为 I_{DSS} 测试中高温持续加压情况下的漏电流曲线，异常时漏电流会突然增大（见图 8-6），该试验类似可靠性高温反偏（HTRB）试验，用于检验高温情况下器件漏电流的表现。

对失效产品进行 FT 测试时，检测失效项目需针对不同的参数选用不同的失效分析方案。

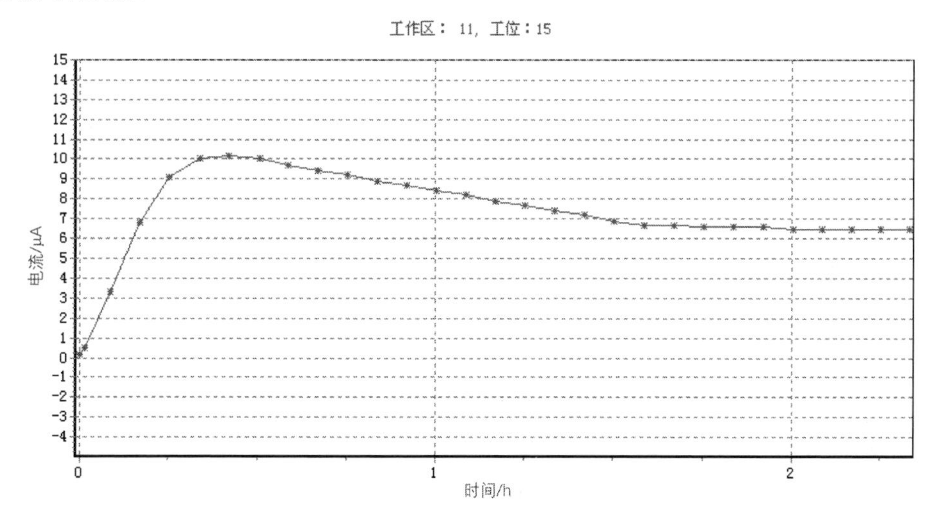

图 8-5　高温持续加压情况下的漏电流曲线

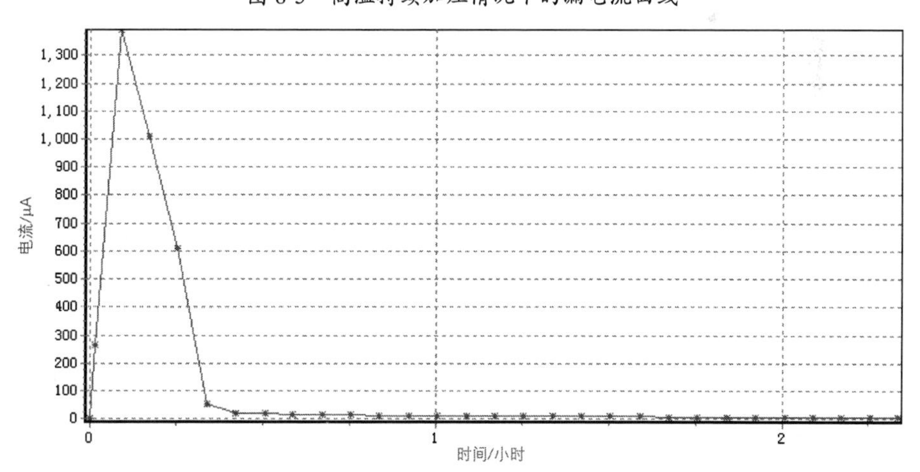

图 8-6　异常时漏电流突然增大

对客户应用产品过程中出现的失效，应先进行开短路测试分析，再进行其他项目的分析，失效分析方案如图 8-7 所示。必要时在开帽后进行探针测试，检查器件引脚的电气连接和芯片参数，针对 MOSFET 器件的测试参数如表 8-7 所示，针对 BJT 器件的测试参数如表 8-8 所示。

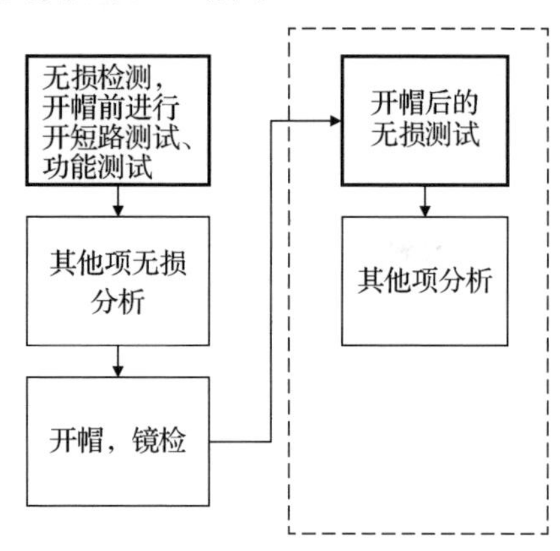

图 8-7　失效分析方案

表 8-7　针对 MOSFET 器件的测试参数

测试参数	简写	单位	测量参数
漏-源击穿电压（Drain-to-Source Breakdown）	$V(BV)_{DSS}$	V	I_D、V_D
栅-源电压（Gate-to-Source Voltage）	V_{GSS}	V	I_G、V_G
漏极电流（Drain Current）	I_D	A	I_D、V_D
漏极电流（脉冲）	I_{DP}，I_{DM}	A	I_D、V_D
漏-源漏电流	I_{DSS}	A	I_D、V_D
栅-源漏电流	I_{GSS}	A	I_G、V_G
栅极开启电压或关断电压（Gate threshold Voltage,Cutoff Voltage）	$V_{GS(th)}$ $V_{GS(off)}$	V	I_D、V_G
静态漏-源开态阻抗（Static Drain-to-Source On-State Resistance）	$R_{DS(on)}$	Ω	V_D、I_G
二极管正向电压	V_{SD}	V	I_S、V_S
反向漏极电流	I_{SD}	A	I_S、V_S

表 8-8　针对 BJT 器件的测试参数

测试参数	简写	单位	测量参数
集电极电流（Collector Current）	I_C	A	I_C、V_{CE}
DC 电流增益	h_{FE}	1	I_C、I_B
集电极-发射极保持电压	$V_{CE(SUS)}$	V	I_C、V_{CEO}

续表

测试参数	简写	单位	测量参数
集电极-发射极击穿电压	$V(BV)_{CEO}$	V	
集电极-发射极关断电流	I_{CEO}	A	I_C、V_{CEO}
集电极-基极电压	V_{CBO}	V	I_C、V_{CBO}
集电极-基极关断电流	I_{CBO}	A	I_C、V_{CBO}
发射极-基极电压	V_{EBO}	V	I_E、V_{EBO}
发射极关断电流	I_{EBO}	A	I_E、V_{EBO}
集电极-发射极饱和电压	$V_{CE(sat)}$	V	$V_{CE(SAT)}$、I_C
集电极-基极饱和电压	$V_{BE(sat)}$	V	$V_{CE(SAT)}$、I_C
基极-发射极开启电压	$V_{BE(on)}$	V	I_C、V_{BE}
集电极-发射极电压（基极-发射极短路下）	V_{CES}	V	I_C、V_{CES}

8.2.2　无损分析

无损分析即在不破坏产品外观、功能的前提下进行的失效分析，主要有外观检查、声学扫描和 X 射线扫描三种分析方法。这些无损技术不会对功率器件的外观、功能产生破坏，更不会造成功率器件失效，也不会存在潜在的不利影响，使后续对功率器件进行的各项分析可以正常进行。

1. 外观检查

外观检查是按照功率器件外观质量标准对器件外观进行检查，判断外观是否存在异常的分析方法。

外观检查一般使用低倍显微镜（常用 4～50 倍）或高倍显微镜（常用 20～1000 倍）对产品外观进行检查。低倍显微镜用于对器件的整体或尺寸较大的区域进行检查，判断器件的塑封体和引脚等是否存在裂纹、破损、沾污、烧伤、异物等异常。对于尺寸较小的异常点，需要使用高倍显微镜进行更加细致的检查，判断异常的类型。

塑封体裂纹如图 8-8 所示，使用低倍显微镜观察该器件，可以发现塑封体上部存在裂纹。

塑封体右下角存在烧伤现象如图 8-9 所示，使用低倍显微镜观察该器件，可以发现塑封体右下角存在烧伤现象，且一只引脚脱落。

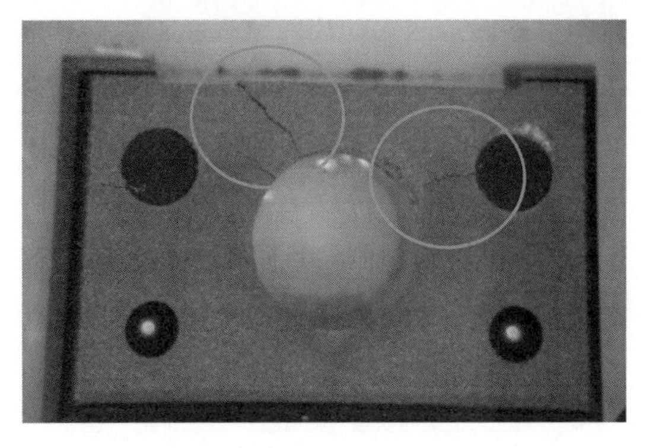

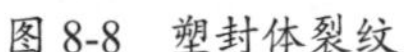
图 8-8　塑封体裂纹

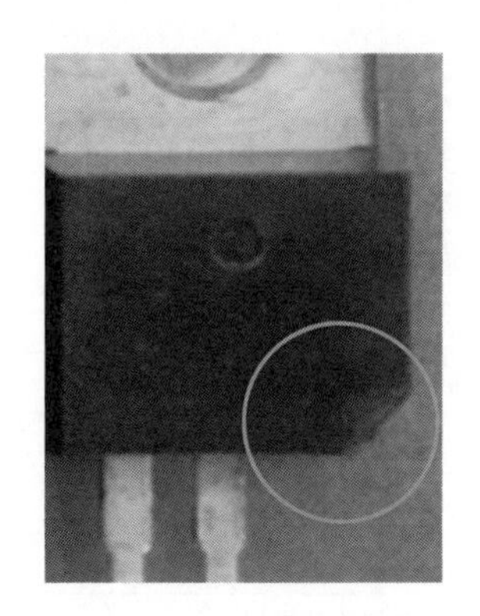

图 8-9　塑封体右下角存在烧伤现象

2. 声学扫描

声学扫描是使用声学扫描显微镜（Scanning Acoustic Microscope）对功率器件内部结构进行检查的分析方法。

声学扫描的原理是超声波在不同密度的物质中传播速度存在差异，而且在不同材料的界面位置会产生反射，反射信号的强度与界面两侧的材料密度的差值有关，两种材料的密度差异越大，反射的信号越强。通过对反射信号或穿透信号进行处理，可以得到器件内部结构的图像。

基于声学扫描的原理，在功率器件的失效分析中，声学扫描主要有以下三种用途。

1）对失效器件进行分层扫描

功率半导体器件由金属、塑封料等不同特性的原材料制成，不同材料在接触界面难以完美结合，或者在使用过程中，由于不同材料的热膨胀系数不同而导致膨胀程度存在差异，从而出现分层现象。

对于器件内部的分层可以进行声学扫描，不存在分层的界面，超声波可以正常穿透；对于存在分层的界面，超声波会产生极强的反射与散射。通过检测被反射的超声波的强度，就可以判断是否存在分层。

扫描图形示例如图 8-10 所示，对器件的载体进行声学扫描，通过调节设备参数，使分层区域进行区分着色，正常区域为灰白色，对分层区域、正常区域各取一点检查信号的波形，两者的波形相反。通过声学扫描，可以确定产品内部的分层情况。

2）扫描器件内部存在的空洞、裂纹等异常

与分层扫描原理类似，当超声波到达异常区域时，在界面处会产生与正常区域存在明显差异的反射信号。通过声学扫描，可以判定器件内部是否存在空洞、裂纹等异常以及异常区域的范围。

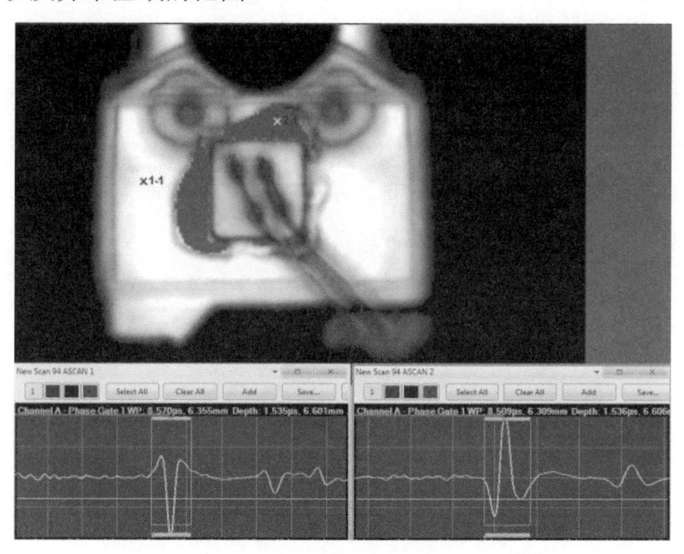

图 8-10　扫描图形示例

3）扫描器件的内部结构

在失效分析工作中，对于陌生的器件，由于不熟悉内部结构，在进行有损分析时，可能导致器件遭到不必要的损伤而影响分析结果。通过声学扫描，可以获得器件内部的基本结构，如芯片尺寸、芯片位置、焊线的位置等信息，从而可以对器件进行准确的分析。

3. X 射线扫描

X 射线是一种波长短、能量高的电磁波，可以穿透很多不透明的物质。X 射线的穿透力与自身的能量和被穿透物质的密度有关，在能量一定的情况下，物质密度越小，对 X 射线的吸收越少，X 射线的穿透力越强。利用这种性质，可以把密度不同的物质区分开来。

基于 X 射线的特点，在功率器件的失效分析中，X 射线扫描有以下三种用途：

（1）对功率器件进行焊料空洞透视。对于使用软焊料的器件，当软焊料内部存在空洞时，空洞位置的软焊料远比正常区域少，穿透过的 X 射线会明显多于正常区域，表现在 X 射线设备上，就是空洞区域明显比正常区域亮度高。

图 8-11 为空洞超标产品的 X 射线照片，从外侧向内侧，分别为产品的框架、软焊料。根据颜色的差异，可以看出软焊料从边缘向内部厚度逐渐增加，软焊料中存在空洞。

（2）检查器件内部是否存在断丝、交丝等异常。由于 X 射线对功率器件使用的金线、铜线穿透性较弱，因此在 X 射线照片上可以清楚地看到焊点的位置、焊线的方向等情况。由于 X 射线对铝的穿透性很强，在 X 射线照片中，铝线、铝带较为模糊，无法使用 X 射线对铝线产品进行检查。

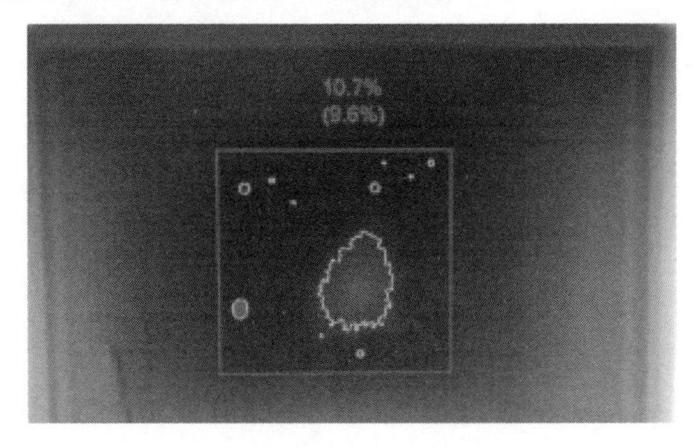

图 8-11　空洞超标产品的 X 射线照片

图 8-12 中的产品是一个失效产品，通过 X 射线扫描，可以确定出现了断丝异常，为后续分析提供了重要信息。

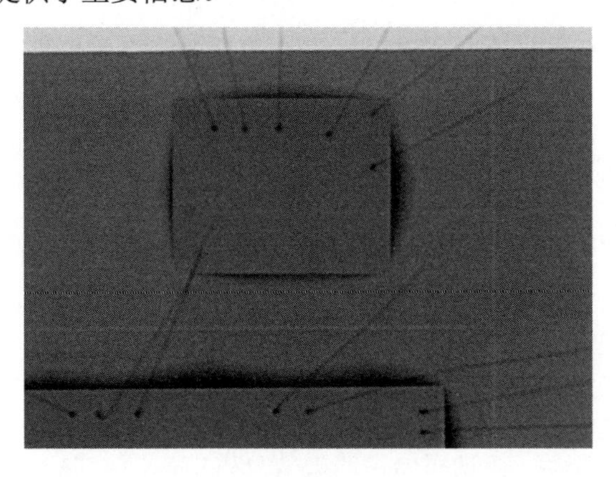

图 8-12　断丝

（3）检查器件的内部结构。X 射线对塑封料、焊线、芯片、软焊料和载体及引脚的穿透性不一致，最终可以形成与器件内部结构相对应的图像。

在对功率器件进行失效分析时，对于不清楚其内部结构的产品，在进行有损分析时，可能导致芯片、焊线等出现损伤。对产品进行 X 射线扫描，可以确认产品内部结构，有利于进一步的分析。

对于图 8-13 所示的器件内部结构，通过 X 射线扫描，可以了解芯片、载体、焊线的分布情况，从而有针对性地进行有损分析。

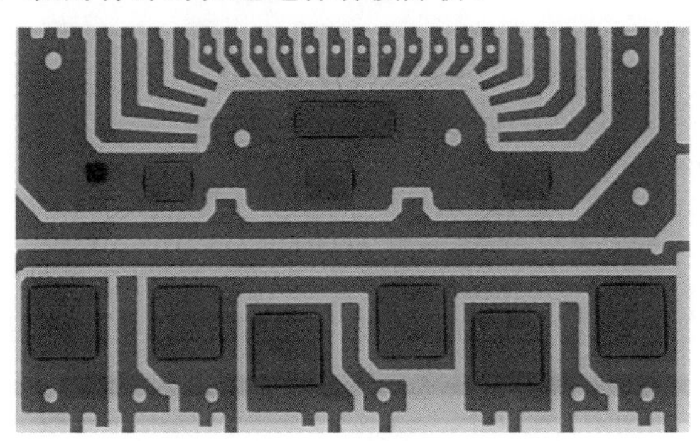

图 8-13　器件的内部结构

8.2.3　有损分析

有损分析会对功率器件造成不可逆的破坏，无法再对其进行电性能分析。因此，在进行有损分析操作之前，要确保必要的电性能测试和计划的无损分析全部完成，以避免产品被破坏后无法继续进行分析。

对失效的功率器件进行有损分析的目的是验证之前进行的各种分析是否准确、全面，或者是对一些通过无损分析无法确定的失效机理进行确认，如芯片损伤、焊点不良等。

通常，有损失效分析主要有开帽、腐球和切片三种。

1．开帽

开帽（Decap）是通过一定方式去除塑封料的过程。

对于塑料封装工艺，开帽有可能对焊线、框架和芯片表面造成一定的损伤，在去除器件外部的塑封料时需要特别注意。为了尽可能减小开帽过程对芯片的损伤，一般将开帽分为激光开帽和化学开帽两个阶段。

在实际开帽过程中，需要使用激光开帽设备，图 8-14 所示为激光开帽机。在遵守设备操作规范的情况下对产品进行开帽，开帽的范围需要根据芯片尺寸、开帽目的等因素决定，基本原则是开帽区域略大于需要检查的区域。

使用激光开帽，以不破坏芯片为原则。因此，当焊点暴露后，需要停止激光开帽，改用发烟硝酸或者发烟硝酸与浓硫酸的混合酸继续进行化学开帽。

化学开帽分为两类，一类是手工开帽，将加热板加热到约 80℃，然后在激光开帽产生的区域滴入酸液，利用酸液的强氧化性腐蚀塑封料，再使用丙酮冲洗。通常这一操作需要重复多次。

另一类是使用自动化学开帽设备，此类设备的作业流程与手工开帽类似，将器件固定在设备的夹具上，然后设定滴入酸液的体积、加热时间、丙酮冲洗时间等相关参数，就可以由设备自动完成整个化学开帽过程。和手工开帽相比，使用自动化学开帽设备开帽的器件质量更高，更节约人力。

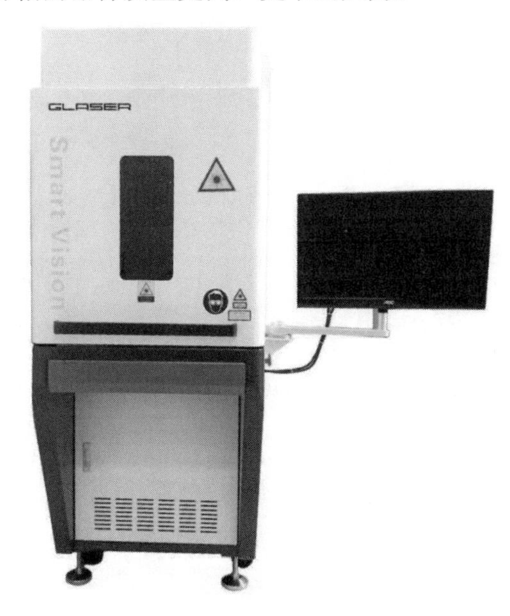

图 8-14　激光开帽机

开帽在失效分析中一般有以下两种目的：

（1）观察器件内部是否存在异常。功率器件失效的多数原因为器件内部存在异常，如芯片烧伤、芯片裂片、芯片崩边、焊线断丝等。通过开帽，可以暴露出原本不可见的器件内部异常，从而分析出器件的失效机理。

图 8-15～图 8-17 分别展示了芯片裂片、芯片崩边、焊点脱落现象，这些异常引起了电性能异常，但是在开帽前无法确定电性能异常的原因，必须通过开帽，直接检查芯片表面才可以确定失效机理。

图 8-15　芯片裂片

图 8-16　芯片崩边

图 8-17　焊点脱落

（2）开帽也为其他分析项目提供条件。开帽除了可以检查器件内部可能存在的异常，还可以为其分析项目提供条件，比如测量芯片尺寸、测量背胶厚度等。

2. 腐球

腐球（Crate）是使用化学试剂将芯片表面结构去除，直接检查硅层的分析方法。

在对失效的器件进行开帽后，对于静电引起的芯片烧伤、焊点下方无法观察到的异常等，或者不确定芯片内部是否存在异常时，需要继续进行腐球。

腐球一般利用强碱或者磷酸等化学溶剂去除芯片表面的铝层、钝化层、焊线等，从而暴露出芯片的硅层，以观察是否存在异常，由于常被用于检查芯片在键合后是否产生弹坑，因此也被称为弹坑试验。

在进行腐球时，首先需要配制适当浓度的酸或碱溶液，在加热板加热到适当温度后放入需要腐球的器件，待铝线自动脱落，铜线或者金线可以使用棉签擦除并取出，放入超声波清洗机内清洗。需要注意，整个过程必须注意安全，包括穿戴必要的防护用具，且在通风柜内进行，以免发生危险，导致人受伤。

图 8-18 和图 8-19 分别展示了芯片弹坑及芯片烧伤图，由于芯片表面存在钝化层，且两个异常均在焊点下方，只有进行腐球才能观察到这些异常。

图 8-18　芯片弹坑

图 8-19　芯片烧伤

3. 切片

切片是对产品进行切割、研磨抛光后检查截面的分析方法。

切片的步骤是，使用切割设备和抛光设备（如图 8-20 所示的样品切割机和样品制备研磨抛光机），将器件按照预期的位置、方向切开。需要注意的是，切开的位置需要与计划区域保持适当的距离，为后续打磨、抛光留下一定的余量。然后使用砂纸对截面进行研磨，直到暴露出需要检查的结构。最后，根据切片的目的进行适当的抛光，以满足检查的需要。

在失效分析中，以下情况应当进行切片：

（1）观察、分析产品在纵向尺度上的缺陷，如空洞、裂纹等。这一类缺陷在纵向尺度上分布范围较大，但是进行开帽、腐球等无法实现目的，必须进行切片。

（2）测量器件内部结构的尺寸，如芯片厚度、软焊料厚度、焊点尺寸等，由于涉及纵向尺度，因此只能通过切片实现。

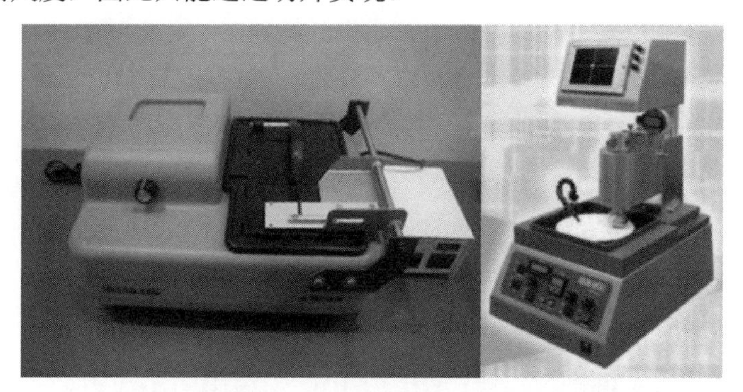

图 8-20　样品切割机和样品制备研磨抛光机

图 8-21 是塑封料与载体间存在分层的产品的切片照片，此分层异常可通过 C-SAM 发现，通过切片可以测量分层区域的尺寸。

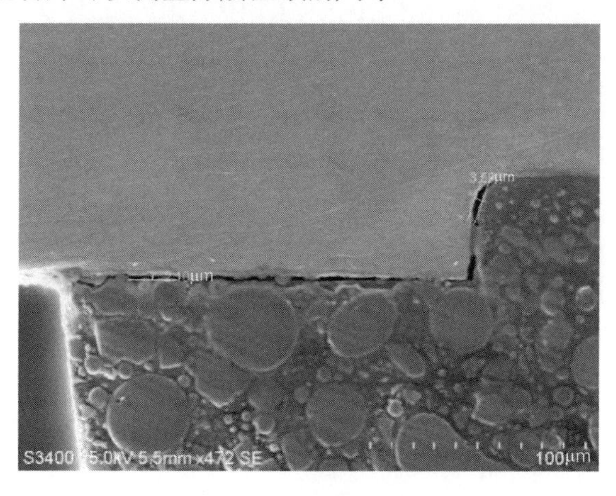

图 8-21　切片照片（分层）

4．微光显微镜

在半导体器件故障分析流程中，微光显微镜（Emission Microscope，EMMI）是基本且常用的故障点定位工具，传统的 EMMI 采用冷却式电荷耦合元件（C-CCD）来侦测光子，其侦测波长范围为 400nm～1100nm，处于可见光和红外光波长范围内。

当半导体器件发生漏电失效时，在器件通电状态下，漏电位置的电子会发生迁移，导致电子与空穴的成对复合而产生光子，或者器件的热载流子释放出多余的动能，会以光子的形式呈现。此两种机制所产生的光子可被 EMMI 侦测到，因此半导体器件因出现漏电结、接触毛刺、氧化层缺陷、热电子效应、闩锁效应、多晶硅晶须、衬底损伤、物理损伤等而产生的光子，可由 EMMI 精确地定位出亮点，进而推知器件中的缺陷位置，如图 8-22 所示。此方法对后续的电性能分析与物理故障分析有很大的帮助。利用 EMMI 不但能知道漏电数值的大小及超标情况，而且能准确地知道漏电的具体位置，这对研发人员改善产品性能有非常大的帮助。研发人员可以有针对性地对漏电区域的工艺进行优化，准确及时地改进产品性能。EMMI 设备如图 8-23 所示。

图 8-22　利用热点分析对缺陷定位

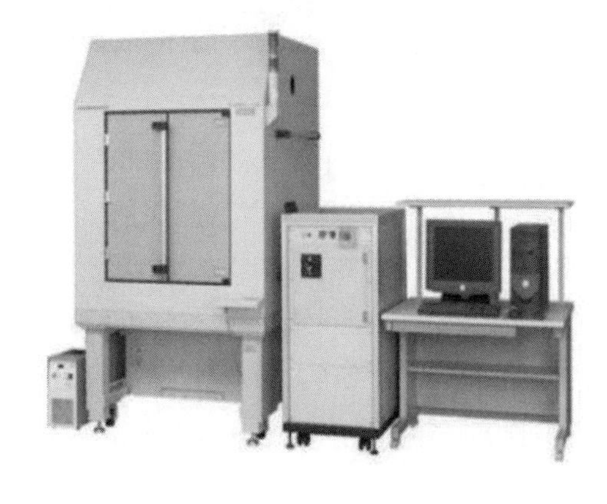

图 8-23　EMMI 设备

此外，还有另一种热点分析系统，如图 8-24 所示，该系统主要包括载物台、探针、显微镜等。其中，载物台用于承载待测晶圆，探针设置在能与待测晶圆接触的位置，显微镜设置在载物台上，并位于待测晶圆正上方。通过探针将放置在载物台上的待测晶圆与功率器件参数测试仪连接，探针与功率器件参数测试仪通过开尔文连接线连接。开尔文接法即四线强制检测法，将放置在载物台上的 MOS 晶圆的漏极分解为 D、D Sense，源极分解为 S、S Sense，并通过探针与功率器件参数测试仪测试端 D、D Sense、S、S Sense 依次对应连接。

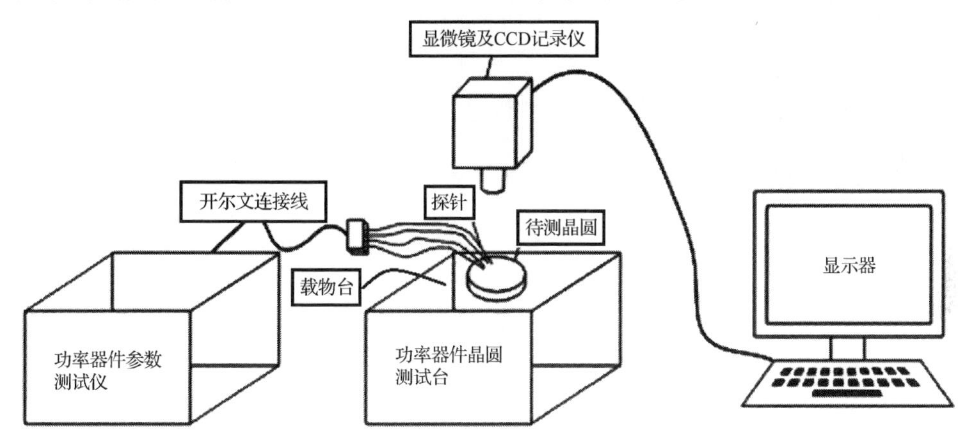

图 8-24　热点分析系统

当 CCD 记录仪关闭时，在晶圆封装前，可以对其直流参数进行测试，基于功率器件参数测试仪、功率器件晶圆测试台进行测试，将晶圆用探针与功率器件参数测试仪相连接，可对器件进行封装前的直流参数测试与分析。

当 CCD 记录仪开启时，在晶圆封装前，可以对其进行液晶参数测试，基于功率器件参数测试仪、功率器件晶圆测试台、CCD 记录仪进行测试，将晶圆用探针与功率器件参数测试仪相连接，并对晶圆进行漏电测试。在晶圆表面涂抹液晶试剂，由于液晶的色彩随温度变化而变化，当晶圆的某处漏电流偏大时，通过功率器件参数测试仪给 MOS 加电，漏电区域会发生明显的明暗变化，如图 8-25 所示，颜色变化越显著，则表示漏电数值越大。此法可用于晶圆表面漏电趋势及区域的测试与分析，同时可利用 CCD 记录仪进行测试录像，以便于后期进一步的分析。

在上述方法中，通过探针将放置在测试台上的晶圆与功率器件参数测试仪连接，探针和功率器件参数测试仪之间通过四线强制检测法——开尔文法连接（见

图 8-26），使得在进行 10^{-6}～10^{-3} 数量级电压、电流测量时，可完全消除由探针、功率器件参数测试仪之间连接导线带来的电压和电流损耗的影响，从而极大地提高晶圆漏电测试的精度。

图 8-25　漏电区域颜色变化示意图

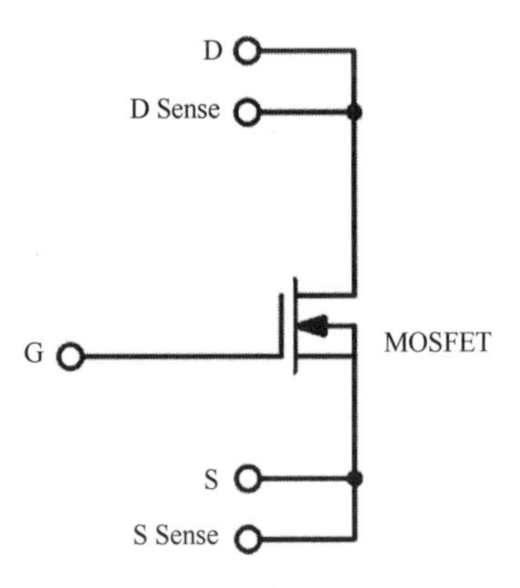

图 8-26　开尔文法连接

5. 电镜

在功率半导体领域中电镜（见图 8-27）是必不可少的工具，电镜主要用于功率器件的结构设计、元素分析及失效分析。

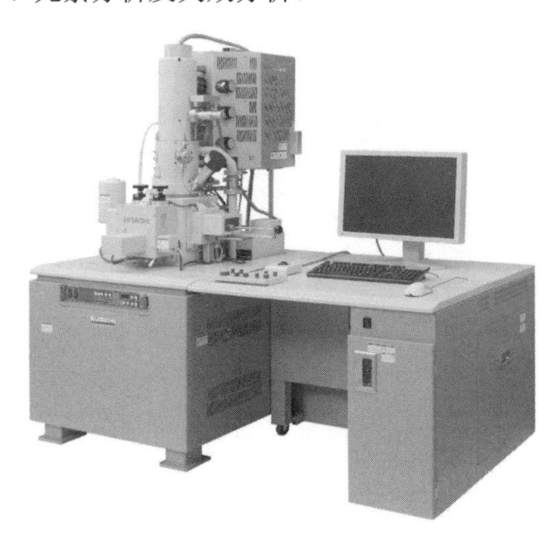

图 8-27　电镜分析系统

根据需求，利用电镜进行分析的一般步骤为：制样→确认切割位置→进行切割→粒子研磨→抛光→喷金→电镜分析（数据尺寸、形貌等）。扫描电子显微镜

（SEM）的分辨率可以达到 1nm，放大倍数可以达到 30 万倍及以上，且连续可调。如图 8-28 所示，利用扫描电子显微镜可以清晰地观察到切面的微观结构，发现普通显微镜难以观察到的缺陷；利用电镜还可以准确地测量器件的微观尺寸，使研发人员对器件失效机理或结构有更清晰直观的理解。

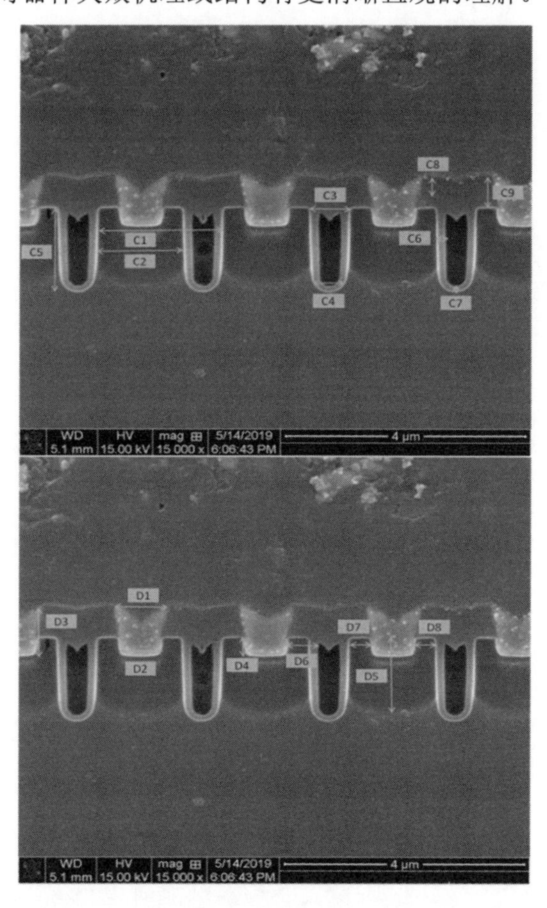

图 8-28　利用扫描电子显微镜进行微观形貌观察及微观尺寸测量

此外，扫描电子显微镜和其他分析仪器相结合，可以做到在观察微观形貌的同时进行物质微区成分的分析。利用电镜可对已知材料成分的表面进行成分分析，根据不同元素特征 X 射线波长的不同来测定试样所含的元素。通过对比不同元素谱线的强度可以测定试样中元素的含量。

失效分析中常用的能量色散 X 射线（Energy Dispersive X-Ray，EDX）分析，就是通过分析试样发出的元素特征射线波长和强度实现的，可检测出外来污染元素的种类与含量（见图 8-29）以及每种元素的分布情况（见图 8-30），从而推断外来污染物的成分；此法常用来确定因器件表面沾污造成的器件异常的具体沾污物成分，再结合器件生产等过程对可能引入含此成分外来物的过程进行分析排查，进而达到减少污染的目的。

标准样品：

C　$CaCO_3$　1-Jun-1999 12:00 AM

O　SiO_2　1-Jun-1999 12:00AM

Al　Al_2O_3　1-Jun-1999 12:00 AM

元素	质量 百分比（%）	原子 百分比（%）
C	15.23	28.51
O	1.52	2.14
Al	83.24	69.35
总量	100.00	

图 8-29　电镜分析元素种类及含量

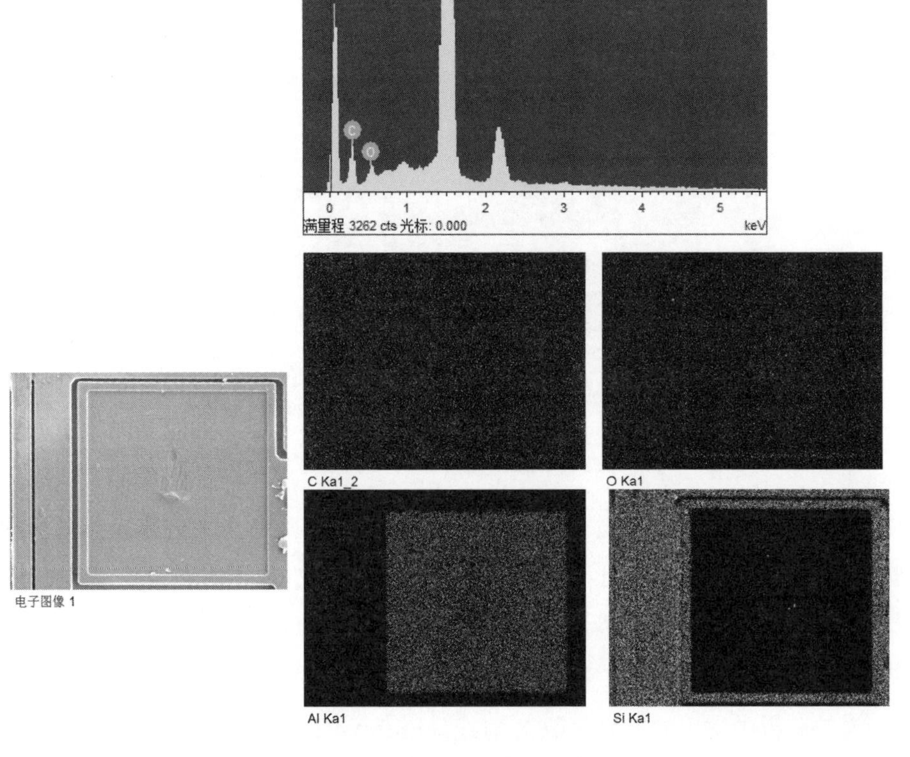

图 8-30　电镜分析元素分布情况

8.3　封装失效的主要影响因素

8.3.1　工作环境

功率器件在使用过程中会受到各种应力的作用。如果设计及装配时的应对措施不当，将会使功率器件承受过大的应力作用，或者功率器件在恶劣的环境下使用，将会对功率器件的性能和寿命产生不利的影响，轻则出现潜在损伤导致寿命缩短，重则造成功率器件损坏。要解决此类问题，就应该对引起各种失效的因素进行研究。

功率器件的应用场景多样，主要的应力类型和失效模式如表 8-9 所示。

表 8-9　主要的应力类型和失效模式

应力类型	应力形式	失效场合	主要失效模式
电应力	静电 浪涌 过电压 噪声	工作 安装 测量	栅极击穿（MOS） PN 结短路（双极型器件） 二次击穿（功率晶体管） 闩锁效应（CMOS 电路）
热应力	高温 低温 温度循环	大功率工作 脉冲工作 高寒地区工作 焊接	热击穿、热疲劳 参数漂移 分层 键合不良
机械应力	振动 冲击 加速度	安装、运输 航天器 航空器 移动装备	塑封体出现裂纹 引线焊点脱落或断裂
气候应力	高湿度 盐雾 高气压	储存 海上、沿海 亚热带地区	外引线腐蚀 芯片金属化腐蚀 电参数变化

1. 电应力

1）静电效应

静电在生活中无处不在，如果处理不当，轻则影响电路的正常工作，重则直接烧毁电子元器件，所以几乎所有电子元器件都要做防静电设计。随着功率器件的发展，生产工艺越来越先进，有些功率器件的尺寸越来越小，内部结构也越来越小，如 MOS 管的栅极氧化层厚度从 100～120nm 进化到 20～30nm，最大耐受电压也下降了，对于静电放电就更加敏感。

静电损伤大多数是潜在而难以事先发现的，也就是说，器件受到静电放电冲击以后，多数情况下并不是直接损坏，而是电参数仍然合格或者有轻微的变化，通过常规方法往往无法筛除。

静电放电的高瞬态电压一般只有 100ns 左右的放电时间。受损电路不同，对放电冲击的敏感性可能有很大的不同，人体模型（HMB）的串联电阻按照美国海军 1980 年提出的标准人体模型为 1.5kΩ，机器模型（MM）通常串联非常低的电阻（＜10Ω），可以看出人体模型的导电性比机器模型差。

功率器件在生产、储存、运输和使用的各个过程都要采取静电防护（ESD）措施，这样才能在全生命周期内确保器件安全。在企业生产过程中，目前都有比较完善的静电防护控制程序，从人机料法环的各个环节进行静电防护。在包装、储存时，目前主要选用防静电的包装材料进行包装。在运输过程中，一般是做好传输器具的良好接地，防止静电荷的累积。在使用过程中，做好全方位的防护，外壳、PCB 均做良好的接地处理。

2）过电压、过电流

自然界的雷电、电源切换、短路或放电、大型负载的功率变换等都有可能引起电路电压或电流的瞬间剧烈脉冲波动，大幅度超过正常的电压或电流额定值，此现象称为过电压、过电流的浪涌现象。浪涌危害主要分为两种：灾难性危害和积累性危害。在中国，据有关统计，在保修期内出现问题的电气产品中，有 63% 的问题是由浪涌导致的。防止浪涌的产生或者减少浪涌发生后对设备产生的损伤，称为防浪涌。

常用的防浪涌电路有三种：传统的防浪涌电路、磁耦合防浪涌电路和光耦合防浪涌电路。

2. 热应力

将功率器件安装到整机上使用时，会受到来自其内部和外部环境的热应力。由于其自身的导通电阻及寄生参数的存在，功率器件在工作时会损耗一定的电能，这部分电能会转化成热能，通过功率器件的散热通道向外传导，往往会导致功率器件的温度产生变化。功率器件外部环境的温差变化，也会在功率器件内部产生应力。例如，从高寒地区驶往热带地区的车辆或者运输的电子产品，其中的功率器件就会受到温度应力的作用。沙漠和荒原地区的早晚温差变化大，会使处在此地的功率器件承受温度循环的应力。

由热应力引起的失效可分为两个方面：

（1）由高温引起的功率器件内部失效。功率器件的最大击穿电压、导通电阻等参数具有正温度系数，高温会引起功率器件的电参数漂移。半导体芯片材料达到本征状态的温度时，器件会变成本征导电，丧失半导体的特性。高温还会加速铝的电迁移，导致开路或短路。目前常用的封装材料为环氧树脂，其玻璃化转变温度 T_g 是其耐温的限制因素。

（2）由于功率器件各组成材料的热膨胀系数的差异，在温度循环冲击时发生的界面失效。

表 8-10 列出了功率器件常见的各种材料的热膨胀系数，可见这些材料的热膨胀系数差异较大，在遇到高低温变化时，由于膨胀值不同，相互之间会产生拉伸或者挤压的力，此为热应力。

表 8-10　常见封装材料的热膨胀系数

材　料	硅 芯 片	铝　线	铜　线	环氧塑封料	高铅焊料
热膨胀系数（$\times10^{-6}$/℃）	4.2	23	17	18～70	17～35

为了应对高温或者高低温循环带来的热应力冲击，往往会在功率器件的工作环境中加强散热设计和管理，例如用散热能力强的铜代替铝，采用高导热塑封料；或者对封装体的结构进行优化，增大散热片的面积以优化接触面积，采用双面散热设计加快散热等。对于温度循环带来的热应力，需要进行材料热膨胀系数的匹配设计，方向一是向硅芯片的热膨胀系数靠近，如采用 AlSiC 代替铜板，AlN 代替 Al_2O_3；方向二是向铜的热膨胀系数靠近，如采用低热膨胀系数的环氧树脂；对于无法进行匹配的界面，如硅芯片上可以压焊铝线，还可以增加缓冲层，如钼片。经过良好热匹配设计后的封装，将会大大降低热应力的冲击对功率器件寿命的影响。

3．机械应力

功率器件在安装、运输和使用过程中，会受到机械振动和冲击以及加速度的影响，这些机械应力有可能导致封装体出现裂纹或破损、引线焊点的脱落或断裂、超薄封装的芯片开裂等。在功率器件的运输、储存和保管过程中，应有良好的包装，以保证产品不会受到环境或不当应力的作用而遭到损坏，不会出现碰撞、挤压或跌落的情况，确保上机前的保护良好。

在系统布局中进行合理设计，减少机械应力的产生。应使功率器件远离高温、高湿或高耗能部件，如果由于位置限制无法避开，则应设置屏蔽层或板进行隔离。应使功率器件远离电动机、发电机等机械振动部件，防止振动冲击的损害。

在安装功率器件的过程中，应采用正确的紧固方法，如采用对角线交替拧紧法。紧固扭矩的大小要适当，既不能增加热阻，又不能导致器件变形甚至损坏内部芯片。对于 TO 系列带螺钉固定孔的功率器件，应选用小于器件螺钉固定孔的螺钉，避免对塑封体攻丝和产生机械应力。螺钉应选择平头的或者添加平垫片，防止紧固力集中，对封装体造成损害。

4. 气候应力

功率器件在运输、安装和使用过程中，由于所处环境的不同会受到温湿、盐雾、酸雨等气候因素的影响。功率器件在温湿、盐雾环境下，水汽或者盐雾有可能从塑封体或者塑封体与引线框架的界面处渗入，导致功率器件因发生电化学反应或者化学反应遭到腐蚀而失效。

为应对气候应力造成的潜在损害，需要从设计、材料和工艺等多方面进行封装优化，如选用表面质量高的引线框架材料，防止有微观纹路或者凹槽结构，导致水汽进入或者残留异物导致腐蚀，还可以对关键区域进行镀银或者镀镍处理，以提高防腐蚀能力。此外，还要进行合理的结构设计，采用合理的锁胶结构：V 槽、背面压溃、麻点等结构形式。优化打线工艺，提高焊点质量，防止出现晶界氧化现象。

8.3.2 封装应力

从目前的工艺流程来看，功率器件要经过高温焊接、铝线等键合、高温注塑、切筋成形等温度变化剧烈、塑性成形等过程，这些过程会产生大量的热应力、机械应力。

通过分析大量的封装失效产品，发现很大一部分失效是由各类应力过大、释放不完全导致的。

1. 封装过程应力的产生

1）装片过程

目前功率器件有很多种粘接工艺，如软焊料工艺、焊膏工艺、高导热银浆工艺等。大部分工艺都需要高温焊接，而引线框架、粘接材料、芯片分别由不同种类材料制成，热膨胀系数差别很大。焊接过程中最高温度可达 400℃，在如此高的温度下焊接，同时需要在很短的时间内冷却至常温。在这个过程中，由于各材料的膨胀率有差异，降温过程中各自收缩程度也有差异，导致产品内部产生内应力。

粘接层在芯片焊接过程中不仅起到连接固化、导电导热的作用，它良好的延展性还起到了吸收内应力的作用。由于 Si 材质芯片偏硬，引线框架也相对较硬，两者热膨胀系数差异较大。但是焊料等粘接层材料相对偏软，很好地吸收了其他层之间产生的应力（见图 8-31），在产品使用过程中受到热冲击、机械外力时，可保护芯片。所以在封装过程中，对于粘接层的厚度要求十分严格，粘接层过厚会影响产品散热，太薄又不能够很好地吸收应力。

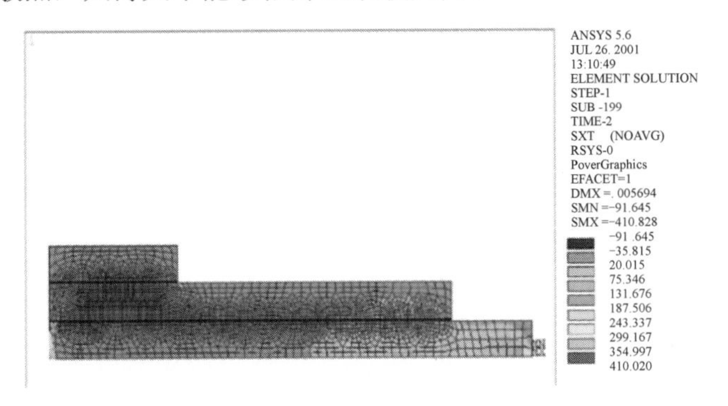

图 8-31　粘片应力示意图[1]

2）键合过程

目前行业内芯片与引线框架仍然大部分靠键合线连接（见图 8-32），粗铝线、铝带键合为主要工艺。通过金/铜线或者铜片进行连接的产品，在键合过程中产生的应力较小。

粗铝线、铝带键合过程中通过楔形钢嘴施加很大的力，辅以高频率的超声波振动，持续几十 ms，使键合线表面和芯片表面原子间互相扩散，形成牢固的共金层。同时，键合过程中产品与基座是相对静止的，所以固定产品的夹具对于产品整体施加了很大的外力。

键合完成后，键合点与键合线之间有一个折弯角，线径越大，产生的应力越大。在一些多排引线框架产品中，键合过程有可能会对框架产生很大的内应力，导致框架变形。另外，对于一些表层金属质量不好的芯片，有可能会出现铝层脱落或者脱焊现象。

3）注塑过程

注塑过程是封装过程中很容易产生应力的环节，影响因素有材料性能、工艺管控等各个方面。

塑封料由大部分的树脂和一些填料、添加剂组成。塑封料、封装体内硅基芯片以及引线框架分别由不同热膨胀系数材料制成，热膨胀系数相差较大，甚至会相差一个数量级（塑封料的热膨胀系数约为 25×10^{-6}/℃，硅的热膨胀系数约为 2.3×10^{-6}/℃）。在器件的使用过程中，尤其是大功率器件，会产生大量的热量造成封装体从内到外温度急剧上升，不同材料之间尺寸变化量相差非常大，各个结合面会产生非常大的剪切应力。于是对结合力不足的界面，这个剪切应力可能会使不同的材料之间产生滑移，进而产生分层，造成芯片布线间短路或开路。

当然，目前常用塑封料中都添加了一定量的硅砂，硅砂的形状一般为不规则形状或者类球形。如果使用的硅砂没有经过球化处理，塑封料的压应力会使其接触到芯片表面，尖角刺破钝化层和金属层，造成参数漂移变化，表现为漏电流增大。类球形的硅砂在应力的作用下对芯片的损伤相对较小。在器件经受热变应力（回流焊、高低温冲击）时，塑封材料与芯片之间的热不匹配所产生的应力仍然是一个不可忽视的因素。

4）切筋成形过程

目前功率器件中，直插器件如 TO-220、SMD 器件如 TO-252/TO-263 等的切筋成形过程大都使用冲切成型工艺（见图 8-33）。在切断连筋、引脚过程中，尤其是在 SMD 器件引脚成型的过程中，冲切模具大力冲击会在器件内部产生大量的内应力，容易产生塑封体分层、开裂等问题。

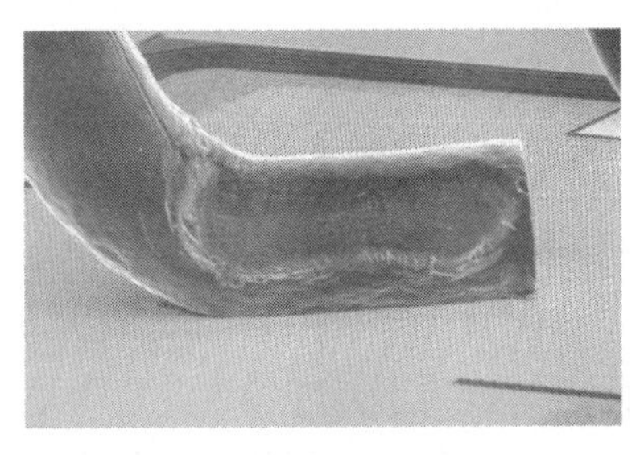

图 8-32　键合示意图

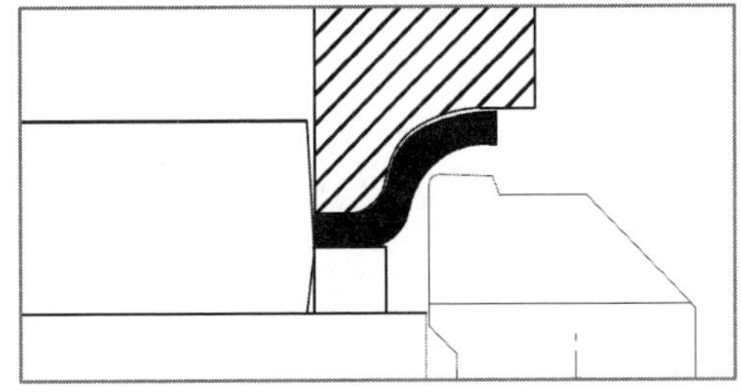

图 8-33　成型示意图

2. 残余应力的消除

通过大量的失效分析发现，有很大一部分失效是由各类应力问题导致的，如：

（1）芯片裂片；

（2）产品 FT 测试漏电流偏大，烘烤后恢复；

（3）产品 FT 测试参数漂移，无损开帽测试正常；

（4）塑封体裂纹；

（5）可靠性试验后，芯片粘接层出现裂缝。

质量与可靠性表现是衡量功率器件优劣的重要指标，在功率密度日益增加、产品应用日益广泛的今天，降低各个环节对产品造成的应力尤为重要。同时，针对特别敏感的芯片，尤其是对湿度敏感等级（MSL）要求高的器件，通过优化封装工艺、优化材料性能，如保持适中的芯片粘接层厚度、减小键合能量输出、研发低应力塑封料、确保器件干燥运输、存储等方法，消除残余应力，才能保证芯片不受损伤。

8.4　失效分析方案设计与实例

8.4.1　失效分析方案设计

对于失效的产品在分析之前会进行再次的电性能确认，一般失效分为两类：①功能性失效；②电性能参数漂移。

1. 功能性失效

功能性失效分为开路和短路，这种功能性失效一般用万用表对比良品和不良品的状态就可以确定。对于个别复杂的，例如时好时坏的开路或者短路，可以采用波形发生器从一个引脚输入低压的方波或者正弦波并进行连续性监测，从而确认失效。

开路的原因主要涉及焊线是否完整、焊点是否脱落；短路的原因一般是不同电极的焊线与芯片、焊线与载体相互搭接，芯片爬锡；开短路分析过程中，一般先在高倍显微镜下观察产品外部是否存在应力所导致的塑封体裂纹，引脚是否正常等，之后用 X 射线透视法去观察焊线是否完整，不同电极与载体，芯片边缘甚至塑封体内有无杂质所导致的短路，最后开帽分析有无焊锡爬高引起的短路；分析焊球是否正常，进而确定失效原因。

2. 电性能参数漂移

电性能参数漂移涉及瞬态热阻测试（DVDS）和雪崩测试及直流静态参数 V_{TH}、$\mathrm{BV}_{\mathrm{DSS}}$、$V_{\mathrm{FSD}}$ 与 I_{DSS}、I_{SGS}。参数漂移在分析之前一定要确认测试结果的准确性，对于部分参数可以运用曲线扫描仪去扫描。

瞬态热阻测试（DVDS）主要反映产品的散热特性，若散热特性不良，一般直接用 X 射线透视焊料的空洞，个别情况下也要开帽去分析焊料的厚度；有时候在上述两种情况下都没出现异常，需要重新确认测试条件的合理性。个别情况下产品会直接烧坏，这主要与芯片有直接的关系。

雪崩测试主要反映产品的抗雪崩能力，对于雪崩测试失效的，一般直接开帽，观察芯片表面的烧伤点后，对于烧伤点集中分布在焊点附近的，可以做弹坑试验，并在高倍显微镜下观察有无铝层的损伤情况。有时雪崩测试不良，产品并未失效，可以借助示波器观察产品测试过程中的波形是否正常，有无振荡。必要时可在测试过程中使用特殊的管控方式，如加磁环及特殊的雪崩测试线缆。

直流静态参数，在分析前需要再次确认测试结果的准确性，尤其是一些受测试环境及夹具影响大的参数，如 I_{DSS}、I_{SGS}、R_{DON} 等。对于漏电参数，一般可以先进行干燥或烘烤除湿，再分组进行验证测试，以确定产品失效是否是由产品密封不好吸潮引起的。排除后，在开帽时不仅可以观察芯片表面是否有异常，还可以保留焊线去测试，进而判断是否是由产品与塑封料不匹配造成的；必要时可以做弹坑试验，分析焊点下方的铝层有无损伤。

在做失效分析之前，应根据失效的原因和环境，有针对性地规划分析的项目，但不管是何种问题，都应先进行电性能确认，再做无损分析，最后进行有损分析。

必要时可以对样品分组进行对比分析。在无损分析中一般以高倍镜检以及电子扫描为主，如 X 射线、超声波扫描等；在对产品进行开帽解剖的过程中，注意保留产品从一个状态到另一个状态变化的照片，以便进行对比分析。图 8-34 是一些常见的具体失效分析流程。

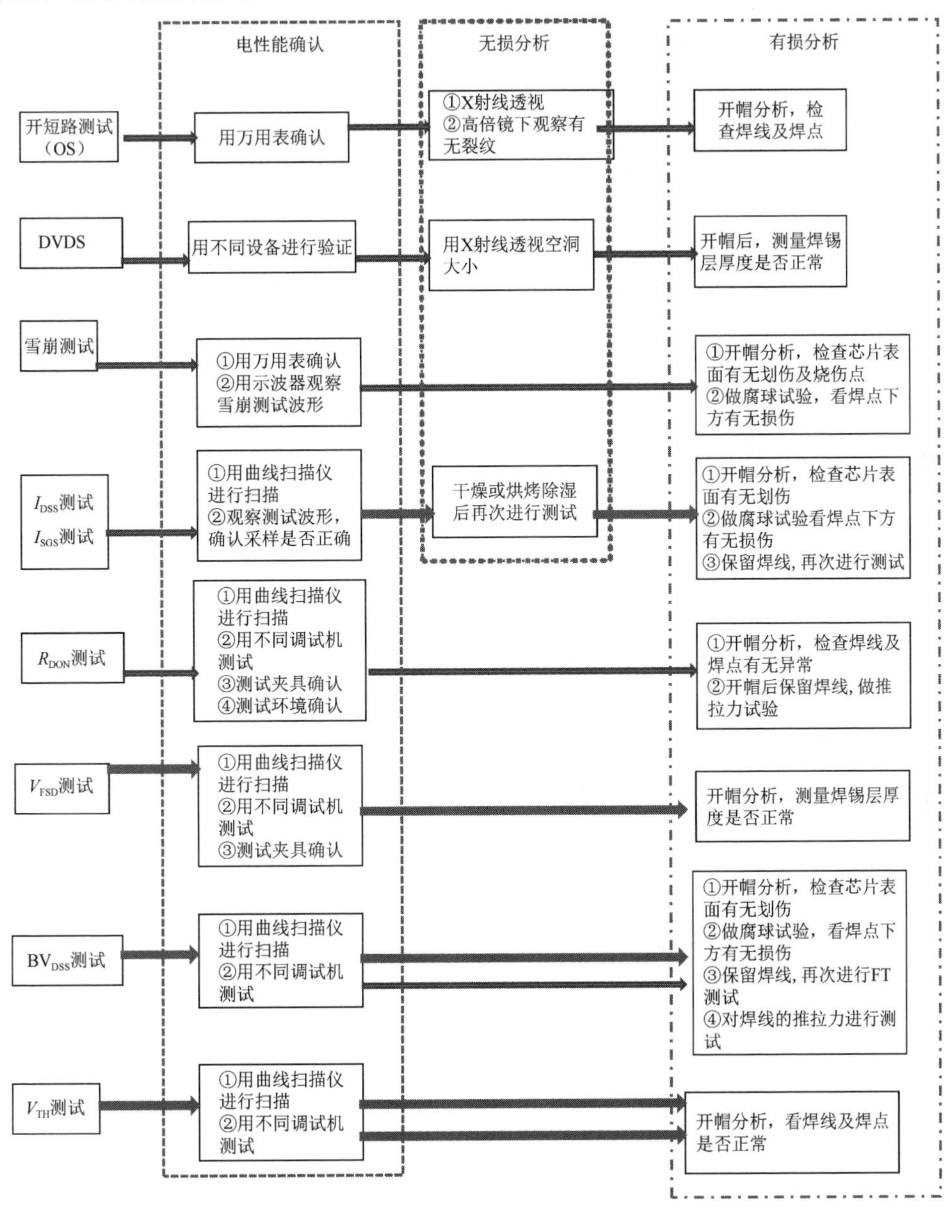

图 8-34　失效分析流程

常见失效分析都遵循电性能确认→无损分析→有损分析的步骤；但有时没必要做无损分析，则可以跳过。例如，雪崩测试不良的问题，在失效分析过程中，当由前面的电性能分析或无损分析已确定原因时，可以不再进行后面的分析。有些较为复杂的问题，在遵循以上原则的同时，可进行分组对比，甚至会出现无损分析和有损分析相互交叉进行的情况。

8.4.2 失效分析实例

本书的 8.2 节介绍了失效分析的方法、项目、设备、分析程序，本节将以实例叙述对功率二极管和功率 MOSFET 分立器件电性能失效产品的分析过程。

1. 功率二极管失效实例分析

在对某批次功率二极管进行封装的过程中，在做电性能测试时出现电性能参数漂移的异常情况，且异常产品数量超出了允许的范围，因此按照相关流程，需要对产品进行失效分析。

按照 8.4.1 节中所述，对于电性能参数漂移的产品，首先对测试设备及测试流程进行检查，确定是否存在设备故障导致测试结果错误的情况，确定测试环境是否符合标准要求、夹具是否完好等，排除产品以外的任何干扰因素，必要时可对产品重新进行测试。

对于电性能失效产品，首先需要进行电性能分析，使用相应设备得到图 8-35 所示 *I-V* 特性曲线。

完成电性能测试后，需要对失效产品进行无损分析。对产品进行外观检查，未见异常。

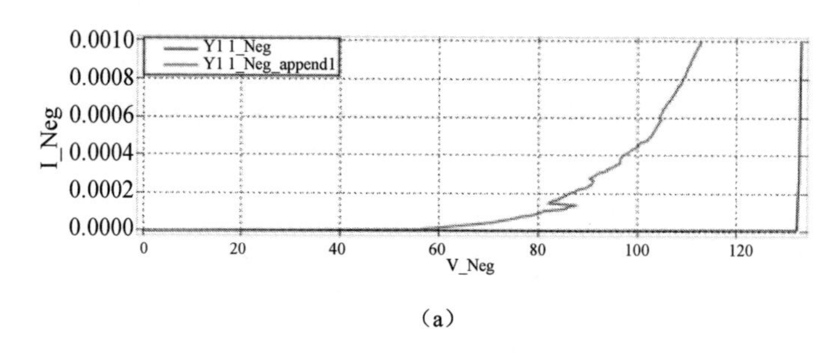

（a）

图 8-35 *I-V* 特性曲线

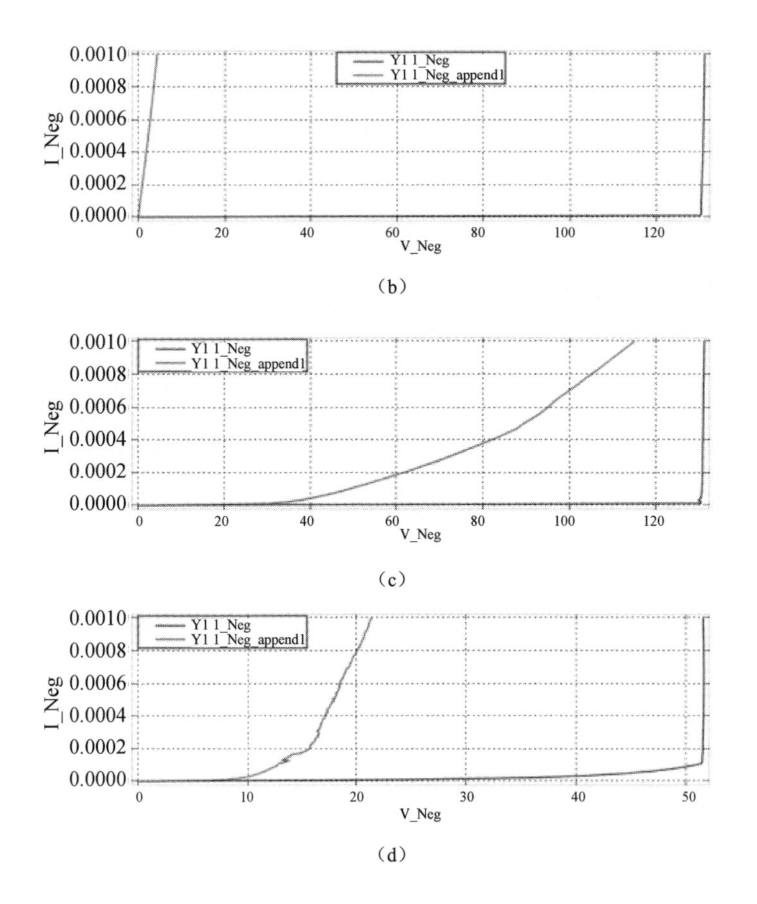

图 8-35　*I-V* 特性曲线（续）

对失效产品取样并进行开帽，在开帽完成后，使用显微镜进行检查并拍照，得到图 8-36 所示照片。

通过显微镜检查，可以确定图 8-36（a）、（b）所示芯片存在崩边现象，图 8-36（c）、（d）所示芯片存在蹭/划伤现象，由此可以初步判断出现电性能异常产品的原因是在封装过程中产生了芯片损伤。为确定这是否为异常产生的原因而进行了异常复现，即在封装过程中人为地对芯片造成崩边、蹭/划伤，再对比验证产品与异常产品的测试结果，若测试结果数据吻合，由此可以确定异常产生的原因。

2．功率 MOSFET 分立器件失效实例分析

上面介绍了一个关于二极管产品失效分析的例子，接下来介绍一个功率 MOSFET 失效产品分析的例子。

（a）

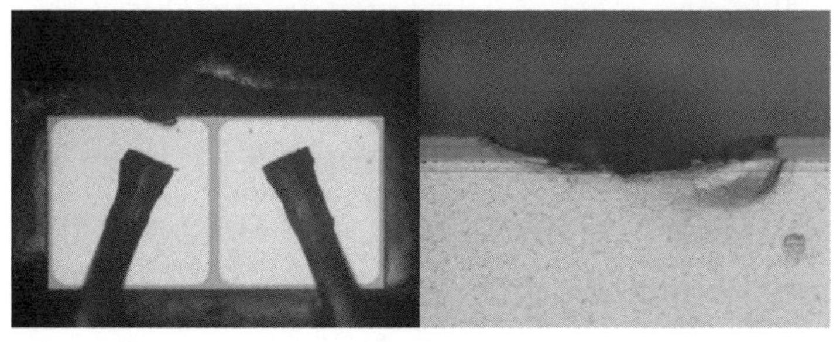

（b）

（c）

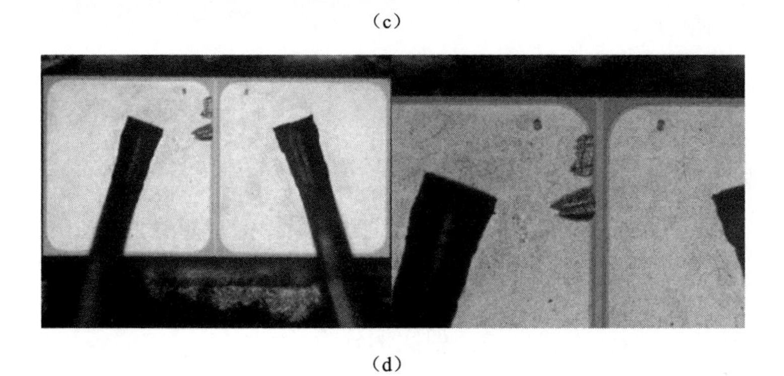

（d）

图 8-36　开帽后照片

某批次的 MOSFET 产品在使用过程中出现了失效，导致整个电路损坏，为避免此类情况再次出现，需要对失效产品进行失效分析，以确定异常发生的原因。

首先对产品进行电性能分析，发现产品的三个引脚全部短路，无法进行具体的测试，放弃此测试。随后对产品进行外观检查，未见异常。接着对产品进行 C-SAM 分层扫描和 X 射线扫描，结果如图 8-37 和图 8-38 所示。

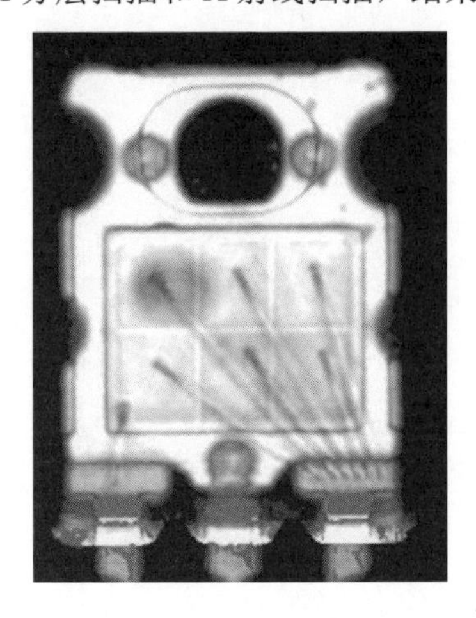

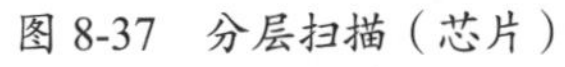

图 8-37 分层扫描（芯片）

图 8-38 X 射线扫描（载体）

图 8-37～图 8-39 分别为异常产品的芯片、载体及引脚的扫描结果，均符合标准要求，因此需要进行有损分析，以确定异常原因。

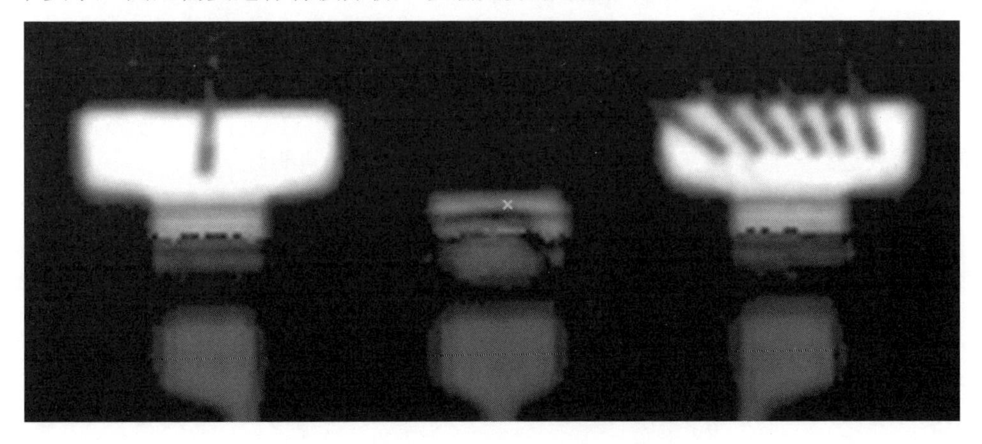

图 8-39 异常产品引脚

对失效产品进行开帽，开帽完成后使用显微镜进行检查及拍照，得到图 8-40。

图 8-40　芯片表面烧伤

在显微镜下检查，发现芯片表面存在烧伤现象，烧伤点距离焊点较远。

为进一步确认烧伤的程度，对产品进行腐球。

使用显微镜对腐球后的产品进行检查（见图 8-41），除烧伤外未发现其他异常。

图 8-41　腐球后的产品表面

通过以上分析过程，可以确定此失效产品不存在封装异常，芯片出现烧伤的原因需要进行其他分析，由于与封装过程无关，因此不再赘述。

8.5　小结

功率半导体封装的失效分析通过对失效原因的定位分析和验证，为封装技术的改进和发展提供了重要的试验依据。随着失效分析理论的发展以及分析手段和相关技术能力的提升，功率半导体封装的失效分析将从单一项目分析发展为电应力、热应力、机械应力等多因素共同作用的系统性分析，从对失效样品的物理分析过渡到对失效的模拟、复现和对失效模式的研究，从失效原因查找发展到失效预测、寿命预测及失效预防研究。除了对失效分析理论、技术和手段的研究，相关技术人员及机构的交流合作也将极大地促进失效分析技术的发展，为功率半导体封装的性能、可靠性和产品寿命的提升提供重要支持。

参考文献

[1] YE H, LIN M H, BASARAN C. Failure modes and FEM analysis of power electronic packaging[J]. Finite Elements in Analysis and Design,2002, (38):608.

第9章

功率半导体封装材料

9.1　功率半导体封装材料的关键性质

封装材料涉及面极广，包括塑封材料、焊接材料、热界面材料、基板材料、引线键合材料等。封装材料在半导体封装中有很多功能，如：实现芯片之间或芯片和外部系统之间的信号传输、电互连、功率分配；提供机械支撑和散热途径；避免内部元器件受湿气和氧气的影响而造成失效或性能退化等。

功率半导体封装材料除了具有上述功能，还有着自己的特点，如功率密度大、电压和电流等级高。因此，功率半导体封装材料还需要具有高可靠性、低寄生电特性、电绝缘特性等。同时，由于其功率密度大，在应用过程中产生的功耗高，进而导致热流密度大，故功率半导体封装材料还要满足高热导率的需求。

在进行功率半导体器件封装时，依据所需特性来选择对应的封装材料，同时可以反过来评价所选材料是否符合所封装器件的具体应用和制造工艺要求。可以说，材料是整个封装系统的核心，材料特性决定了功率半导体封装器件的性能、尺寸、成本、可靠性。因此，了解封装材料的相关特性至关重要。功率半导体封装材料的关键性能包括力学性能、热学性能、电学性能和理化性能等。

9.1.1　力学性能

电子封装的功能之一是为系统中的各组件提供机械支撑和保护，材料的模量与强度等力学性能直接影响这一功能的实现。功率半导体器件在制造过程或使用过程中发生弯曲或者压缩，以及封装内部存在的热梯度和封装材料之间热膨胀系数的不匹配所产生的应力将造成封装材料变形。当封装材料不足以承受较大的应力时，将造成机械失效，如芯片断裂、翘曲、界面分层等。封装材料的力学性能包括弹性模量、杨氏模量、剪切模量、泊松比、抗弯强度和抗拉（压）强度等。

1．弹性模量、杨氏模量、剪切模量与泊松比

（1）弹性模量（Elastic Modulus）主要用来描述物质的弹性，定义为材料弹性变形阶段应力-应变曲线的斜率。材料在弹性变形阶段，其应力和应变呈正比例关系（符合胡克定律），其比例系数称为弹性模量[1]。

（2）杨氏模量（Young's Modulus）是拉伸方向的弹性模量，定义为在单轴变形条件下、线弹性范围内，材料的拉伸应力与拉伸应变的比值，用符号 E 表示。杨氏模量是表征固体材料刚性的物理量，描述了材料在弹性限度内沿轴向抗拉或抗压的能力；杨氏模量越大，表示材料刚性越强，越难发生拉伸变形。

（3）剪切模量（Shear Modulus）又称切变模量或刚性模量，是剪切方向的弹性模量，定义为材料在剪切应力作用下，在弹性变形阶段剪切应力与剪切应变的比值，用符号 G 表示。剪切模量同样是表征固体材料刚性的物理量，描述了材料抵抗剪切应变的能力；剪切模量越大，表示材料的刚性越强，越不容易发生剪切变形。

（4）泊松比是指材料在单向受拉或受压时，横向正应变与轴向正应变的绝对值的比值，也称横向变形系数，是反映材料横向变形程度的常数[1]，用符号 ν 表示。在材料弹性变形阶段内，泊松比是一个常数。

杨氏模量、剪切模量与泊松比一般通过试验测定，测试方法参考国家标准GB/T 22315—2008《金属材料　弹性模量和泊松比试验方法》。这三个物理量并不是相互独立的，对于各向同性材料，三者间的关系可描述为

$$G = \frac{E}{2(1+\nu)} \tag{9-1}$$

弹性模量与原子间价键相关，共价键较强时，弹性模量较高。因此，聚合物弹性模量较低，无分支聚乙烯的弹性模量仅为 0.2GPa，在失效发生之前能够承受一定的变形。相比于聚合物，金属弹性模量高、更为坚硬，但通常密度更大且价

格更高。陶瓷的弹性模量通常非常高，极为坚硬，受到外力发生变形时，通常表现为断裂。

2. 抗弯强度和抗拉（压）强度

抗弯强度（或弯曲强度）是指材料在弯曲载荷作用下破裂或达到规定弯矩时能承受的最大应力，此应力为弯曲时的最大正应力，单位为 MPa[1]。抗弯强度反映了材料抗弯曲破坏的能力。一般通过三点弯曲试验（适用于小弯曲变形时发生断裂的材料）或四点弯曲试验测定（适用于大弯曲变形时发生断裂的材料），试验方法具体可参考国家标准 GB/T 6569—2006《精细陶瓷弯曲强度试验方法》、ISO 14704—2008《精细陶瓷（高级陶瓷、高级工业陶瓷）室温下单片陶瓷挠曲强度的试验方法》、ASTM D790 等。

抗拉（压）强度（Tensile Strength/ Compressive Strength）是指沿轴线施加拉（压）力时，试样拉（压）断前所能承受的最大标称拉（压）应力[1]，单位为 MPa。对于塑性材料，抗拉（压）强度反映了材料抗塑性破坏的能力；对于脆性材料则反映了材料抗断裂破坏的能力。对于抗拉强度，一般采用哑铃形试样通过拉伸试验测定，试验方法具体可参考国家标准 GB/T 228.1—2010《金属材料　拉伸试验　第 1 部分：室温试验方法》、GB/T 228.2—2015《金属材料　拉伸试验　第 2 部分：高温试验方法》、GB/T 228.3—2019《金属材料　拉伸试验　第 3 部分：低温试验方法》、ASTM D638 等。脆性材料的抗压强度，一般采用材料压缩试验进行测定，试验方法具体可参考国家标准 GB/T 7314—2017《金属材料　室温压缩试验方法》、GB/T 10424—2002《烧结金属摩擦材料 抗压强度的测定》、JIS R 1608:2003《精密陶瓷的抗压强度试验方法》等。

9.1.2 热学性能

1. 热导率

热导率（Thermal Conductivity）又称导热系数，是指单位长度内的材料在单位温差下和单位时间内经单位导热面所传递的热量[2]，沿 x 轴一维方向的热导率可由稳态热传导的傅里叶定律表示：

$$Q=\lambda A\frac{\mathrm{d}T}{\mathrm{d}x} \tag{9-2}$$

式中，Q 为热流量，单位为 W；λ为热导率，单位为 W/(m·K)；A 为垂直于热流通过的截面积，单位为 m^2；T 为温度，单位为 K。

热导率表征了材料传递热量的能力，其倒数为热阻。热阻反映了材料阻止热流扩散的能力。

对于功率半导体封装而言，一般热量耗散高，并且要长期连续工作，因此热导率是一个重要的参数，直接影响器件的可靠性和使用寿命。通常封装材料的热导率越高越好，有利于封装散热。

2. 热阻

热阻（Thermal Resistance）是指当有热量在物体上传输时，物体两端温差与热源的功率的比值[2]：

$$R = \frac{\Delta T}{P} \tag{9-3}$$

式中，R 为热阻，单位为 K/W；ΔT 为物体两端温差，单位为 K；P 为热源功率，单位为 W。

热阻体现了物体阻止热量传递的能力。一般情况下，热导率越高的物体，热阻越低。

传热主要有三种方式：热传导、热对流和热辐射。根据传热方式的不同可对热阻进行分类。以热传导方式在物体内部传递热量时的热阻称为导热热阻，热阻大小主要受热导率及固体的厚度影响；以热对流方式在固体壁面与流体之间传递热量时的热阻即对流热阻，其大小主要与流体的性质（如黏度、热导率、比热容、密度）、流体的形态（层流或湍流）、传热面形状、固体表面粗糙度等因素相关；两个温度不同的物体相互辐射换热时的热阻为辐射热阻，与温度密切相关。

此外，当两个固体相互接触时，热量从高温物体流向低温物体，理想情况下两固体间温度分布应该是连续的，然而试验发现，在固体接触面上有一段明显的温度落差。也就是说当热流流经两相互接触固体的界面时，界面对热流表现出明显的阻力，这一阻力称为接触热阻（Thermal Contact Resistance），是由固体表面不完全接触导致的热流收缩所形成的接触换热附加阻力，可用两个交界表面的温度差除以界面平均热流量得到[3]。任何两相互接触的固体之间都不是理想接触的，固体表面形态、粗糙度等因素均会使得界面间存在缝隙。接触热阻产生的原因就是由于接触交界面处存在缝隙，当热量通过缝隙内气体的热传导和热辐射进行传递时，传热效率远低于固体热传导，导致接触面的温度出现落差。接触热阻会造成封装系统的温度梯度过大，不利于工程应用。为减小接触热阻，可增加两固体接触面的压力，减小交界面处的缝隙；或在交界面处填充导热能力远高于气体的导热材料，如导热胶、导热硅脂等。

3. 热膨胀系数

材料在加热或冷却时尺寸会发生变化，将单位温度变化所导致的材料尺寸的变化，包括体积变化、面积变化或长度变化，定义为材料的热膨胀系数（Coefficient of Thermal Expansion，CTE），量纲为 1/℃，公式表达为

$$\mathrm{CTE} = \frac{\mathrm{d}l}{l \cdot \mathrm{d}T} \tag{9-4}$$

热膨胀系数与材料和温度有关。功率半导体封装体是由多种不同的材料组装在一起的，在一定温度范围内制造及应用，不同材料在不同温度下的热膨胀系数往往不同，而这些材料又通过各种封装工艺连接在一起。CTE 不匹配会造成封装体内产生较大的热应力，降低热机械可靠性，严重时导致界面脱层、器件开裂而失效。因此，对于紧密结合在一起的封装材料，其 CTE 最好相同或相近，以降低封装体内的热应力。

4. 玻璃化转变温度

玻璃化转变温度是指无定型材料从玻璃态转化为橡胶态所对应的温度，用符号 T_g 表示。达到玻璃化转变温度时，大多数材料的物理性质发生剧变，如体积和模量发生剧烈变化，产生严重的热应力，造成尺寸不稳定并发生翘曲，降低器件的可靠性。

模塑料加热固化时或温度变化时，因与其他封装材料的热膨胀系数不匹配，封装内部产生应力，导致模塑料开裂、界面脱层。为了降低热应力，需要降低封装材料的弹性模量 E、线膨胀系数 α 或玻璃化转变温度 T_g。然而，硅基功率半导体在工作状态下温度通常为 125～150℃，SiC 或 GaN 功率半导体工作时甚至可达 200℃以上的高温。为满足功率半导体器件的高温应用需求，封装材料需要具备耐

高温性能，并且在高温下可长期稳定运行，这就意味着材料的玻璃化转变温度需要提高至工作温度以上。降低 T_g 会导致模塑料常温下机械性能降低、耐高温性能降低。因此，通常在保证高 T_g 的前提下，通过增加填充料或采用低应力改性剂的方法来降低封装应力。

9.1.3　电学性能

1．电阻率

电阻率（Resistivity）是描述材料导电性能的物理量，定义为单位长度、单位横截面积的电阻大小，用符号 ρ 表示，单位为Ω·cm。对于一般物体，电阻率可表达为

$$\rho = \frac{R}{L / Wh} \tag{9-5}$$

式中，R 为电阻，单位为Ω；L、W、h 分别为材料的长度、宽度和厚度，单位为 cm。

电阻率与导体的长度、横截面积等因素无关，是导体材料本身固有的电学性能，由导体的材料决定。电阻率一般随温度而变化，在较小的温度变化范围内，电阻率与温度呈线性关系。

电阻率较低的材料称为导体，其导电性能好，如金属；电阻率较高的材料称为绝缘体，其导电性能差，大多数共价化合物和离子化合物在固态时是绝缘体，如塑料、陶瓷等；半导体的电阻率位于二者之间。此外，对于塑封料而言，电阻率还反映了其抵抗漏电流的能力，电阻率越大，漏电流越小，电传导性能越差。封装中既需要导电性能好的材料，也需要导电性能差的材料，需要根据器件封装的功能及目的进行选择。

2．介电常数和介电强度

（1）介电常数是衡量绝缘体储存电能特性的物理量。对于塑封料等在功率半导体封装中起绝缘作用的材料，其介电常数应该很低，此时用绝缘常数来表征。绝缘常数又称为相对介电常数，简称为介电常数，通常用符号 k 表示，其定义为

$$k = \frac{C_S}{C_V} \tag{9-6}$$

式中，k 为介电常数，无量纲；C_S 为两极板间加入介质时电容器的电容；C_V 为两极板间为真空时电容器的电容，单位为 F。一般而言，k 并不是真正意义上的常数，而是与温度、薄膜厚度、频率、电压、寿命等诸多因素密切相关的。一般将 $k<4$ 的材料称为低介电材料，可避免高频信号畸变。

（2）介电强度是介质击穿的最大电压值。当电场强度超过某一临界值时，介质由介电状态转变为导电状态，这种现象称为介质击穿（或介电击穿），相应的临界电场强度称为介电强度[4]。介电强度越高，则绝缘性能越好。外部施加的电场的强度超过介电强度时，会发生电介质崩溃或故障，导致电介质永久损坏。试验方法具体可参考标准 GB/T 31838.2—2019《固体绝缘材料的介电和电阻特性 确定电阻特性(DC 方法) 体积电阻和体积电阻率的一般方法》（替代原有标准 GB/T 1410—2006、等同于国际标准 IEC 62631-3-1:2016）、ASTM D149-2009。

功率半导体器件尤其是中高功率器件，在雷击、电力系统开关或电路出现异常情况下会产生瞬态过电压，这种瞬态过电压称为浪涌电压。浪涌现象会损坏设备甚至伤害操作人员。为避免两个电路或系统间的浪涌冲击及瞬态过电压，需要提高功率器件封装材料的绝缘性能。一般绝缘介质可以是不吸湿且阻燃的固体材料，如无机非金属材料（玻璃、陶瓷等，介电常数一般在 6～10 之间）、聚合物材料（介电常数一般在 2～5 之间），也可以是元器件间的空气。电子设备雷击浪涌抗扰度试验可参考标准 GB/T 17626.5—2019《电磁兼容 试验和测量技术浪涌（冲击）抗扰度试验》（等同于国际标准 IEC 61000-4-5）。

9.1.4 理化性能

1．润湿性

润湿过程是以固-液界面取代固-气界面时，液体表面扩展的过程。润湿性直接影响焊接质量。熔融焊料的润湿程度与焊料和金属基底的表面能大小相关。焊接过程中，固态金属（金属基底）和熔融状金属（熔融焊料）被气体包围，暴露的固体表面、液体表面和固-液界面三者的自由能关系可用 Young 方程描述为

$$\gamma_{sl} + \gamma_l \cos\theta = \gamma_s \tag{9-7}$$

式中，γ_{sl} 为固-液界面能；γ_l 为液体表面能；γ_s 为固体表面能；θ 为液体与固体之间的接触角，如图 9-1 所示。对于局部润湿情况，接触角 θ 越小，表示润湿性越好。

图 9-2 给出了接触角与润湿状态的关系。通常采用在焊料中添加助焊剂的方法清除固体表面污物，提高固体表面能，降低接触角，从而改善润湿性。

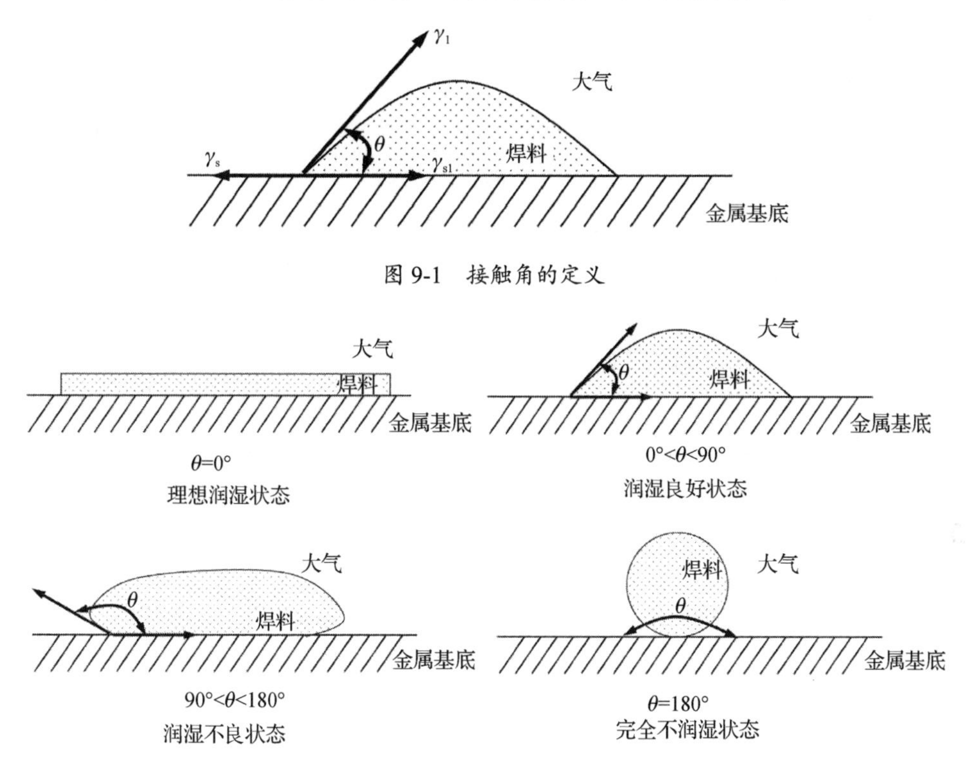

图 9-1　接触角的定义

图 9-2　接触角与润湿状态的关系

2．耐腐蚀性

所有的封装材料都要能够耐受恶劣条件，如化学腐蚀和离子性杂质造成的电化学腐蚀。

化学腐蚀主要来源于器件所应用的环境，器件与所接触的环境介质（酸、碱、盐、水、气体等）相互作用发生损耗与破坏。腐蚀以不同的速率发生，难以量化，了解材料的耐腐蚀性能对于设计封装结构来说非常重要。通过工艺步骤设计减弱材料间的化学作用，可提高封装材料的可靠性。试验方法具体可参考国家标准GB/T 2423.17—2008《电工电子产品环境试验　第 2 部分：试验方法　试验 Ka：盐雾》、GB/T 2423.18—2012《环境试验　第 2 部分：试验方法　试验 Kb：盐雾，交变（氯化钠溶液）》、IEC 60068-2-11 等。

电化学腐蚀大多由离子性杂质引起。湿气渗透进封装材料后，如果其中含有离子性杂质（如 Na^{+}、Cl^{-}、Fe^{3+}等），由于电化学反应，杂质会对芯片上的铝金属布线层造成腐蚀。由于铝为两性金属，既能和酸反应，也能和碱反应，因此在酸性或碱性环境下均会发生腐蚀。因此需要控制封装材料尤其是聚合物材料中的水分及杂质离子，可采用增加表面处理填料的方法降低湿气渗透，采用添加离子捕捉剂的方法去除离子性杂质，采用增加铝保护剂的方法提高铝金属布线层的耐腐蚀性等。

绝缘材料在户外及严酷环境中运行往往受到盐雾、灰尘、潮气等污染，长期影响下将在材料表面形成电解质。在电场作用下，电解质的存在会导致聚合物表面出现漏电起痕破坏的现象，导致聚合物表面形成不完全导电通路[5]。在材料表面逐步形成导电通路的过程称为电痕化，而绝缘材料在放电作用下引起的材料损耗称为电蚀损。通常采用电痕化指数来表征绝缘材料对严酷环境尤其是电应力和电解杂质联合作用的耐受能力，测试标准参考 GB/T 6553—2014《严酷环境条件下使用的电气绝缘材料 评定耐电痕化和蚀损的试验方法》、IEC 60112、IEC 60587 等。

3. 湿气扩散率

电子系统中水汽的存在几乎全是有害的，湿气会导致金属腐蚀、聚合物膨胀、应力破坏、爆米花效应、材料性能下降、封装材料界面脱层等后果。因此，防止湿气渗透到封装体内部是提高器件可靠性的重要措施之一。一般而言，金属和陶瓷材料湿气扩散率低，其封装可以有效防止湿气渗透；由于高分子材料的分子间距较大，水分子可以渗透进分子间隙，因此水汽通过聚合物材料如环氧树脂模塑料的扩散率大约是陶瓷或金属材料的 10^{8}～10^{15} 倍。实际进入塑料封装中的湿气量正比于该材料的湿气扩散率和扩散的驱动力（内外相对湿度差），反比于塑封材料的厚度。湿气扩散率一般通过在 85℃、85%RH 环境下暴露一周来测定，具体参考国家标准 GB/T 1037—1988《塑料薄膜和片材透水蒸气性试验方法（杯式法）》、IPC/JEDEC J-STD-20《非气密固态表面贴装器件湿气/再流焊敏感度分级》等。

4. 界面黏滞性

湿气除了直接渗透进封装体内，若界面黏滞性较差，湿气会沿着界面迁移到封装体内部。因此，界面黏滞性对于防止湿气渗透也很重要。界面黏滞性取决于界面区域不同材料的表面能，在连接材料之前，对各材料表面的预处理是提高界面黏滞性的关键。实际封装过程中，通常预先清洁材料表面，并选择合适的温度进行封装。

9.2　塑封材料

功率半导体的封装形式较多，主要与其工作电压和电流的大小有关，而不同的封装和应用要求，决定了如何选择封装材料。功率半导体器件的工作温度范围一般为-55～175℃，有些特殊应用的工作温度甚至达到 200℃以上，因此在选择封装材料时，要考虑以下要求：

（1）较高的电绝缘强度和较高的绝缘电阻，尽可能小的介质损耗和介质常数，这有利于电信号的传递，使电参数受温度和频率变化的影响尽可能小；

（2）足够的物理机械性能，如冲击强度和热变形温度，能够抵抗外界机械冲击应力和热应力对封装体的损伤；

（3）较高的模量和抗压强度，在应力状态下保持封装体形状和尺寸，确保内部芯片的安全；

（4）合适的工艺加工性能，如低黏度、低加工温度及较长的保存周期等；

（5）优异的散热能力，使功率半导体工作时能够较快地将热量传导出去，保持稳定工作。

目前主流的功率半导体分立器件，一般采用环氧树脂塑封封装；而功率半导体模块，通常采用环氧树脂塑封封装和灌封封装两种封装形式，如图 9-3 和图 9-4 所示。中、低功率模块，由于其尺寸较小，应用要求相对较低，通常采用塑封封装；而中、高功率模块，电流较大，散热需求高，通常采用带散热底板的灌封封装形式。

环氧树脂作为应用较多的热固性树脂，具有非常优异的特性，如优良的黏结性、很好的机械强度、出色的电绝缘性、耐腐蚀性、耐湿热性等适应环境变化的特性，同时，具有黏度高、固化收缩比例较小等优良的加工特性[6]，因此环氧树脂塑封封装材料（后续称为环氧塑封料）成为功率半导体封装的首选。

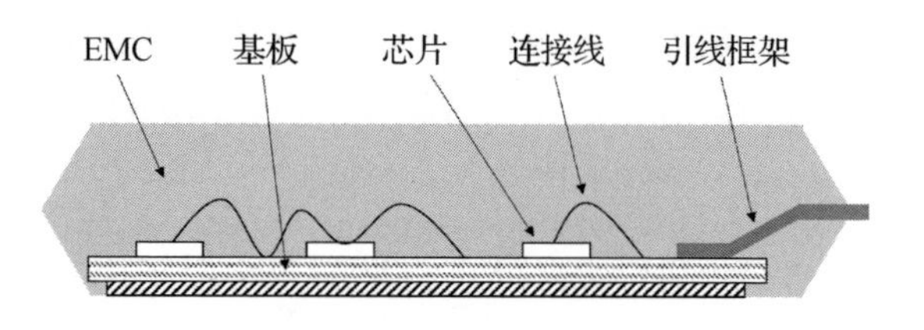

图 9-3　塑封封装模块示意图

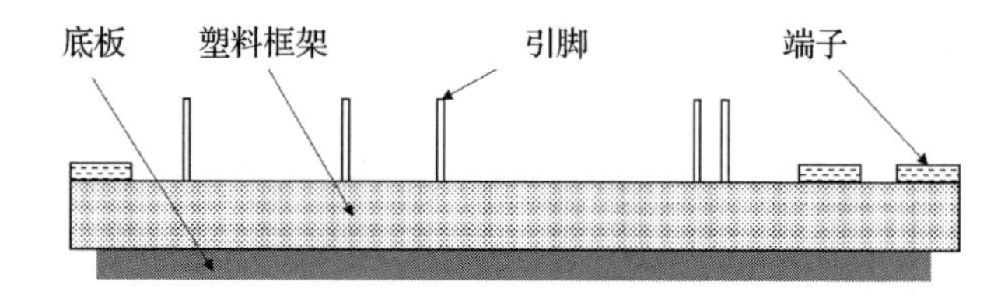

图 9-4 灌封封装模块示意图

环氧塑封料（Epoxy Molding Compound，EMC），是以热固性环氧树脂和无机填料为主要成分，以合适的比例加入其他添加剂，如固化剂、固化促进剂、阻燃剂、分散剂、增韧剂、着色剂等，充分搅拌混合后制成片状，然后经冷却、粉碎、压粒等工艺制成封装用的成型材料。一般多为颗粒状材料，适用于转移注塑成型工艺，多用来生产功率半导体器件及中、低功率的半导体模块。

对中、高功率的灌封半导体模块而言，常用的材料有三种：环氧树脂系、有机硅凝胶和聚氨酯系。环氧树脂系材料具有优良的电性能及较低的收缩率，且固化过程没有副产物，应用范围较广。但环氧树脂系材料耐热性较差，固化后存在较高的内应力，更多应用于中、低功率器件或电子器件的灌封封装。聚氨酯材料的特点是环境适应能力强、抗振性能和耐冷热循环性能好，但在高温固化时封装体容易发脆，主要用于普通功率半导体器件的灌封。有机硅凝胶具有一系列优良的性能，如能够同时耐高温低温，固化后对内部芯片和键合点的剪切应力较低，电绝缘强度高，在中、高功率半导体模块封装领域应用极其广泛。

9.2.1　环氧塑封料

环氧塑封料用来保护半导体芯片，以避免其在工作时受到机械外力、湿气、高温及紫外线的伤害。近年来，随着汽车、变频家电、机器人、铁路、新能源等各领域的蓬勃发展，以及功率半导体器件封装不断向薄型化、小型化、高密度模块化方向发展，性能更好的碳化硅（SiC）芯片和氮化镓（GaN）芯片也开始进入大量应用阶段，对封装材料的热性能和电性能有了更高的要求。

1．环氧塑封料的组成

环氧塑封料是以环氧树脂为基体，加入无机填料和各种添加剂制成的复合材料，广泛应用于半导体塑封封装。表 9-1 为常见的环氧塑封料的组分及其功能。

表 9-1　环氧塑封料的组分及其功能

种　类	含　量	功　能	典型代表
环氧树脂	5%～20%	决定材料的基本属性：成型性、力学和电学性质及耐湿耐热性	邻甲酚醛环氧树脂、联苯型环氧树脂、多官能团环氧树脂等
固化剂	5%～15%	参与交联（固化）反应，与树脂形成交联网状结构	胺、酚醛及酸酐等
固化促进剂	<1%	催化剂，加快环氧树脂和固化剂在特定温度时的交联反应	胺、咪唑等
无机填料	60%～90%	减少固化收缩，减小热膨胀系数，提高热导率，满足特定的力学需要	硅微粉、氧化铝、氮化铝、碳化硅等
偶联剂	<1%	改善填料界面性能	硅烷、钛酸酯等
阻燃剂	1%～5%	增加材料的阻燃性，防止半导体器件或模块燃烧	三氧化锑、溴化物、金属氢氧化物等
应力吸收剂	1%～5%	减少产品固化后的内部应力	硅橡胶、热塑性聚合物等
脱模剂	<1%	使固化后的产品易与模具分离	硅油、蜡等
着色剂	3%～5%	提供器件的外观颜色，一般以黑色为主	炭黑
其他	少量	改善流动性，减少游离的离子等	

1）环氧树脂

环氧树脂作为主要的基体材料，对封装材料在注塑时的流动性、黏度、固化后材料的力学性能和电气性能与热传导性能起决定性的作用[7]。根据不同的应用需求，选择的环氧树脂也有较大的差异。功率半导体封装主要采用以下几种：邻甲酚型、双酚 A 型、多官能团型、联苯型、萘酚型、双环戊二烯苯酚（Dicyclopentadiene，DCPD）型等。其中：邻甲酚型由于其优异的加工性能及适中的其他性能，主要用于功率半导体分立器件；双酚 A 型和联苯型，由于其低黏度、黏结性好的特点，主要用于薄型封装；而多官能团型、DCPD 型、萘酚型及其改性的环氧树脂由于其优异的热稳定性、耐候性及电性能，主要应用在高功率器件及半导体模块的封装上。然而，在实际应用中，各大环氧塑封料生产厂商都会根据实际的需求对环氧树脂的选择进行调整，一般会考虑产品的设计、模具设计、应用条件、产品可靠性要求等选择不同种类的环氧树脂进行搭配使用。表 9-2 为功率半导体封装常用环氧树脂的典型结构及性能。

表 9-2　常用环氧树脂的典型结构及性能

环氧树脂	典 型 结 构	性　　能
邻甲酚型 （OCN）	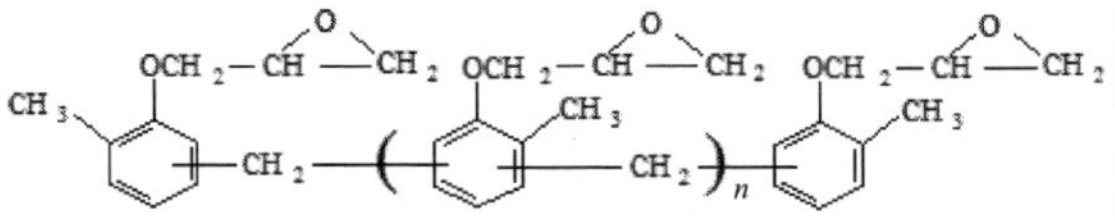 O　O　O $OCH_2-CH-CH_2$　$OCH_2-CH-CH_2$　$OCH_2-CH-CH_2$ CH_3　CH_3　CH_3 CH_2　CH_2　n	成型性好 反应性、吸水性一般 成本低
双酚 A 型	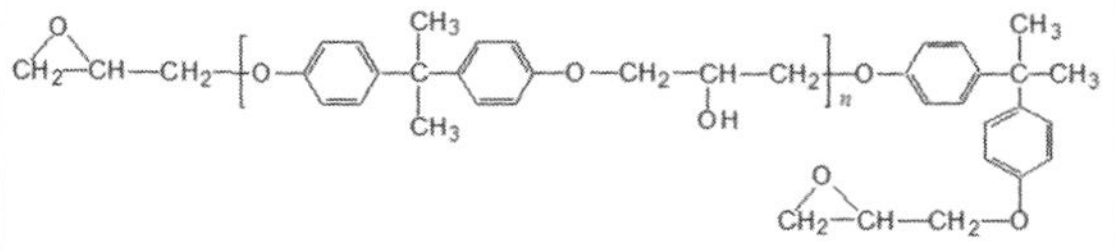 O　CH_3　CH_3 $CH_2-CH-CH_2-[O-C-O-CH_2-CH-CH_2]_n-O-C-CH_3$ CH_3　OH O $CH_2-CH-CH_2-O$	黏度很低、黏结性好 模量较低 成本低
多官能团型 （Multi-functional）	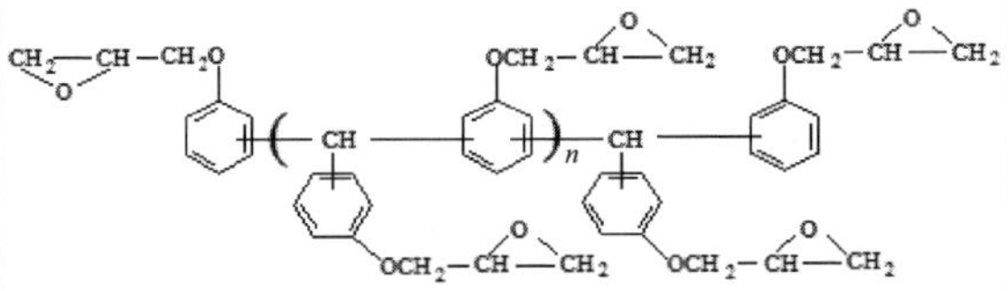 $CH_2-CH-CH_2O$　O　O O　$OCH_2-CH-CH_2$　$OCH_2-CH-CH_2$ CH　n　CH O　O $OCH_2-CH-CH_2$　$OCH_2-CH-CH_2$	吸水性差、耐热性好 成型翘曲度小 成本高
DCPD 型	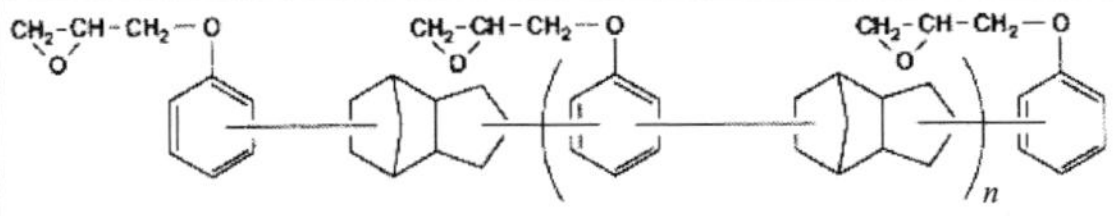 $CH_2-CH-CH_2-O$　$CH_2-CH-CH_2-O$　$CH_2-CH-CH_2-O$ O　O　O n	吸水性差、黏结性好 强度高、耐热性佳 电性能优良
联苯型	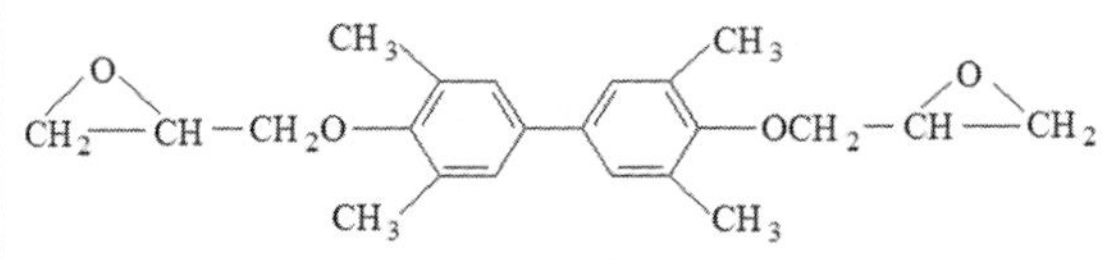 O　CH_3　CH_3　O $CH_2-CH-CH_2O$　$OCH_2-CH-CH_2$ CH_3　CH_3	黏度低、黏结性好 模量较低 成本较高
萘酚型 （海因树脂）	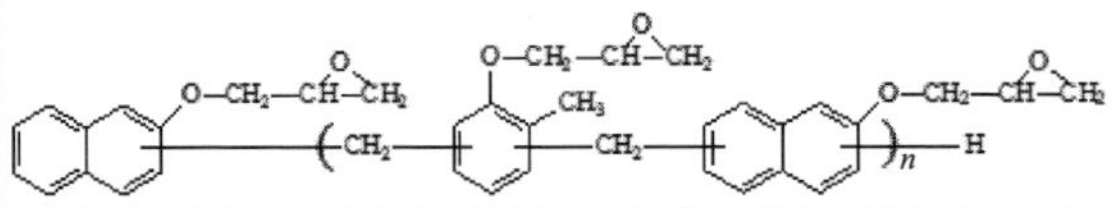 O　O　O $O-CH_2-CH-CH_2$　$O-CH_2-CH-CH_2$　$O-CH_2-CH-CH_2$ CH_3 CH_2　CH_2　n　H	吸水性差、成型翘曲度小 阻燃性能好

2）固化剂

环氧树脂的固化是指在加热条件下，在固化促进剂的作用下，固化剂中的基团与环氧树脂中的环氧基或羟基发生交联反应，随着基团间不断发生交联反应，最终形成网状结构。根据固化剂化学结构的差异，固化剂通常可分为以下几类：胺类、酸酐类、合成树脂类、聚硫橡胶类和多官能团类。在功率半导体塑封料中，由于应用的需要，一般使用较多的为酸酐类固化剂和多官能团类固化剂。表 9-3 为三类固化剂的典型结构和性能。

表 9-3　三类固化剂的典型结构和性能

固　化　剂	典 型 结 构	性　　能
酸酐类（PN）	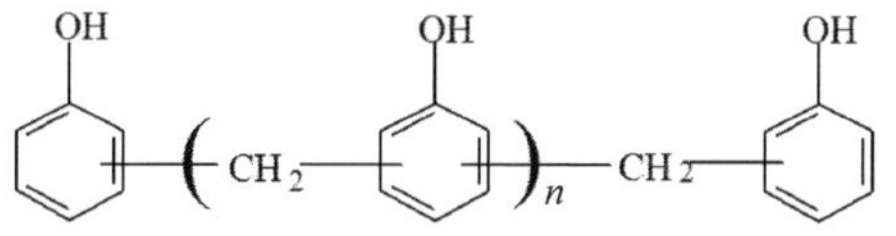 OH、OH、OH、CH_2、CH_2、n（结构式）	成型性好，耐热性一般 反应性、吸水性适中 成本低
多官能团类（Multi-functional）	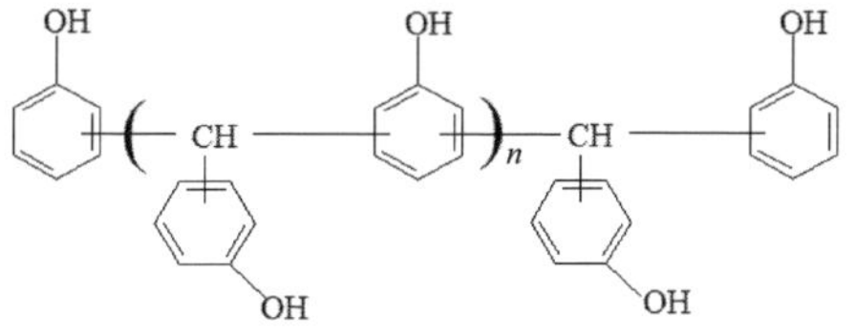 OH、OH、OH、CH、CH、n、OH、OH（结构式）	反应性及吸水性好 耐热性能佳、成型翘曲度小 成本高
DCP 类	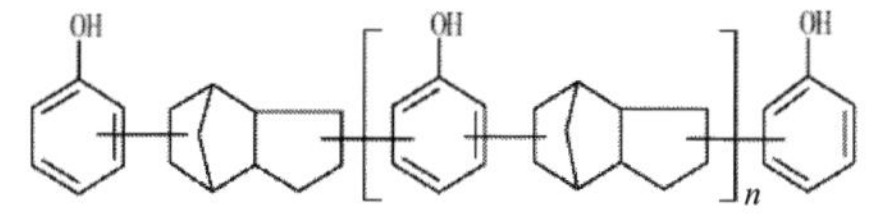 OH、OH、OH、n（结构式）	吸水性差、黏结性好 强度高、耐热性佳 成本高

根据固化剂的性能特点及成本，酸酐类主要应用于低功率的分立器件及模块封装，多官能团类和 DCP 类主要应用于高功率的分立器件及模块。

3）无机填料

无机填料（Filler）作为环氧塑封料的主要原材料之一，主要有以下作用：降低其热膨胀系数，使其在应用时内应力较低；降低吸水率，防止过多水分进入封装体，降低可靠性风险；降低成型收缩率，保持尺寸稳定性；降低材料成本；提高成型材料的机械强度，保持对封装体内部的支撑和保护内部芯片及焊接线；改善电气绝缘性能，提高绝缘强度。常用的无机填料主要是二氧化硅粉（俗称硅微粉），根据不同的应用情况，一般无机填料含量在 60%～90%的范围内波动，无机填料含量的高低对环氧塑封料的各项性能有较大的影响。通常情况下，功率半导体选用的环氧塑封料，由于需要较低的热膨胀系数、较低的吸水率、优异的导热性能及介电性能，因此无机填料含量会比较高。

硅微粉主要有两种：一种为结晶型硅微粉，颗粒形状一般为角形，因此又称为角形硅微粉；另一种为熔融型硅微粉，外形一般为球形，通常称为球形硅微粉。在扫描电镜下，可清晰看到两种硅微粉塑封料的差异，如表 9-4 所示。由于结构上的差异，两种硅微粉对环氧塑封料性能的影响有很大的不同，表 9-4 显示了两种硅微粉的性能及硅微粉对环氧塑封料主要性能的影响。

表 9-4 硅微粉结构示意图及相关性能比较

	结 晶 型	熔 融 型
结构示意图		
硅微粉的熔点	高	高
热膨胀系数	大	小
热导率	高	低
电阻率	低	高
硅微粉的价格	低	高
封装后内应力	较高	较低
塑封料的流动性	差	好
塑封料注塑时的黏度	高	低

一般会根据不同的应用条件，选用不同类型的硅微粉，将不同形状、不同粒径的硅微粉混合使用，以达到最佳的热性能、电性能及工艺性能。

硅微粉的粒径一般为 0.1～150μm，各种粒径填料的分布对环氧塑封料性能有显著的影响。图 9-5 为填料含量、分布宽度与环氧塑封料黏度的关系示意图，其中 n 为表征填料分布宽度的系数，n 越小，表示填料的分布宽度越宽；反之越窄。

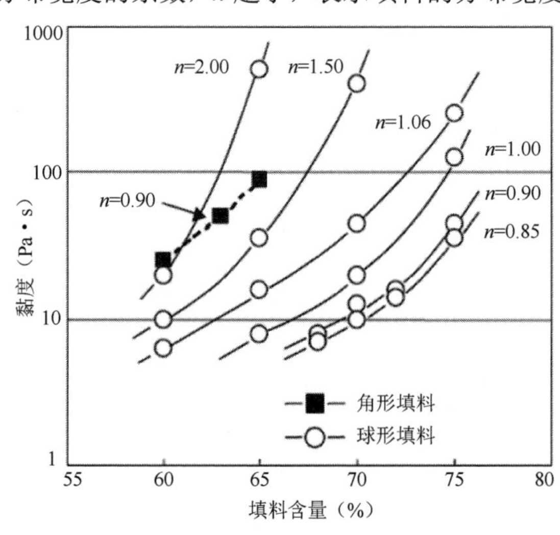

图 9-5 填料含量、分布宽度与环氧塑封料黏度的关系

如图 9-5 所示，在填料含量相同时，填料粒径分布越宽，环氧塑封料的黏度会越低，因此在注塑工艺需要确保相对低的黏度的情况下，通过改变填料的粒径分布，可以显著增加填料的含量，从而达到提高塑封后功率器件或模块的热膨胀系数、玻璃化转变温度、热导率及电阻率等的目的。在功率半导体的应用中，在选择结晶型和熔融型混合填料的同时，会选择较宽粒径分布的填料作为塑封料的填充物。

随着功率半导体应用条件越来越严苛，对塑封料的导热要求越来越高。近年来，国内外对氮化硅、碳化硅、氮化铝、氮化硼等高导热型填料的关注与研究越来越多，但由于填料在树脂基体中的润湿性和分散性不如硅微粉、填料含量不高、材料成本较高等问题，高导热填料塑封料依然没有得到大面积的应用。

4）阻燃剂

阻燃剂是影响环氧塑封料性能的主要添加剂之一，主要赋予塑封料阻燃性能，以使其达到 UL94V-0 级标准，随着人们对可持续发展及绿色环保越来越重视，绿色阻燃剂体系逐渐替代了常规的阻燃剂。

阻燃剂的种类和性能直接影响塑封料的各项性能，从而影响最终封装产品的性能。对阻燃剂的要求一般有：阻燃效率高，赋予塑封料良好的自熄性或难燃性；良好的相容性，能够与树脂基体相容并且具有良好的分散性；具有合适的分解温度，并且在高温时迅速分解，发挥阻燃效果；无毒无污染。

根据不同的阻燃机理，目前主要使用的绿色阻燃剂可以分为磷型阻燃剂、金属氢氧化物型阻燃剂和多芳烃环氧树脂阻燃剂[8]，绿色阻燃剂阻燃机理及对塑封料性能影响如表 9-5 所示。

表 9-5　绿色阻燃剂阻燃机理及对塑封料性能影响

类　型	阻 燃 机 理	阻燃效果	塑封料可靠性	注塑工艺性能	成本
磷型（有机/无机）	在材料表面形成碳层将氧隔绝	中等	负面影响	轻微影响	低
金属（Mg/Al 等）氢氧化物	①释放水；②释放不燃烧气体；③吸热反应 $2Al(OH)_3 \longrightarrow Al_2O_3 + 3H_2O$	好	轻微影响	影响流动性	中
多芳烃环氧树脂	通过使用含有多芳烃组合的芳烃环氧酚醛树脂能够获得阻燃网状结构的环氧树脂混合物，在燃烧过程中形成泡沫层（阻燃屏障），从而阻止氧的通过并阻止热传递	好	没有影响	没有影响	高

对于功率半导体的应用，由于塑封料中填料含量较高，也可以采用无阻燃剂型绿色环氧塑封料，在不添加额外阻燃剂的情况下，也可以达到 UL94V-0 级阻燃要求。

5）偶联剂

在制造环氧塑封料时，通常会加入偶联剂对填料表面进行改性，以提高填料与树脂基体的结合力，提高对芯片和引线框架的结合力以提高最终产品的可靠性，优化填料在树脂基体中的分散性，还能降低材料的吸水性，提高阻抗，提高材料的力学强度。通常使用的偶联剂按照化学结构分为硅烷类、钛酸酯类、锆类和有机铬化合物等。图 9-6 为硅烷偶联剂的作用机理示意图。硅烷偶联剂通过硅氧键与填料表面的羟基作用，在填料表面形成亲环氧基团的表面层，从而提高与环氧树脂的结合力。填料的表面改性技术直接影响环氧塑封料的密封性、填料含量及最终产品的可靠性，是环氧塑封料生产厂商最核心的技术之一。

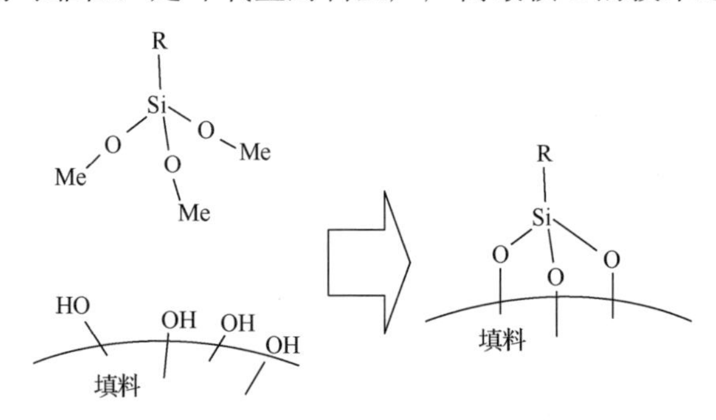

图 9-6 硅烷偶联剂的作用机理示意图

6）吸收剂

为了降低封装体的内应力，提高产品的可靠性，通常在塑封料生产时，会考虑加入应力吸收剂，如硅橡胶、热塑性聚合物等。在注塑完成后，应力吸收剂会以小颗粒状态分散在基体树脂中，由于其特殊的结构，在封装体承受内部或外部应力的时候，应力吸收剂会吸收部分应力，保护基体或内部的界面不受破坏，从而达到提高产品可靠性的目的，应力吸收剂的作用机理如图 9-7 所示。

7）脱模剂

脱模剂的作用是方便固化后的产品从模腔中取出，其作用机理为：塑封料在高温下完成注塑后，内部的脱模剂成分慢慢扩散至模腔表面，然后在封装体表面形成一层脱模剂层，尽可能降低模腔和封装体表面的结合力，从而在固化完成后，顶针能够顺利地将封装体顶出，实现脱模的过程。根据产品的设计、模具设计、产品应用的不同，脱模剂的用量也会有所不同，过少的脱模剂会导致粘模或无法脱模，从而损伤封装体或者对内部芯片产生过大的应力；过多的脱模剂虽然能顺利脱模，但会造成封装体表面污染，打印性能变差，甚至降低塑封料与芯片、框架等的结合力，从而降低产品的可靠性。

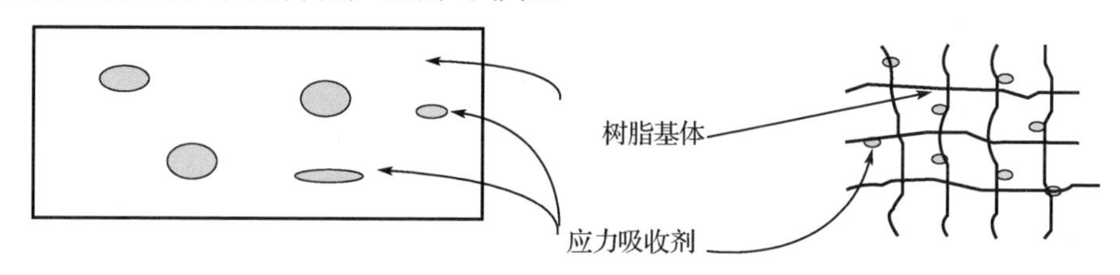

图 9-7　应力吸收剂作用机理示意图

2. 环氧塑封料的主要性能

在功率半导体的封装工艺中，环氧塑封料的成型一般采用传递模塑成型方法。根据最终注塑半导体产品的尺寸大小，注塑方式一般有多注头和单注头两种。分立器件由于尺寸偏小，多采用单注头模塑成型方式；而功率模块由于集成度较高，尺寸较大，通常采用多注头模塑成型方式，即一个注头对应一个模腔或者多个注头对应一个模腔的方式。

环氧塑封料的流动性主要和固体颗粒在环氧塑封料流体中的含量有关。在高温下，环氧塑封料开始逐渐软化，固体含量逐渐减少，此时，环氧塑封料的黏度（η）越来越低，流动性越来越好，当环氧塑封料中固体颗粒全部熔化时，此时黏度最低，环氧塑封料流动性最好。因此，在工艺过程中，需要尽可能在流动性最好的时候让环氧塑封料进入注塑型腔。之后，随着时间的增加，在环氧塑封料内部交联固化反应的作用下，环氧塑封料的黏度开始上升，呈现凝胶化状态，直到逐渐转变为固态，且该转化不可逆。在这个过程中，环氧塑封料的黏度先升高后降低至最低黏度，之后逐渐凝胶化并形成交联网状结构，从黏度逐步下降到环氧塑封料开始凝胶化的这段时间，就是环氧塑封料的工艺窗口。塑封料黏度变化曲线如图 9-8 所示。流动性一般通过黏度和螺旋长度两个参数来表征。

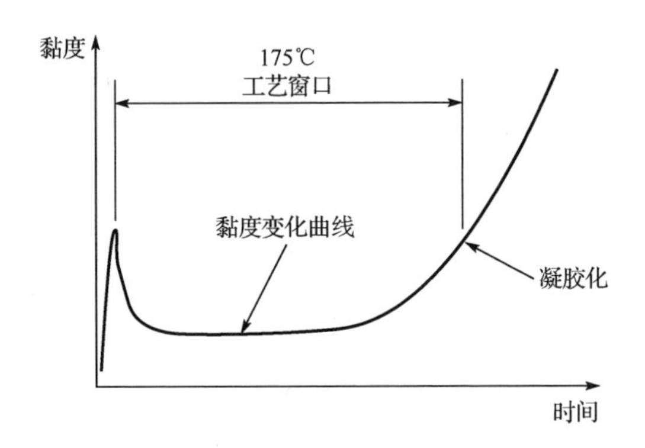

图 9-8　塑封料黏度变化曲线

（1）黏度（Viscosity）是表征环氧塑封料流动性的参数。影响黏度的主要因素有树脂和固化剂的种类、填料含量及分布，以及各种添加剂的种类和含量，同时，模具温度对黏度也有较大的影响。一般所指的黏度为在特定温度下达到的最低黏度。黏度越低，说明塑封料流动性越好，在注塑过程中，对芯片和键合线的应力越小。相对于 IC 封装而言，功率半导体不追求过低的环氧塑封料的黏度，而是需要配合不同封装设计和模具设计进行黏度的选择。

（2）螺旋长度（Spiral Flow）是表征塑封料流动性的另一个参数，与黏度及凝胶化时间有密切的关系。环氧塑封料的流动性主要和其中的固体颗粒的含量有关，固体颗粒含量越小，环氧塑封料受热时越容易变成液态，黏度也越低，流动性也越好，环氧塑封料就越容易进入模具内部的产品型腔。一般功率半导体用环氧塑封料的螺旋长度在 24 in（1in= 2.54cm）以上，但根据不同封装设计和模具设计，也会向上或者向下浮动，部分复杂半导体模块封装用塑封料的螺旋长度可达到 40in 以上。

（3）凝胶化时间（Gelation Time）是另一个重要的工艺参数。凝胶化时间的长短，决定了工艺窗口的大小。一般的功率半导体模块由于尺寸较大，形状复杂，棱角比较多，需要较长的凝胶化时间，以保证塑封料在模腔内有充足的时间缓慢流动，并填充各个边角。一般分立器件、IC 封装用塑封料的凝胶化时间为 10～20s 即可满足封装工艺的要求，但部分形状复杂的半导体功率模块封装，需要 30s 左右的凝胶化时间，有些特殊设计产品的凝胶化时间甚至达到 50s 左右。对凝胶化时间影响最大的是固化反应速度，而固化反应速度受环氧塑封料的固化剂及固化促进剂、模具温度共同影响。通常来说，温度越高，固化反应速度越快，因此处于流动状态的时间越短。在实际生产中，一般需要根据环氧塑封料的凝胶化时间来制定注塑温度、预热温度及注塑时间的工艺窗口。

（4）热膨胀系数（Coefficient of Thermal Expansion，CTE）是环氧塑封料重要的热性能指标，通常所说的环氧塑封料的热膨胀系数均指线膨胀系数（Alpha, 或用字母 α 表示，指温度每升高 1℃，材料长度的增加量与原长度的比值）。当逐步升温时，环氧塑封料受热发生膨胀，尺寸呈线性变化。在玻璃态时，其尺寸随温度变化较小，在玻璃态时的热膨胀系数一般称为热膨胀系数一（α_1）；当达到某一个温度区间时，环氧塑封料受热的尺寸变化随温度变化急剧增大，如图 9-9 所示，环氧塑封料会从玻璃态向橡胶态（高弹态）转变，在橡胶态时的热膨胀系数一般称为热膨胀系数二（α_2）。而热膨胀系数发生重大转变的温度区间，一般称为玻璃化转变温度，用符号 T_g 表示。在应用环氧塑封料时，需要重点考虑 T_g 的大小和热膨胀系数与芯片、框架、基板等的匹配性，由于一般功率半导体发热量较高，会选择 T_g 较大的环氧塑封料，以确保环氧塑封料在较高的温度下仍能保持较小的热膨胀系数（较大的 α_1 区间），保持环氧塑封料性能的稳定，减小半导体产品内部各种材料的热膨胀系数差异导致的应力。

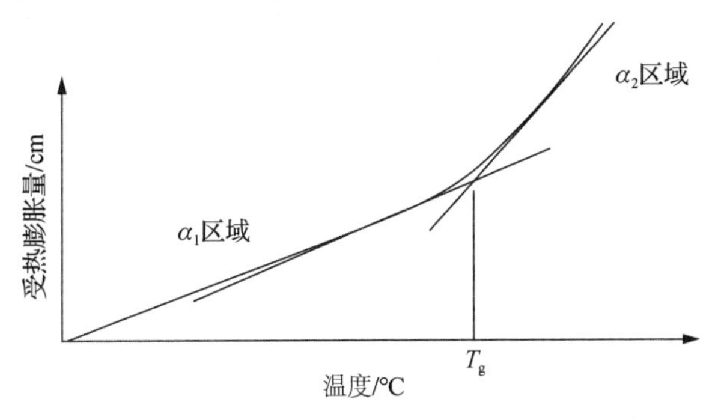

图 9-9　热膨胀系数与 T_g

（5）热导率（Coefficient of Heat Conductivity）即导热系数，参见 9.1.2 节内容。功率半导体为了获得优良的散热性，大部分采用高热导率的塑封料。要获得高热导率的塑封料，一般会通过加大填料含量、添加高导热型填料、加大角形填料的比例等手段来实现。

环氧塑封料的吸湿性、离子迁移性、飞边、热硬度、粘接强度、脱模性、电参数特性等其他性能，与普通半导体用塑封料的性能大同小异，不再赘述。

3. 环氧塑封料的应用及常见失效

在对功率半导体进行封装时，一般会采用转移注塑成型工艺。图 9-10 为转移注塑成型工艺示意图。首先将环氧塑封料（以下简称塑封料）进行预热，然后将预热好的塑封料加入模具的料筒内，在持续的高温下，塑封料会进一步软化，并且在注塑头压力的作用下，塑封料开始流动并成为液态，通过流道和浇口进入模具型腔内，在持续的压力和温度下，液体塑封料开始发生交联反应并且逐步转化为固体状态，达到一定的固化程度后进行脱模，完成整个注塑过程。

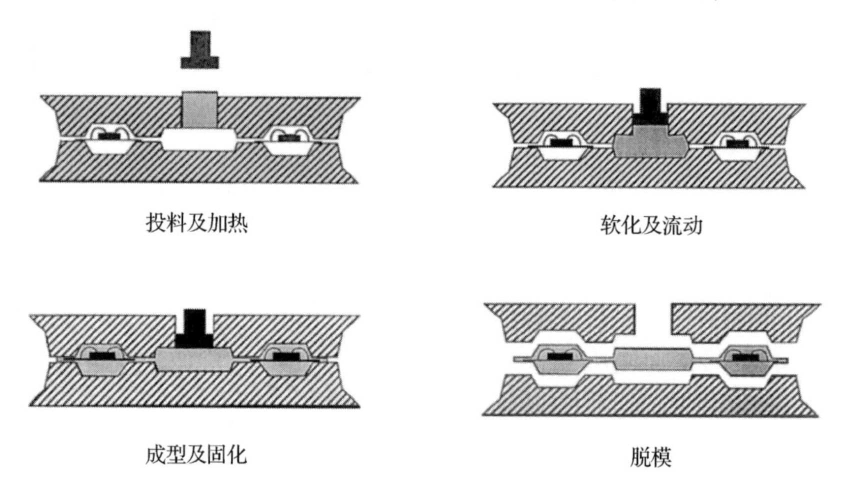

图 9-10　转移注塑成型工艺示意图

在塑封料注塑过程中，需要根据塑封料的最低黏度、凝胶化时间、螺旋长度等指标来确定注塑的工艺参数，如注塑压力、注塑时间、模具温度等，确保产品的外观品质，并减少对内部芯片和键合线的影响。

塑封料的固化，一般可以分为三个阶段，塑封料的各固化阶段如图 9-11 所示。第一个阶段是初步固化阶段，发生在塑封料的制造过程中，在塑封料制造的混炼（kneading）工序，环氧树脂和固化剂会发生初步的固化交联反应，固化转换率（简称固化率）一般会达到 10%～20%；第二个阶段发生在封装工艺的注塑成型过程中，通常在 160～190℃的温度下，塑封料在固化促进剂的作用下快速发生交联反应，使固化率迅速达到 85%；第三个阶段为封装工艺的后固化（Post Mold Cure，PMC）阶段，通常在 170～180℃的温度下，固化 4～6 小时，在这个阶段，塑封料会在持续的高温下进行交联反应，以使内部的交联结构更加完整，最终使固化率超过 95%，以提高产品的力学、电学性能，降低产品的吸湿性，减小内部应力等。对于功率半导体封装而言，后固化过程对保证产品的可靠性有着至关重要的作用。

为了使塑封料在注塑成型时保持足够低的黏度，需要使塑封料在注塑成型前保持较低的固化率，由于固化促进剂在低温时活性较低，因而，在塑封料生产完成后，必须将塑封料打包放入冷库进行低温保存，以尽可能减缓塑封料在保存过程中交联反应的发生；即使在运输过程中，也必须全程确保塑封料在低温的环境中。同时，由于过低的温度容易造成塑封料取出时结露，一般冷库温度不宜过低，且必须密封保存，在密封包装内部添加干燥剂能有效减少水汽的影响。

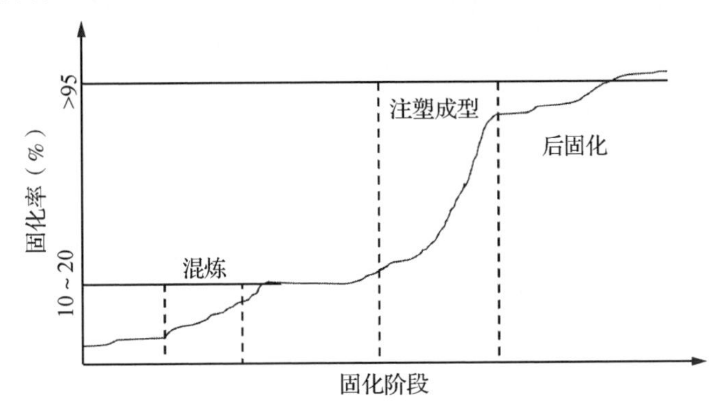

图 9-11 塑封料的各固化阶段示意图

由于注塑工艺和塑封料的复杂性，在注塑过程及最终产品的应用过程中，不可避免地会产生相关的缺陷，缺陷主要分为外观不良和内部不良。其中外观不良主要有不完全注塑（Incomplete Mold）、气孔（Void）、封装体破损（Package Broken 或者 Package Chipping）、毛边或溢料（Mold Flash）、粘模（Sticking）、翘曲等；内部不良主要有分层（Delamination）、冲线（Wire Sweep，Wire Sagging）、断线（Wire Broken）、内部气孔（Inner Void）、不完全固化（Incomplete Cure）、腐蚀（Corrosion）、离子污染（Ion Contamination）等。

不完全注塑指注塑工艺过程中，由于塑封料在流道或型腔中的流动出现异常，导致产品没有被完全封装，如图 9-12 所示。不完全注塑一般有两种情况：第一种是趋向性不完全注塑，即发生的位置、发生的模式都很固定，能够再现，这种缺陷一般发生原因比较单一，通过对比试验容易找到原因，主要与参数或模具有关；另一种为随机性不完全注塑，即发生的位置、发生的模式不固定，这种缺陷发生原因较复杂，与塑封料的特性、模具设计、产品外形设计、参数等都可能有较大的关系，一般需要通过复杂的试验设计来确定主要的原因，很可能需要通过改变塑封料的配方或者塑封料的制造工艺参数来优化塑封料的性能，或者改变注塑模具的设计。

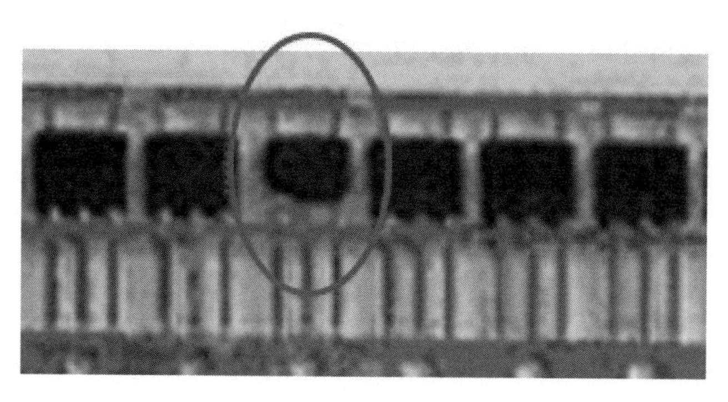

图 9-12　不完全注塑示意图

在封装成型的过程中，气孔是常见的缺陷。根据气孔产生的机理和分布的位置，气孔可以分为表面气孔和内部气孔，如图 9-13 所示。表面气孔通常出现在封装体的外表面正（背）面或浇口位置，通常所说的气孔主要指表面气孔。表面气孔的存在会导致水汽更容易进入封装体内部，从而降低塑封器件的可靠性，尤其对高功率器件而言，会大幅度降低器件的绝缘性能。内部气孔由于存在于封装体内部，无法直接看到，必须通过 X 射线仪或超声波扫描仪才能观察到。从技术角度来说，由于注塑过程中空气一直存在于模具内部，无法完全清除，所以气孔很难从技术上完全避免，但可以通过以下措施来降低气孔出现的概率：真空注塑技术、塑封料特性调整、注塑工艺参数调整、模具设计优化等。在材料特性方面，除以上所述塑封料的主要特性外，还需要考虑料饼的致密度以及塑封料在使用前是否正确回温；模具设计的优化，除考虑浇口及排气孔设计的优化外，很重要的是需要考虑上下型腔合模间隙和合模线的设计，以确保塑封料在模具中流动的平衡性；相应地，主要的工艺参数如温度、速度、压力、时间等也需要根据优化后的设计进行相应的优化。

注塑成型时，在高温及压力下，塑封料为液态，且具有一定的黏度和流动速度，所以对内部的芯片及键合线具有一定的冲击力。这种冲击力作用在较细的金线、铜线或铝线上时，会使键合线发生偏移，严重的甚至会造成断线。这种冲线现象在塑封过程中是必然存在的，也是无法完全消除的，但可以通过选择适当黏度的塑封料、提高注塑温度、降低注塑速度、减少注塑压力等方式来尽可能地降低塑封料流动时对芯片和键合线的冲击力。当然，相比 IC 及传感器、逻辑器件等，功率半导体采用的键合线直径一般比较大，塑封料流动产生的冲线及断线缺陷相对较难发生，但在高集成度的半导体模块的封装中，由于模块内部复杂的设计、较大的尺寸，采用多种直径的键合线，造成塑封料的流动特别复杂，需要通过建模软件进行模流分析，必要时需通过小型试验模具先验证，然后才能确定最终的量产模具设计及塑封料的选型。

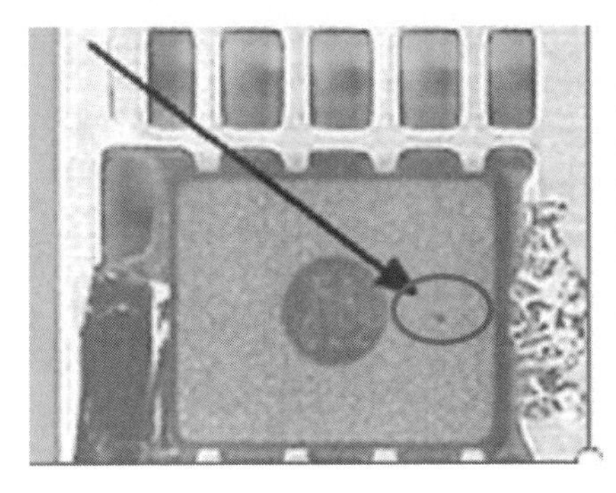

表面气孔　　内部气孔

图 9-13　气孔示意图

毛边是塑封工序中另一个常见缺陷形式，这种缺陷对最终产品的性能并没有影响，但会影响装配的可焊性和外观。溢料的原因主要有两方面：一方面是材料方面，可能是环氧树脂黏度过低、填料粒度分布不合理等；另一方面是封装工艺方面，主要是模具的表面磨损或不平整等。

对于大尺寸封装的功率模块而言，翘曲是很关键的缺陷。翘曲分为两种，如图 9-14 所示。一种为凸面型翘曲，通常称为哭脸型；另一种为凹面型翘曲，通常称为笑脸型。翘曲是由塑封料与基板的热膨胀系数不匹配导致的。为了避免最终产品出现过大的翘曲，一般会选择热膨胀系数与基板接近的塑封料，或者对基板材料进行预弯处理，以抵消热膨胀系数差异导致的封装后的翘曲。

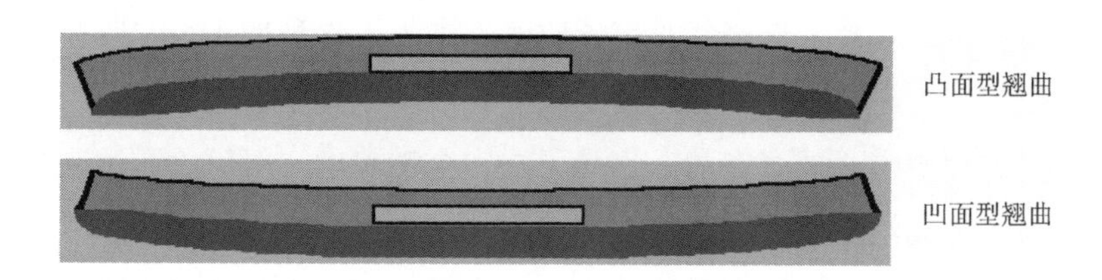

图 9-14　翘曲的两种形式

内部分层是塑封料中较普遍的缺陷，如图 9-15 所示。由于本身材料热膨胀系数的差异，在工艺过程中可能出现的氧化、表面污染等，以及热应力、机械应力的影响下，塑封料与金属框架（或衬底、基板）及焊料表面（图 9-15 位置 1 所示），塑封料与芯片表面（图 9-15 位置 2 所示），塑封料与引脚表面（图 9-15 位置 3 所示）均有可能发生分层。以上所述位置的分层均会严重影响产品的可靠性，因此，如何减少或避免分层是技术人员需要重点考虑的课题，较普遍使用的方法如下：用物理方法处理，如表面粗化、表面增加 V 形沟槽、增加锁孔等；用化学法处理，如用化学溶剂清洁，进行等离子清洗；此外，局部电镀及表面喷涂等方法在某些产品上也有应用。实际应用中，可以根据产品设计、模具设计、材料选型等采用不同的方法来避免分层。在采取以上方法后，某些产品可以实现在 2000 次温度循环试验后没有任何分层。

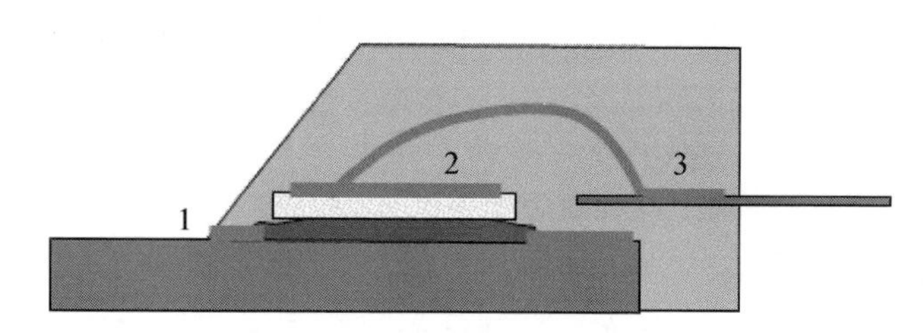

图 9-15　典型的内部分层示意图

封装体破损一般发生在产品的边角，主要是由固化不足导致的开模破损或者开模后加工过程中的机械应力导致破损，如传输、浇口切除等。

粘模是塑封工艺中常见的缺陷，一般发生在封装体表面或者边角，通常为模具表面脏污或者固化不足导致，也可能是模具脱模顶出针设计缺陷导致的。可以通过改善塑封料配方、改善模具设计及表面处理、优化工艺参数等来避免粘模。

同时，确保模具的清洁，选择合适的模具清洁材料及制定有效的模具清洁方案也十分重要。

塑封料在其制造过程中的离子污染、封装过程中的离子污染、水汽等会导致封装体内部发生腐蚀或者离子迁移，造成电特性不良，如漏电流失效、耐压失效等。对功率半导体而言，由于应用条件更苛刻，对于离子及水汽的控制尤为重要。一般在选择塑封料时，会选择固化程度高、吸水率低的塑封料，以防止水汽渗入产品内部。同时，对于高集成功率模块，由于工艺复杂且使用原材料种类较多，必须在模块制造过程中增加有效的清洁工艺，如化学清洗、等离子清洗等，以避免表面污染引起的焊接问题和离子污染导致的可靠性问题。

9.2.2　硅凝胶封装材料

在功率半导体模块封装领域，由于其苛刻的工作条件，如工作温度高达 200℃等，对封装材料的要求较高。硅凝胶由于其优良的性能和较低的成本，成为功率半导体模块封装的首选材料。功率半导体模块封装用硅凝胶通常采用双组分加成型有机硅凝胶[9]，一般呈无色透明状态，室温时黏度较低，适合于液体灌封工艺。当两组分接触时，在室温开始发生缓慢固化反应，在高温时快速发生反应，固化反应中不会产生副产物，对半导体芯片没有任何影响。同时，硅凝胶对于 PC、PP、ABS、PVC 等塑料，及铜、铝、镍等金属材料有较强的粘接力，能够防止内部分层，从而确保固化后的硅凝胶具有优异的电绝缘性能、防水性能。而且，由于硅凝胶弹性体的特性，热膨胀或收缩时对封装体内部的应力很小。因此，硅凝胶在高功率半导体器件或模块的灌封工艺中得到广泛应用。

硅凝胶是一种直链状的聚有机硅氧烷，其摩尔质量一般在 148000g/mol 以上，结构通式如下[10]：

$$R'-\underset{R}{\overset{R}{\underset{|}{\overset{|}{Si}}}}-O-\left[\underset{R}{\overset{R}{\underset{|}{\overset{|}{Si}}}}-O\right]_n-\underset{R}{\overset{R}{\underset{|}{\overset{|}{Si}}}}-R'$$

以上结构式中：n 为硅氧键数，n 越大，表示分子链越长，摩尔质量越大；R′为烷基或羟基；R 一般为甲基，需要改良硅凝胶性能时，主要通过改变 R 基团来实现。分子主链由硅氧键组成，化学性质稳定，且具有优异的热性能、电性能。

1. 硅凝胶的组成

硅凝胶是以基础胶为主体，加入交联剂、偶联剂、催化剂、抑制剂、阻燃剂等制成的复合材料。

（1）基础胶，通常为甲基（也可以是乙烯基、丙烯基、丁烯基等其他链烯基）硅油和硅树脂。一般硅油分子量分布范围比较宽，分子量小的组分，可以保持交联固化前相对较低的黏度；分子量大的组分能提高交联固化后的强度。同时，乙烯基含量必须控制在一定的范围内，过低会导致交联密度小，稳定性和耐水性、耐候性变差；过高则交联密度过大，导致耐热性、耐老化性能不好。

（2）交联剂，一般采用含氢硅油，含氢硅油中的硅氢基能够和乙烯基（或丙烯基）发生加成反应，形成网状交联结构；室温下即可发生加成反应，且无任何副产物释放出来，在加热条件下，反应速度更快，可用于提高生产效率。

（3）偶联剂，一般采用硅烷偶联剂，用来提高硅凝胶与基板、衬底、塑料框架、芯片等的结合力。

（4）催化剂。常用的催化剂为铂催化剂，是氯铂酸与链烯烃、环烷烃、醇、醛、醚等形成的络合物，活性高、选择性好，实际用量一般为基础胶与交联剂总量的 1×10^{-6}～2×10^{-5}。

（5）抑制剂。为了延长硅凝胶的储存期及开封后的适用期，可在硅凝胶中添加适量的抑制剂，以抑制其交联反应，使用较普遍的是与其相容性好的炔醇类化合物、含氮化合物、有机过氧化物等。

（6）阻燃剂，一般为磷酸酯或亚磷酸酯类物质，以保持交联固化后硅凝胶的阻燃特性，满足 VL94V-0 的要求。

2. 硅凝胶的主要性能

硅凝胶中高键能的硅氧键使得硅凝胶的性能稳定，且电性能、热性能优异[11]，具体性能如下：

（1）硅凝胶混合前的原料一般有两种组分，即 A 胶和 B 胶，它们是分开存储和运输的，A 胶和 B 胶在灌封或浇注时混合，混合后常温即开始缓慢固化，在中温或高温下固化，可以加快固化速度，减少固化时间，提高生产效率。

（2）低黏度，流动性优异，特别适合常温下的浇注或灌封工艺。优异的流动性，能够确保灌封时间很短，且能够防止出现灌封死角导致的内部气泡，结合合适的真空脱泡设备和真空灌封设备，可以减少在灌封过程中产生的气泡，也可以采用真空固化工艺，在固化的同时消除气泡。

（3）耐高温性能优异，并且具有很宽的工作温度范围，一般为-50～250℃，有的甚至可达-60～320℃。

（4）固化时不吸热、不放热、收缩率极小，成型尺寸稳定性好。

（5）粘接性能好，与塑料外壳及框架、芯片等材料结合良好。

（6）化学性能稳定，耐水、耐候性能好，长期使用不会发生性能的降级。

（7）灌封后，防潮、防尘、耐腐蚀、抗振性能好，且由于其弹性状态，对内部元器件不产生内应力。

3．硅凝胶的应用及常见失效

硅凝胶在运输及储存时需要保持适当的温度，以防止外界温度过高或过低造成硅凝胶的性质发生变化，使用前需要在室温放置一段时间以保持合适的黏度。

A 胶和 B 胶经过真空设备脱泡后，分别进入输送管道，在进入注胶头时开始混合，然后通过混合料管进行充分混合，在一定的压力下，被注射进产品型腔内，可以考虑在灌封时保持真空环境，以减少气泡的产生，也可以在注胶后再将其转移进真空箱内进行真空脱泡，图 9-16 为双组分硅凝胶的灌封工艺示意图。

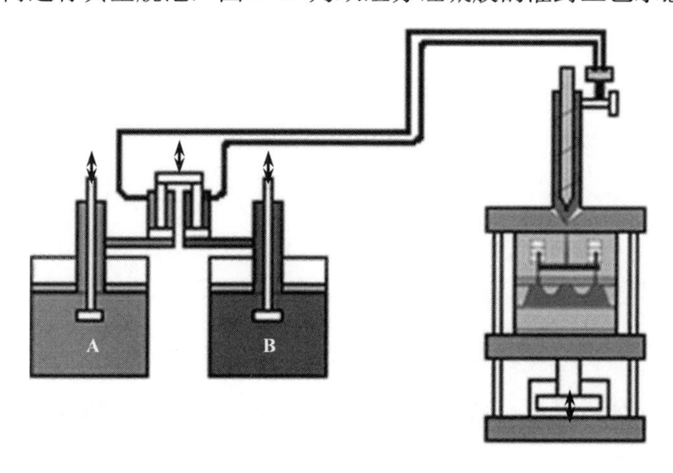

图 9-16　双组分硅凝胶的灌封工艺示意图

灌封和固化的工艺流程耗时较长，常见的失效主要有：

（1）气泡，是硅凝胶灌封的主要也是较复杂的失效，经常发生在电极与电极连接处、键合线密集区域或者模块的边缘位置。出现气泡的原因涉及硅凝胶的储存和运输、硅凝胶脱泡、工艺参数、设备等各方面，需要根据气泡发生的位置、气泡的形状推断发生机理，从而找出失效的原因。

（2）硬度不均匀或硬度不足，主要由灌封过程中混料不均匀或者固化时温度、时间不足导致。

（3）胶内异物，主要由硅凝胶运输过程中包装破损导致，或者在灌封之前产品已经被污染导致，也有可能是灌封设备或环境中灰尘颗粒过多导致的。

为了保证灌封产品质量的一致性，需要严格按照工艺规程操作，定时更换灌封设备耗材，并及时对灌封样品进行分析检验。

9.2.3 模块外壳与盖板材料

对于灌封封装的功率半导体模块，模块的外壳和盖板也很关键，因为它会直接影响模块在电路板上的安装。同时，外壳与铜底板（或陶瓷覆铜板）的热膨胀系数的差异会导致冷热冲击时外壳与铜底板的结合问题。通常模块外壳和盖板会通过注塑工艺制成，由于外壳和盖板一般是同时设计的，且需要考虑盖板和外壳机械配合、热胀冷缩的匹配性，所以外壳和盖板一般采用同类型的材料制成。常用的主体塑料有两种，聚对苯二甲酸丁二醇酯（PBT）和聚苯硫醚（PPS）。为了提高材料的机械性能，通常会加入较高含量的玻璃纤维作为填料来提高抗冲击强度和模量[12]。

对于外壳和盖板使用的塑料，通常选择热塑性塑料，其性能要求主要有以下几点：

（1）耐热性，能够在长时间的工作温度下保持稳定性，对功率半导体而言，外壳的耐热温度至少需要达到 175℃。

（2）电性能，具有优异的绝缘性，且在工作时不能出现局部放电现象。

（3）良好的阻燃性能，通过添加阻燃剂，能够达到 UL94V-0 的要求。

（4）良好的机械强度和稳定性，可以通过添加一定量的玻璃纤维来实现。

（5）优良的耐老化性，即在长时间使用后仍能够保持材料的原有性能不变。

（6）与其他材料的兼容性，即在热、水汽、电等的作用下，不会与其他材料发生化学反应、电迁移等。

由于主体材料是热塑性塑料，模块在高温下工作时，有可能导致外壳和盖板材料的强度下降，因此在设计外壳和盖板时，需要考虑通过增加厚度或设计加强筋等提高局部强度。同时，在外壳和盖板注塑过程中，需要严格控制工艺，避免内部气泡导致局部强度弱化。而且，在尺寸设计时，盖板与外壳之间需要预留足够的间隙，不能过度封装，防止模块内部硅胶在受热时过度膨胀产生的应力无法释放。

此外，对于采用灌封工艺封装的功率模块，由于灌封胶在固化前为低黏度液态，有一定的流动性和渗透性，因此在框架和基板装配时必须使用合适的密封胶，以密封基板与框架之间的间隙，防止灌封胶流出模块外。除了密封作用，还必须考虑密封胶的电绝缘性、耐腐蚀性、抗疲劳性、耐温性、耐水性、耐候性，以确保模块在应用和储存条件下密封胶不被破坏，且不腐蚀基板与框架材料。密封胶通常采用以有机硅树脂或改性有机硅树脂为基料的胶黏剂，用于粘接金属基板与塑料框架，为了提高密封胶对铜基板的黏结力，一般对铜基板进行镀镍或镀铬处理，以防止铜氧化层在高温老化时破坏结合层，造成可靠性风险。

9.3　芯片粘接材料

芯片粘接（Die Attach），也称装片或芯片焊接，作为功率半导体封装的主要工序，有多种不同的工艺，比较常见的有共晶焊、软焊料焊接、锡膏回流焊、银浆焊接等，对应使用的材料有锡焊料（包括焊锡丝或锡片、锡膏）和银浆。由于功率半导体普遍工作电压、电流较高，工作时发热量较高，且模块产品集成度较高，因此具有优异导热性和工艺灵活性的锡焊料成为功率半导体芯片粘接工序的首选，银浆则主要用于低功率器件或部分功率模块中驱动 IC 芯片、电阻的粘贴工艺。随着功率模块的推广应用，以及以碳化硅、氮化镓为代表的宽禁带半导体的逐步应用，传统的焊接工艺和材料已经很难满足大功率半导体在高频率、高温下工作的要求。纳米银烧结技术作为新兴的芯片焊接技术，由于其产品优异的可靠性、导热性以及高温下工作适应能力，逐步获得了业界的广泛关注和应用。

9.3.1 银浆

银浆又称为导电胶，在低功率器件及功率模块中的芯片粘贴工艺中，得到了广泛的应用。银浆具有良好的电性能和热性能，通常需要采用固化工艺，可以在常温固化，也可以采用加热方式固化，功率半导体芯片焊接工艺中主要选用的是环氧树脂基导电胶。

按照固化工艺和方法的不同，导电胶可分为加热固化型和紫外线固化型。加热固化型导电胶主要通过热量传递，促使环氧树脂形成交联网状结构，从而实现固化的目的。根据加热温度的不同，银浆可以分为常温、中温、高温三种。通常来说，固化温度越高，固化速度越快，固化率越高，最终固化性能越好，但工艺投入和难度也越大。选择高温固化工艺时，需要考虑高温可能产生的氧化对导电胶性能的影响，因此，通常采用氮气保护工艺，并控制固化时间，以防止金属粒子的氧化。紫外线固化型导电胶采用紫外线照射导电胶，利用紫外线促使内部基团发生固化反应，可以简化固化工艺，提高整体生产效率。

1. 银浆的组成与作用

银浆的主要成分为树脂、固化剂、银填料、增韧剂、加速剂、偶联剂及稀释剂等其他助剂，其中各组分的作用如下：

（1）树脂：是银浆的基体，要求为热固性高分子材料，加热固化后形成网状结构，成为性能稳定的不溶性固体材料；一般选择环氧树脂，因为其黏附力强，收缩性低，且强度和韧性优良，电学和化学稳定性好。树脂的选择决定了银浆的基本性能。其他可供选择的树脂有丙烯酸酯、硅树脂、聚酰亚胺等。

（2）固化剂：通常为胺类固化剂和酸酐类固化剂。胺类固化剂较常见且使用范围较广。酸酐类固化剂有较好的物理性能、耐热性和电性能，更多地应用于功率半导体行业。

（3）银填料：银填料即金属银粒子，在银浆中的含量约为70%，能够减少固化收缩，降低热膨胀系数，提高导热系数，增强机械性能及导电性，在银浆中起十分重要的作用。填料的用量、形状、粒度分布，都会对银浆的流动性、机械性能、电学性能、热学性能造成很大的影响，需要在选用时重点考虑。

（4）增韧剂：可减小固化过程中产生的内应力，提高银浆固化后的韧性，提高抗冲击强度。

（5）加速剂：固化时可加速固化反应，减少固化时间，提高生产效率。

（6）偶联剂：改善银填料在树脂基体中的分散性，提高树脂与银填料的结合力。

（7）其他助剂：改善银浆的流动性、黏度等。

2. 银浆存在的问题与不足

银浆的成分决定了其在应用方面存在以下问题：

（1）电导率低。对于一般的元器件，银浆可以满足要求，但对于高功率器件及模块，银浆的低电导率很难满足应用要求。

（2）相对较低的粘接强度。粘接效果受芯片类型、封装工艺流程、表面状况的影响较大。对于发热量较大的器件，不建议使用银浆粘接，否则容易造成可靠性失效。

（3）相比锡膏与焊锡，即使是导热性较好的银浆，热导率也只是焊锡的 1/3 左右，较难满足高功率器件及模块的要求。

（4）固化时间长。除部分快速固化银浆外，普通中高温固化银浆均需要较长的固化时间，有些封装工艺还需要增加氮气保护，以避免氧化风险。

银浆的主要性能指标有粘接强度、黏度、固化时间、模量、体积电阻、玻璃化转变温度（T_g）、热膨胀系数（CTE）、吸湿性等，在选择材料和设计工艺时，需要考虑不同银浆的性能指标对产品可靠性及应用的影响，从而做出正确的选择。

9.3.2 锡焊料

功率半导体常用的锡焊料包括锡膏、焊锡丝、锡片等，其中，锡膏多用于功率半导体模块或大尺寸芯片的焊接，焊锡丝用于传统的 IGBT 芯片、MOSFET 芯片、功率二极管等分立器件的焊接，锡片一般用于功率半导体模块的大尺寸芯片或基板的焊接。

焊料分为有铅焊料和无铅焊料。有铅焊料一般为锡铅合金，即由锡（熔点232℃）和铅（熔点 327℃）组成的合金，其中锡（含量为 63%）和铅（含量为 37%）组成的焊锡称为共晶焊锡，熔点为 183℃。功率半导体由于芯片发热量较大，一般采用高铅焊料，铅含量为 90%及以上，熔点超过 300℃。而无铅焊料一般选择 Sn-3.5Ag 或 Sn-3Ag-0.5Cu 系，主要用于回流焊接工艺，因为受电子器件耐热性能的影响，回流的峰值温度一般不超过 250℃。一般无铅焊料的熔点较高，造成回流焊接的工艺窗口很窄，对设备的要求很高。Sn-Ag 或 Sn-Ag-Cu 系的焊料，其熔点比 Sn-Cu 焊料低 6℃左右（217～221℃），实际应用中较为常见。

焊料中会有微量其他金属以杂质的形式混入，有的杂质即使是微量，也会导致焊料性能严重下降。

焊料中主要杂质及其特性如下：

（1）锌（Zn）：是所有杂质中影响最大的金属，会严重影响焊点的外观及焊料的流动性，通常要求锌含量低于 0.001%。

（2）铝（Al）：会导致焊料氧化和腐蚀；对功率半导体而言，有可靠性失效的风险，通常要求铝含量必须小于 0.001%。

（3）镉（Cd）：主要影响焊料的工艺性能和外观。过量的镉，会降低焊料的熔点，使焊料失去光泽，严重时会导致焊料流动性降低；使焊料变脆，焊料在受到温度冲击时容易产生裂纹甚至开裂。

（4）锑（Sb）：适量的锑可提高焊料的机械强度、增大电阻，可掺杂在高温焊料中。但当锑含量超过 6%时，焊料会变脆，还会影响焊料的流动性和润湿性。

（5）铋（Bi）、砷（As）、铜（Cu）等微量元素：会影响焊料的流动性，以及焊点的强度和外观等。

1. 锡膏

锡膏又称为焊膏，主要由锡粉和助焊剂组成，非常适合表面贴装的自动化生产。已经贴装完成的元器件或芯片，在高温下熔融的锡粉将元器件焊盘或芯片背金与焊盘表面形成合金，从而达到焊接的目的。在功率半导体行业，锡膏主要用于集成度较高的半导体功率模块，通常在绝缘金属基板（Insulated Metal Substrate，IMS）或直接覆铜陶瓷（Direct Bonding Copper，DBC）基板上先进行锡膏印刷，通过芯片粘贴机或贴片机粘贴芯片或元器件，然后通过回流或真空焊接工艺进行焊接，最后进行助焊剂的清洗和烘干，完成整个印刷→贴片→焊接→清洗的工序链。

锡膏种类繁多，按照焊接温度分，可以分为高温型、常温型、低温型三种；按照锡膏成分分，可分为含铅型与无铅型；按照焊接后的清洗方法分，可以分为溶剂清洗型、免洗型和水洗型。通常电子行业使用的为免洗型锡膏，但对清洁度要求较高的半导体产品，特别是功率半导体产品，需要使用清洗型锡膏，因为即使使用免洗型锡膏，挥发出来的各种离子也会造成离子污染，从而影响产品的可靠性。清洗工艺，通常采用有机溶剂清洗，因为有机溶剂清洗能够更加有效地清洁产品的表面。

锡粉主要由锡合金组成，其对锡膏成品性能有很大的影响，锡合金通常有锡银合金、锡铋合金等。在选择锡粉时，一般会考虑以下两个因素：

（1）锡粉的颗粒：首先考虑的是颗粒的形状，通常球形度越好，则锡膏性能越好，除特殊定制形状的需求外，通常最大可以接受长轴与短轴之比为 1.5 的近球形粉末。其次需要根据应用需求，考虑颗粒的大小及分布宽度，理想情况为以目标尺寸为中值的正态分布，目标尺寸占据绝大多数比例，而大尺寸和小尺寸占比较小且逐级降低。

（2）锡膏中锡粉与助焊剂的比例：锡粉在锡膏中占据绝大多数比例，根据不同的应用，有时甚至可以超过 95%。通常在功率半导体中，锡粉在锡膏中占据 90% 左右的比例。

助焊剂含量虽然较低，但对于锡膏的工艺性能起了主要作用。通常助焊剂的主要成分如下：

（1）活化剂：为了去除焊接表面的氧化层，提高焊接表面对焊锡的亲和力和润湿性，通常会在锡膏中加入少量的活化剂（1%左右）。活化剂也称为去氧化剂。

（2）触变剂：为了提高印刷工艺性能，需要在锡膏中加入一定量的触变剂（2%

左右）。触变剂可以调节锡膏的黏度，改善印刷后的脱板性能，防止脱板时出现锡膏拖尾、粘连及锡膏剥离的现象。

（3）松香：助焊剂的主要成分，可以改善锡膏的黏附性，同时能够保护焊接面，防止焊接后再度被氧化；松香的含量对芯片的固定和位置的准确性有很大的影响。

（4）溶剂：锡膏中溶剂的含量为 1%～7%，溶剂的种类和含量会影响锡膏的黏度和成型性，也会影响印刷后的静置时间，一般来说，锡膏中的溶剂会在高温焊接时充分挥发。

锡膏一般需要存储在较低温度（通常低于 10℃）下，使用之前需要在密封状态下回温至室温后方可使用，建议使用温度为 22～24℃，湿度为 45%～65%RH，以保持锡膏处在最佳的黏度状态，且不容易变干，不容易发生化学反应。

锡膏通常用于锡膏印刷工序，通过钢网压盖住基板，使用刮刀将一定量的锡膏准确地涂覆在基板的焊盘上，印刷后的锡膏能保持良好的黏性和形状，使半导体器件或芯片能够准确无误地黏附在锡膏上，并且在回流或真空焊接后保持在固定的位置，以完成电气及机械连接。一般需要在印刷后一小时内完成焊接工序以防止锡膏溶剂挥发导致锡膏变干、黏度降低，从而引起虚焊、空洞等缺陷。

与锡膏有关的印刷工序中的常见缺陷有连锡、锡量不足或过多、坍塌、黏度不足、拖尾等，在回流焊接工序的主要缺陷有空洞、溅锡、连锡、锡珠、虚焊等。

2. 焊锡丝

焊锡丝又称为软焊料（Soft Solder Wire），也是半导体行业芯片粘接工艺的主要焊接材料，主要用于对导热导电要求较高的功率半导体器件或模块的芯片粘接。功率半导体一般使用高铅含量的焊料，熔点在 300℃以上。焊锡丝由锡铅合金和助焊剂两部分组成，外层为锡铅合金，助焊剂被均匀灌注到焊锡丝内部。根据不同的需求，可以加入一定量的银或其他金属来调节合金的性能，使之具有更高的可靠性。

3. 锡片

锡片又称为预成型焊料（Preform Solder），用于半导体模块中覆铜陶瓷基板的焊接。在功率半导体模块封装时，由于覆铜陶瓷基板尺寸较大，通过传统的芯片粘接工艺无法实现大面积的焊料覆盖。印刷回流工艺虽然可以实现焊料的覆盖，但由于大量助焊剂和溶剂的存在且在回流时无法有效排出，导致回流后出现大量的空洞。而预成型锡片由于不含助焊剂，且和陶瓷基板具有相同的尺寸，通过特殊的夹具将底板、陶瓷基板和锡片固定后，可以在真空回流炉中实现高质量的焊接。

基于不同的应用以及最终产品的封装形式和工艺路线，可以灵活选择不同类型的锡焊料，但随着人们环境保护意识的逐渐增强，需要清洗的锡膏焊接工艺逐渐被更环保的锡片焊接工艺和纳米银烧结工艺所替代。

9.3.3　纳米银烧结材料

目前电子封装中常用的锡焊料为含铅焊料或无铅焊料，其熔点在 300℃以下，采用锡焊料相关工艺的功率半导体模块的结温一般低于 150℃，当应用于温度为 175～200℃甚至 200℃以上的环境中时，其焊接层性能会急剧退化，影响半导体模块工作的可靠性。为了得到可靠性更好的功率半导体模块，英飞凌早在 2006 年就采用银烧结技术，推出了 EasyPACK1 封装形式的产品，通过可靠性测试发现，相比于传统焊接工艺，采用银烧结技术的模块，其寿命提高了 5 倍以上。

20 世纪 90 年代初，研究人员通过对银粉颗粒进行烧结实现了硅芯片和基板的互连，这种烧结技术就是最初的低温烧结技术。纳米尺度的金属，会表现出强烈的体积效应、量子尺寸效应、表面效应和量子隧道效应，在烧结过程中，彼此接触的纳米银颗粒之间原子相互扩散，形成互连的接头，当大量纳米银颗粒互相堆积，就可以实现在低于其块体金属熔点的温度下形成块体金属烧结体，从而实现芯片与焊膏、基板之间的焊接。大功率半导体芯片粘接所采用的银烧结材料，目前主要为纳米银烧结材料，又称为纳米银焊膏，以下简称银焊膏。

银焊膏和传统的焊接材料相比，有以下优势：

（1）烧结后为纯银层，电阻小，具有优异的导电性能；

（2）纯银层的熔点为 961℃，远高于普通的焊锡熔点 221℃；

（3）纯银层的热导率约为普通焊锡的 3 倍；

（4）和传统的锡膏相比，银焊膏中不含助焊剂，其中的有机物在烧结过程中会全部挥发，不需要额外的清洗工艺；

（5）采用烧结工艺的芯片，其位置准确度比普通锡膏工艺的芯片高。

（6）可以兼容传统锡膏的印刷工艺和贴片工艺，避免重复投入。

银焊膏通常由银粉、黏结剂、有机添加剂组成。其中：银粉作为银焊膏的主要成分，是银焊膏中的导电导热相；黏结剂通常采用无铅玻璃粉，起辅助焊接的作用；有机添加剂通常包含有机树脂、溶剂、分散剂、偶联剂等，可以避免银粉颗粒出现团聚和聚合现象，还可调节银焊膏的工艺性能。当烧结温度超过 210℃时，在氧气环境中银粉中的有机添加剂会因高温分解而挥发，最终变成微孔结构的纯银连接层[13]，不会产生杂质相。需要指出的是，烧结银层的微孔结构与传统焊料的空洞有显著的差别，对焊接层性能没有不良影响，烧结后银层微孔结构如图 9-17 所示。

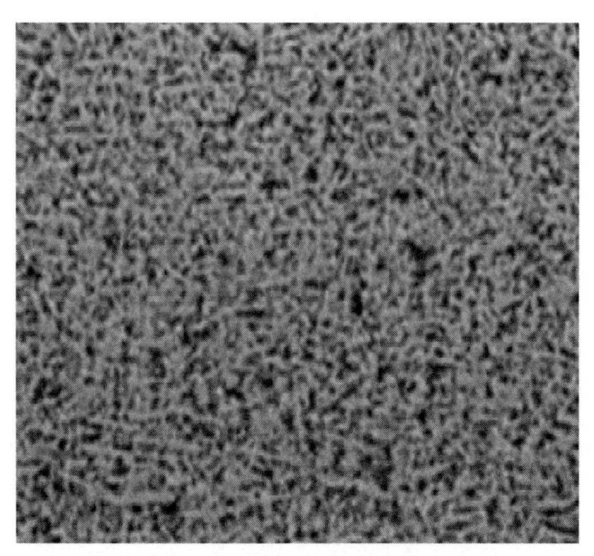

图 9-17　烧结后银层微孔结构图

通过银烧结工艺，可以得到热性能、电性能、机械性能更好的焊接界面，焊接层空洞率低，热疲劳寿命是普通锡焊料的 10 倍以上，其热导率及电导率可达到纯银的 90%，远高于普通锡焊料，具有更高的导热能力及导电能力。

功率半导体的芯片粘接工艺种类繁多，在实际应用中，要依据产品的实际应用和设计思路，选择最合适的工艺和材料，从而实现环保、品质、效率、成本各方面的平衡。

9.4 基板材料

用于功率半导体封装的基板材料主要有陶瓷基板、金属基板和有机基板，玻璃基板因脆性大且抗弯强度相对低而不被采用。

陶瓷基板是功率半导体封装的基板材料之一[14]。其由于热导率高、与功率器件材料热膨胀系数匹配、绝缘电阻和耐压高、介电常数低、介质损耗相对小以及机械强度高的特点而被广泛采用。

金属基板由金属芯层、绝缘介质层和铜箔导电层组成。金属芯层通常有铝及其合金层、铜及铜合金层、钼层、铝-陶瓷复合板等。绝缘介质层通常有有机绝缘介质层（例如环氧树脂/改性环氧树脂、聚酰亚胺树脂、BT 树脂、聚苯醚树脂等）、无机非金属的玻璃釉（又称珐琅）层、纳米陶瓷涂层等。铜箔导电层有压延铜箔层、电解铜箔层等。从电路图形结构来看，金属基板分为单面板、双面板和多层板三种结构，在金属基板上单面制作电路图形的称为单面板，如图 9-18（a）所示；在金属基板的六面包覆一层玻璃釉层并经高温烧结，再经丝网漏印金属浆、烧结制作金属化导电电路图形的，称为双面板，如图 9-18（b）所示；互联密度相对高的是利用铜合金等制作的金属芯基板，首先铜板经过热处理，接着进行钻孔及表面处理，然后进行半固化片层压及固化，最后进行通孔及导电电路制作，更多层板还需多次重复上述步骤以实现层数的增加，如图 9-18（c）所示。金属基板以其优异的散热性能、机械加工性能、电磁屏蔽性能等在功率半导体封装中有不少应用，金属基板材质、结构等的选择，应依据应用范围从热膨胀系数、强度、硬度、热导率、击穿电压及可靠性要求等方面综合考虑。

有机基板可分为刚性基板和挠性基板，功率半导体封装中常用到的是刚性基板，主要有单面、双面、高密度互联（HDI）积层多层板（BUM）等。刚性有机基板常见于智能功率模块（Intelligent Power Module，IPM）封装中，典型智能功率模块封装示意图如图 9-19 所示。其主要特点是阻燃性好、玻璃化转变温度（T_g）高、铜箔厚。

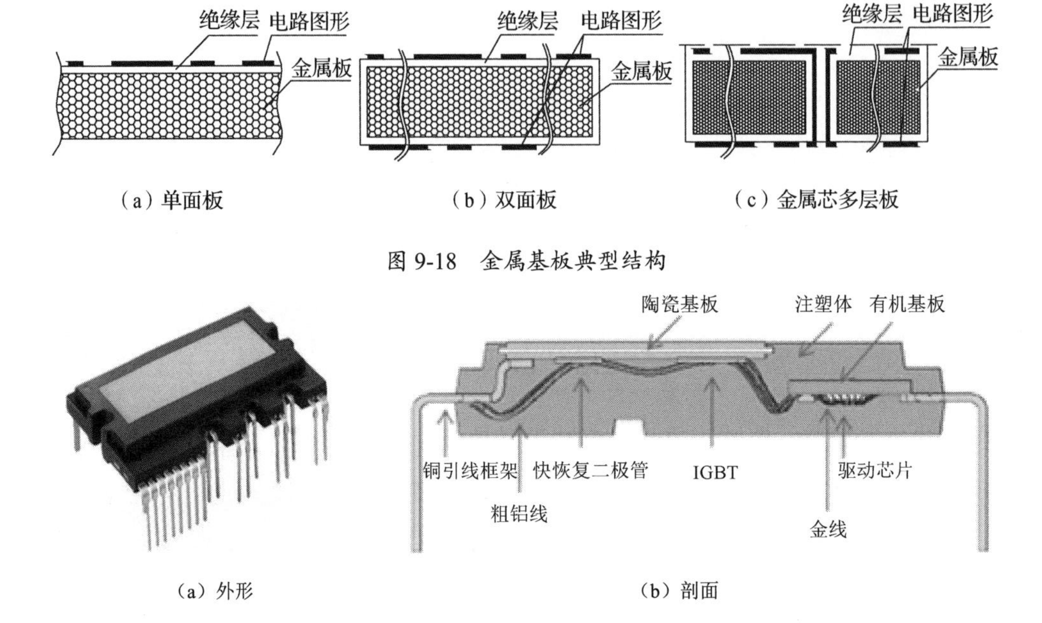

（a）单面板　（b）双面板　（c）金属芯多层板

图 9-18　金属基板典型结构

（a）外形　（b）剖面

图 9-19　典型智能功率模块封装示意图

金属基板的材料、结构和封装发展较为成熟，目前主要应用在 LED 封装、电源模块封装等方面；有机基板在功率半导体封装中使用较少，相关知识请参阅有机基板相关书籍，如田民波、林金堵、祝大同编著的清华大学出版社出版的《高密度封装基板》。本节重点介绍陶瓷基板。

9.4.1　陶瓷基板概述及特性

1. 陶瓷基板的定义

陶瓷基板是一种功率半导体器件的芯片载体，为芯片提供电连接、耐蚀保护、机械支撑、散热通道等，是功率半导体封装的组成部分。陶瓷基板的基体材料为无机非金属材料，是由天然的或人工合成的化合物（如氧化物、氮化物等）经过成形、高温烧结制成的。在高密度陶瓷基板表面或内部依据器件封装要求设计了金属通孔、导线甚至电感、电阻等分立元件。利用陶瓷基板进行封装能达到增加引脚数、提高封装密度、减小体积、改善电性能（如通过增加线路金属厚度、线路宽度来降低导通电阻）等功效。

陶瓷基板具有机械强度高、耐热性好、热导率高、化学稳定性好、热膨胀系数与半导体芯片接近等优点，但是它较厚、质量大、成本较高等限制了其应用范围。

2．陶瓷基板分类

陶瓷按其原料来源分为普通陶瓷（又称为传统陶瓷）和特种陶瓷（又称为精细陶瓷、高技术陶瓷、高性能陶瓷或新型陶瓷等）。特种陶瓷从性能上又可分为结构陶瓷、功能陶瓷两类，功率半导体封装所用的陶瓷基板均属于结构陶瓷类。

陶瓷基板按材料来分，可分为氧化铝陶瓷基板、氮化铝陶瓷基板、氮化硅陶瓷基板、氧化铍陶瓷基板和氧化锆陶瓷基板五类；按陶瓷基板互连导线/导体制造的典型工艺来分，可分为高温共烧金属化陶瓷基板和熟瓷金属化陶瓷基板两类。高温共烧陶瓷基板又分为 1450℃以上高温共烧陶瓷（High Temperature Co-fired Ceramic，HTCC）基板、800～1200℃低温共烧陶瓷（Low Temperature Co-fired Ceramic，LTCC）基板；熟瓷金属化在各类陶瓷基板上进行，熟瓷金属化陶瓷基板分为直接镀铜陶瓷（Direct Plating Copper，DPC）基板、直接覆铜陶瓷（Direct Bonded Copper，DBC）基板、活性钎焊陶瓷（Active Metal Bonding，AMB）基板及传统的厚膜工艺陶瓷基板和薄膜工艺陶瓷基板；按金属导线/导体层数来分，分为单层金属化陶瓷基板、双层金属化陶瓷基板和多层金属化陶瓷基板（通常采用玻璃釉作绝缘介质）。

功率半导体封装主要使用低成本直接覆铜陶瓷基板、直接镀铜陶瓷基板，其承载电流为 1～300A 甚至更大。功率半导体封装用陶瓷基板主要以氧化铝（Al_2O_3）陶瓷基板、氮化铝（AlN）陶瓷基板和氮化硅（Si_3N_4）陶瓷基板应用最为广泛，氧化铍陶瓷基板由于研磨加工过程中粉尘对人体有毒性而逐渐被淘汰。典型陶瓷基板材料的主要性能参数如表 9-6 所示。

表 9-6　典型陶瓷基板材料的主要性能参数

性能参数		氧化铝	氮化铝	氮化硅	氧化锆
密度（g/cm^3）		3.70～3.85	3.26～3.34	～3.22	3.91～6.00
弯曲强度（MPa）	四点法	280～400	300～350	～700	450～550
	三点法	300～550	250～500	～800	550～700
热导率［W/(m•K)］(25℃)		18～25	150～230	～90	25～28

续表

性能参数	氧化铝	氮化铝	氮化硅	氧化锆
热膨胀系数（20～30℃）（$\times10^{-6}$/℃）	6.7～7.8	4.3～4.7	～2.6	6.5～7.6
介电常数（ε_r）	9.4～9.8	8.7～9.0	9.0～9.5	6.5～11.0
介电损耗角正切值（$\tan\delta$）	0.0003	0.0005	0.0002	0.0003
体积电阻率（Ω•cm）	≥10^{14}	≥10^{14}	≥10^{14}	≥10^{14}

3. 陶瓷基板制造工艺

陶瓷基板从陶瓷基体成型制备工艺来分，可分为一次成型和膜片成型。一次成型制备工艺主要有干压成型、注射成型、挤制成型、热压铸成型；膜片成型是指轧膜或流延成膜后经切块、冲孔/冲腔、填孔、印刷导体浆料叠层、层压、生切等成型为所需尺寸。传统陶瓷基板制造典型工艺流程如图 9-20 所示，多层流延成型（包括 LTCC 和 HTCC，如图 9-21 所示）相关知识请参考今中佳彦所著的《多层低温共烧陶瓷技术》[15]。

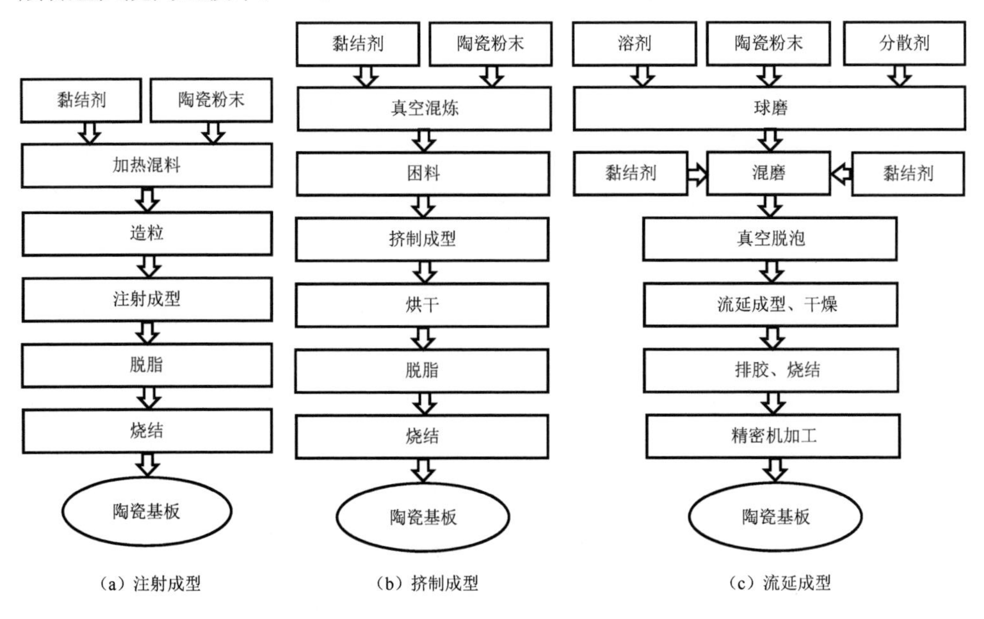

图 9-20　传统陶瓷基板制造典型工艺流程图

单面、双面陶瓷基板主要采用干压成型工艺制备，多层陶瓷基板主要使用流延成型工艺制备，低温共烧陶瓷基板利用玻璃-陶瓷或微晶玻璃与低熔点、导电性好的金属共烧，实现多层陶瓷和多层布线层及通孔、无源元件（如电阻、电感等）等的一体化；常用的导电性好的金属有 Cu、Au、Ag、Cu-Mo、Ag-Pd 等。低温共烧陶瓷基板电性能测试的重点在高速、高频阻抗和噪声等。HTCC 基板抗弯强度高，导体用难熔 W、Mo 等制成，电阻率较大，通常不集成电容、电感、电阻。陶瓷基板常用成型工艺特点及典型应用，如表 9-7 所示。

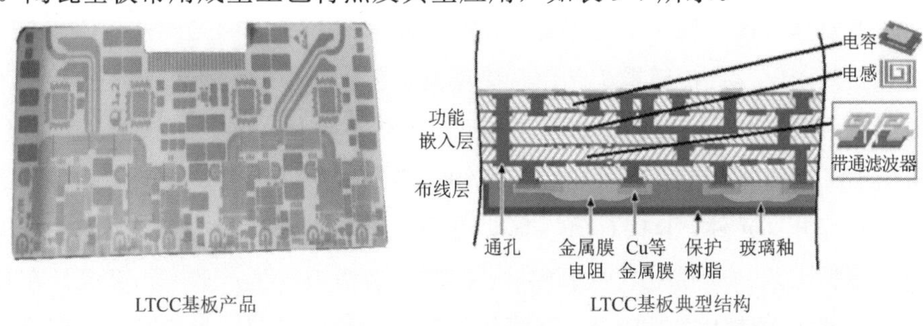

（a）LTCC基板产品及典型结构

（b）HTCC基板产品

图 9-21　多层流延成型共烧陶瓷基板

表 9-7　陶瓷基板常用成型工艺特点及典型应用

成型工艺	工艺特点	典型应用
干压成型	分为模压成型和等静压成型。产品黏结剂含量低，密度波动大，气孔大小不易控制，表面粗糙度大、成本低	适用于厚度不大的圆片、圆环等
注射成型	常用蜡作黏结剂，又称热压注射成型，有高压和低压之分。成型尺寸精确，表面粗糙度小，结构致密	适用于形状复杂、尺寸精度和质量要求高的陶瓷产品
挤制成型	无沉降和分层，可连续生产，效率高，但成型产品长度方向、内外收缩不一而易翘曲	适用于圆形、椭圆形、多边形和其他异形断面陶瓷板或陶瓷管
热压铸成型	有直接和间接加热之分，有热压和热等静压之分。成型和烧结在一个工序完成，生产率低，成本高	用于高纯难烧 BN、Si_3N_4、SiC 等特种陶瓷的降低温度烧结
流延成型	薄膜成型工艺之一。分水基和有机溶剂基两种。可连续生产，生产效率高，流延成型产品表面光滑，黏结剂含量较高，烧结收缩率大	膜片可弯曲，适用于高密度多层布线的共烧陶瓷件制作

续表

成型工艺	工艺特点	典型应用
轧膜成型	薄膜成型工艺之一，两轧棍间经多次精轧至所需厚度，生产效率较低	膜片可弯曲，适用于密度相对高、布线层数相对少的共烧陶瓷件制作

陶瓷基板按金属化工艺来分，主要有薄膜工艺、厚膜工艺、HTCC和LTCC金属化工艺，以及直接镀铜工艺、直接覆铜工艺、活性钎焊工艺等。多层HTCC基板通常采用W、Mo等在1450～1650℃下共烧成一体，然后在表面进行电镀加厚；多层LTCC基板通常采用Cu、Ag、Au等在950℃以下共烧成一体，可以用来印制电阻等分立元件，HTCC和LTCC金属化工艺多在系统集成封装陶瓷基板中使用；薄膜工艺、厚膜工艺由于靶材、浆料等较贵或者生产效率不够高，在功率封装陶瓷基板中使用相对较少；半导体封装用的单层和双层陶瓷基板金属化工艺基本采用直接镀铜、直接覆铜、活性钎焊工艺，从成本、电流承载能力或功率密度等方面来看也是这些金属化工艺占优势，这些工艺的性能比较如表9-8所示。

表9-8　半导体封装用陶瓷基板表面金属化工艺及性能比较

金属化工艺	直接镀铜（DPC）	直接覆铜(DBC)	活性钎焊(AMB)
基板材料	几乎所有陶瓷	几乎所有陶瓷	AlN、Si_3N_4等
工艺温度（℃）	250～350	1065～1083	800～1000
工艺时间	中等，取决于金属层厚度	短	中等
陶瓷厚度（mm）	0.25、0.32、0.38、0.63等	0.25、0.32、0.38、0.63等	0.38、0.63、1.00等
金属层厚度（μm）	10～100	150～400	150～400
热导率［W/(m•K)］	Al_2O_3:20～24 AlN：170～220	Al_2O_3:20～24 AlN：170～220	394
封装工艺性能	金属线易键合，可焊性好		
电流承载能力（A）	1～2	约200	约300
成本	高	低	高

4. 陶瓷基板特性及测试方法

陶瓷基板的主要特性参数有熟瓷密度、弯曲强度（也称抗折强度、抗弯强度等）、热膨胀系数（CTE）、热导率、体积电阻率、介电常数（也称相对介电常数）、介电损耗/介质损耗、绝缘强度、金属化强度、可焊性等，其测试方法如表9-9所示，其中陶瓷基板的热导率、介电常数、绝缘强度等特性参数在一定程度上影响着功率半导体封装的应用。

表 9-9　陶瓷基板主要特性参数及测试方法

序号	项　目	国内参考测试方法	国外参考测试方法	备　注
1	熟瓷密度	GB/T 25995—2010《精细陶瓷密度和显气孔率试验方法》[16]	ASTM C20-00 Standard Test Methods for Apparent Porosity，Water Absorption，Apparent Specific Gravity，and Bulk Density of Burned Refractory Brick and Shapes by Boiling Water[17]	也可参考 GB 2413—1981《压电陶瓷材料体积密度测量方法》[18]或 GB/T 4472—2011《化工产品密度、相对密度的测定》[19]
2	弯曲强度	GB/T 6569—2016《精细陶瓷弯曲强度试验方法》[20]	ASTM C 1161-13 Standard Test Method for Flexural Strength of Advanced Ceramics at Ambient Temperature[21]	仅用三点负荷法，也可用 GB/T 4741—1999《陶瓷材料抗弯强度试验方法》[22]
3	热导率	GB/T 5598—2015《氧化铍瓷导热系数测定方法》[23]	ASTM C408-88 Standard Test Method for Thermal Conductivity of Whiteware Cermics[24] 或 ASTM E1461-13 Standard Test Method for Thermal Diffusivityby the Flash Method[25]	
4	热膨胀系数	GB/T 5594.3 — 2015《电子元器件结构陶瓷材料 性能测试方法 第 3 部分：平均线膨胀系数测试方法》[26]	ASTM E831-19 Standard Test Method for Linear Thermal Expansion of Solid Materials by Thermomechanical Analysis[27]	
5	介电常数	GB/T 5594.4—2015《电子元器件结构陶瓷材料性能测试方法第 4 部分：介电常数和介质损耗角正切值的测试方法》	ASTM D150-18 Standard Test Method for AC Loss Characteristics and Permittivity (Dielectric Constant) of Solid Electrical Insulation[28]	
6	介电损耗			
7	绝缘强度/击穿强度	GB/T 5593—2015《电子元器件结构陶瓷材料》[29]	ASTM D149-20 Standard Test Method for Dielectric Breakdown Voltage and Dielectric Strength of Solid Electrical Insulating Materials at Commercial Power Frequencies[30]	
8	体积电阻率	GB 5594.5—1985《电子元器件结构陶瓷材料性能测试方法 体积电阻率测试方法》[31]	ASTM D257-14 Standard Test Method for DC Resistance or Conductance of Insulating Materials[32]	

续表

序号	项　　目	国内参考测试方法	国外参考测试方法	备　　注
9	金属化强度	SJ/T 3326—2016《陶瓷-金属封接抗拉强度测试方法》[33]	ASTM F19-11(2016) Standard Test Method for Tension and Vacuum Testing Metallized Ceramic Seals[34]	或参照 SJ/T 11246—2014《真空开关管用陶瓷管壳》[35]
10	可焊性	GB/T 4937.21—2018《半导体器件 机械和气候试验方法 第21部分：可焊性》[36]	IPC-EIA-J-STD-003B Solderability Tests for Printed Boards[37]	

9.4.2 直接镀铜陶瓷基板

直接镀铜陶瓷（Direct Plating Copper，DPC）基板的制作方法：利用薄膜工艺先在陶瓷基板表面真空蒸发或溅射 Ti-Cr-Cu 等复合金属化层，结合 PCB 工艺进行涂胶、曝光、显影，再以电镀/化学镀沉积方式增加导线/导体铜层的厚度，然后经蚀刻、去胶完成线路制作，最后去胶，刻蚀去除复合金属化层，经过清洗完成金属化线路制作，如图 9-22 所示。

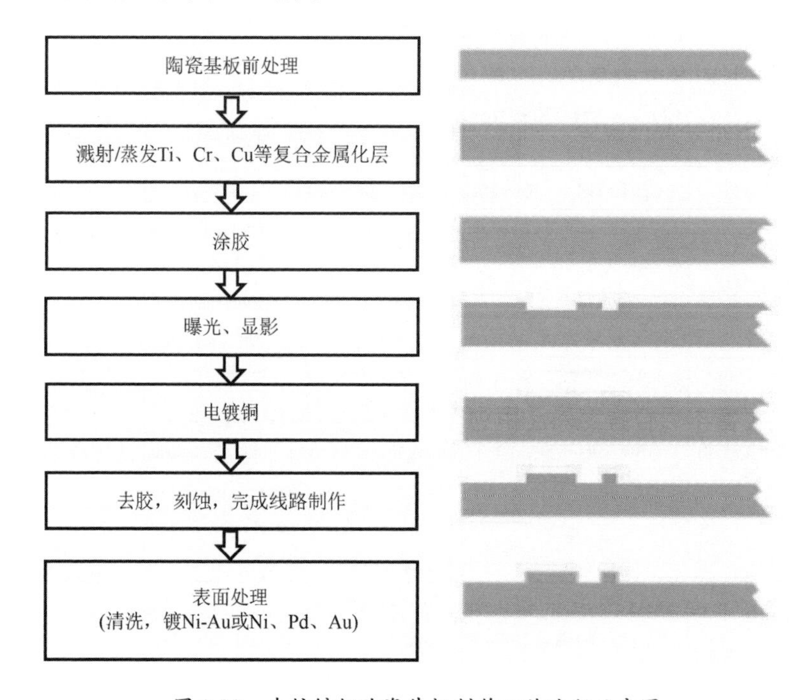

图 9-22　直接镀铜陶瓷基板制作工艺流程示意图

陶瓷基板经过清洗、粗化、敏化、活化和化学镀铜后可得到厚度相对较小的直接镀铜陶瓷基板。直接采用化学镀铜法制备厚度较大的铜线路，会存在镀层致密性差等问题，用化学镀铜法做好种子层后宜采用电镀铜工艺加厚。

氧化铝（Al_2O_3）陶瓷基板、氮化铝（AlN）陶瓷基板、氮化硅（Si_3N_4）陶瓷基板的厚度通常为 0.25mm、0.32mm、0.38mm、0.50mm、0.63mm 等，功率半导体器件封装结构尺寸及其强度由具体应用决定。直接镀铜陶瓷基板线路的铜层厚度通常为 10～100μm，线路宽度（*L*）和线间距（*S*）可以达到 20μm，但很难加工多层线路。

与陶瓷基板形成过渡层的金属通常选用钛，导体金属一般为铜，线路表层根据应用要求镀镍（Ni）或镍-银（Ni-Ag）或者镍-金（Ni-Au）等，如高频、微波等应用场合通常在线路表层镀金。

直接镀铜陶瓷基板的缺陷除常见的陶瓷基板缺损、裂纹、污染、金属层划伤和变色氧化外，还有线路凹坑或缺口、陶瓷表面电镀金属污染斑等。

非镀金陶瓷基板的长期储存使用真空包装，开封后可在氮气（N_2）环境下短期存储。

9.4.3　直接覆铜陶瓷基板

直接覆铜陶瓷（Direct Bonded Copper，DBC）基板的制作方法：将 Al_2O_3、AlN 等陶瓷基板的单面或双面覆上一定厚度的铜箔，铜箔在 1065～1083℃高温下被氧化形成氧化铜，氧化铜扩散与陶瓷烧结在一起，然后依据线路设计用湿法蚀刻方式将陶瓷基板上不需要的铜箔刻去，制作出所需的线路图形，最后进行激光切割和表面处理，如图 9-23 所示。

直接覆铜陶瓷基板材料与直接镀铜陶瓷基板材料的制备相同。

直接覆铜陶瓷基板的厚度通常为 0.25mm、0.32mm、0.38mm、0.63mm 等，直接覆铜陶瓷基板线路的铜层厚度通常为 150μm、200μm、300μm、400μm 等。烧结过程中无法避免铜箔和陶瓷间的空洞，蚀刻线路无法做到精细化，也很难加工多层线路。

随着线路铜层厚度的增加，直接覆铜陶瓷基板残余热应力增大，翘曲度也增大，大面积直接覆铜陶瓷基板甚至会出现裂纹、断裂等。

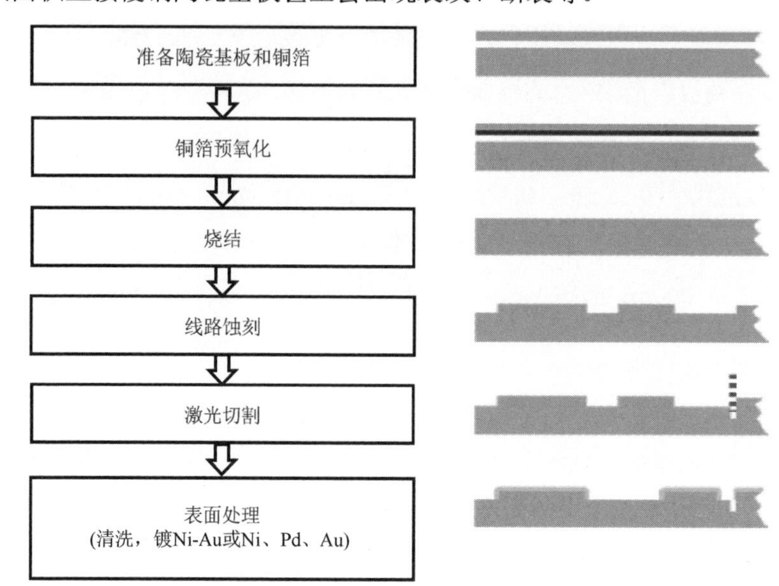

图 9-23　直接覆铜陶瓷基板的制作工艺流程示意图

直接覆铜陶瓷基板铜线路表层根据应用要求镀镍（Ni）、镍-银（Ni-Ag）、镍-金（Ni-Au）。

直接覆铜陶瓷基板的缺陷除了常见的陶瓷基板缺损、金属层划伤、线路凹坑或缺口、陶瓷表面金属斑和污染、氧化变色，还有覆铜层从陶瓷上剥离（尤其在温变后）、覆铜层和陶瓷间的空洞甚至鼓泡等。

直接覆铜陶瓷基板承载电流大，可应用在大功率电力半导体模块、功率控制类电路、智能功率模块、功率混合集成电路、高频开关电源、电子加热器等功率半导体器件中。其封装的器件广泛应用于太阳能电池板组件和激光等工业电子、汽车电子、航天航空及军用电子组件中。

直接覆铝（Direct Bonded Aluminum，DBA）陶瓷基板采用了与直接覆铜陶瓷基板相似的工艺，其具有更低的残余热应力和优良的抗热震性，且与粗铝丝或铝带的键合为同质金属键合，常用于汽车电子中。

9.4.4　活性钎焊陶瓷基板

活性钎焊陶瓷（Active Metal Bonding，AMB）基板的制作方法：利用钎料中含有的少量活性元素（如钛、锆、铪、钒等）与陶瓷反应生成能被液态钎料润湿的反应层（通常在真空或惰性气氛中进行），从而实现金属层与陶瓷的接合。

将陶瓷基板表面清洗并烘干后，印刷活性钎焊膏，再将无氧铜箔与陶瓷基板装夹，并送入真空钎焊炉或惰性气氛保护的高温炉中进行高温钎焊。在陶瓷基板上覆铜后，采用类似于 PCB 的湿法蚀刻工艺在陶瓷基板表面刻蚀去不需要的铜箔、活性钎焊层，制作出所需线路图形，再经激光切割，最后在导线/导体表面镀覆可焊性好、耐蚀性优良的镍（Ni）层或镍-银（Ni-Ag）层、镍-金（Ni-Au）层、镍-钯-金（Ni-Pd-Au）层，经清洗、分割制备出活性钎焊陶瓷基板。活性钎焊膏在高温下与陶瓷基板发生化学反应，并与铜箔钎焊在一起。比起直接镀铜工艺、直接覆铜工艺，活性钎焊工艺的铜箔与陶瓷基板的结合强度更高，铜箔与陶瓷基板的黏附可靠性也更好。活性钎焊陶瓷基板制作工艺流程如图 9-24 所示。

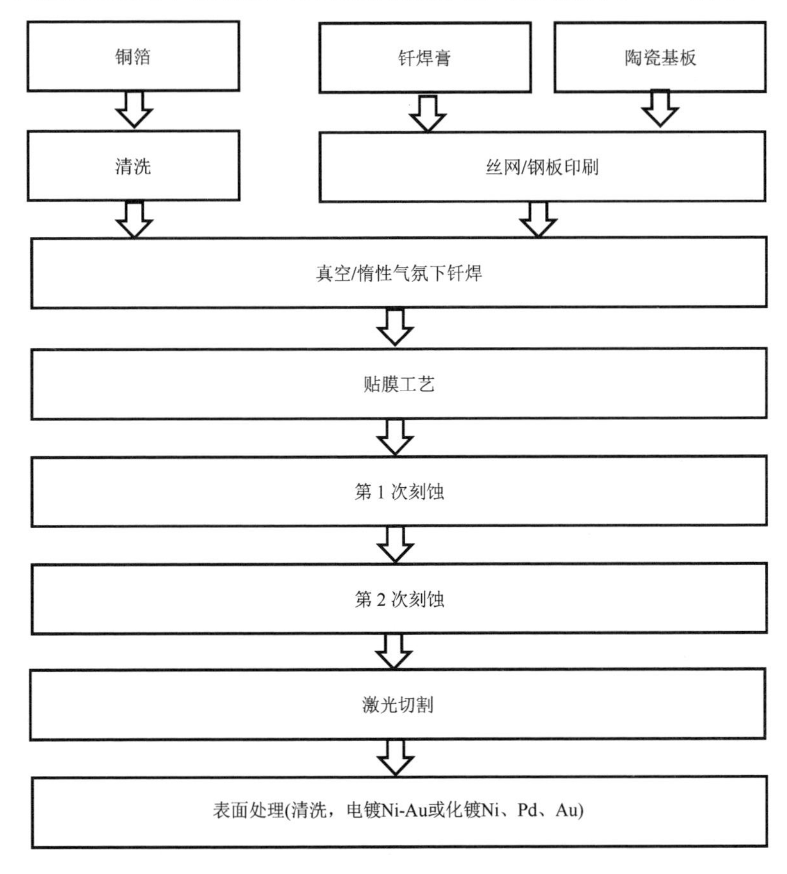

图 9-24　活性钎焊陶瓷基板制作工艺流程示意图

活性钎焊陶瓷基板材料与直接镀铜陶瓷基板和直接覆铜陶瓷基板的材料相同。

活性钎焊陶瓷基板厚度通常为 0.38 mm、0.63mm、1.00 mm 等。

活性钎焊陶瓷基板线路的铜箔厚度通常为 150～400μm，真空钎焊过程中无法避免铜箔和陶瓷之间的空洞，蚀刻线路同样无法做到精细化，也很难加工多层线路。

陶瓷基板铜线路表层根据应用要求镀镍（Ni）、镍-银（Ni-Ag）、镍-金（Ni-Au）或镍-钯-金（Ni-Pd-Au）。

活性钎焊陶瓷基板的缺陷除了常见的陶瓷基板缺损、金属层划伤、陶瓷表面金属斑和污染、氧化变色外，还有线路凹坑或露瓷、铜箔鼓泡甚至从陶瓷上剥离（尤其在经长时间高温储存、温度循环试验后，热损伤加重导致铜箔黏附强度下降）等。

非镀金层的活性钎焊陶瓷基板的长期储存使用真空包装，开封后在氮气（N_2）环境下短期存储。

活性钎焊陶瓷基板的高绝缘电压、高热扩散效率，有助于其在高效率工业电源模块、智能电网、铁路牵引等高工作电压和高功率密度场合应用。

9.5 键合材料

键合材料是用于连接芯片和芯片、芯片和框架、芯片和基板的金属材料，是芯片封装过程中主要的原材料之一。根据键合材料的金属或合金成分及复合结构来分，键合材料可分为纯金、金银合金、银合金、纯铜、镀钯铜、镀金银、纯铝等。键合材料通常以丝（或线）的形式出现，但是，随着键合工艺的不断发展，带状、片状的键合材料日益得到广泛应用。常见的键合材料如图 9-25 所示。

在功率半导体封装领域，因大电流、高电压的使用要求，器件内部使用的键合材料必须能够承载大电流，粗铝丝、铝带材料因具有导电性能好、硬度低、易于超声焊接（常温下即可焊接）、成本低等优点，得到了广泛的应用。应用于功率半导体器件键合的铝质材料主要有铝线、铝带、铝包铜线三种。这三种铝质键合材料各有特点，可满足不同产品的封装设计要求。

图 9-25　常见的键合材料

随着近年来功率半导体芯片的发展，封装对键合材料的要求也越来越高，为了满足更高功率、更大电流的要求，铜片得到了广泛的应用。

金线作为内引线，主要应用于二极管、三极管、集成电路等半导体器件的封装。金线的热导率较高，散热效果好，电阻率比铝线低，导电性强，在半导体封装领域占据着很大的市场份额。但由于其价格过于高昂，在一定程度上限制了其在半导体封装中的应用。

本节将对应用于功率半导体器件封装的铝线、铝带、铝包铜线、铜片及金线五种键合材料进行介绍。

9.5.1　铝线

1．铝线成分

铝线（Aluminum Wire）是功率半导体封装领域中应用广泛的键合材料，适用于常温下的楔形焊接（Wedge Bond），直径为 4.0mil（1mil=0.0254mm）及以上的铝线为粗铝线，直径为 4.0 mil 以下的铝线为细铝线。目前市场上常见的铝线按照成分可分为高纯度铝线、镍铝线及镁铝线。高纯度铝线中铝的含量超过 99.999%，材质非常软，缺点是线材破断强度小，且在键合时线材容易使钢嘴脏污；镍铝线中铝的含量为99.99%以上，镍含量约为5×10^{-5}，耐腐蚀性好；镁铝线中镁的含量约为0.5%，其特点为线材偏硬、破断强度大，用于芯片键合时容易产生弹坑，主要应用于基板、引线框架等部件之间的连接。

2．铝线的生产、包装、储存和运输

铝线的生产加工主要采用线材引伸工艺，即挤压法制成，如图9-26所示，先使其预成型为粗线径材料，后逐步挤压成目标线径材料，再经过低温退火处理，达到满足要求的破断强度和延伸率。常见的铝线直径规格和主要机械性能如表9-10所示。加工完成后的铝线使用线轴缠绕，并用塑料膜真空密封包装；在半导体材料的特定存储环境下，一般有效期为1年，拆封后暴露在车间空气中的有效期为15天。

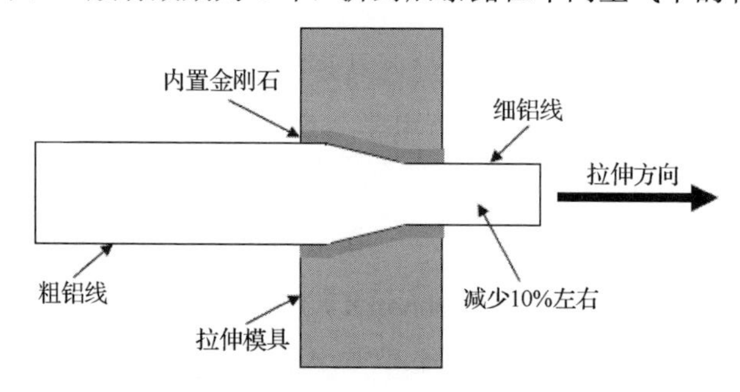

图9-26　铝线挤压示意图

表9-10　常见的铝线直径规格和主要机械性能

直径		破断强度（gf）	延伸率(%)
μm	mil		
100	≈4.0	40～80	5～20
125	≈5.0	70～130	5～20
150	≈6.0	120～180	5～20
175	≈7.0	160～220	8～25
200	≈8.0	180～280	8～25
250	≈10.0	200～320	10～30
300	≈12.0	280～450	10～30
375	≈15.0	450～700	10～30
400	≈16.0	500～750	10～30
500	≈20.0	700～1000	10～30

注：1mil≈25μm，1gf=9.8mN，后同。

3．铝线互连的主要特性及应用

铝线焊接可以以第一焊点为中心，第二焊点在±90° 内改变焊接方向（为避免键合根部裂纹潜在问题，需要关注线径的变化），角度旋转灵活多变，铝线超声波键合角度如图 9-27 所示。在焊接过程中，焊接工具将铝线压紧在半导体功率芯片表面的一层薄薄的铝金属面上。超声波振动由焊接工具作用于铝线上，传递到芯片表面。超声波振动使铝线变软，施加的压力使铝线和芯片表面的金属原子相互扩散，形成焊点。当焊接件相互作用时，芯片表面的污物被打碎并挤出。这种相互作用使焊接件表面产生塑性变形，并清洁铝线和芯片表面，为原子扩散提供原始的接触区域，使焊点实现真正的冶金键合。

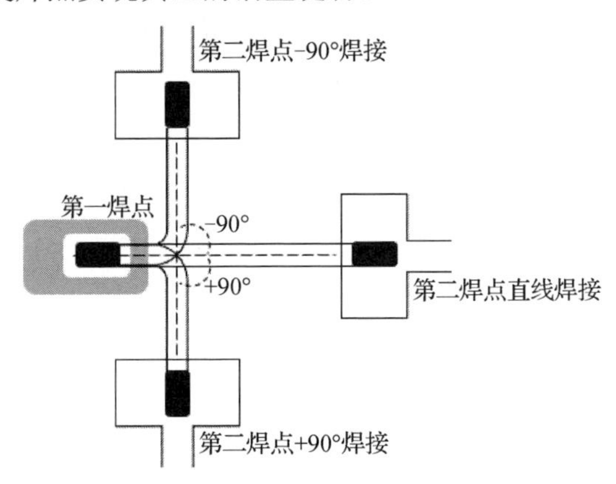

图 9-27　铝线超声波键合角度

铝线在各种功率器件封装中应用最为广泛。铝线直径的大小以及线弧的长度决定铝线的熔断电流。线径越大，熔断电流越大；线弧越长，熔断电流越小。不同线径铝线的熔断电流与弧长的关系如表 9-11 和图 9-28 所示。需综合考虑，从而选择合适的线径以及铝线在封装器件中的线弧长度，以满足器件的功率要求。

表 9-11　不同线径铝线的熔断电流与弧长的关系

单位：A

直　径		弧长（mm）				
μm	mil	3.0	5.0	10.0	20.0	30.0
100	4	3.4	2.5	1.7	1.1	0.9
125	5	5.3	3.9	2.6	1.7	1.3
150	6	7.6	5.6	3.7	2.5	1.9

续表

直　径		弧长（mm）				
μm	mil	3.0	5.0	10.0	20.0	30.0
200	8	13.6	10.0	6.6	4.4	3.5
250	10	21.2	15.7	10.4	6.9	5.4
300	12	30.6	22.6	14.9	9.9	7.8
350	14	41.6	30.7	20.3	13.5	10.6
380	15	49.1	36.2	24.0	15.9	12.5
400	16	54.4	40.1	26.6	17.6	13.8
500	20	84.9	62.7	41.5	27.5	21.6

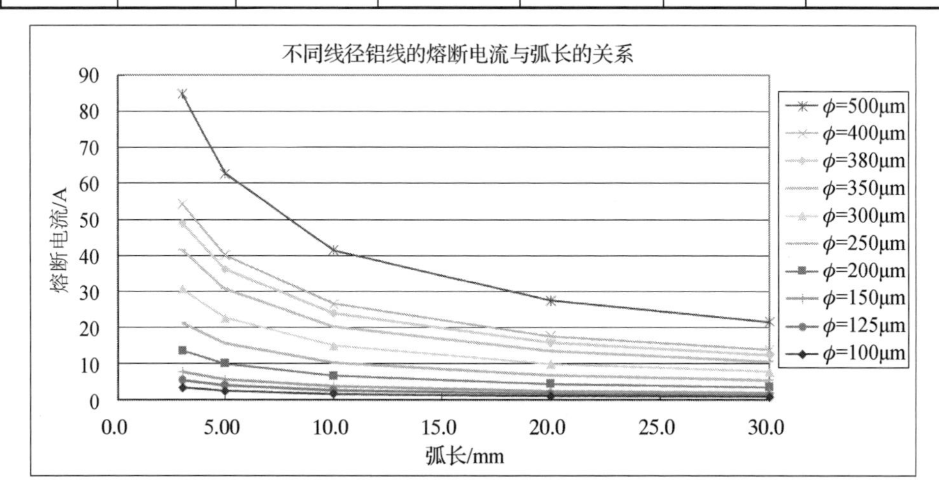

图 9-28　不同线径铝线的熔断电流与弧长的关系图

在一般的铝线互连应用中，焊接工具在完成第一焊点焊接后，拉弧至第二焊点位置焊接，焊接完成后使用切刀将焊点与铝线完全分离，并在切割位置留下切痕，所以芯片与框架之间的焊接一般是从芯片焊接到框架的，避免芯片表面出现切痕。而芯片与芯片之间的焊接，需要采用特殊的焊点与铝线分离工艺，通过切刀完成 80%～90%的分割，然后通过拉扯实现焊点与铝线的完全分离。常见的铝线应用如图 9-29 所示。

4．铝线常见的缺陷

铝线常见的缺陷有铝线氧化、铝线直径超标、破断强度小、硬度大等，这些缺陷将直接影响产品的可靠性，导致产品失效。为此，需要严格地按照铝线生产作业条件操作，保证产品质量的稳定性。焊点剥离是可靠性试验中常见的失效，如何增强铝线与芯片或框架的键合强度及可靠性，是键合工艺设计时需要关注的问题。

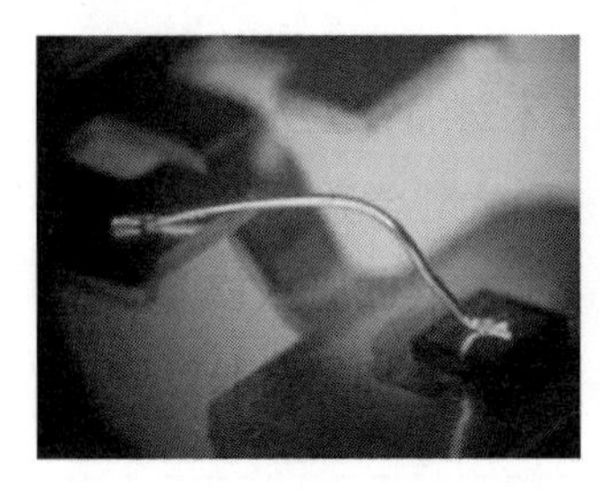

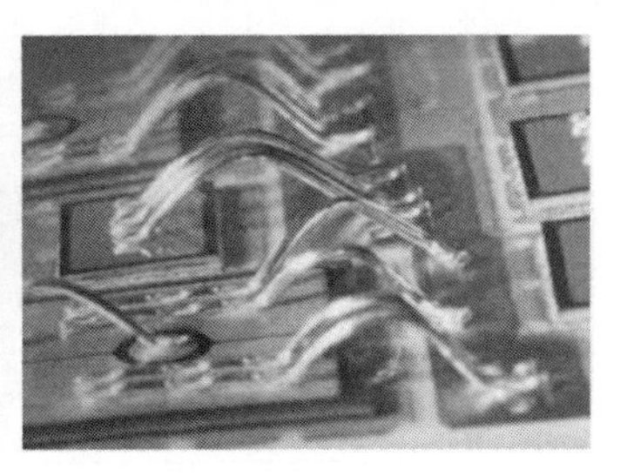

图 9-29　铝线的应用

9.5.2　铝带

1．铝带的成分

铝带（Aluminum Ribbon）为扁平状的铝材导体，主要应用于小封装尺寸的功率器件。铝带按照组成成分分，可分为高纯铝带和镍铝带，高纯铝带中铝的含量至少在 99.99%以上，其材质较软，缺点是线材破断强度较小且键合时线材容易使钢嘴脏污；镍铝带中铝的含量为 99.99%以上，镍含量约为 $50×10^{-6}$，耐腐蚀，目前市场上以镍铝带的应用为主。

2．铝带生产、包装、储存和运输

目前铝带的生产加工主要采用压延（Rolling）的方式，先预成型同等横截面积的铝线，再通过压延的方式形成铝带。如图 9-30 所示，通过调整压延机的间隙，可形成不同规格的铝带材料。最后经过低温退火热处理（Annealing），使破断强度和延伸率满足要求。常见的铝带规格及特性如表 9-12 所示。加工完成后的铝带使用线轴缠绕，并用塑料膜真空密封包装，在半导体材料的特定存储环境下，一般有效期为 1 年，拆封后暴露在车间空气中的有效期为 15 天。

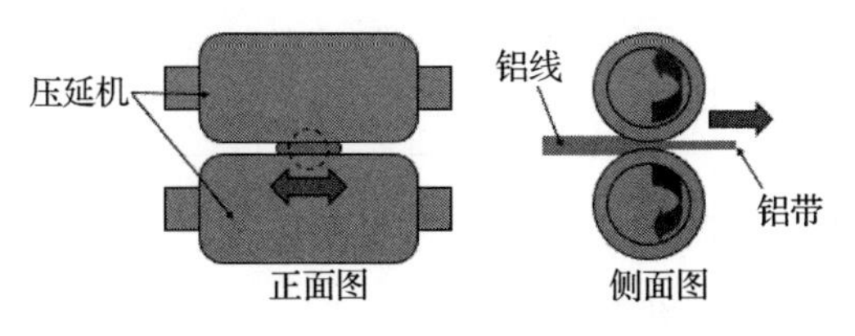

图 9-30　铝带压延原理

表 9-12　常见的铝带规格及特性

宽度（mm）	厚度（mm）	破断强度（gf）	延伸率（%）
1.5	0.15	1000±500	>10
	0.20	1500±500	>10
2.0	0.15	1500±500	>10
	0.20	2000±500	>10
	0.25	2500±500	>10
	0.30	3000±500	>10

3. 铝带互连的主要特性及应用

铝带键合适用于常温下的超声焊接，因铝带特定的几何形状，第二焊点不可相对于第一焊点转角度焊接，在水平方向上有一定的局限性，但在垂直方向上却相对灵活，可以使用最少的铝带达到功率器件的电流要求。铝带与铝线根数转换关系如表 9-13 所示。铝带的横截面积及长度决定铝带的熔断电流，横截面积越大，熔断电流越大；两焊点间铝带长度越大，熔断电流越小，如表 9-14 和图 9-31 所示。在小封装尺寸功率器件中，两焊点间铝带长度基本固定，所以铝带的横截面积是影响器件承载电流大小的关键因素。常见的铝带应用如图 9-32 所示。

表 9-13　铝带与铝线根数转换关系

单位：根

铝带规格	铝线规格（mil）								
（mil×mil）	3	5	7	8	10	12	14	15	20
20×3	8.5	3.1	1.6	1.2	N/A	N/A	N/A	N/A	N/A
20×4	11.3	4.1	2.1	1.6	N/A	N/A	N/A	N/A	N/A
30×3	12.7	4.6	2.4	1.8	1.1	N/A	N/A	N/A	N/A
30×4	17.0	6.1	3.1	2.4	N/A	N/A	N/A	N/A	N/A
40×4	22.6	8.1	4.0	3.2	2.0	1.4	1.0	N/A	N/A
60×4	34.0	12.2	6.4	4.8	3.1	2.1	1.6	1.4	N/A
60×6	50.9	18.3	9.2	7.2	4.6	3.2	2.3	2.0	1.1
60×8	68.0	24.5	12.5	9.6	6.1	4.2	3.1	2.7	1.5
80×4	45.3	16.3	8.3	6.4	4.1	2.8	2.1	1.8	1.0
80×10	113.2	40.8	20.8	16.0	10.2	7.1	5.2	4.5	2.5

注：上表中的数值是指相应规格铝线的根数，少于 1 根的不考虑。

表 9-14　熔断电流与铝带的横截面积、两焊点间铝带长度关系表

单位：A

宽度（mm）	厚度（mm）	横截面积（mm²）	两焊点间铝带长度（mm）				
			3.0	5.0	10.0	20.0	30.0
0.5	0.1	0.05	21.6	16.0	10.6	7.0	5.5
0.5	0.2	0.10	43.3	31.9	21.1	14.0	11.0
0.8	0.2	0.16	69.2	51.1	33.8	22.4	17.6
1.0	0.2	0.20	86.5	63.8	42.3	28.0	22.0
1.5	0.2	0.30	129.8	95.8	63.4	42.0	33.0
2.0	0.2	0.40	173.0	127.7	84.5	56.0	44.0

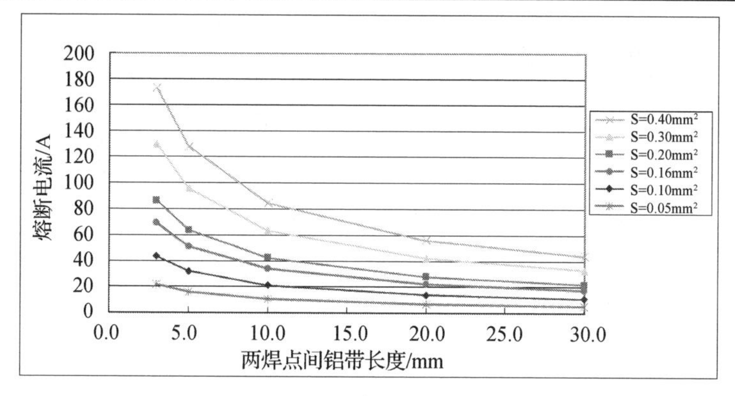

图 9-31　熔断电流与铝带的横截面积、两焊点间铝带长度的关系曲线

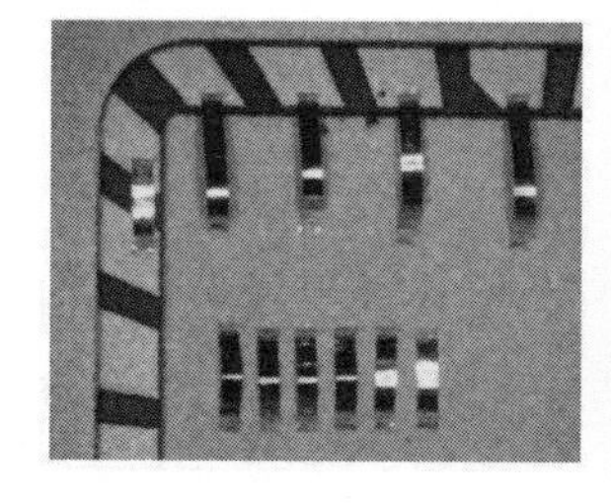

图 9-32　铝带的应用

4．铝带常见的缺陷

常见的铝带缺陷有铝带氧化、铝带规格超标、破断强度小等。铝带的宽度越大，键合的难度越大，焊点易出现一侧虚焊、一侧过焊接的现象，出现弹坑，对装片后芯片的倾斜度要求较高。铝带的厚度越大，键合的拉弧难度越大，易出现

弧度不达标的情况，所以在同样的横截面积下，选择合适的铝带宽度和厚度，可降低键合作业难度，提高产品可靠性。随着大功率半导体器件的应用越来越广泛，大规格的铝带应用也越来越多，常常出现铝带硬度问题导致的弹坑、芯片裂纹等。在保证铝带破断强度的情况下，如何提高延展率、降低铝带的硬度，是铝带设计时需要关注的问题。

9.5.3 铝包铜线

铝包铜线（Aluminum Coated Copper Wire）是一种复合型键合材料，线材的表层是铝材，内部是铜材，一般铝层的厚度为整个线径的25%左右，铝包铜线截面图如图9-33所示。

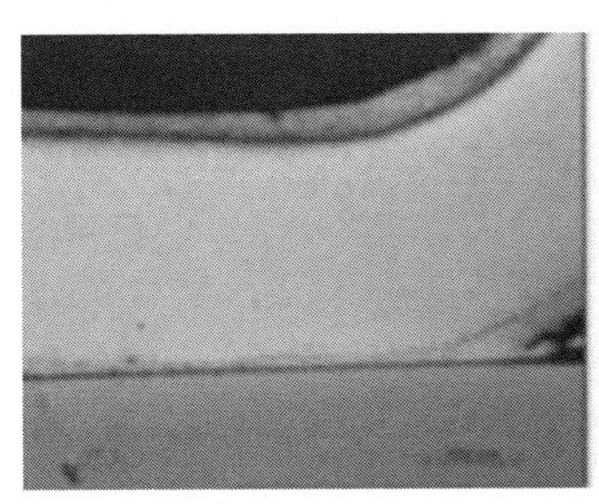
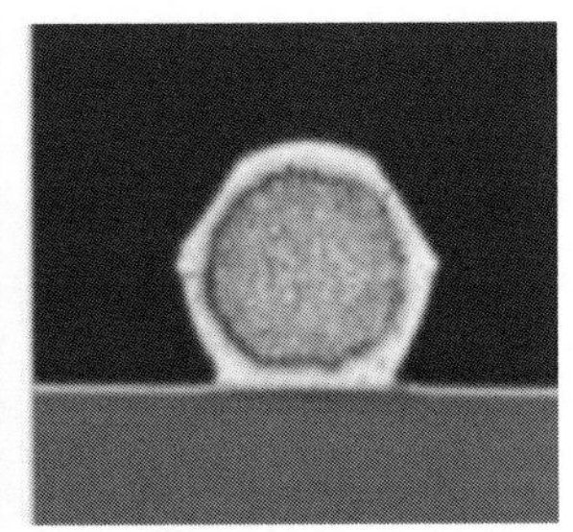

图9-33　铝包铜线截面图

铝包铜线兼具铝线质地较软、铜线导电性和导热性良好的特点，能够在常温下进行楔形焊接，其焊接原理与铝线类似，适用于在芯片、框架、基板等表面焊接；在焊接空间受到限制、导电和导热要求高的情况下，是铝线较好的替代品。同样，铝包铜线的应用也与铝线类似。

铝包铜线因为铝层厚度仅是导线直径的25%，所以在芯片表面容易出现弹坑异常。因此，使用铝包铜线时对键合参数的控制比使用铝线时更为严格。

9.5.4 铜片

近年来，在功率半导体封装领域，作为封装键合材料的铜片由于具有很好的导电性、散热性、可靠性而得到了越来越多的应用。

1．铜片的成分

铜片的主要成分是铜，铜含量至少在99%以上。与引线框架一样，它有多种不同的铜材型号。目前用得比较多的是 A194、C19210 两种型号的铜材，特别是 C19210 铜材，因为其较好的导电特性，越来越多的用户用它替代 A194。铜材的物理特性如表 9-15 所示。

表 9-15　铜材的物理特性

材料	回火度	抗拉强度 (N/mm²)	延伸率 (%)	硬度 (HV)	弹性模量 (kN/mm²)	热导率 [W/(m·K)]	电导率 (%IACS)	热膨胀系数 (×10⁻⁶/K)
C7025	1/2H	608～725	≥6	180～220	130	190	≥35	17.6
A194	HH	370～430	≥6	115～135	123	280	≥60	17.6
	FH	410～480	≥4	130～150	123	280	≥60	17.6
	SH	480～530	≥4	140～160	123	280	≥60	17.6
	ESH	530～570	≥5	150～170	123	280	≥60	17.6
EFTEC64T	1/2H	490～588	≥10	160～195	127	301	≥71	17
C19210	SH	≥470	≥4	≥145	128	435	≥85	17.5

注：上述参数会因铜材生产厂商的不同而有偏差。

2. 铜片的分类

铜片的加工方式与框架一样，分为蚀刻与冲压。至于选用何种方式，需要结合铜片的设计从经济的角度确定。两种加工方式各有利弊，采用蚀刻方式加工，初期投资会较少，且周期短。但是，因为药水的使用以及生产效率偏低，产品单价会比较高，不适合长期大批量生产。采用冲压方式加工，前期需要投资冲压模具，费用上会比蚀刻方式高，加工周期也更长，但是产品的单价及生产效率都优于蚀刻方式。另外，铜片成品有条状与卷带两种包装形式。根据产品本身的设计及铜片键合设备的性能，对包装形式进行选择。

3. 铜片的主要特性及应用

铜片键合，不同于铝线、铝带等的键合方式，它是通过芯片表面和引脚表面的焊膏实现连接的。铜片与内引线焊接如图 9-34 所示，其作业方式更接近装片。正是因为焊膏回流后的高黏结特性，其可靠性一般比单纯的超声焊接更好。但是，如果焊膏量不足，则键合强度会减弱，在后工序作业，乃至装 PCB 时，可能产生焊膏断裂的质量问题，如图 9-35 所示。

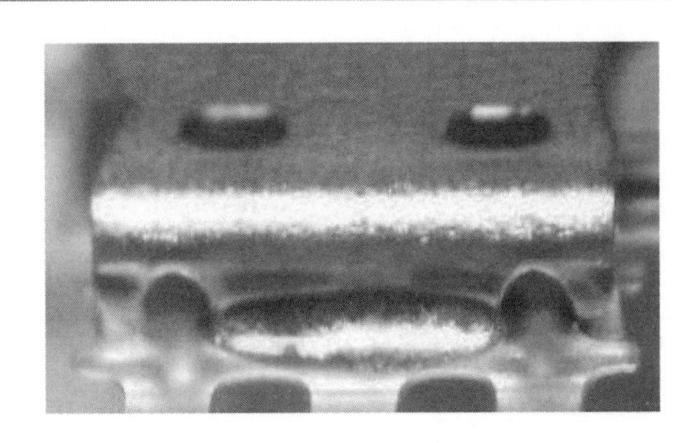

图 9-34　铜片与内引线焊接

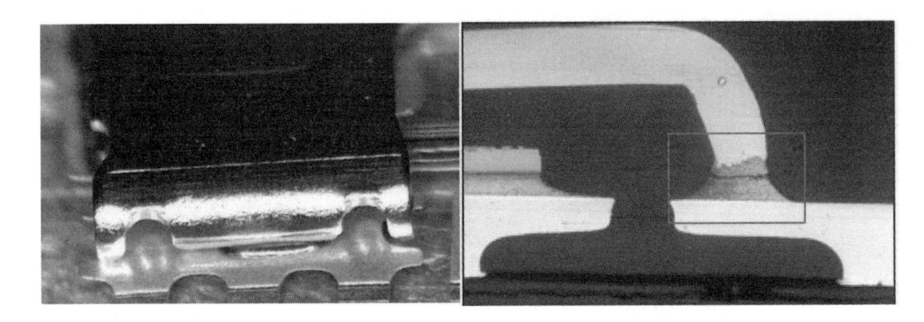

图 9-35　铜片与内引线焊接时沾润不足导致焊膏处断裂

因为焊膏回流的特性，铜片的位置或多或少会有偏移，这与传统的铝线、铝带的高精准方式不同，如果产品本身焊接的空间很小，这类问题将变得很麻烦。因此在铜片设计中，需要考虑如何防止铜片偏移、旋转，可采用类似叉子的设计，叉式的铜片设计如图 9-36 所示。

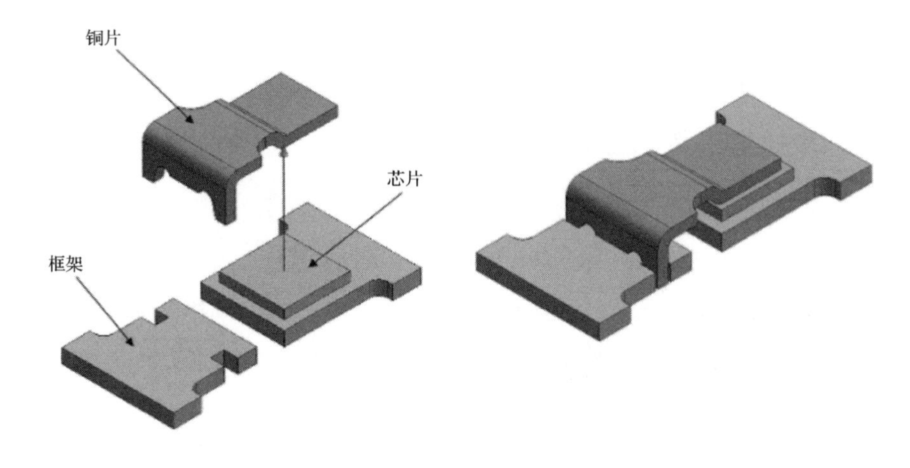

图 9-36　叉式的铜片设计

9.5.5　金线

1．金线的成分及分类

键合金线一般指纯度为 99.99%、线径为 18~50μm 的微合金化高纯金线。为了获得机械性质稳定的金线产品，通常在原材料中加入约 0.01%的微量元素进行调节。常用的微量元素有碱土金属、稀有和稀土金属、过渡金属，如 Be、Ca、Sr、La、Ge、Ga、Pt 等。通过对微量元素种类及数量的控制，不仅可使金线得到稳定的机械性能，还可获得合适的金焊球形状和弓丝弧度。微量元素的添加对金线的性能有很大影响，对键合性能和成品率起着决定性的作用。微量元素的添加量要严格控制，不能超出规定的范围，否则适得其反[38]。

键合金线的分类方法有多种，目前主要分为如下三种类型：①Y、C、GHA-2 型，为低强度高弧度类型，主要用于半导体分立器件的封装；②M3、FA、GMH、GMB 型，为高强度中弧度类型，主要用于集成电路和分立器件的封装；③GLD、GL-2 型，为高强度低弧度型，属于高端产品，主要用于大规模和超大规模集成电路的封装。近年来，随着集成电路产业的迅速发展，为满足高密度、焊球区微型化、超薄型封装的需要，国内外的一些大型键合线生产厂商又推出了 GMH-2、GLF、GPG 等新一代键合金线。

目前国内主要使用 C、FA 和 GMH 等中高弧度型中端产品和 GLD 等高强度低弧度型高端产品[39]。

2．金线的生产、包装、储存和运输

整个键合金线的生产流程为：熔炼→拉丝（经过拉丝机，金线线径由大到小，直至所需规格）→热处理（得到所需性能）→复绕检验→真空包装→入库。

通过优选和细化工艺、改进装置，可以提高产品质量、成材率，实现产业化生产，降低生产成本等。如何获得均匀的铸态组织，包括中间合金的制备、熔铸工艺、拉丝工艺等，一直是该领域研究的热点。常用的中间合金制备方法有漏浇-激冷法，该方法所制中间合金被添加到母体金属液中后，合金化速度快，分散性好，组分烧损可控，强化元素分布均匀，铸锭组织均匀。

键合金线合金锭的制备方法有真空熔炼浇铸法和连铸法。真空熔炼浇铸法制

得的合金锭质量一般比较小，其缩孔比较深，铸锭去头去尾后，成品率比较低，不适合规模化生产。现在大部分企业采用连铸法制备合金锭，大大提高了合金锭的成品率[40]。

在金线的拉丝过程中，一般需将其加热到300~ 600℃进行退火，退火后直接缠绕于线轴进行分卷。

常见的金线检测标准如下：

（1）表面质量：用10～45倍显微镜整轴检测，表面应光洁，无损伤、指印等。

（2）应力：手动放出至少1m线，目测，金线应无卷曲，无径向扭曲。

（3）放线：在放线装置上放线，每100m停点应少于1个。

（4）排线：产品无散线、压线及跳线的情况。

（5）标签：按相关要求打印，字迹清晰，无破损。

（6）包装：方向一致，整齐，包装物未变形、破损及沾污等。

加工完成后的金线使用线轴缠绕，并用塑料膜真空密封包装，在半导体材料的特定存储环境下，一般有效期为1年。

3. 金线的主要特性及应用

对键合金线主要有以下几项要求：

（1）机械强度：要求金线能承受树脂封装时的应力，具有规定的拉断力和延伸力。

（2）成球特性好。

（3）接合性：金线表面无划疵、脏污、尘埃及其他黏附物，使金线与半导体芯片之间、金线与引线框架之间有足够的结合强度。

（4）作业性：随着金线长度的增加，要防止卡线，还要求金线直径的精度高，表面无卷曲现象。

（5）焊接时焊点没有波纹[41]。

金线常用于功率器件中芯片的封装，目前主流的金线键合属于热超声引线键合领域[42]。热超声引线键合是以超声波能量作用，外加热源进行键合的方式。这种方式融合了热压和超声焊接的优点，通过超声波的作用将焊盘表面的氧化层和污染层去除，然后对焊接界面加热，使原子间互相扩散，形成新的金属间的致密接触，产生原子键合。在热超声引线键合工艺中，基板温度一般控制在120～240℃，由于是低温加热，这种方式可较为有效地抑制金属间化合物的生长，而且由于超声波振荡和热压的作用，键合的可靠性大幅提高，并且工艺的适用范围也在不断扩大[43]。图9-37展示了应用于IC芯片中的金线。

图9-37　应用于IC芯片中的金线

9.6　电镀材料

电镀是指在含有某种金属离子的电解质溶液中（这里是指 Sn^{2+} 离子），将准备电镀的产品作为阴极，锡球作为阳极，通以一定波形的低压直流电，使得二价锡离子不断在阴极沉积为金属薄层的过程。图9-38是产品电镀锡前后的外观。

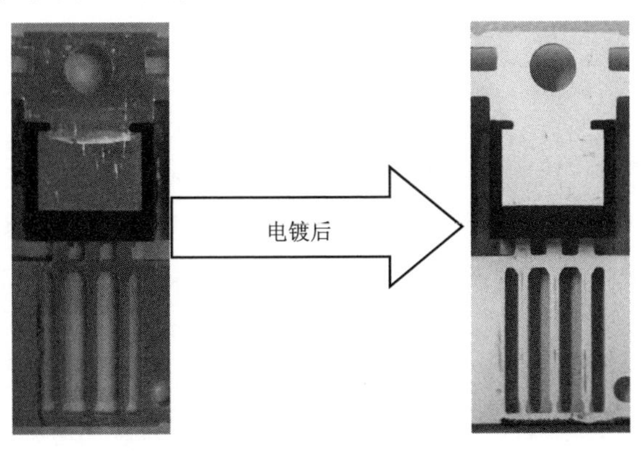

图9-38　产品电镀锡前后的外观

用于功率半导体器件电镀的材料主要是锡材，市场上有锡铋、锡铜等电化学镀层产品。在电镀过程中，阳极的电镀锡材是纯锡。因为不同金属间有沉积电位差（铅除外，锡铅沉积电位差只有 0.01V），电镀过程中不同金属很难被等比例析出，铋等其他金属只能靠电解质溶液中添加的可溶性盐来补充。

锡是一种银白色、易于电沉积的金属，锡球如图 9-39 所示，它的沉积电位为 −0.14V，熔点为 232℃；锡几乎不与硫化物反应；锡本身不溶于稀酸，特别是有机酸；锡及其镀层有高度的延展性，易于抛光，在大气中不易变色，因此镀锡层在电气零件钎焊部位得到广泛应用。

图 9-39　锡球

1. 锡材的成分及规格、分类

锡材纯度一般要求大于或等于 99.99%，通常含有铅、汞、多溴连苯、邻苯等杂质。

半导体封装电镀锡材一般有锡球（或锡半球）和锡板两类。锡球或锡半球用钛篮盛放，通常应用于甲基磺酸镀液体系。锡球直径越小，锡利用率越高。锡板通常应用于硫酸镀液体系，由于硫酸对钛篮有腐蚀作用，一般用尼龙棉袋盛放。

2. 锡材的生产、包装、储存和运输

锡球和锡板的生产较简单，把达到纯度要求的锡锭放在熔解炉内熔化，液体锡流入模具中冷却成型并进行剪脚即成。熔解炉温度一般控制在 290～300℃，模

具温度控制在 75～85℃。

成品锡球通常用塑料袋包装，再用纸箱盛放。

锡有两种金属态，在 13.2℃以上时，是光亮的块状晶体白锡（β 锡）；当锡晶体长时间存放在 13.2℃以下时，会渐渐崩裂，转变成粉状的灰锡（α 锡），这种现象称为锡疫（Tin Pest）。因此电镀锡材的长期储存温度不得低于 13.2℃。

因为存在锡疫现象，低温天气时锡材从制锡工厂出库后，在道路上运输的时间不宜太长。

3．电镀锡材常见的缺陷

电镀锡材常见的缺陷有表面氧化、沾污、表面不光滑、毛刺、飞边等。

为了防止表面氧化及沾污，要做好接触时的防护，比如要戴手套拿取作业，锡材不能长时间裸置空气中。

表面不光滑和飞边、毛刺主要是锡球制作过程抛光不充分导致的。

4．电镀产品镀层常见的缺陷

电镀产品镀层常见的缺陷有镀层擦伤、沾污变色、镀层厚度异常、镀层耐热性异常（表现为镀层在高温下脱壳，镀层存放时变色，镀层存放时出现锡晶须异常）。

为了防止镀层擦伤、沾污变色，要做好接触产品时的防护。

镀层厚度异常主要和电镀条件有关，比如电流过小、时间过短。特别薄的镀层长时间存放后，铜基材和镀锡层间的合金层会增厚，向镀锡层表面生长，这会影响产品镀层的易焊性。2μm 以下的镀层风险较大，镀层厚度一般 5μm 以上较合适。

镀层耐热性异常，一般是产品（铜）基材受到外界异物沾污或异化（一般是氧化），电镀前处理工序又未增强，不能处理干净导致的。这样镀层与其下面的基材层表面黏附不牢会形成夹层，高温烘烤下锡层易脱壳，造成焊接不良。

镀层存放变色，主要是镀层表面的杂质较多导致的。这类杂质主要来源于镀液里的酸或添加剂的分解物。产品长时间存放，镀层会变色，一般电镀后的产品需增加清洗步骤，以减少镀层表面杂质残留。物理清洗有（热）水清洗、水鼓泡清洗、超声波清洗等。化学清洗主要指碱性溶液清洗，一般使用磷酸钾、磷酸钠，还可使用防变色剂。

锡晶须异常。锡晶须俗称锡须，是镀锡层在长期的高温潮湿环境中长出的一种细须状的晶体，在某种条件下会引起产品引脚间短路。锡晶须是在锡层的内应力下产生的。电镀好的产品放在150～160℃温度下烘烤1小时，能有效释放锡层内应力。另外，选择适合的电镀添加剂也是必要的。

9.7 小结

本章首先介绍功率器件封装材料需要关注的关键特性，然后逐一介绍每种封装材料，主要从材料成分、特性、包装、储存、封装应用、封装缺陷等方面进行介绍，让读者对封装材料的特性、应用等有全面的了解。

参考文献

[1] 刘鸿文．材料力学Ⅱ[M]．5版．北京：高等教育出版社，2011．

[2] 杨世铭，陶文铨．传热学[M]．4版．北京：高等教育出版社，2006．

[3] Holman J P．Heat transfer [M]．8th ed．New York：McGraw-Hill，1997．

[4] 李言荣，恽正中．电子材料导论[M]．北京：清华大学出版社，2001．

[5] 李建．模压成型纤维增强环氧片状模塑料的研究[D]．武汉：武汉理工大学，2009．

[6] 孙曼灵．环氧树脂应用原理与技术[M]．北京：机械工业出版社，2003：10．

[7] 孙勤良．环氧树脂在封装材料中的应用概况[J]．热固性树脂，2000，15（1）：47-51．

[8] 李林楷．电子封装用环氧树脂的研究进展[J]．国外塑料，2005，23（9）：41-46

[9] 周现军．功率半导体模块工艺的研究[D]．武汉：华中科技大学，2005：11．

[10] 赵怀东，刘文静．有机硅凝胶在灌封技术中的应用[J]．航天制造技术，2002，4：37-39．

[11] Siow K S，Chen T F，Chan Y W，et al．Characterization of silicone gel properties for high power IGBT modules and MEMS[C]．IEEE Conference，2015．

[12] 福尔克，郝康普．IGBT 模块：技术、驱动和应用[M]．韩金刚，译．2 版．北京：机械工业出版社，2016：48．

[13] 杨金龙，董长城，骆健．新型功率模块封装中纳米银低温烧结技术的研究进展[J]．材料导报，2019，33：360-364．

[14] 王阳元．集成电路产业全书[M]．北京：电子工业出版社，2018．

[15] 今中佳彦．多层低温共烧陶瓷技术[M]．北京：科学出版社，2010．

[16] 中华人民共和国国家质量监督检验检疫总局．精细陶瓷密度和显气孔率试验方法：GB/T 25995—2010[S]．北京：中国标准出版社，2011．

[17] ASTM C20-00．Standard test methods for apparent porosity，water absorption，apparent specific gravity，and bulk density of burned refractory brick and shapes by boiling water[S]．ASTM International，2015．

[18] 中华人民共和国国家质量监督检验检疫总局．压电陶瓷材料体积密度测量方法．GB 2413—1980[S]．北京：中国标准出版社，1980：1．

[19] 中华人民共和国国家质量监督检验检疫总局．化工产品密度、相对密度的测定：GB/T 4472—2011[S]．北京：中国标准出版社，2012：7．

[20] 中华人民共和国国家质量监督检验检疫总局．精细陶瓷弯曲强度试验方法：GB/T 6569—2016[S]．北京：中国标准出版社，2006：7．

[21] ASTM C1161-13．Standard test method for flexural strength of advanced ceramics at ambient temperature[S]．ASTM International，2013．

[22] 国家质量技术监督局．陶瓷材料抗弯强度试验方法：GB/T 4741—1999[S]．北京：中国标准出版社，1999：12．

[23] 中华人民共和国国家质量监督检验检疫总局．氧化铍瓷导热系数测定方法：GB/T 5598—2015[S]．北京：中国标准出版社，2015：4．

[24] ASTM C408-88．Standard test method for thermal conductivity of whiteware cermics[S]．ASTM International，2016．

[25] ASTM E1461-13．Standard test method for thermal diffusivity by the flash method[S]．ASTM International，2013．

[26] 中华人民共和国国家质量监督检验检疫总局．电子元器件结构陶瓷材料 性能测试方法 第 3 部分：平均线膨胀系数测试方法：GB/T 5594.3—2015[S]．北京：中国标准出版社，2015：4．

[27] ASTM E831-14．Standard test method for linear thermal expansion of solid materials by thermomechanical analysis[S]．ASTM International，2014．

[28] ASTM D150-18．Standard test method for AC loss characteristics and permittivity （dielectric constant） of solid electrical insulation[S]．ASTM International，2018．

[29] 中华人民共和国国家质量监督检验检疫总局．电子元器件结构陶瓷材料：GB 5593—2015[S]．北京：中国标准出版社，2015：4．

[30] ASTM D149-20．Standard test method for dielectric breakdown voltage and dielectric strength of solid electrical insulating materials at commercial power frequencies[S]．ASTM International，2020．

[31] 国家标准局．电子元器件结构陶瓷材料 性能测试方法 体积电阻率测试方法：GB 5594.5—1985[S]．北京：中国标准出版社，1985：7．

[32] ASTM D257-14．Standard test method for DC resistance or conductance of insulating materials[S]．ASTM International，2014．

[33] 中华人民共和国工业和信息化部．陶瓷-金属封接抗拉强度测试方法：SJ/T 3326—2016[S]．北京：中国电子技术标准化研究院，2016：6．

[34] ASTM F19-11．Standard Test Method for Tension and Vacuum Testing Metallized Ceramic Seals[S]．ASTM International，2016．

[35] 中华人民共和国工业和信息化部．真空开关管用陶瓷管壳：SJ/T 11246—2014[S]．北京：中国电子技术标准化研究院，2014：12．

[36] 国家市场监督管理总局和中国国家标准化管理委员会．半导体器件机械和气候试验方法 第 21 部分：可焊性．GB/T 4937.21—2018 [S]．北京：中国标准出版社，2018：9．

[37] IPC-EIA-J-STD-003B．Solderability tests for printed boards[S]．Joint Industry Standard，2004．

[38] 田春霞．电子封装用导电丝材料及发展[J]．稀有金属，2003，27（6）：782-787．

[39] 郭迎春，杨国祥，孔建稳，等．键合金丝的研究进展及应用[J]．贵金属，2009，30（3）：68-71．

[40] 陈永泰，谢明，王松，等．贵金属键合材料的研究进展[J]．贵金属，2014，35（3）：66-70．

[41] 黄玉财，程秀兰，蔡俊荣，等．集成电路封装中的引线键合技术[J]．电子与封装，2006，39（7）：16-20．

[42] 孙瑞婷．微组装技术中的金丝键合工艺研究[J]．舰船电子对抗，2013，36（4）：116-118．

[43] 葛元超．集成电路键合工艺研究[D]．上海：复旦大学，2013．

第 10 章

功率半导体封装的发展趋势与挑战

功率半导体在电能转换、控制等应用中起着关键的作用，在当今能源有限、能源需求和生态环境平衡之间矛盾逐渐显现的情况下，功率半导体器件的利用已经影响到社会和经济的发展。功率半导体器件未来将如何发展？从 1991 年起，一系列由功率电子工业应用协会资助的研讨会就开始了对于未来功率器件发展的研讨，研讨结果很清晰地表明：封装技术与功率半导体器件的功率等级及具体应用密切相关。可以预见的是，无论是便携式电子产品，还是轨道交通、电动汽车甚至军用舰船，都朝着高性能、高效率、大功率密度、高运行温度、高可靠性及小型化系统的方向发展。

此外，随着功率半导体技术的不断升级，以及高压大功率需求不断提升，近几十年来，单片集成电路技术、系统模块技术、高效率控制技术、高功率密度设计等取得了令人瞩目的成就，这势必推动功率半导体的系统模块化、高度集成化、智能化，以及推动功率系统级封装（SiP）和三维异构集成封装的发展[1-2]。与此同时，受限于硅器件的物理极限，宽禁带半导体在功率半导体中的应用越来越多，新材料在功率半导体中逐渐占据重要地位。

10.1 高电学性能

10.1.1 增强电磁抗干扰性与电磁兼容性

功率半导体器件的电磁辐射问题，随着工作频率和功率等级的不断提高，已经成为非常严重的问题。它将会导致很强的电磁干扰（Electro Magnetic Interference，EMI），降低设备或系统性能（尤其是变频器驱动系统），同时污染周围电磁环境，甚至会对操作人员造成伤害。功率密度的急剧增加也导致电气设备内部电磁环境越来越复杂，并且，国际电磁兼容法规越来越严格。因此，需要对系统可能产生的 EMI 进行严格限制，并从电磁兼容（Electro Magnetic Compatibility，EMC）角度考虑功率半导体器件及设备的设计，参考标准主要由国际电工委员会（IEC）制定，要求器件工作时对外界不会产生不良的 EMI，同时能抵抗外界 EMI，不会过度敏感。

功率半导体器件或系统中寄生参数的存在、电路耦合的干扰（如导线传输、电容耦合、电感耦合）以及高频开通、关断过程中电流或电压的变化，将引起强大的传导干扰及谐波干扰（受谐波电流冲击产生的），甚至引起强电磁波辐射干扰（通常为近场干扰）。电流或电压的变化速度越快，EMI 越大。此外，电路设计中电感和变压器等磁性元器件、控制电路中周期性的高频脉冲信号、地环路干扰、公共阻抗耦合干扰及控制电源噪声干扰等均会增加功率系统的 EMI。事实上，随着自动化、电气化的普及，电磁环境越来越复杂，外来的干扰如脉冲噪声、放射电磁场、热辐射、静电、雷击、太阳噪声、周围的高频设备等，都会引起 EMI。器件内部的控制电路必须能承受如此高的 EMI，保证控制的准确性。

EMI 发生的三要素为干扰源、耦合途径和敏感设备。由于功率电子设备的电路拓扑、布线、结构布置变化较大，干扰源主要集中在电流或电压变化率大的位置（如功率开关器件、二极管、散热器、高频变压器），且干扰源与耦合途径密切联系，分布参数（如杂散电感、电容及耦合系数）与实际布线和布局密切相关，因此通常在研发初期就对系统、分系统、各元器件的电磁特性进行分析预测，明确 EMI 产生机理，合理分配各项指标，使功率电子设备工作在最佳状态。

减弱干扰源发射强度，切断传导干扰的传播路径都是抑制 EMI 的有效方法，具体技术包括 EMI 滤波器设计（无源滤波技术）、功率开关器件的驱动电路优化、PCB 的合理布局和布线、屏蔽设计、开关频率调制等。举例来说，图 10-1 所示为采用集成无源器件来构建 EMI 滤波结构，通过抑制 EMI 噪声的传导干扰来抑制 EMI，实现电磁兼容。

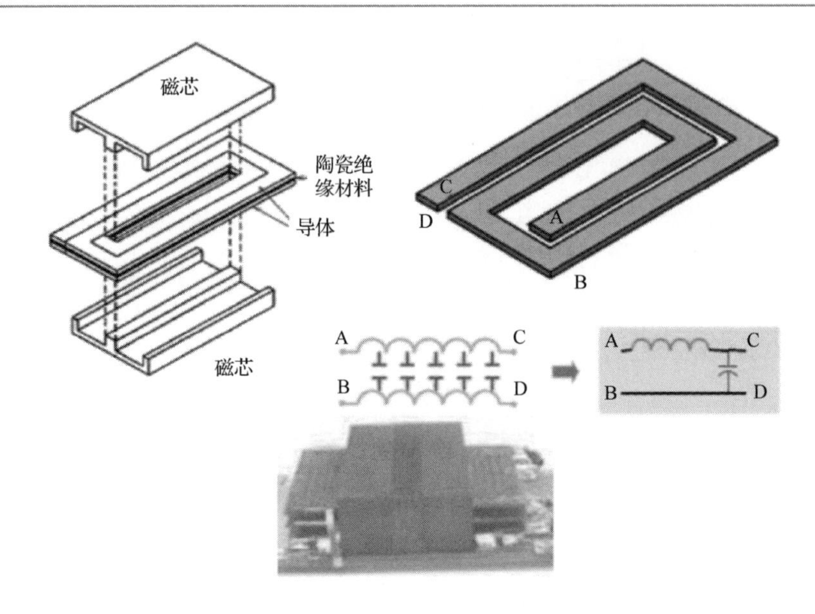

图 10-1　采用集成无源器件的 EMI 滤波结构[3]

10.1.2　降低封装寄生电阻和寄生电感

器件封装及 PCB 布局布线设计都会引入寄生电阻和寄生电感。例如，在 PCB 布局中，1 cm 的走线会产生 6~10 nH 的电感，从而影响功率开关器件的高频开通、关断，增加开关损耗和导通损耗，使得器件偏离预期性能，影响系统效率。

引线长度是影响封装源极寄生电感的重要因素。传统引线封装的寄生电感较大，采用无引线表面贴装封装可以降低封装的寄生电阻和电感，从而有助于提高功率器件的能效和动态性能。举例来说，采用工业标准通孔型 TO-220 封装时，典型引线电感为 7 nH，而改用 PQFN56 SMD 封装时，典型引线电感降低为 1nH。三维堆叠封装通过将功率半导体器件层叠放置，使公共连接点直接接触或通过铜夹片连接，可消除部分互连寄生参数。PCB 布局布线设计时，为降低元器件间的互连寄生参数，常采用共同封装或者封装集成的方法。

10.2　高散热性能

散热直接影响半导体封装的使用性能和可靠性。随着器件小型化趋势的发展，功率密度逐渐提高，散热问题成为功率半导体封装的难点，热管理越发重要。

10.2.1　改进封装结构

传统的表面贴装封装中，芯片由模塑料包覆，封装热阻过高，芯片产生的热量难以通过 PCB 散出。解决方法之一就是改变封装结构，使热量从器件顶部散出，或者热量同时从器件顶部和底部的散热板散出（如饼形压接式封装结构）。

10.2.2　改进封装材料

选用高导热性能材料（包括基板材料、芯片贴装材料、热界面材料等）是降低热阻、改善模块散热性的最直接方法。

对于功率半导体封装基板，可使用高热导率的 AlN 陶瓷替代 Al_2O_3 陶瓷，使用金属基复合材料（Metal-matrix Composites，MMC）如铝碳化硅、铝基金刚石、铜基金刚石替代铜底板等。

对于芯片贴装材料，使用热导率更高的微米/纳米金属焊膏（如微米/纳米银膏和微米/纳米铜膏），通过烧结工艺实现芯片和基板的接合，可提高导热能力。

对于热界面材料，通常使用导热硅胶或导热硅脂填充交界处缝隙，降低界面热阻；进一步可采用预涂导热硅脂的方法来高效传导热量。此外，具有高热导率的新型热界面材料不断涌现，如相变热界面材料，基于纳米管、线的热界面材料，铜颗粒填充的液态金属热界面材料等。

10.2.3　改进冷却方法

采用微通道液冷板替代传统的热沉，可大幅提高封装的散热能力。罗杰斯公司（Rogers Corporation）推出 curamik 散热解决方案，采用多层结构化的铜箔直接覆接而成的直接覆铜陶瓷（DBC）冷却基板，如图 10-2 所示。该基板中，多个纯铜层形成三维液冷通道，通过液体流动将芯片大部分热量带走，相比于采用液体冷却的传统模块结构，冷却效率可提高 4 倍以上，且质量更小、结构更紧凑、体积更小。

另一种有效的冷却方法是双面散热。双面散热（Double Sided Cooling，DSC）技术是在芯片顶部设计对称的结构，额外增加一条散热通道，降低功率模块结-壳热阻[4]，其封装结构如图 10-3 所示，在芯片顶部增加垫高，两面各贴装 DBC 基板，实现向上和向下的两路散热通道。这一散热技术极好地解决了功率模块高功率密度的问题，适合用于新能源汽车车载逆变器等，通过双面散热技术，稳态热阻降低了30%～40%，输出功率提高了30%以上[5]。图10-4展示了两款双面散热IGBT模块。

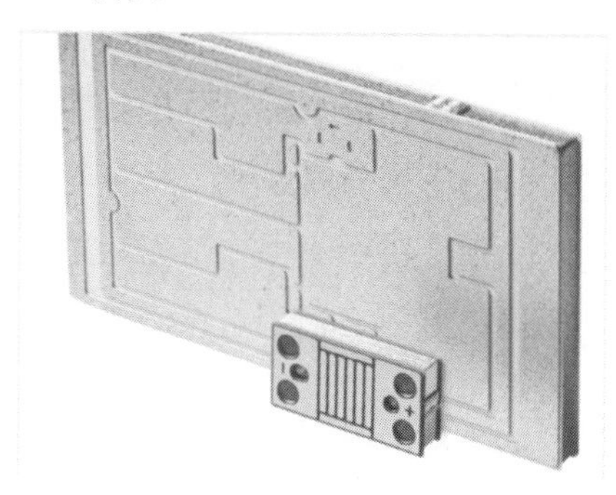

（a）DBC冷却基板

（b）冷却液流动路径

图10-2　DBC冷却基板和冷却液流动路径

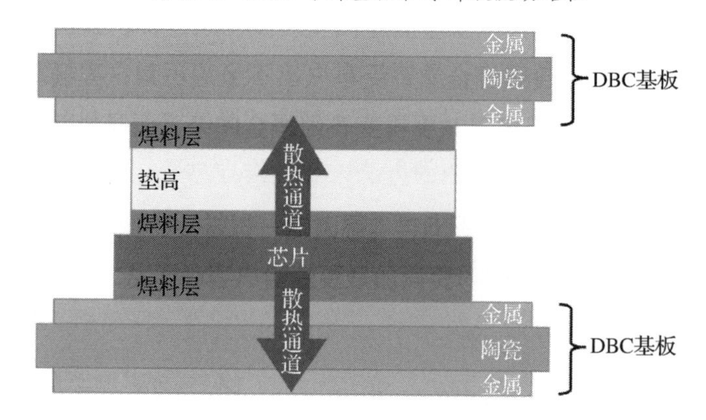

图10-3　双面散热功率模块封装结构

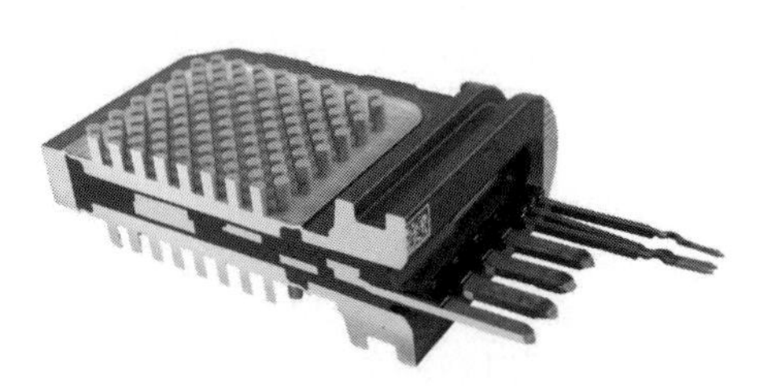

（a）英飞凌IGBT模块

（b）日立IGBT模块

图10-4　双面散热IGBT模块

10.3　高可靠性

功率半导体器件广泛应用于工业、交通、日常生活中的各类电子设备中，从使用安全和便利的角度，对其可靠性的要求日益提高。例如，轨道交通中的 IGBT 模块要求至少 30 年无故障运行。图 10-5 给出了功率半导体封装的发展趋势，通过改进封装结构及封装材料，可实现功率半导体封装的高可靠性。

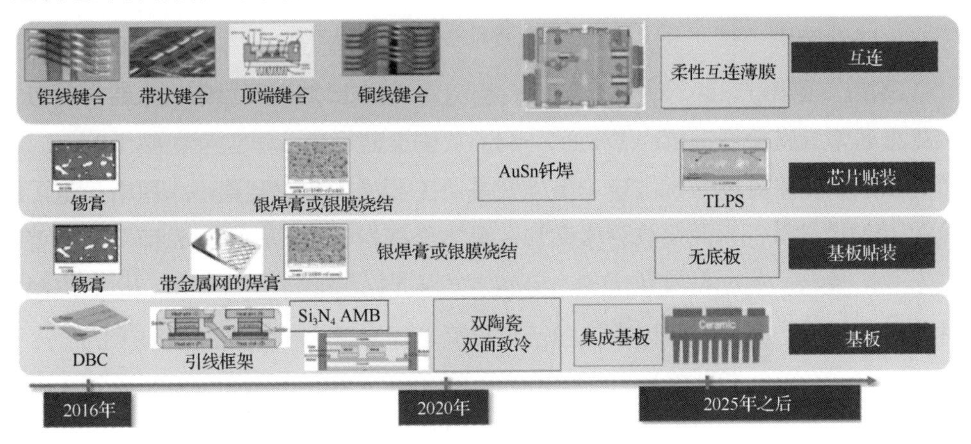

图 10-5　功率半导体封装的发展趋势

（来源：Yole）

互连：传统功率半导体封装采用粗铝线键合，由于可靠性问题和电流密度限制，正逐渐被带状键合、铜线键合所替代。未来键合工艺将向球形键合方向发展，以实现更低的寄生效应、更可靠的互连。

芯片及基板贴装：传统使用 Sn 合金焊料作为芯片或基板贴装材料，通过回流焊接实现芯片与基板之间的焊接，然而 Sn 合金焊料易产生复杂的金属间化合物，导致焊料断裂等可靠性问题，故逐渐被 Cu/Sn 共晶焊料、银焊膏替代。随着 SiC/GaN 宽禁带功率半导体封装的发展，高温应用成为必然需求[6]，瞬态液相键合（Transient Liquid Phase Soldering，TLPS）方法和微米/纳米金属焊膏可实现高温应用（图 10-6）。微米/纳米金属焊膏主要包括微米/纳米银膏和微米/纳米铜膏，通过烧结工艺实现芯片和基板的接合。

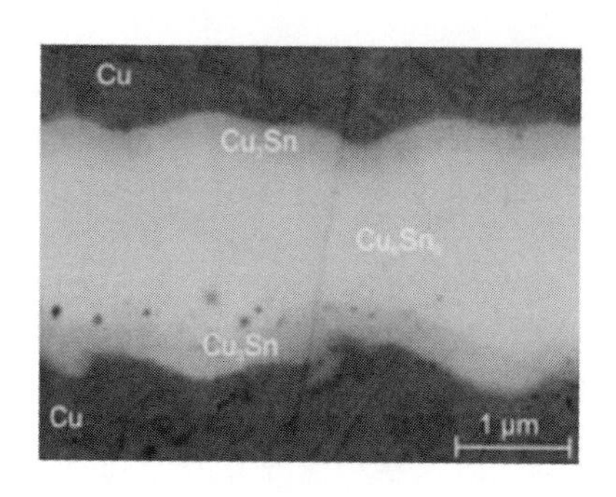

（a）瞬态液相键合层的 SEM 照片[7]

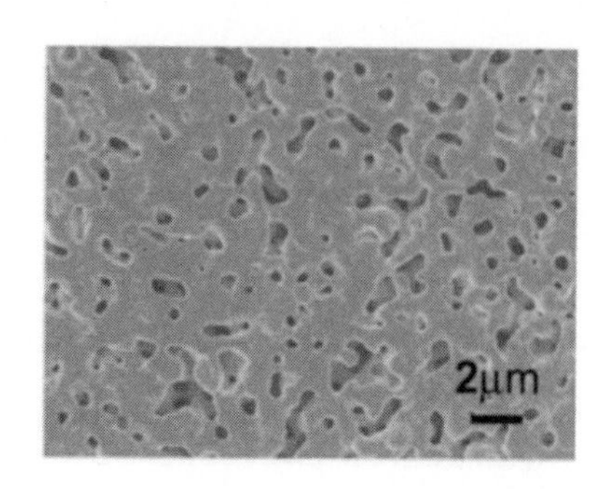

（b）烧结后的纳米银膏 SEM 照片[8]

图 10-6　瞬态液相键合及纳米金属焊膏

基板：金属层一般为 Cu 或 Al，陶瓷母材一般为氧化铝或氮化铝，采用的基板工艺通常为直接覆铜/铝（Direct Bond）工艺。随着功率密度的不断增加，陶瓷母材由机械性能更好的氮化硅（Si_3N_4）陶瓷替代，用活性钎焊（AMB）工艺实现 Si_3N_4-AMB 基板，该基板具有优越的机械性能及更长的使用寿命。未来可进一步开发集成基板工艺，将现有 DBC 基板和金属底板集成为一个基板，从而减少界面，降低失效风险，提高可靠性。

10.4　小型化

随着对功率半导体器件需求的不断提高，功率半导体封装的另一趋势是功率芯片缩小、封装薄型化、芯片面积与封装占用面积之比不断提高。

图 10-7 给出了半导体分立器件封装小型化趋势，从 2000 年以前的厘米级封装尺寸发展至现今的毫米级封装尺寸。

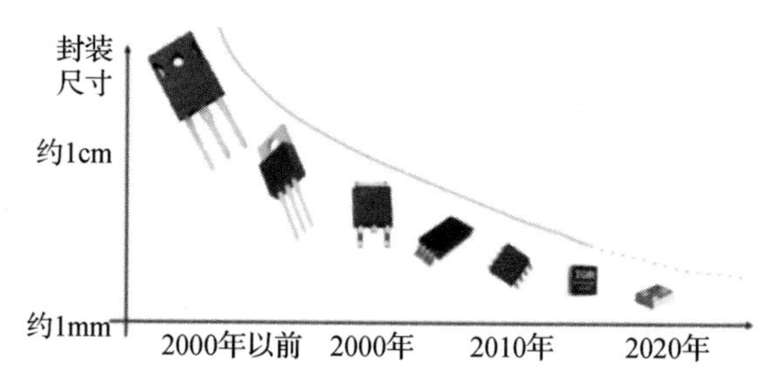

图 10-7　半导体分立器件封装小型化趋势

（来源：Yole）

在通信设备、个人计算机、可穿戴设备等便携式应用中，尺寸是关键因素。因此，芯片面积与封装占用面积之比成为衡量功率器件封装水平的重要参数之一。传统表面贴装封装中芯片面积仅占封装的 20%左右；采用无引线封装可将芯片面积占比提高到约 40%；CSP 封装更是将这一比例提高到 1∶1.14 以上，非常接近 1∶1；其他一些特殊的封装技术，如美国国际整流器公司的 FlipFET，芯片面积占比达到 1∶1，成为便携式应用的首选。

此外，薄型化也是功率封装的一大发展趋势。为了达到大幅提高模块的功率密度、散热性能与长期可靠性的目的，功率半导体模块基于传统封装技术不断发展新型封装结构和先进封装技术。从封装结构上看，IGBT 器件从最开始的分立器件发展到模块，即将两个及以上的功率半导体芯片按照一定的电路设计封装在同一个绝缘外壳内。模块概念的引入使得结构设计越发紧凑，以保证模块体积小、质量小、成本低，并且安装简单；同时为了降低寄生电阻，要求模块朝着薄型化方向发展。

以下介绍几种薄型化、小型化的封装形式。

10.4.1　压接式封装

以压接式 IGBT 器件为例。图 10-8 为一款 4500V、1500A 的大功率压接式 IGBT 器件的结构示意图。参考 IGCT 器件封装理念，陶瓷管壳内部有多个并联的 IGBT/FRD 芯片，每个芯片都安装在可单独测试的子单元模组中，芯片与两层钼片、电极及栅极弹簧针等直接通过压力实现接触互连，栅极通过弹簧针与 PCB 连接并汇流到模块外部，整个模块通过冷压焊进行密封封装，并填充惰性气体进行保护。为了满足子单元设计需求，IGBT 芯片的栅极也由常规芯片的中心位置移至边角位置。

这类全压接式封装可以实现模块的低热阻、低寄生参数、宽工作区和高可靠性，实现主电路输入/输出端与芯片电极之间刚性或弹性接触，其特点在于无焊料层、无引线键合，可实现双面散热。

除了常见的圆饼状密封结构的压接式 IGBT 器件，还有一种方形的非密闭管壳封装的压接式 IGBT 器件，称为 StakPak，如图 10-9 所示，其外部是方形的，内部采用子单元的设计理念。每个子模块的内部由不同数量或比例的 IGBT/FRD 弹簧接触子单元构成，通过替换 IGBT 和 FRD 子单元，可形成不同电流等级以及全

IGBT、反向导通、全二极管等不同特性的产品，满足各种定制化应用的需求。

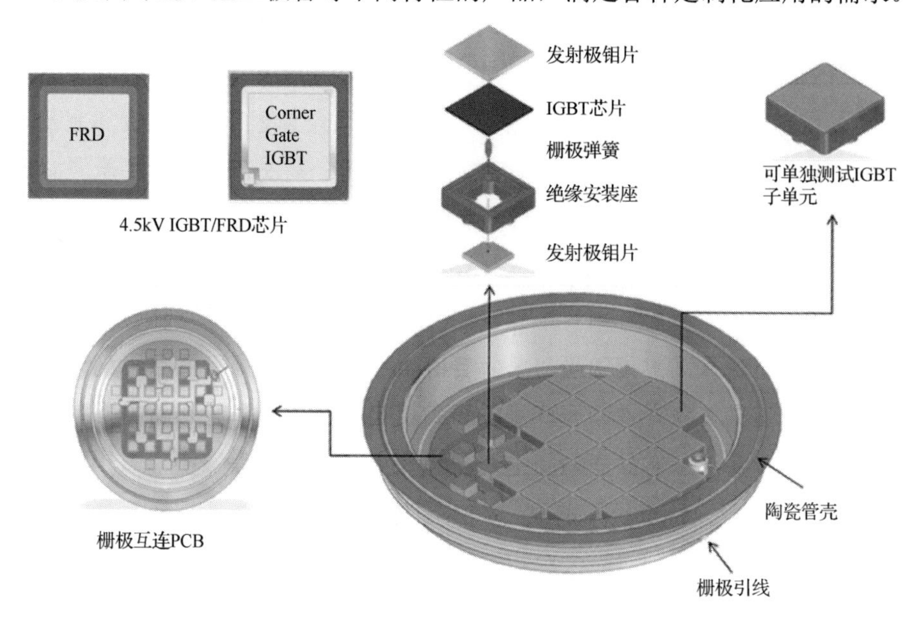

图 10-8　压接式 IGBT 器件的结构示意图

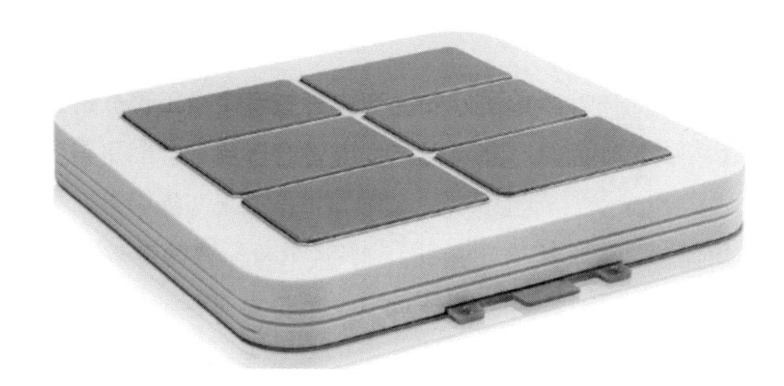

图 10-9　StakPak 压接式 IGBT 器件

图 10-10 是 StakPak 压接式 IGBT 器件子模块的截面图。IGBT 芯片的集电极（反并联二极管的阴极面）焊接在底板电极上（通常是钼合金），发射极（二极管的阳极）通过独立的弹簧探针通过压力连接到发射极上。塑料外壳粘接到底板上，子模块内部注入硅胶提供电钝化和机械保护。每个子模块单元可以单独测试，将选定的子模块安装在增强型复合塑料外框中，再加上一个发射极盖，制成不同电流等级的 IGBT 模块产品。

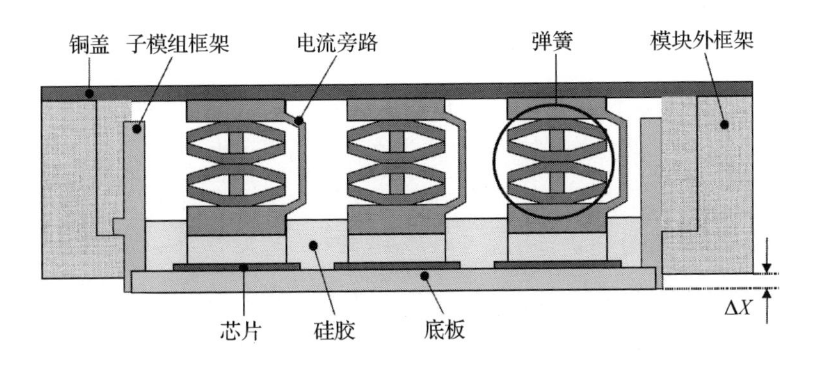

图 10-10　StakPak 压接式 IGBT 器件子模块截面图

StakPak 相比于全压接式 IGBT 模块，有效解决了压力分布不均匀的问题，但仍然采用与传统引线键合模块类似的单面散热方式，功率密度比后者低，内部结构复杂，同时存在着焊料层失效、弹簧失效等可靠性问题。

10.4.2　紧凑型封装

以应用于电动汽车领域的 IGBT 模块为例。IGBT 模块是电动汽车电动机、电池、电控系统的关键组件之一，决定了电动汽车的能源效率。主逆变器的 IGBT 模块需要处理的电流大，输出功率高。目前，IGBT 模块的最大电流达 800A，输出功率可达 100kW。除功率条件外，该系统中 IGBT 模块的工作结温应不低于 150℃，具有散热效率较高、可靠性高、抗机械振动能力强、抗大电流冲击能力强、体积小、质量小、成本低等特点。

随着电动汽车产量和市场的增大，IGBT 模块制造公司投入了大量的人力和财力开发汽车 IGBT 模块。目前，一些大的功率半导体公司推出了专用于电动汽车的 IGBT 模块。其中，一系列新型模块结构如无衬底结构、无基板结构、双面散热结构等，实现了减小模块热阻、提高散热效率、减小寄生效应、减小体积和质量等目的。

1. 三菱转模功率模块

三菱转模功率模块（T-PM: Transfer-mold Power Module）为半桥模块，作为 HEV/EV 逆变器的一相使用，有 650V/300A 和 600A 以及 1200V/300A 等不同功率等级，允许工作温度为-40～150℃，其外观和电路结构如图 10-11 所示。T-PM 封装成本低，机械性能好，可实现薄型封装，且结构紧凑，体积小，自 2003 年起用于 HEV/EV 逆变器系统中。三菱的 T-PM 也是智能模块，芯片上集成了温度和电流传感器。T-PM 结构的创新之处是采用直接端子连接（Direct Lead Bonding，DLB）技术，将芯片两面分别焊接到散热片和金属端子上，控制端子、辅助端子和传感端子通过铝键合引线连接。该结构大大减少了键合引线的数量，内部端子电阻和自感比引线键合模块分别减小 50%和 57%。芯片表面与端子接触面积大大增加，使芯片温度分布更均匀，热阻减小。T-PM 的集成散热片结构使结和管壳的暂态热阻仅为传统模块的 65%。由于模块内无绝缘衬底，需要在散热片下面增加一层电绝缘层（Thermal Conductive electrically Insulated Layer，TCIL），该层将增加模块热阻。

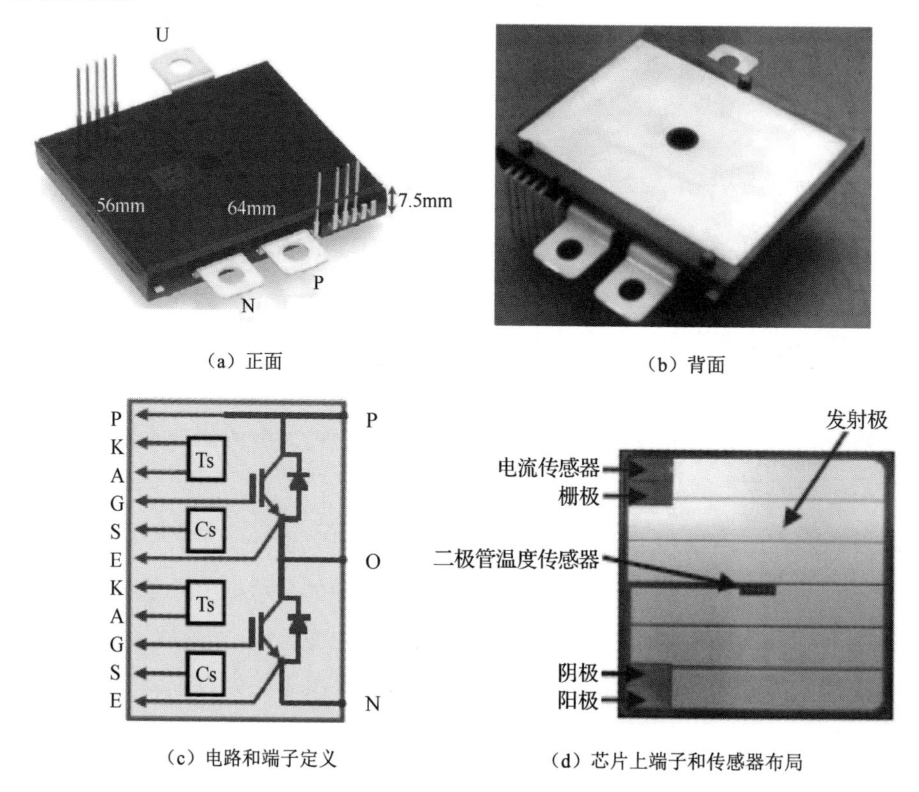

（a）正面 （b）背面

（c）电路和端子定义 （d）芯片上端子和传感器布局

图 10-11 三菱 T-PM IGBT 模块

2．博世混合动力/纯电动模块

博世混合动力/纯电动（HEV/EV）模块外观和电路结构如图 10-12 所示，其电路结构为采用转模封装的半桥结构。博世 HEV/EV 模块的额定电压为 650V，电流有 300A 和 600A 两种，允许工作温度为-40～150℃。该模块专为 HEV/EV 逆变器设计，具有电流处理能力强、体积小、散热效率高、可靠性高等优点。该模块封装结构紧凑，内部无键合引线，大大提高了使用寿命；采用优化的芯片布局，减小了寄生阻抗，减少了过电压现象。其功率端子面积较大，可以增大接触面积并提高散热能力。电流传感器和上面两个模块一样，集成在 IGBT 芯片上，采用热敏电阻（NTC）进行温度监测。

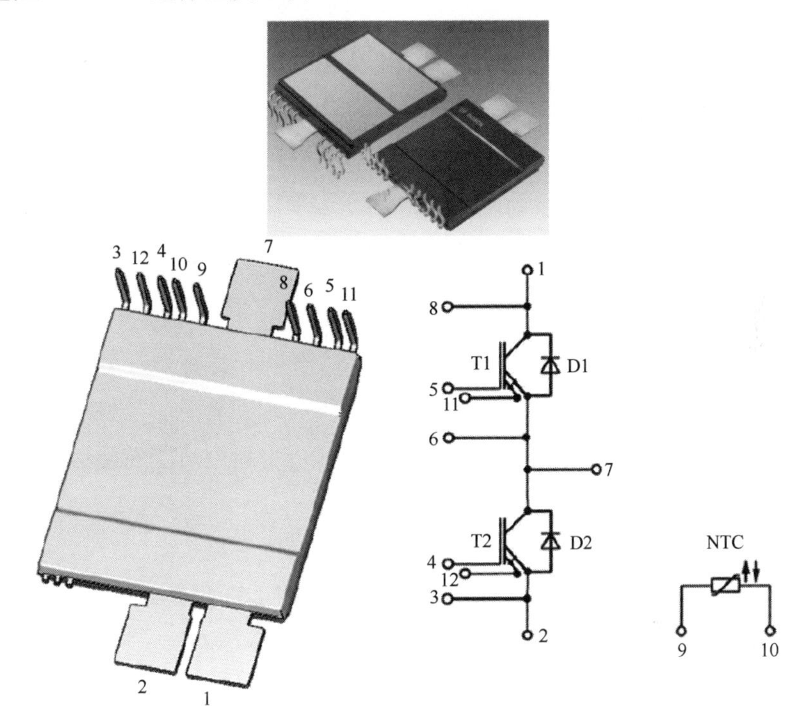

图 10-12　博世 HEV/EV 模块外观和电路结构

10.5　高功率密度

在过去 30 年里，功率模块的功率密度不断增加，从 1990 年的 30kW/cm² 发展到 2015 年的 110kW/cm²，再到 2020 年的 250kW/cm²，这归功于不断发展的封装技术和材料，也与小型化的趋势息息相关。高功率密度的趋势也对热管理方案提出了更高要求。

德国英飞凌的车规级 IGBT 模块朝大电压、高功率密度方向发展，电压从 650V

提高到 750V，电流密度从 150A/cm^2 提高到 270A/cm^2，其功率密度可以达到200kW/cm^2。国产功率半导体技术也在飞速发展，在芯片制造过程中通过精细化技术缩小元胞，芯片单位有效面积可以容纳更多的元胞；同时采用垂直超结技术，减薄芯片，降低损耗；由此研发出的中车第六代 IGBT 模块的电流密度高达275A/cm^2，与国际先进水平相当。

10.6 低成本

从封装工艺上来看，加装基板的功率模块是一种标准设计（70%～80%）。直接覆铜陶瓷（DBC）基板是目前应用广泛的功率半导体封装基板，然而，这类封装模块通常复杂且昂贵。未来功率半导体封装工艺将向更加优异的扇出型（Fan-Out）封装发展。

从密封材料看，如今使用的硅凝胶材料成本高，在保证密封效果、防振、防潮、绝缘等功能前提下，正逐渐被硅树脂、丙烯酸、环氧树脂等材料替代，未来为了满足高温需求，可以考虑采用聚对二甲苯（一种新型热塑性塑料，用于制作极薄薄膜或沉积涂层）作为密封材料。

10.7 集成化和智能化

从集成度上看，功率半导体首先从最简单的单管发展到集成多单元的模块化设计，实现了主电路的拓扑集成。随着应用的需求，业界提出了智能功率模块 IPM（Intelligent Power Module）和 SPM（Smart Power Module）的概念，即将 IGBT 驱动电路、保护电路（包括过电流保护、短路保护、欠电压过温保护等）甚至控制电路（MCU）集成到同一个模块中，实时监控关键运行参数，并根据需求快速进行系统参数调节，使得模块具备故障自诊断功能的智能化特征，确保模块及系统安全运行，实现了驱动与控制集成。随着高度智能化的发展趋势，电力电子积木（Power Electronic Building Block，PEBB）模式也开始应用在功率模块中，将半导体元器件驱动电路、保护电路、传感器、电源和无源器件等集合在一起，进一步实现高度智能化和系统集成。

以英飞凌 IGBT 模块产品的发展为例，如图 10-13 所示，从 1993 年第一款阻断电压高达 1.7 kV 的大功率模块 IHM 出现在市场上起，高压大功率 IGBT 模块迅速发展起来。1994 年出现的 EconoPACK 封装结构，将六单元 IGBT 及续流二极管芯片均匀排列在一个模块内，内置热敏电阻。这类封装结构内部封装电感低，电气引脚可直接焊在 PCB 上，结构紧凑，成为 IGBT 模块封装中的典型结构。此后，实现了 3.3 kV（1995 年）甚至 6.5kV（1999 年）的 IGBT 高压模块（IHV）封装应用。2000 年在原有模块的基础上出现适用于并列使用的 EconoPACK+产品，将多个 IGBT 六单元模块并列集成，形成扁平并列封装结构。2001 年起，随着功率器件朝着智能化的方向发展，在原有模块的基础上集成了三相整流桥和制动单元，推出了带有一定保护和控制功能、易于安装使用的 EasyPIM 和 EasyPACK 封装结构。为了满足模块在严酷环境下正常工作的需求，2005 年在已有的 IHV-A 高压模块基础之上，推出 IHV-B 模块，热阻性能得到改善，负荷循环能力更强，适用于大负荷及对温度循环要求较高的场合。由于 IGBT 模块功率密度的不断增加，2006 年发展出内部采用叠层母排结构、多功率端子的 PrimePACK 封装结构，之后在 2007 年发展出采用超声波焊接功率端子、优化基板结构的 PressFIT HYBRIDPACK 压接式封装结构。为了实现模块化可扩展的紧凑型逆变器，2008 年推出了内部集成电流检测单元和驱动电路、带保护功能的薄型智能功率模块 MIPAQ。之后几年的 IGBT 模块延续智能化、紧凑化、薄型化的开发思路。未来的 IGBT 模块封装方案将覆盖 1.2 kV ~ 6.5 kV 全电压范围，最重要的特点在于其可扩展性和高可靠性，通过简单的模块并列方式即可满足不同功率需求。

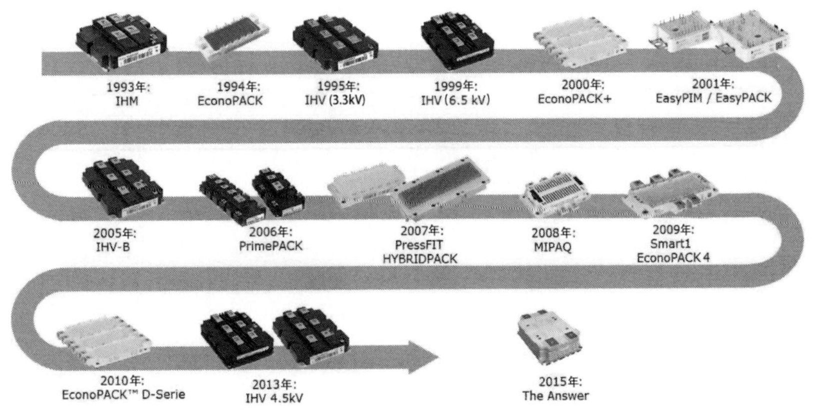

图 10-13　英飞凌 IGBT 模块发展路线

10.8 宽禁带半导体时代

10.8.1 SiC、GaN 器件

目前市场主流的功率半导体器件是硅基器件，包括部分绝缘体上硅（Silicon on Insulator，SOI）基高压集成电路。经过半个多世纪的发展，硅功率半导体器件历经三代：第一代以 BJT、SCR 为代表，主要用于千赫兹范围的低频领域；第二代以 MOSFET 为代表，工作频率更高（100kHz 以上），但不耐高压；第三代以 IGBT 为代表，综合了 MOSFET 和 BJT 二者的优点，频率高、耐高压。然而，由于硅材料本身存在难以克服的缺点：较低的临界击穿场强限制了器件的最高工作电压和导通电阻，导致开关损耗难以达到理想状态；较小的禁带宽度和热导率，限制了器件最高工作温度和最大承受功率，功率密度难以持续提高。这些物性瓶颈导致 Si 器件难以满足不断发展的功率电子市场需求，而 SiC、GaN 第三代半导体材料具备禁带宽度大、击穿场强高、热导率高的优点，因此成为很好的替代材料。以 SiC 功率半导体器件为例，SiC 整流器（SBD、JBS）、SiC 单极型开关（MOSFET、JFET）、SiC 双极型 BJT 器件均已实现商业化，SiC IGBT 也于 2007 年实现阻断电压高达 20kV 的研发型样品。图 10-14 展示了功率半导体器件的发展路线，20 世纪 70 年代到 90 年代为晶体管/MOSFET 时代，从 20 世纪 90 年代到 2016 年为硅基 IGBT 时代，2017 年到未来是宽禁带半导体时代。

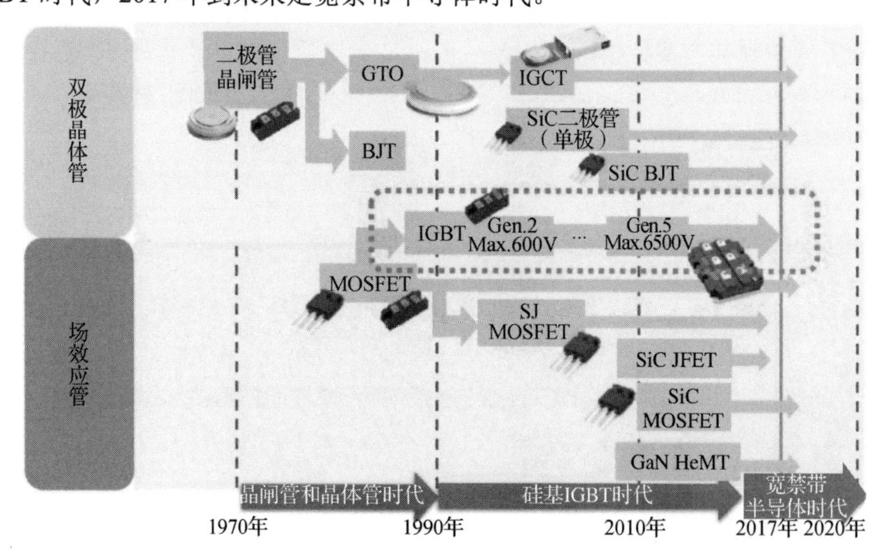

图 10-14 功率半导体器件的发展路线

SiC/GaN 器件有效地提高了能量转化效率、器件最高工作温度及最大承受功率，平均每 4 年就使功率密度提升 1 倍，被业界称为“功率电子领域的摩尔定律”，潜力巨大，逐渐成为功率半导体器件的重要发展领域。图 10-15 所示的宽禁带半导体结构给出了一款 SiC 模块结构以及典型 GaN 晶体管结构。

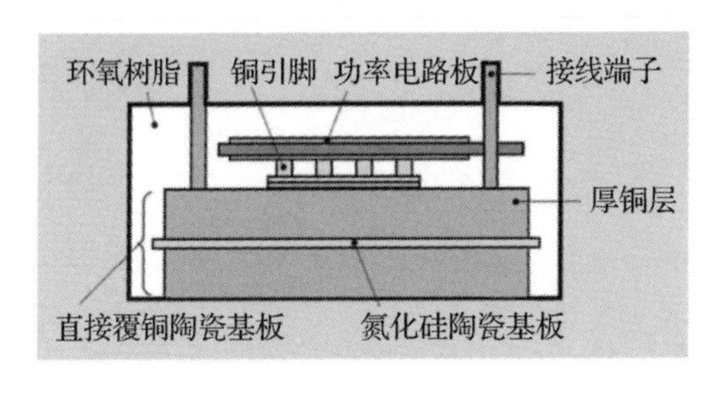

（a）一款 SiC 模块结构[9]

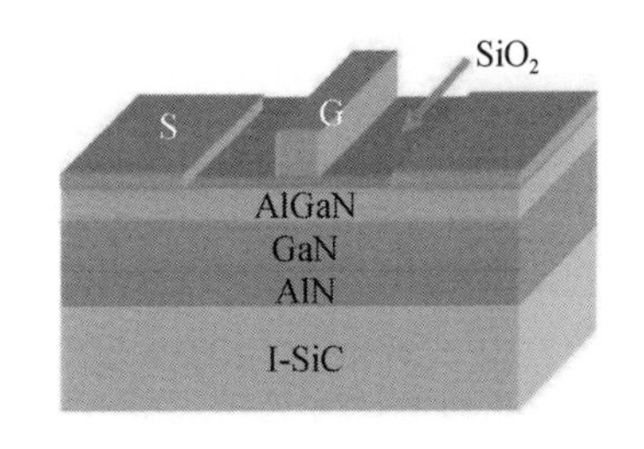

（b）典型 GaN 晶体管结构[10]

图 10-15　宽禁带功率半导体结构

10.8.2　超宽禁带半导体材料器件

除上述 SiC、GaN 器件外，功率半导体未来采用的重要材料应该是超宽禁带半导体材料（Ultra Wide-band Gap，UWBG），如碳材料（金刚石）、氧化镓（Ga_2O_3）。

金刚石具有极大的带宽间隙，比 4H-SiC 的带宽间隙大 73%，同时导热性能极好，是 SiC 的 4～5 倍，导电性也极为优越，完全满足功率半导体应用的需求。但是相比于 SiC、GaN，金刚石制造技术尚未成熟，且热膨胀系数极低，这就意味着传统的封装材料都要更新换代以与之匹配。同时，金刚石掺杂所需能量较大，因此，很难获得低电阻的金刚石材料[11]。尽管如此，现有研究已经实现千伏击穿值的肖特基二极管[12]、金刚石表面加氢的单极器件[13]。

在碳材料基础上，还发展了石墨烯材料。其由于独特的零带隙能带结构、室温下电子的超高迁移率、低于铜和银的电阻率及高导热性等特点，在晶体管领域有着很大的应用潜力。2017 年北京大学采用石墨烯作为接触电极，首次制备出 5nm 栅长的高性能碳纳米晶体管，并证明其性能超越同等尺寸的硅基 CMOS 场效应晶体管，将晶体管性能推至理论极限[14]。碳纳米管未来将应用在功率半导体器件中，现有研究已经制造出碳纳米管 FET 器件，其结构示意图如图 10-16 所示[15]。

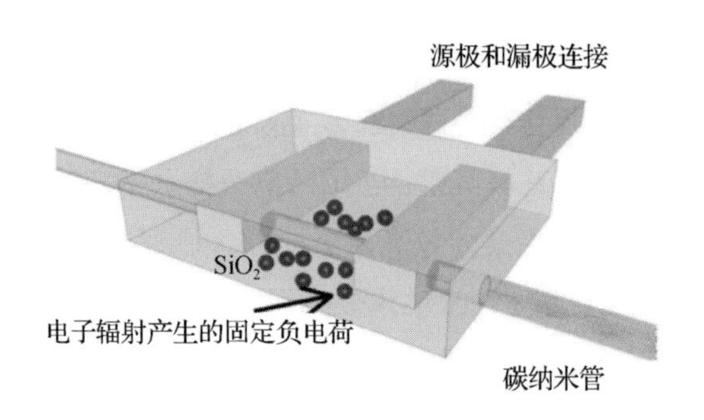

图 10-16　碳纳米管 FET 器件结构示意图

间接宽带隙的理想立方晶体结构的氮化碳（c-C_3N_4）或类似的 c-Si_3N_4 材料、薄膜 CN_x 材料，以及生长在金刚石薄膜上的立方晶体结构的 BN 材料等[10]均可作为超宽禁带半导体材料应用在功率器件中。

除碳材料外，氧化镓也是一种新兴的超宽禁带半导体材料，其禁带宽度高达 4.9eV，超过 SiC（禁带宽度约 3.4eV）和 GaN（禁带宽度约 3.3eV）；β-Ga_2O_3 的击穿电场强度约为 8MV/cm，是 Si 的 20 多倍、SiC 及 GaN 的 2 倍以上。从器件的角度来看，氧化镓的 Baliga 品质因子（用于评价功率器件电力损耗的指数，指数越大，损耗越小[16]）要比 SiC 高出 20 倍，理论上损耗是 SiC 的 1/6、GaN 的 1/3。日本京都大学最早成功开发出面向车载应用的α-Ga_2O_3，实现功耗低、小型化的车载逆变器[17]。同济大学研究团队采用导膜法制备高质量氧化镓单晶并将其用在肖特基二极管生产工艺中，其表现出良好的整流性能[18]。当然氧化镓也有缺陷，其导热性能较差。但是由于超宽禁带的特点，其导通电阻比 SiC 或 GaN 低，进而导通损耗低，支持更高的功率，且允许在更高的温度下运行。

10.9　小结

功率 IC 多用于消费电子、家用电器、电源设备等应用中的电源管理芯片，随着电流密度的提高和尺寸的缩小，集成化封装成为提高系统性能的必然趋势。功率模组多用于新能源汽车、轨道交通、智能电网等各传统和新兴产业中的 DC/AC 逆变器、整流器、驱动控制电路方面，低功耗、高功率密度、高可靠性成为封装的热点。

不同类型的硅基功率半导体器件，有着不同的应用，如 MOSFET 应用于高频场合，IGBT 应用于大功率场合。随着硅器件技术的发展，比如高压超结（Super Junction）、高速 IGBT 等技术的产生，以及碳化硅、氮化镓等宽禁带材料甚至金刚石和氧化镓等超宽禁带材料的应用，器件之间的应用界限将会模糊化。同时，封装技术也将发生变化。

参考文献

[1] LIU Y. Power electronic packaging[M]. Springer Science & Business Media, 2012.

[2] BLAABJERG F, CONSOLI A, FERREIRA J A, et al. The future of electronic power processing and conversion[J]. IEEE Transactions on Power Electronics, 2005, 20(3):715-720.

[3] WANG S. Planar electromagnetic integration technologies for integrated EMI filters[C]. Industry Applications Conference, 2003.

[4] GRASSMANN A, GEITNER O, HABLE W, et al. Double sided cooled module concept for high power density in HEV applications[C]. Proceedings of PCIM Europe 2015; International Exhibition and Conference for Power Electronics, Intelligent Motion, Renewable Energy and Energy Management, 2015.

[5] MARCINKOWSKI J, KEMPITIYA A, PRABHALA V A, et al. Dual-sided cooling for automotive inverters-practical implementation with power module[C]. Proceedings of PCIM Europe 2015; International Exhibition and Conference for Power Electronics, Intelligent Motion, Renewable Energy and Energy Management, 2015.

[6] WANG Y, DAI X, LIU G, et al. Status and trend of SiC power semiconductor packaging[C]. IEEE International Conference on Electronic Packaging Technology, 2015.

[7] GUTH K, SIEPE D, GORLICH J, et al. New assembly and interconnects beyond sintering methods[C]. Proceedings of PCIM, 2010.

[8] BAI J G, CALATA J N, LU G Q. Processing and characterization of nanosilver pastes for die-attaching SiC devices[J]. IEEE Transactions on Electronics Packaging Manufacturing, 2007, 30(4):241-245.

[9] HORIO M, IIZUKA Y, IKEDA Y. Packaging technologies for SiC power modules [J]. Fuji Electric Review, 58(2): 75-78.

[10] HUDGINS J L. Power electronic devices in the future[J]. IEEE Journal of Emerging and Selected Topics in Power Electronics, 2013, 1(1):11-17.

[11] MILLAN J. Wide band-gap power semiconductor devices[J]. IET Circuits, Devices & Systems, 2007, 1(5):372.

[12] TWITCHEN D J. High-voltage single-crystal diamond diodes[J]. IEEE Transactions on Electron Devices, 2004, 51(5):826-828.

[13] HIRAMA K, KOSHIBA T, YOHARA K, et al. RF diamond MISFETs using surface accumulation layer[C]. IEEE International Symposium on Power Semiconductor Devices & Ics, 2006.

[14] QIU C, ZHANG Z, XIAO M, et al. Scaling carbon nanotube complementary transistors to 5-nm gate lengths[J]. Science, 2017, 355(6322):271-276.

[15] PERELLO D J, YU W J, BAE D J, et al. Analysis of hopping conduction in semiconducting and metallic carbon nanotube devices[J]. Journal of Applied Physics, 2009, 105(12): 124309.

[16] BALIGA B J. Power semiconductor device figure of merit for high-frequency applications[M]. IEEE Electron Device Letters，1989: 455-457.

[17] KANEKO KENTARO, SHIZUO F, TOSHIMI H. A power device material of corundum-structured α-Ga_2O_3 fabricated by MIST EPITAXY technique[J]. Japanese Journal of Applied Physics 57.2S2 (2018): 02CB18.

[18] LU X, ZHOU L, CHEN L, et al. Schottky x-ray detectors based on a bulk β-Ga_2O_3 substrate[J]. Applied Physics Letters, 2018，112（10）：103502.